李子阳 马福恒 邱莉婷 等 著

复杂大型灌区工程长效服役风险管控技术

河海大学出版社

·南京·

内容简介

本书是作者在近年来从事灌区工程和引调水工程健康诊断、监控预警与风险管控等研究和实践工作基础上,总结灌区工程长效服役风险评估理论方法和管控技术,并结合具体工程实际撰写的,全面系统地阐述了大型复杂灌区工程长效服役的风险管理体制机制和管控技术方法,内容包括:灌区工程风险管理体制机制、灌区工程建设期风险识别与管控、灌区工程长效运营风险评估、预警与管控等,并以赵口引黄灌区二期工程为例,详细介绍了复杂大型灌区工程长效服役风险管控的经验和成果。

本书对大型灌区工程长效服役风险管控具有重要参考价值,可供水利设计单位、灌区建设和管理单位以及从事灌区服役风险管理工作的技术人员学习、使用,也可作为高等学校水利类专业的参考书。

图书在版编目(CIP)数据

复杂大型灌区工程长效服役风险管控技术 / 李子阳
等著. -- 南京 :河海大学出版社,2023.11
　ISBN 978-7-5630-8492-0

　Ⅰ. ①复… Ⅱ. ①李… Ⅲ. ①灌区-水利工程-风险
管理-研究 Ⅳ. ①TV63

中国国家版本馆 CIP 数据核字(2023)第 198967 号

书　　名	复杂大型灌区工程长效服役风险管控技术	
	FUZA DAXING GUANQU GONGCHENG CHANGXIAO FUYI FENGXIAN GUANKONG JISHU	
书　　号	ISBN 978-7-5630-8492-0	
责任编辑	高晓珍	
特约校对	张绍云　高尚年	
封面设计	张世立	
出版发行	河海大学出版社	
地　　址	南京市西康路 1 号(邮编:210098)	
电　　话	(025)83737852(总编室)　(025)83722833(营销部)	
	(025)83787104(编辑室)	
经　　销	江苏省新华发行集团有限公司	
排　　版	南京布克文化发展有限公司	
印　　刷	广东虎彩云印刷有限公司	
开　　本	787 毫米×1092 毫米　1/16	
印　　张	23.25	
字　　数	480 千字	
版　　次	2023 年 11 月第 1 版	
印　　次	2023 年 11 月第 1 次印刷	
定　　价	98.00 元	

南京水利科学研究院出版基金资助

编纂人员名单

主要完成单位与完成人:

水利部交通运输部国家能源局南京水利科学研究院:

李子阳　马福恒　邱莉婷　叶　伟　霍吉祥　胡　江
沈心哲　娄本星　李涵曼　李　强　王　文　蒋　晗

河南省赵口引黄灌区二期工程建设管理局:

马　强　李昭辉　逯林方　郭全中　刘　宾　崔宏艳
汤俊昌　王龙欣

河海大学:

毛春梅　潘海英　张继勋　王肖鑫

河南省海河流域水利事务中心:

康鸣雷　赵本超

前言
preface

灌区工程是农业的命脉,其运行状况不仅直接关系到国家粮食安全,还关系到国家经济社会高质量发展与人民群众美好生活的提升。相较于中小型灌区,大型灌区因具有较为完备的基础设施和相对稳定的水源,能更好地推动所在地区农业和农村经济发展,并为工业化和城镇化的供水需求提供可靠保障。此外,大型灌区在水资源配置和生态环境改善方面也发挥着更为重要的作用。但大型灌区建筑物数量庞大且种类繁多,工程跨度长,涉及范围广,地质及环境条件复杂。现有的大型灌区工程多建于20世纪50—70年代,工程设计标准普遍偏低,造成了部分工程出现先天不足的现象。此外,受环境和荷载的长期作用,工程风险问题不断显现,部分骨干建筑物如渡槽、倒虹吸、节制闸等混凝土结构老化失修,处于带病或超期服役状态,无法完全发挥其设计功能,使得整体达不到预期效益。

近年来,在习近平同志"节水优先、空间均衡、系统治理、两手发力"十六字重要治水方针指引下,水利部加快推进大中型灌区续建配套和现代化改造,取得显著成效。但由于大型灌区是由渠系、建筑物组成的系统工程,任何一个节点的隐患都会影响整个系统的正常运行,其规划、建设和运行管理面临施工、运行和社会环境不确定性因素带来的诸多风险。为保证大型复杂灌区工程的建设及运行安全,实现风险评估、健康诊断科学化,促进灌区改扩建工程建设、管理的智慧化,亟须建立系统完备的灌区工程长效服役的风险管控技术体系。

全书在已有国内外相关研究技术方法基础上,依托赵口引黄灌区二期工程建设及运行管理实际,并结合国内外大型灌区改扩建工程调研情况,系统开展了大型灌区工程建设与运行期风险识别与管控技术研究,形成了大型灌区工程长效服役风险综合评估方法与管控技术体系。主要成果如下。

（1）基于双因素理论辨识灌区持续良性运行的保健因素和激励因素，构建了由政府、农业用水户、非农业用水户等多主体的水价分担机制及水价风险补偿机制，综合建立了网格化安全管理的运行机制，实现了灌区工程风险精细化和动态化管理。

（2）提出了点面结合、分区控制的大型灌区建设期危险源识别和风险评估方法，创建了灌区渠道、水闸、倒虹吸等典型建筑物施工期动态危险源指标体系和数据库，基于系统动力学的基本原理揭示施工危险源动态演化机理，建立了基于案例推理的大型灌区工程建设期多因素的危险源动态识别和预警模型。

（3）梳理了大型灌区运行期风险清单，提出了灌区典型建筑物运行期风险动态识别方法，构建了灌区运行期风险演化模型，建立了适用于大型灌区运行期多层次多指标风险评价体系和健康诊断的毕达哥拉斯模糊云模型，创建了基于变分模态分解与门控循环单元网络的大型灌区运行期风险分级预警模型，为灌区运行期风险识别、应急调度和综合决策提供技术支撑。

（4）集成重构了大型灌区工程长效服役的风险事件类别，揭示了不同类别风险的传导模式及演化规律，深度挖掘了灌区工程结构受服役环境变化和材料性能劣化影响的多因素耦合作用关系。以工程安全和供水安全为目标，建立了大型灌区工程安全点—线—面系统协调的风险评估指标体系和评估方法，综合构建了大型灌区工程长效服役风险分级分区管控和防御体系。

本书由马福恒总体策划，李子阳、马福恒、邱莉婷等负责统稿及修订。全书共分5章，第1章由马福恒、李子阳、李昭辉撰写，第2章由毛春梅、潘海英、马强、郭全中撰写，第3章由张继勋、李昭辉、刘宾、康鸣雷撰写，第4章由王肖鑫、邱莉婷、逯林方、胡江、李涵曼撰写，第5章由李子阳、马福恒、叶伟、霍吉祥、沈心哲撰写。研究生娄本星、李强、王文、蒋晗、张喆等项目团队其他同志，以及河海大学、河南省赵口引黄灌区二期工程建设管理局、河南省豫东水利保障中心、河南省海河流域水利事务中心等单位相关人员为本书的撰写做了大量的资料收集与整理工作，在此一并向他们表示衷心的感谢！

本书的出版得到了国家重点研发计划课题"水利工程建设与运行期遥感监测监督与风险预警"（2021YFB3900603）、河南省水利科技攻关项目"大型灌区工程建设与运营风险防控关键技术"（GG202171）、"小浪底北岸灌区工程安全智能诊断与风险管控关键技术"（GG202169）和南京水利科学研究院出版基金的资助。

作者希望通过本书的出版，促进灌区工程长效服役风险管控技术的交流，提升灌区工程建设和长效安全运行水平。由于时间仓促及水平所限，书中不当之处，恳请读者批评指正。

作者

2023 年 8 月于南京

目录

contents

第一章

概述

1.1 大型灌区建设发展及运行管理概况

中华人民共和国成立以来,我国灌区工程建设取得了长足的发展,大致可分为 3 个阶段。第 1 阶段(1949—1980 年),主要是修建大型灌区以及相关农业基础设施,灌溉面积从仅有的 1 590 万 hm^2 增加到 4 889 万 hm^2,增加了约 207%;第 2 阶段(1981—1990 年),由于农业结构和管理机制的改革,灌区用水更多供给工业和居民需要,灌溉面积减至 4 839 万 hm^2,减少了 50 万 hm^2;第 3 阶段(1991 年至今),主要发展节水灌溉,国家在灌区建设、改造和管理等方面的投入持续增加,除了兴修一些重点灌区工程外,还集中于大型灌区的改造升级。根据《2020 年全国水利发展统计公报》,全国设计灌溉面积 133 hm^2 及以上的灌区共 22 822 处,其中 2 万 hm^2 及以上的大型灌区 454 处,耕地灌溉面积达 17 822 千 hm^2,占全国总耕地灌溉面积的 25.8%。

灌区工程是粮食和重要农产品的主要产区,是国家粮食安全的重要保障。加强大中型灌区建设和改造,对巩固和增加灌溉面积、提升粮食产能,都是十分重要的。目前,已有许多大型灌区工程达到或超过了设计使用年限,输水效率低,灌区内的渡槽、倒虹吸、节制闸等建筑物或多或少地处于带病或超期服役状态,工程安全风险不断显现。由于灌区工程为线性体结构体系,单个建筑物的病险很可能引发连锁安全问题,直接影响灌区工程效益的正常发挥。大型灌区内常见的工程病险现象有渠坡滑坡、结构变形、混凝土开裂、渗漏破坏等。著名的红旗渠灌区就存在类似情况,该渠设计灌溉面积 3.6 万 hm^2,总耕地面积 4.8 万 hm^2,灌区内共涉及林州市 13 个乡镇。由于受当时经济和技术条件的限制,建造之初工程质量把控不严,经过 50 余年的运行,渠道渗漏和渠体变形严重,渡槽砌石勾缝脱落，闸墩局部砂浆流失。2014年6月，赵所管理段软弱坡积物滑动引发渠体坍塌，堵塞渠道，渠水外溢，导致附近村庄被淹，造成了重大经济损失。早期建造的一些灌区工程，在长期服役过程中也较为普遍地出现了多种安全风险，各建筑物出现不同程度的老化病害及功能劣化。对于一些存在安全隐患或病险的灌区工程，为减少失事事件的发生，需要对灌区工程进行及时的加固改造。

根据新时期"节水优先、空间均衡、系统治理、两手发力"的十六字治水方针，2021年8月3日水利部、国家发展改革委正式印发了《"十四五"重大农业节水供水工程实施方案》，按照统筹谋划、突出重点的要求，"十四五"期间优先推进实施纳入国务院确定的150项重大水利工程建设范围的30处新建大型灌区，优选124处已建大型灌区实施续建配套和现代化改造，部分典型灌区工程见表1.1-1。

表 1.1-1　节水供水重大水利工程中的大型灌区工程

序号	工程名称	灌溉面积（万 hm²）
1	安徽省驷马山灌区工程	24.3
2	湖北省东风渠灌区工程	7.9
3	甘肃省引大入秦灌区工程	5.7
4	浙江省乌溪江引水灌区工程	4.8
5	河南省红旗渠灌区工程	3.6
6	云南省麻栗坝灌区工程	2.3
7	湖南省涔天河水库灌区工程	7.4
8	广东省高州水库灌区工程	7.9
9	陕西省宝鸡峡灌区工程	18.9
10	山东省东营市王庄灌区工程	6.5

大型灌区的农业总产值和粮食产量均占全国总量的 25% 以上，在保障我国粮食安全和农业、农村经济社会发展中发挥着不可替代的作用。截至2021年，我国大型灌区共有流量在 0.2 m³/s 以上的灌溉渠道 38.38 万条，渠道总长度近 52 万 km；渠系建筑物逾 42 万座，量水设施共计 8.60 万处。现阶段，灌区运行管理经费以及工程管护经费还得不到有效保障，仍有 1/4 的经费缺口，这也造成了灌区工程和设施的部分老化失修。多数大型灌区是由渠系、建筑物组成的系统工程，工程跨度长，涉及范围广，地质及环境条件复杂，任何一个节点的隐患都可能会影响整个系统的正常运行。受结构型式的差异性以及管护经费不足的影响，工程结构风险多样且复杂，再加上随着社会发展，规模也不能满足需要，大型灌区的改扩建工程在规划、建设和运行管理等方面都面临着工程技术、自然和社会等诸多方面的不确定因素，并带来施工和运行期的各种风险。为保证复杂灌区工程的建设及运行安全，实现风险评估、健康诊断科学化，促进灌区改扩建工程建设、管理

的智慧化,有必要开展大型灌区改扩建工程建设与运营风险防控关键技术的创新性研究,为灌区工程安全诊断和长效运行提供决策支撑。

1.2 大型灌区工程长效服役风险评估与管控技术进展

1.2.1 灌区工程风险管理体制机制建设

1.2.1.1 灌区工程管理体制

因我国很多大型灌区都修建于 20 世纪 90 年代以前,灌区管理体制中的计划经济背景十分明显,长期以来我国灌区管理中各级政府发挥着重要作用,政府部门和政府专门设立的大型灌区专管机构是灌区的实际管理方,市场机制在灌区管理中的运用面十分狭隘。如图 1.2-1 所示,在纵向结构上,水利部是全国最高水行政主管部门,经《中华人民共和国水法》等法律法规授权,在国务院领导下,负责全国灌区的统一规划和宏观政策的制定;水利厅、水利局作为属地政府的水行政主管部门,根据灌区规划、功能属性和规模分级负责灌区的投资、建设和管理。在横向上,各级政府统一规划、投资和建设的灌区骨干工程设施由各级政府管理;集体修建的灌区末端配套工程多由集体自行管理。在管理模式上,工程管理方面:采取专群结合的管理制度。灌区工程日常管理以政府设立的灌区专管机构为主,斗渠以下的工程设施转移交由受益区用水户直接管理,或是由用水户推选的用水协会参与管理。用水管理方面:采取取水许可和用水计划管理模式,水资源配置接受水行政主管部门的管理,依法办理取水许可手续;灌区内配水由水行政主管部门、灌区专管机构、属地政府和受益用水户代表组成灌溉委员会协商管理,充分保障配水的公平公正和用水户权益。

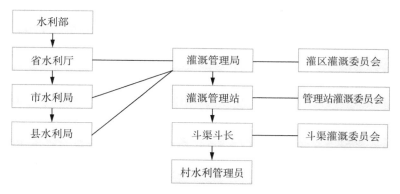

图 1.2-1 灌区管理组织结构

现有对灌区管理体制机制的研究主要集中在灌区管理体制改革的必要性、影响灌区管理体制改革的因素及其经济后果,其目的在于有效提升灌溉用水管理水平。这就涉及诸如如何进行农业灌溉用水制度改革,提升农业用水效率;如何将灌区管理职责由政府交给用水户组织,由后者自主经营并负责维护管理等方面问题。在国外较为成熟的市场制度环境下,首先,在农业灌溉用水制度方面,相关研究主要围绕灌溉用水管理系统构建、制度建设等方面展开,重点分析不同管理方式对农业灌溉用水效果的影响。20 世纪80 年代,在美国较早进行了以提升水资源效率为目标的有关水资源管理、使用等问题的研讨,多数研究人员指出激发农业用水户参加灌区管理的积极性是提高水资源利用效率最有效的手段。世界银行在墨西哥对农户参与农业灌溉用水管理进行了调研,分析了国际上农业用水灌溉管理机构改革情况,为农业灌溉用水管理体制机制的变迁提供了借鉴。综合而言,国外学者普遍认为灌溉用水管理机制改革的关键在于将政府承担的部分或全部灌溉用水管理职责交给用水户协会或其他非政府组织。其次,20 世纪80 年代中期,用水户开始参与农业灌溉用水管理,这是全球灌区管理工作发生的一个重要变化,也引起了学术界的广泛重视。拉贾研究指出,在组织机制层面,构建用水户协会不仅能够节约监督成本,而且可以强化渠道的维护、管理工作。通过对各国农田灌溉管理实践活动的总结,坦可沃勒指出农民自身的参与积极性不但与用水户协会成立能否取得成功有关,甚至还会对国家整体灌溉管理改革成功与否产生重大影响。

对于国内灌区管理体制的研究,相关文献主要从我国灌区管理制度的现状与改革的必要性、国内大中型灌区管理体制改革成效以及存在的问题等方面展开研究。较多学者指出,经过几十年的运行,国内灌区较普遍存在诸如管理体制不顺、运行机制不活、人浮于事、工程老化等问题,已经难以适应社会经济发展的需要,不仅给国家带来沉重的负担,也严重制约了灌区的正常运行,管理体制改革成为灌区谋求可持续发展的必然选择。曾忠义等探讨了灌区管理现代化水平及其影响因素,分析了灌区管理现代化改革的重要性及其举措。同时,已有较多研究选取国内外典型灌区分析其管理体制改革带来的成效。陈金明等以都江堰水利工程为例探究其历史管理制度,并分析历史管理制度特征对当前都江堰水利工程(灌区)管理工作的启示。李珺选取用水户参与灌溉管理较为成熟的河套灌区进行研究,探究用水者协会对灌区产生的效益。另有学者选取安徽淠史杭灌区、甘肃洪水河灌区、河北石津灌区等对其管理体制展开研究,并提出其他灌区可加以借鉴的经验。

尽管现有文献对灌区管理体制已经展开了大量探讨,但仍存在以下不足:①从研究主体来说,已有文献研究较少涉及赵口引黄灌区,缺乏根据赵口引黄灌区的实际情况,尤其是结合二期工程建设而进行的灌区管理体制研究。②现有研究仅针对单个灌区或少数几个灌区进行分析,缺乏对各类灌区管理模式运行机制、运行特点等的综合分析。

③国内外学者的研究大多停留在对灌区管理体制改革较为成功的灌区的分析及经验借鉴,缺乏对适应特定灌区的管理体制的系统探讨。基于此,本书通过分析国内外典型灌区管理基本情况,总结归纳各类灌区管理模式的运行机制、特点及其适用条件,分析赵口引黄灌区各利益相关者的矛盾与冲突,发现赵口引黄灌区管理体制机制可能存在的问题,系统制定适宜的赵口引黄灌区管理体制,并根据灌区发展情况提出动态调整建议,为赵口引黄灌区二期工程管理体制机制构建、实现长效化运行提供参考。

1.2.1.2　灌区工程风险管理机制

国外学者对工程项目的风险管理研究起步较早且发展迅速,对于工程风险管理中的风险识别、风险分析评价、风险控制等内容研究较为成熟,如:T Willians 对有关工程的风险管理进行分类,并阐述了这些风险因素如何影响工程的成败;V Carr 论述了建筑工程项目的各种风险对项目的影响及产生的风险事件,提出了建筑工程项目缺少正式的管理方法,创造性地采用一种模糊的方法,对工程项目风险进行分析和评价;J Zeng 提出了伴随着工程项目越来越复杂,其在建设过程中可能遭遇各种风险,阐述了在项目实施过程中工程管理的重要性,将模糊决策方法运用到工程风险评估中,给工程管理员工提供了参考依据。然而对于风险管理体制机制方面的研究却十分不足,在针对水利工程安全风险机制方面,Robert J 对水利工程进行了风险分析,并提出了适用于水利工程的安全管理模型。

国内学者对于水利工程风险管理研究相较于西方国家较迟,但随着改革开放的顺利推进,国外的很多风险管理理念和先进的管理方法引入国内并得到广泛研究与应用,如:强跃和刘光华采用 F - AHP 对中小型水利工程的风险因素进行排序和评估;焦香和宗双祥采用模糊综合评价法对小型的农田水利工程的工期风险进行评价,得出该类型工程应当充分关注自然灾害风险和技术风险;梁展通过建立基于蒙特卡洛理论的模型对水利工程项目管理工期风险的评价体系,将评价分析结果运用于进度的调整,为采取对应措施提供一定决策依据和参考。

综上可见,目前针对灌区管理体制的研究侧重对灌区管理体制问题梳理、灌区管理体制改革必要性及其影响因素和经济后果的研究、灌区管理中的用户参与式管理、灌区管理现代化改革探讨、以具体灌区为例,剖析灌区管理成效及其存在的主要问题。针对灌区风险管理机制的研究主要侧重对水利工程项目建设运行的风险因素识别、风险评价和风险控制、风险管理对项目实施的影响、基于具体风险类别的水利工程安全管理对策等。主要不足之处:(1)缺乏针对灌区工程运行特点,梳理政府、市场、用户自主管理等不同管理模式的运行特点和条件的对比分析,并按照灌区现代化管理思路,建立大型灌区现代化管理体制;(2)缺乏对大型灌区良性运行的风险因素进行分析,为建立灌区持续良性运行奠定基础;(3)缺乏基于灌区工程良性运行保证的需求以及针对灌溉用户水价承受能力弱等特点,研究水价分担机制与水价补偿机制;(4)缺乏针对灌区工程建设与运行的特点,引入现代化安全管理理念,研究灌区工程安全管理体制。因此,建立既符合灌区工程特点,又符合灌区现代化管理要求的灌区管理体制、建立既考虑农户承受能力弱又能保证工程持续良性运行的灌区运行机制、建立精细化、系统化及动态化的灌区工程安全管理机制等显得尤为必要。

1.2.2 灌区工程建设期风险识别与管控

1.2.2.1 建设期风险识别与预警

灌区工程施工生产的劳动环境和安全状况存在着很大的危险隐患,由于工程施工规模大,工序复杂化,立体交叉作业频繁以及施工安全生产管理水平较低,致使我国灌区工程施工乃至水利行业工程施工的安全事故率高,安全事故后果严重、损失巨大。安全事故制约了我国水利行业的协调可持续发展,严重影响了我国经济发展的正常运行。据统计,2016—2021 年水利行业共发生生产安全事故 63 起,死亡 94 人(其中发生较大事故 7 起,死亡 25 人),未发生重特大生产安全事故。每年平均发生事故数 10.5 起、死亡人数 15.7 人;每年平均发生较大事故 1.2 起、平均死亡人数 4.2 人。2022 年 2 月 19 日,宁夏回族自治区中卫市海原县清水河流域城乡供水工程管沟开挖过程中,边坡发生坍塌,造成 1 人死亡。3 月 6 日,宁夏回族自治区固原市西吉县葫芦河中型灌区续建配套与节水改造工程管沟开挖过程中,发生坍塌事故,造成 2 人死亡。可见,渠道、水闸和倒虹吸工程在灌区工程施工中发生安全事故的概率相对较高。

国外发达国家在安全管理研究领域起步较早,已经取得了巨大的成就,他们在危险源管理方面的研究也较为成熟。Sterman 认为,任何人类活动中都潜伏着危险源,危险源的存在是事故发生的根本原因,防止事故就是控制系统中的危险源。1999 年,Bing 和 Tiong 提出了用 MC 法对水利水电工程进行风险分析,针对许多安全评价因素无法进行定量分析,需要对各因素进行总体评价,确定彼此之间的相对权重、指标权重,一般采用专家调查法和层次分析法。2013 年,Zhipeng Zhou 和 Javier Irizarry 等人研究了 3S 技术(GIS/GPS/RS)、信息传播技术(Information Communication Technology)和射频识别技术(RFID)应用于施工安全领域的方法,为施工过程安全分析提供理论基础。2014 年 Sangwoo Kim 等人通过研究信息技术在预警系统中的应用,提出了影响工程施工安全的潜在危险因素。

随着生产水平的提高,水利施工行业在我国迅速发展。近年来,国内学者开展了很多关于工程施工安全方面的研究,大多致力于安全评价与管理的研究,同时不断研究和探索安全分析新理论、新方法。在有关工程施工危险预警方面的研究,国内学者也取得了许多成果。2000 年,苏振民采用集值统计和神经网络相结合的方法来识别施工安全状态。2003 年,杨振宏等用灰关联分析方法,对影响安全预评价系统的关联因素进行辨识。2005 年,柴修伟将层次分析法(AHP 法)和模糊数学理论结合,对水下钻孔爆破工程进行研究,对影响施工安全的因素进行了安全分析,找出可能引发安全事故的危险因素,并建立了基于层次分析法的模糊理论评价模型,该模型从工程规划、工程现场、监督体系、自然条件四方面对安全隐患展开安全评价,针对各影响因素采取相应防范措施。2009 年,郭建斌等人将 BP 神经网络方法应用于安全评价模型,该模型主要解决评价模型中动态权重问题,减少了评价主体在安全评价过程中的主观因素影响,使得安全评价过程更加科学。2010 年,张岚采用模糊层次分析法对水利水电工程施工重大事故进行了风险评价,并构建了水利水电工程施工重大事故风险预警框架体系,研究了高陡边坡事故风险分析方法。2012 年,王兴华分析了风险预警的三维结构和 PSR 逻辑分析结构,构建了在役泵站工程风险预警指标体系。2015 年,林雪倩对影响工程施工安全的因素进行研究和调查,并通过数据分析筛选建立了安全分析指标体系。通过收集到的施工现场信息和专家经验,结合贝叶斯网络,利用 GeNIe 2.0 软件建立了基于贝叶斯网络的施工安全分析模型,并在此基础上,利用模型进行逆向推理和敏感性分析,找出影响施工安全的主要因素,提出了相应的对策措施。2016 年,白凤美设计了以风险管控为核心的施工企业安全生产风险管理及预警信息系统,规范了施工企业总部与项目部之间的安全管理行为,实现风险评价、风险预警、应急救援以及事故控制的全方位动态安全管理,为施工企业总部及施工现场安全风险管理、预警提供了信息平台。

1.2.2.2 建设期风险管控

目前灌区工程建设期风险管控的研究较少,仅在南水北调中线干线等少数工程建设中有所开展。徐全基等对四川省向家坝灌区北总干渠一期工程施工过程中的危险源进行识别与评价,结合工程实际制定了安全风险管控措施。孙义研究了南水北调中线干线工程建设实施过程中的主要进度控制风险因子,并提出了各级责任主体联动、多种管控措施并举的多维风险管控措施。汪黎黎等探讨了岩溶隧道施工前、施工中及施工后的风险管控措施。邓子龙等以风险控制成本最小和风险损伤最小为目标函数构建了多目标优化模型,并基于多目标粒子群算法给出了工程项目风险管控的非劣解集。马飞等在三峡库区巫山干井子滑坡防治工程设计中引入风险管控理念,兼顾了工程治理效果和经济效益。孔繁臣等构建了包含风险管控主体、风险管控对象和风险管控流程的水电工程项目三维风险管控体系,优化了水电工程项目安全生产风险管控模式。王建成等根据基坑工程的监测数据进行工程开挖前准备阶段、开挖阶段和地下结构施工阶段的动态风险分析,提出了施工期重大风险防控措施及应急措施。

1.2.3 灌区工程长效运营风险评估与管控

1.2.3.1 运行期风险识别与预警

（1）运行期风险识别

大型灌区服役条件复杂,其运行状态在环境和荷载等多重影响下不断发生变化,因此,大型灌区的风险源识别应当贯穿整个运行过程,并及时做好定检工作。大型灌区风险因素众多,在对影响灌区工程安全的风险因素进行失效模式分析的基础上,应合理选用现场检测技术、试验研究、统计分析、数值模拟等方法,对大型灌区风险源进行识别。目前关于大型灌区风险源识别方面的系统研究较少,相关风险分析以灌区输水系统（渠道、渡槽等）为主。

史越英根据南水北调中线工程范围广、不确定因素多等特点,进行空间聚类分析识别各渠段存在包含地下水污染风险、交通事件风险等 5 类潜在风险源,并开展了风险分析、评估和工程安全等级确定。张启义等采用故障树法识别了各类风险事件,得到了影响灌区渡槽的 30 个风险因子并提出了相应的预防措施。研究结果表明,引起渡槽防洪风险升高的主要因素是下游河道行洪能力不足及渡槽淤积、糙率增加造成的渡槽本身泄洪能力减小。彭亮等基于叶尔羌河灌区的数字高程,构建了洪水风险动态模拟模型,能够较为精确地预测灌区内的洪水淹没范围。此外,大坝、堤防、引水隧洞等建筑物的风险识别研究已较为丰富,相关研究方法和手段可供灌区工程借鉴。顾冲时等总结影响大坝安全的风险因素主要包括工程风险因素、人为风险因素、环境风险因素三部分,并探讨了大坝风险标准划分、风险识别和风险评估等,分析各阶段的研究现状。陈悦等通过建立风险属性因子对大坝主要风险源进行识别,判断出影响某工程安全的主要风险是坝体和两岸渗流,同时对各风险源的危险程度进行判断,为大坝风险识别提供一种新方法。郝燕洁等针对堤防工程隐患特征及其破坏模式进行研究,总结堤防工程隐患检测技术常用方法及其优缺点,为工程隐患快速探测和险情识别提供了技术支撑。杨端阳等论述了可靠性分析和人工神经网络等风险识别方法的适用性,分析了堤防漫顶、管涌等失效模式,并基于故障树分析法全面掌握堤防工程的实时运行状态。张社荣等采用逼近理想解排序法和区间层次分析法,构建了引水隧洞动态风险识别模型,将风险识别模型应用于某大型引水工程隧洞段,验证了所建模型的可行性和有效性。

（2）运行期风险预警

王树威等建立了混沌理论和 BPNN 耦合的径流中长期预测模型,结果表明,所建改进径流预测模型的预测精度达到了 91.84%,预测效果较好。丁严等采用基于互补集合经验模态分解的机器学习组合模型对多尺度标准化降水指数进行预测。研究表明,组合模型能够有效模拟降水序列的非平稳特征,为区域干旱预警提供了一种高精度预测方法。刘招等引入信息熵,建立考虑多水源的灌区水文干旱预警系统,整合现状指标和未来形式指标形成干旱预警指标。李吉程等将灌区旱灾危机诊断体系与滚动预警机制和决策支持机制相融合,建立了灌区旱灾危机诊断—预警—决策框架体系。李勇等以专家评价法、层次分析法和模糊综合评价法为数学模型,采用面向对象的设计方法,选用MSSQL等作为软件系统后台数据库,开发出一个结构简单、界面友好、使用方便的灌区水利工程安全预警软件系统。张锦等使用改进型遗传算法优化灰色神经网络的隧道变形预测模型,证明改进型遗传算法优化灰色神经的隧道变形预测模型在进行隧道拱顶下沉量预测时有着更高的精度、更好的稳定性。唐葆君等研究出一种新的聚类算法——极大熵聚类算法,通过实例验证用此算法对预测结果进行分类,判断项目的风险状态,结果表明这种方法估计工程项目风险快捷有效,与实际情况基本一致,可以应用于工程分析。殷晟泉等将深基坑的现场资料与神经网络方法相结合,根据实测数据和预测数据分别计算出相应的风险等级,较为直观地对深基坑工程风险的发展趋势做出合理预判。

1.2.3.2　灌区建筑物服役风险评估

(1)建筑物失效模式

刘俊新等研究了降雨入渗对堤防边坡稳定性的影响,根据 Biot 固结理论和非饱和土流固耦合理论,分析坡度、高度、渗透性和初始饱和度等因素在不同降雨历时和降雨强度下对堤坡稳定的影响。孙冬梅等基于多相流理论,考虑土体的水相和气相流动及相互作用,建立水—气二相流模型,通过数值模拟分析降雨入渗对非饱和土坡稳定性的影响,认为降雨入渗主要是通过改变土体的孔隙水压力、气压力和土体容重使得非饱和土安全系数降低。Núria 等研究了水位骤降条件下土体孔隙水压力分布,并对实际工程进行相关计算。岑威钧等采用水—气二相非饱和渗流模型进行非稳定渗流有限元仿真分析,并进行抗滑稳定分析。韩迅等对渡槽、倒虹吸和隧洞进行了失效模式分析,提出动态风险因子,建立动态风险函数。戴长雷等通过分析寒区堤防渗流影响因素,在百年一遇洪水位情景下,采用数值模拟方法构建渗流模型,并利用 GeoStudio 软件中的 SEEP/W 模块求解,进而对凌汛期、非凌汛期典型堤防断面进行渗流模拟。张秀勇将可靠性理论应用于黄河下游堤防工程的渗流稳定分析,根据与 Monte Carlo 方法相结合的有限单元法求解单元堤段渗流稳定的基本原理,基于黄河下游堤防渗透破坏的特点,建立了黄河堤防渗透破坏计算模型。李娜等研究了穿堤管涵土石接合部渗透破坏发展机理,探讨了土体性质、水力比降、接触带压实度等因素对渗透破坏的影响,得到土石接合部接触冲刷破坏过程分为稳定渗流阶段、管涌形成发展阶段和冲蚀破坏发展阶段这一结论。

（2）灌区工程材料耐久性评估

混凝土是灌区工程中常用的建筑材料,其耐久性是工程中需要长期且重点关注的要点。现有研究对混凝土在单一影响因素下的研究比较丰富,如抗冻融性能、抗冲刷磨蚀性能,而对混凝土在冻融—冲磨耦合作用下混凝土的性能研究较少。在泥沙含量较多的渠道中,混凝土的抗冲刷磨蚀性能受到了学者们的广泛关注。刘景僖利用预埋电线和冲磨仪对葛洲坝工程部分部位进行了观测,发现闸室底板的左区、中区和右区均受到不同程度的磨损。李亚杰等在金属材料受砂粒冲磨的理论基础上,试验研究了混凝土材料的抗冲磨性能,重点探讨了水流中悬移质泥沙和推移质沙石对混凝土冲磨厚度的估算方法。蔡新华等针对海工混凝土会受到挟砂水流的问题,研究了冲刷角度、速率以及不同矿物掺合料等对混凝土抗冲刷性能的影响,研究结果表明,混凝土强度随冲刷速率增加而不断减小,稳定冲磨率随冲刷角度增加逐渐增大,硅粉、矿粉和粉煤灰等均明显提高了混凝土的抗冲磨强度。何真从磨蚀冲蚀的机理出发,指出冲刷磨蚀与其他影响因素耦合作用下导致水工混凝土结构破坏的问题愈显突出,为抗冲耐磨混凝土的研究提出了建议。刘明辉、马金泉等提出了一种新的混凝土磨蚀的试验方式,结合有限元数值模拟研究了混凝土在冻融循环和冲刷磨蚀交替作用下的耐久性,建立了冻融循环作用下混凝土磨蚀速率的公式模型。除此之外,不少学者还研究了不同种类混凝土的抗磨蚀冲蚀性能,还有采用水下喷射流的试验方法达到冲蚀混凝土的目的,然后改变冲刷时间、角度和流速等参数进行研究。

土工膜也是灌区工程中广泛应用的一种复合材料,具有抗拉强度高、抗撕裂、顶破性能高、抗酸碱腐蚀、变形及延伸性能好、渗透系数低等优点。虽然土工膜在防渗及力学性能方面的优点突出,但在实际服役过程中,其各项性能也会随时间的增加而逐渐下降,例如颜色变黄、光泽丧失、表面开裂等外观上的明显变化,以及冲击强度、挠曲强度、抗拉强度和延伸率等力学性能大幅度下降。土工膜材料性能的下降是影响土工膜服役性能的重要因素,因此对土工膜耐久性的研究显得极为重要。Koerner 等研究表明高温、外加应力和长时间暴露空气中会加速土工膜的老化。Cazzuffi 等对暴露于空气中的土工膜耐久性进行研究,力学性能结果表明,随着时间的推移,土工膜逐渐变硬,拉伸强度增加,相应的纵向和横向伸长率减小。余玲等通过现场取样和室内试验研究了 PVC 复合土工膜的抗老化性能,提出了以伸长率下降为 0 的时间为判断标准,并表明增塑剂的选取对其抗老化性能同样重要。王殿武等研究表明土工膜在运用初期强度会略有上升而延伸率呈下降趋势,在使用一段时间后两者均呈下降趋势,并表明温度、日照等环境因素与土工膜耐久性密切相关。弓晓峰研究了土工膜老化对渠道边坡稳定的影响,结果表明复合土工膜在 5 年后的渗透系数变化幅度较小,对渠道边坡稳定性的影响很小。西霞院反调节水库是国内首次土工膜大规模成功运用的大型水利工程,苏畅等在现场调研的基础上,采用有限元方法模拟了土工膜缺陷对土石坝渗流的影响,并建立了土工膜耐久性的评价指标体系。李立刚提出了复合土工膜选型、厚度、焊接和耐久性等规格指标的检测标准,为西霞院工程的安全运行提供了理论依据。李景宏将土工膜的渗透分为土工膜自身渗透、缺陷处渗漏两类,并通过室内试验表明干燥状态下土工膜的纵向拉伸强度大于浸没状态下的拉伸强度,土工膜的纵向拉伸强度随时间的增加会逐渐减小,但纵向延伸率随时间的变化不明显。黄耀英等基于王甫洲水利工程中 20 年渗流实测资料,对其复合土工膜的渗透系数进行了反演分析和工作性态评估;结果表明在 20 年的服役后,复合土工膜的渗透系数为 1.11×10^{-10} cm/s,防渗性能良好,没有产生明显劣化。

1.2.3.3　灌区工程风险管控

目前灌区工程运行期风险管控的研究匮乏,已有的其他水利工程研究成果有:郭凤杰等开展了南水北调中线干线工程安全运行可能发生的各类风险分析,并提出了相应的风险对策控制措施进行风险管理。朱梅针对南水北调中线工程维修养护存在诸多风险点的问题,结合工程实例对维修养护合同管理的风险点和防控措施进行了探讨。高媛媛等总结了跨流域调水工程的 5 种基本风险类型,结合调度任务提出风险因子体系,再通过计算筛选高权重因子风险,由此给出了引江济淮风险防控对策。高志良等开展了大坝与边坡安全风险智能管控研究,提出了大坝安全风险分层递进式预警及地震极端环境下联动响应机制与管控技术。王茂林等从虚拟社会视域开展了现代水利风险防控研究,提出对现实社会加强水利风险防控,虚拟社会中加强水利虚拟政府建设的防控措施。

可知,目前水利工程建设与运行期风险管控的研究虽取得了一定成果,但总体较少,且主要集中在引调水工程和大坝工程上,对于灌区工程的风险管控研究匮乏。因此,亟须开展灌区工程长效运行风险管控研究,为我国数量庞大的灌区工程长期安全运行提供技术支撑。

1.3　复杂大型灌区工程服役风险管控技术路线与研究内容

1.3.1　技术路线

灌区工程输水渠道线路长,渠道工程、河(沟)道、节制闸、分水闸、退水闸、倒虹吸、渡槽等多种建筑物并存,加固、续建、扩建工程交织,区域水文地质条件复杂,建设和运营面临诸多风险和挑战。以赵口引黄灌区二期工程(图 1.3-1)为例,进行大型灌区工程建设与运营风险防控关键技术研究与应用。

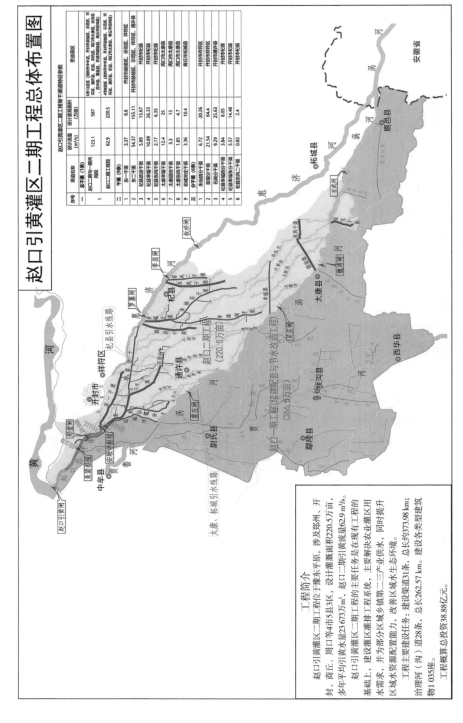

图 1.3-1　赵口引黄灌区二期工程总体布置示意图

赵口引黄灌区二期工程总体布置图

赵口引黄灌区二期工程骨干渠道特征参数

序号	渠道名称（1条）	设计流量（m³/s）	设计灌溉面积（万亩）	受益县区
一	总干渠（1条）	123.1	587	5条13区段（祥符区桃花村镇、祥符区、兰考县、开封市城区、尉氏县城镇、开封市祥符城镇、祥符杞县城镇、西华镇、鹿邑、祥符市祥符城镇）
1	赵口二期引一期段	62.9	220.5	4条6区段（祥符城镇中段、开封市城镇祥符、开封市城区、开封市城区祥符、西华镇、鹿邑、祥符市祥符城镇、商丘市城镇祥符）
二	干渠（9条）			
1	东一干渠	3.37	8.6	开封市城镇城区、示范区、祥符区
2	东二干渠	54.37	155.11	开封市城镇城区、示范区、通许县
3	杞县城镇干渠	5.89	13.67	开封市杞县
4	杞县东风干渠	2.17	6.35	开封市杞县
5	杞县东西干渠	10.89	26.33	周口市太康县
6	太康西岸干渠	12.4	25	周口市太康县
7	太康城东干渠	1.85	4.7	周口市太康县
8	大康城南干渠	3.3	13	周口市太康县
9	杞城城风干渠	3.36	10.4	商丘市柘城县
三	分干渠（6条）			
1	东城城镇分干渠	6.72	20.26	开封市城镇城区
2	杞城分干渠	21.54	64.4	开封市杞县
3	杞城分干渠	9.29	25.63	开封市杞县通许
4	杞县城城26分干渠	3.84	8.05	开封市杞县
5	杞县城城95分干渠	5.57	14.48	开封市杞县
6	杞县城风干渠	0.82	2.4	开封市杞县

工程简介

赵口引黄灌区二期工程位于豫东平原，涉及郑州、开封、商丘，周口等4市5县3区，设计灌溉面积220.5万亩，多年平均引黄水量23673万m³，赵口二期引黄流量62.9 m³/s。

赵口引黄灌区二期工程的主要任务是在现有工程的基础上，建设灌溉排水工程系统，主要解决农业灌区用水需求，并为部分区域乡镇第二三产业供水，同时提升区域水资源配置能力，改善区域水生态环境。

工程主要建设任务：建设渠道31条，总长约373.98 km；治理河（沟）道28条，总长262.57 km。建设各类型建筑物1035座。

工程概算总投资38.88亿元。

针对赵口引黄灌区二期工程复杂性,运行期多水源互用的特点和建设运行困难,首先建立基于风险的灌区工程建设运行管理体制机制,明确大型灌区工程系统特征及建设安全管理的总目标,提出网格化的工程建设、运行期安全管理机制,以提升大型灌区工程安全管理水平;继而区分大型灌区工程施工期及运行期的风险差异及不同特点,分别进行大型灌区改扩建工程建设期、运行期危险源及风险动态识别与预警,为灌区施工及运行安全提供支撑;最后以满足安全和效益为目标,构建大型灌区工程长效服役风险评估方法体系和风险分级管控体系,为灌区工程长期高效运营提供保障。整体技术路线如图1.3-2所示。

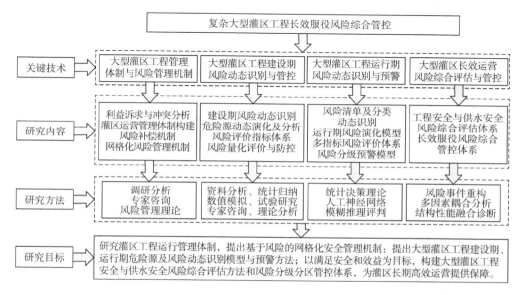

图1.3-2 技术路线

1.3.2 基于风险的灌区管理体制机制

(1)进行国内外大型灌区管理体制机制适宜性梳理,总结分析行政主导管理模式、市场化管理模式、政府与市场相结合管理模式、用水户自主管理模式的运行机制、运行特点及其适用条件等,为构建赵口引黄灌区二期工程管理体制提供借鉴;同时,开展利益相关者利益诉求与利益冲突分析。针对赵口引黄灌区的具体实际,厘清该灌溉系统中各利益主体的利益诉求及可能的利益冲突,为构建多中心结构管理体制奠定基础。基于以上研究,进行灌区管理体制构建,根据赵口引黄灌区二期工程特点,按照"政府宏观调控,准市场机制运作,现代化企业管理,用水户参与"的思路,提出多种管理体制构想,并分别厘清各种管理体制中政府、灌区管理单位、供水公司、用水户的权责关系。

(2)开展灌区工程运营风险及补偿机制研究,基于双因素理论,分析影响灌区工程持续良性运行的风险因素,提出补偿供水成本,实现灌溉工程良性运行。提出灌区水价分担机制的总体思路、多主体共同分担水价的分担机制和设立水价风险补偿金的构想；进一步地建立大型灌区工程建设网格化风险管理机制，运用霍尔的三维结构思想对赵口引黄灌区二期工程的建设、运行期的风险源进行识别；引入杜邦安全管理理念，提出大型灌区工程建设安全管理目标，对灌区工程建设安全管理进行网格划分，组建网格化服务团队，搭建网格化管理平台，提出网格化风险管理的运行机制，实现灌区工程风险的精细化和动态化管理。

1.3.3 大型灌区建设期危险源动态识别及预警

（1）开展建设期危险源动态识别与风险评估。针对大型灌区工程河道、渠道线路长及水闸、倒虹吸等建筑物分散的问题，以节点工程和控制断面分析为主，采用点面结合、分区控制的方式提出大型灌区建设期危险源识别和风险评估方法，创建风险评价指标体系基本框架。给出风险量化方法与参考标准、风险等级划分标准，引入动态危险源综合安全评分概念来衡量各级各类危险源风险的大小，融合设计、施工质量控制、建设管理等施工期多源信息推导其计算公式；同时，创建典型建筑物施工期动态危险源指标体系和数据库。创建渠道、水闸、倒虹吸工程施工危险源风险清单，综合工程规模和施工进度两个重要因素建立包含施工、设计和建设管理三个方面危险因素的三级风险评价指标体系，计算给出每个风险等级对应的第三级指标的综合安全评分并存入案例知识数据库，用于类似工程使用案例推理方法衡量风险等级。

（2）探究施工危险源动态演化机理。结合灌区工程实际情况，基于系统动力学的原理绘制因果回路图和系统流图对施工期危险源的时空演化机理进行研究，挖掘危险源演化与施工进程的联系。风险演化以施工、设计、建设管理三个方面危险因素的权重随施工进程的变化来直观表现；建立大型灌区工程建设期多因素的危险源风险预警模型。基于案例推理理论与方法研究风险预警的原则与一般方法，结合动态危险源综合安全评分，建立风险预警模型，预警阈值采用4级风险划分标准值，预警颜色采用绿、橙、黄、红，分别对应可接受、可容忍、不可接受的和不可容忍的危险源风险。

1.3.4 大型灌区运行期风险动态识别及预警

（1）风险源动态识别。针对赵口灌区二期工程建筑物数量庞大、种类繁多、位置分散等特点，综合运用现状调查法、安全检查表法、专家调查法等风险识别方法，结合建筑物应力和稳定计算分析，深入剖析建筑物各自特有风险及共性风险，归纳总结得到灌区运行期风险清单。基于工程运行过程安全风险状态的动态连续性特征，分析风险形成及发展路径，构建基于静态风险和动态风险相融合的灌区运行期风险演化模型，通过不同指标的敏感性分析明晰动态风险因子对灌区建筑物的影响程度。采用贝叶斯网络、事件树分析法等风险分析方法建立风险函数模型,确定灌区渡槽、倒虹吸等典型建筑物的综合风险指数,实现大型灌区工程运行期风险动态识别。

(2)风险评价体系和预警方法构建。在灌区运行期风险源识别的基础上,深入剖析各风险特征,建立多指标评价体系和风险预警方法。依托赵口灌区二期工程,构建适用于复杂灌区工程安全评价的毕达哥拉斯模糊云模型,建立大型灌区工程安全评价指标体系;基于神经网络、模态分解、人工电场算法等方法,建立灌区自然风险预警模型;在灌区运行期风险源识别和相应风险评价指标体系建立的基础上,建立基于 BP 神经网络的灌区工程风险预警模型。针对灌区不同建筑物分别提出相应的风险处置措施,为大型灌区的安全长效运行提供技术支撑。

1.3.5 大型灌区工程风险长效管控体系

(1)进行长效服役风险事件重构与风险综合评估。根据大型复杂灌区工程风险传导模式进一步系统梳理大型灌区工程长效服役的风险事件类别,以工程安全和供水安全为目标进行集成重构;在风险评估单元划分的基础上,建立基于工程运行安全性、适用性和耐久性三个维度的灌区工程安全点—线—面系统协调的风险评估指标体系和评估方法,提出考虑供水安全的灌区工程失效后的风险演化、评估和调控模型;开展大型灌区工程风险多因素耦合评估。探究干湿循环、地下水位变动、材料劣化等时效风险事件对灌区工程安全运行的影响,综合给出灌区结构受服役环境变化影响的多因素耦合作用关系,建立干湿循环作用下的土体特性关系及裂缝对渠坡稳定性的影响关系,提出雨水入渗及地下水位抬升对渠坡及闸室结构的抗滑稳定分析方法,结合赵口引黄灌区工程构建冻融—泥沙磨蚀耦合作用下的混凝土材料性能劣化模型,提出混凝土性能劣化后结构断面糙率反演方法,建立温度—湿度耦合作用下土工膜材料性能劣化模型等。

(2)进行大型灌区工程结构性能融合诊断与长效服役风险综合管控。综合工程雷达、红外热成像、三维激光、无人机倾斜摄影等先进技术手段,区分渠道工程和渠系建筑物提出不同类型结构的性能融合诊断方法,提出大型复杂灌区长效服役风险管控标准,区分内部措施和外部措施综合构建大型灌区工程长效服役风险管控和防御体系,实现灌区工程全范围的风险识别、评价与分级管控。

第二章
大型灌区工程管理体制与风险管理机制

要充分发挥灌区工程的功能效益,管理是关键。管理水平的高低不仅涉及技术方面的问题,更重要的还涉及管理体制与机制方面的问题。因此,可从以下几个方面进行提升:通过构建职责分明的灌区管理体制,实现水资源的最优配置;通过建立工程运营管理机制,实现工程持续良性运行;通过建立风险管理机制,实现工程安全的精细化和动态化管理。

2.1 大型灌区工程管理体制机制

2.1.1 国内外大型灌区管理体制机制

2.1.1.1 国外灌区管理体制机制及经验借鉴

国外灌区在管理方面大多实行分级管理和市场化管理模式。由于灌区管理受社会、领域等多种因素的影响,发达国家和发展中国家大中型灌区的管理模式也存在差异。

1)发达国家灌区管理

(1)澳大利亚。在澳大利亚,灌区管理通常采用用水户参与的公司模式,灌溉公司分配灌溉水资源,根据与水管理有关的国家法律文件运作。灌溉公司拥有水权,这种权利可在水市场上临时或永久交易。在澳大利亚,所有用水者享有水权,其中包括水量分配权、交易权、使用权和注册登记权。每个用水户都拥有自己的用水账户,用户需要用水灌溉时,事先与灌溉公司联系,灌溉公司会对用户的用水账户进行审核。如果用户要求的水量小于账户内的剩余水量,公司会提供给用户用水,否则用户需要通过水权交易购买超额用水量。同时澳大利亚的用水权上一年未使用的水可转到下一年。水权交易不仅提高了用水户的节水意识,同时灌溉公司可以尽最大努力减少输水损失和提高用水效率,以提高企业效益。

(2)法国。法国灌溉用水管理主要有三种模式(见图2.1-1)。第一是协作管理模式。在该模式下,由用水户组成的协会统一使用和管理所有的灌溉设备、设施以及维修和更新,且通常在协会章程中会对此作出明确的规定。目前,在法国南部大约有1/3的灌溉农田采用了这一管理模式。第二是区域开发公司管理模式。该模式适用于规模较大的灌溉地区。开发公司管理灌区内的灌溉设备,并为管区内的农户提供灌溉用水。公司先与流域管理办公室签订取水合同和基础设施管护合同,再与用水户签订用水合同。公司有权向所有的用水户按计量用水量收取水费,所收取的水费全部留为己用。第三是单个灌溉工程管理模式。该模式是农户自给自足的灌溉管理方式。农户依靠建立在自己农场内的小水库或地下水,或直接从河流引水灌溉,而不与其他农户或机构发生直接的关系。

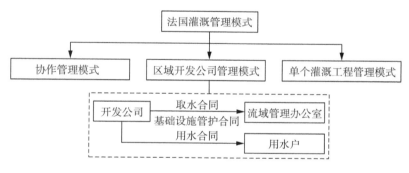

图 2.1-1　法国灌溉管理模式

(3)美国。在美国,项目立项前,受益地区用水户应当提出建设申请,由垦务局进行可行性研究,报国民议会批准后安排资金。项目立项后,由联邦政府及州和市政府负责灌区的建设,其中联邦政府占三分之二。工程建设后,农业和农田水利管理体制以分权原则为基础,联邦政府和州政府适当分权,政府和民间组织合理分工(见图2.1-2)。联邦政府包括内务部垦务局、农业部自然资源保护局和陆军工程兵团,主要负责制定农业和灌溉政策,并适当监督、管理和建设大型供水和输水工程;而民间组织或私人性质灌溉区则由灌区管理会建设和管理。灌区实行企业化管理,管委会主任一般由用水户民主选举产生。董事会是灌区最高决策机构,同时实行总经理聘任制,再由总经理聘任经理和员工,对各部门进行监督。灌区内自负盈亏,保本运行。

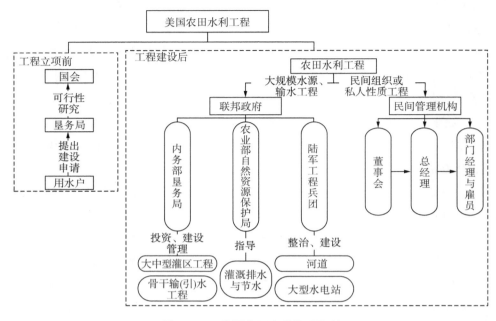

图 2.1-2　美国农田水利管理体制

（4）日本。日本根据灌区工程的级别实行灌区分级管理（见图 2.1-3）。其中：水源大型工程由政府设立的水利部门直接管理；干支渠由水利部门设立的下属专门机构按照区域管理，田间末端工程全部交给用水户组织管理。日本对支渠及以下灌溉工程按渠系（水系）和地域划分土地改良区，其主要职责为建设农业节水灌溉设施、管理农地与农业用水等。土地改良区按区域成立协会，并组建全国联合会。土地改良区的最高决策机构为总会，同时设有理事会和监事会，改良区成员奉行"一人一票"制，监事和理事任期均为4 年。

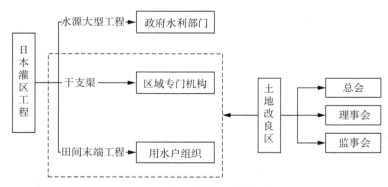

图 2.1-3　日本灌区工程管理模式

2）发展中国家灌区管理

（1）土耳其。土耳其是一个以农业为主的国家，灌溉农业是其可持续发展的基础。为彻底缓解财政支出压力，20世纪90年代土耳其政府谋划并启动了灌区管理移交计划。计划主要包括两个核心部分，一是坚持灌区工程设施的国有属性，保留国家的灌区工程所有权；二是引入农民参与式管理的概念，组织成立用水者管理协会和灌区联盟，由地区水利事务分局指导管理，并赋予他们灌区工程使用权和管理责任，实现灌区管理的转移。具体管理模式见图2.1-4。

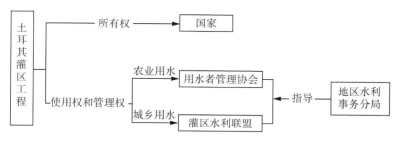

图 2.1-4　土耳其灌区工程管理模式

（2）墨西哥。1989年，墨西哥发起了灌区管理改革，将水资源的管理权从国家水资源管理委员会转移到用水户协会，向持有相应许可证和正式许可文件的用户分配水，并按灌溉模块授予农户设备购买权和管理权。此外，政府还成立了灌溉体系使用者协会，将灌溉模块汇集在一起，作为官方与各模块之间的沟通渠道，帮助这些灌溉模块获得银行贷款和技术援助。

3）经验与启示

综上可见，国外发达国家的灌区管理大多实行市场管理模式，发展中国家大多实行用水户高参与度的行政主导管理模式。以法国、美国为代表的发达国家所采用的灌区管理模式主要为组建灌区管理公司，管理灌区设备并提供供水服务。澳大利亚采用用水户参与的公司运作模式，水权交易市场成熟是其管理模式的最大亮点。日本的分级管理体制与中国类似，不同的是，日本的农民用水户高度参与灌区的管理，用水户协会设有全国总会，在管理工作中有充分的发言权。以土耳其、墨西哥为代表的国外发展中国家纷纷进行灌区管理制度改革，用水户直接参与更高级别的灌区工程设施运行维护和管理的趋势越来越明显。但不同于发达国家的用户参与灌溉管理，发展中国家大多实行灌溉管理职责的转移。用户参与灌溉管理更强调尊重用水户的意愿，用水户有充分的发言权，但对用水户的素质要求较高。具体管理体制梳理情况见表2.1-1。

表 2.1-1　国外灌区管理体制梳理

国家		管理体制	管理模式	特点
发达国家	澳大利亚	灌溉公司根据各用水户的用水账户余额进行灌区水资源的分配,水权可以进入水市场进行临时或者永久的交易	用水户参与的市场管理模式	市场化程度高
	美国	灌溉工程受益区用水户组建具备法人地位的灌区管理机构,灌区具有完全的权威性,与垦务局是平等的伙伴关系	市场管理模式	
	法国	法国南部 1/3 灌区采用"政府+用水户协会"的协作管理模式;规模较大的灌溉地区采用区域开发公司管理模式;小型灌区采用农民自主管理模式	高用水户参与度的行政主导管理模式、市场管理模式、用水户自给自足的管理模式	
	日本	水源大型工程由水利部门直接管理;干支渠由水利部门下属专门机构按照区域管理;田间末端工程全部交给用水户组织管理	高用水户参与度的行政主导管理模式	
发展中国家	土耳其	由水利联盟主要管理大型水利工程,统筹城乡用水,用水户协会主要管理农业用水,地区水利事务分局负责指导联盟和协会工作	高用水户参与度的行政主导管理模式	用水户参与度高
	墨西哥	将灌区的管理责任全部移交给用水户协会,国家水资源管理委员会制定政策和指导协会工作	高用水户参与度的行政主导管理模式	

2.1.1.2　国内灌区管理体制机制及经验借鉴

我国灌区通常采用分级管理,中央设立的灌区专管机构负责支渠(含支渠)以上的工程管理和用水管理,负责对跨市、县的事务进行协调,支渠以下工程和用水由区、社、队设立集体的专管组织或专管员管理(见图 2.1-5)。近年来,国内部分大中型灌区进行了一

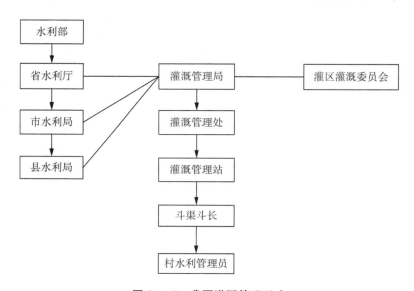

图 2.1-5　我国灌溉管理形式

系列改革,主要有用水户参与式灌溉管理改革、公私合作的灌溉管理新模式、水权交易市场改革等。

1)国内灌区管理体制

(1)淠史杭灌区。目前,淠史杭灌区实行"统一管理与分级管理相结合"的管理体制。淠史杭灌区管理总局为安徽省水利厅直管事业单位,并成立安徽省淠史杭灌区管理委员会,为灌区最高权力机构,总局为管委会办事机构。总局管理淠河总干、史河总干及两个县以上干渠的控制性建筑物,负责灌区的规划建设以及整个灌区的宏观管理和业务指导。灌区内各级干渠、分干渠及重要的支渠分别按行政区划由渠道所在县(区)管理,灌区内干渠设管理分局,分干渠一般设有管理所,每5~10 km设有管理段。各县(区)的淠史杭工程指挥部设于各县(区)水利局,支渠及以下渠道基本由所在地乡、镇群管组织管理。淠史杭灌区现行管理体制的基本特点是总局与各县(区)管理机构之间没有上下级隶属关系,只有业务指导关系。淠史杭灌区管理体制如图2.1-6所示。

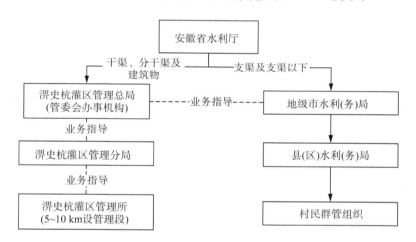

图 2.1-6　淠史杭灌区管理体制

(2)都江堰灌区。都江堰灌区目前采用"统一管理与分级管理"和"专业管理与群众管理"相结合的管理体系(见图2.1-7),灌区按照以统一经营为主,分级授权为辅;以管为本,管养结合;以用为本,综合利用的原则进行运行管理。按照《四川省都江堰水利工程管理条例》规定,都江堰水利工程的统一管理由四川省水利厅负责,渠首枢纽、干渠(河)、各支渠(河)分水枢纽及跨设区的市支渠(河)等水利工程的管理维护工作由其设立的都江堰水利工程管理单位具体承担,市、县水利部门负责本行政区域内有关都江堰水利工程的水事管理和支渠(河)分水枢纽以下水利工程的管理,以及负责组织、指导群众性的用水管理工作。

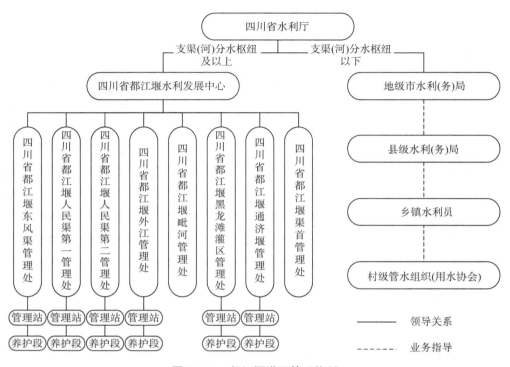

图 2.1-7　都江堰灌区管理体制

（3）甘肃洪水河灌区。洪水河灌区实行的是"行政管理＋用水户协会民主管理"的模式（见图 2.1-8），民乐县水务局组织制定并实施全县水利发展规划，负责城市供水规划、建设以及区域地下水的开发、利用和保护。县水务局下设洪水河管理处，贯彻落实县水务局各项决策部署，推进灌区水利建设与管理。同时，灌区内各行政村和国营、机关农林场全部组建了农民用水户协会，负责管理田间工程，渠系工程维修和田间配套设施修建都由用水户自发组织。灌区还积极推行水权制度改革，在洪水河管理处设置了水权交易中心。

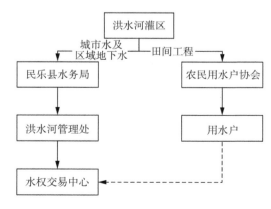

图 2.1-8　洪水河灌区管理体制

　　（4）湖南铁山灌区。1982 年，铁山灌区成立了工程管理局，对渠系工程实行分级管理，只负责水库、枢纽工程、总干渠和分干渠的管理，地方水管部门负责管理支渠及以下工程。1995 年，铁山灌区成立了全省首个农民用水户协会，实行"供水公司、用水户协会、用水户"的联合管理模式（见图 2.1-9）。铁山供水工程管理局负责系统工程的维护和管理，下设铁山水库枢纽管理所、南灌区管理所、北灌区管理所等。同时，铁山灌区还通过成立供水公司，负责维护支渠以上的渠系并提供灌溉用水服务。支渠及以下渠系设施由农民用水户协会负责管理。

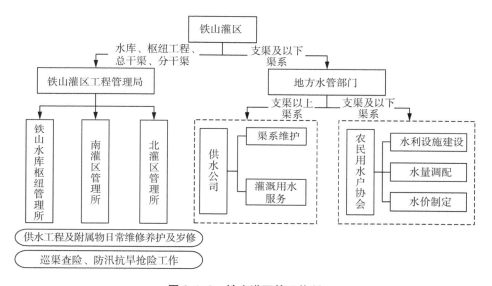

图 2.1-9　铁山灌区管理体制

　　（5）内蒙古河套灌区。河套灌区根据用水户参与式的管理理念，借鉴国内外灌区经验，建立了以农民用水户协会为主体的管理体制，试行了专管与群管相结合、渠长负责制、供水公司等多种形式的群管改革（见图 2.1-10）。其中，总干、干渠、分干渠、沟渠由国家管理，支渠及以下工程由群众管理。黄河三盛公枢纽工程设立黄河工程管理局，总干渠、总排干分别设立总干、总排干管理局；干渠分别设一干、解放闸、永济、义长、乌拉特等 5 个管理局和 45 个管理所；分干渠、沟共设立了 169 个管理段。灌区 88 个乡镇全部建立了水利管理站，负责本乡镇农田水利工程建设和管理。在各支、斗设立了支斗渠委员会和支斗渠长，各村有专职管水员，并结合生产责任制，成立联户包产组。

　　（6）新疆喀什灌区。目前喀什噶尔河流域水利管理分为三级，水利厅下属喀什噶尔河流域管理局、喀什地区的盖孜库山河流域管理处、克州水管处为第一单位；各市、县水管总站和农三师各团场水管站为第二级管理单位，各乡镇水管站为第三级管理单位。同时，喀什噶尔河流域始终坚持民主协商管理，其中，流域水利管理委员会是民主协商管理

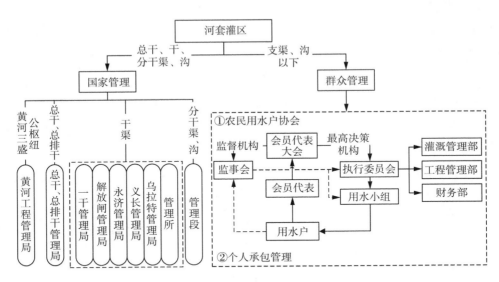

图 2.1-10　河套灌区管理体制

的最高组织形式。管委会主任委员由自治区水利厅厅长担任,副主任分别由喀什行署、克州政府、兵团农三师、疆南电力有限责任公司的一名领导担任,委员则由流域内灌区县(区)级用水单位的县(区)、场领导按照规定的名额比例担任。管委会下设日常办事机构,现为水利厅喀什噶尔河流域管理处。具体管理模式见图 2.1-11。

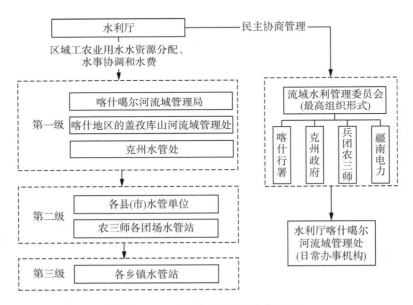

图 2.1-11　新疆喀什灌区管理模式

（7）山东位山灌区。位山灌区实行的是"灌区管理服务中心、管理所、用水户协会、用水户"的垂直管理模式。灌区骨干工程的建设与管理由专管机构负责，田间工程的建设与管理由乡、村群管组织负责。聊城市水利局下设市级专管机构位山灌区管理服务中心，负责跨县骨干工程的建设与管理、用水调配和对下一级灌区专管机构的业务指导。各县设置管理所，专管支级工程，同时负责对田间工程群管组织进行业务指导。灌区管理委员会是灌区的民主管理组织，代表灌区群众监督专管机构的工作，决策灌区改革和发展等重大事项，制定管理政策等。具体管理模式见图 2.1-12。

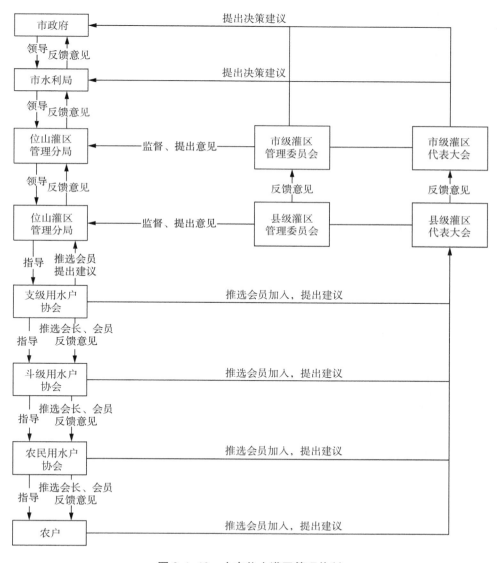

图 2.1-12　山东位山灌区管理体制

2）经验与启示

从国内大型灌区管理体制来看，我国灌区大多采用条块结合的管理模式，并逐步进行用水户参与式灌溉管理改革，采用"专业管理与群众管理相结合"的灌区管理制度，各灌区管理体制梳理情况见表2.1-2。内蒙古河套灌区的改革较为成功，建立了以农民用水户协会为主，同时试行专群结合管理、渠长负责制等多种群管水利工程管理改革形式的管理体制。赵口引黄灌区可借鉴其成功的群管经验，充分发挥农民用水户协会的作用，提高管理效率。铁山灌区则借鉴了国外发达国家公私合作的灌溉管理新模式，通过组建供水公司并将政府承担的运营维护职能移交，由其负责支渠以上渠系的维护和提供灌溉用水服务。赵口引黄灌区可向铁山灌区学习市场化改革经验，但改革的前提是必须加快田间水利工程配套设施的建设，以更好地计量用水、分配水量。另外，部分灌区还推行了水权交易，如洪水河灌区成立了水权交易中心，整合了灌区水资源使用权，推进了灌区水资源的高效利用，但水权交易适合在管理体制成熟的灌区实行。赵口引黄灌区可在部分水量计量设备完善、用水户协会发展成熟的地区开展水权交易试点工作，再逐步推广至全灌区。

表 2.1-2　国内大型灌区管理体制梳理

灌区	管理体制	管理模式	特点
都江堰灌区	都江堰水利工程管理单位负责支渠以上水利工程，市、县水利部门负责支渠以下水利工程，并组织、指导群众自管	条块结合、专管与群管相结合	行政主导，条块结合
淠史杭灌区	灌区管理委员会为灌区最高权力机构，总局为管委会办事机构，管理总干以及跨县干渠，县水利局设指挥部，负责管理干渠、分干渠及重要支渠，支渠以下由群管组织管理		
内蒙古河套灌区	实行以农民用水户协会为主，同时试行专群结合管理、渠长负责制、供水公司等多种群管水利工程管理改革形式的管理体制		
湖南铁山灌区	管理局负责系统工程的维修与管理，供水公司负责支渠以上渠系的维护和提供灌溉用水服务，农民用水户协会管理支渠及以下渠系	管理局＋供水公司＋用水户协会	
甘肃洪水河灌区	民乐县水务局制定并实施全县水利发展规划，洪水河管理处贯彻落实县水务局各项决策部署，农民用水户协会负责管理田间工程	行政管理＋用水户协会民主管理	
新疆喀什灌区	管理处负责工农业用水水资源分配及水事协调和水费，下设市、县水管单位和乡镇水管站。同时，坚持民主协商管理	管理处＋县市水管单位＋乡镇水管站＋民主协商	
山东位山灌区	管理服务中心负责骨干工程的建设与管理、用水调配和对下一级灌区专管机构的业务指导；各县设管理所，专管支级工程，并对田间工程群管组织进行业务指导	管理服务中心＋管理所＋用水户协会	

我国灌区管理体制仍存在一些问题，如水管单位没有经营自主权、收益权和法人财

产权,在经营管理上易受政府部门的制约,同时它又代行一部分政府职权,常常产生政事(企)职责不分的问题;一些地方用水定价低于供水成本,导致后续工程维护资金短缺,这些问题都有待进一步解决。

2.1.2　灌区管理模式总结与运行机制分析

基于各国各地经济发展水平、自然禀赋、历史传统文化、灌区实际情况等因素,国内外已经形成了各具特色的灌区管理模式,主要有四类,即行政主导管理模式、市场化管理模式、政府与市场相结合管理模式、用水户自给自足管理模式。各类管理模式各自有其运行特点及其适用条件。

2.1.2.1　行政主导管理模式

行政主导管理模式分为垂直管理(条状管理)和分层管理(块状管理),也有一些灌区将两者相结合,实施"统一管理、条块结合、分级负责"的管理模式。在条块结合的管理模式下,政府按照灌区项目的等级对灌区进行分层管理,重点工程和主干渠由行政管理总局或水利部门负责,分干渠由各个地区的所属机关负责,支渠或斗渠以下由地方水管部门或农民用水户协会负责。这一管理模式的特点在于政府占据主导地位,灌区管理机构与组织均从属于政府;政府负责水价的制定和水费的征收,当灌区在建设和管理过程中存在资金运转困难时,管理机构可向政府申请行使对收缴水费的部分使用权。

从国外灌区管理体制来看,日本、土耳其、墨西哥等国家实行行政主导管理模式。日本灌区管理体制的特点是用水户参与度高,如国内灌区仅在末渠建立了农民用水户协会,但日本灌区还设置了全国联合会,能统一协调各区域协会的用水管理,且用水户发言权较大,新项目的实施首先要有用水户的同意和支持。土耳其在坚持灌区工程设施的国有属性、保留灌区工程国家所有权的同时,进行管理体制改革,逐渐引入农民参与式管理的理念,由市长和乡镇长组成的水利联盟主要管理大型水利工程,统筹城乡用水,用水户协会主要管理农业用水,地区水利事务分局负责指导联盟和协会工作。土耳其、墨西哥的灌区管理模式较为类似,灌区的管理责任全部转交给用水户协会,国家水资源管理委员会则成为名副其实的水行政管理机构。

从我国灌区管理体制来看,多数灌区实行流域统一管理和行政区域分级管理相结合的条块管理模式,同时采取专业管理和群众管理相结合的办法进行管理,灌区管理机构根据灌区规模和等级,分别设管理局、处或所实行多级管理。在这一管理模式下,水管单位可能受上级单位和地方政府的双重领导,比如赵口引黄灌区一期工程的管理模式,各县内灌区管理由各县水利局领导,但业务上受各县水利局及开封市引黄管理处双重领导。由于灌区管理体制不顺,容易导致跨地区调(引)水困难,如地处灌区下游的市县用水需向与其相邻的上游市县申请。同时,灌区供水及收费机制不顺畅,灌区水管单位管水但不直接收取水费,水费由县财政代收,这使得层层水费难以足额上缴,在一定程度上恶化了灌区内部管理环境,造成灌区用水量减少,效益衰减。

从国内外灌区管理实践来看,行政主导管理模式较适用于灌溉面积较大,涉及行政区域较多的灌区,且相较于块块管理和条块结合管理,条条管理的效率更高。但是,由条块结合管理转变为条条管理不易,建议先在用水户协会发展较为成熟、灌区管理体制较为完善的灌区进行试点。

2.1.2.2　市场化管理模式

市场化管理模式下,灌区由具备法人地位的灌区管理机构进行管理,管理机构按照市场经济体制自主经营、独立核算、经济自我维持。灌区日常维护皆由管理机构负责,水价由灌区自行核定,水费归属于管理机构,同时政府也不给予管护工程补贴,管理机构自负盈亏。市场化管理模式的特点是灌区管理组织与政府水行政部门无隶属关系;水资源定价权和水费征收权均属灌区管理组织。该模式能较好协调不同行政区域的用水需求,有利于灌区规模化、集约化经营;产权清晰,水费能充分用于灌区管护,减少腐败行为。然而,由于这一模式行政强制性不高,在实施初期通常推行困难,面临较大的改革阻力。

目前,只有部分国外发达国家的灌区采用了市场化管理模式。法国规模较大的灌区实行区域开发公司管理模式,开发公司管理灌区内的灌溉设备,并为灌区内的农户提供灌溉用水,所收取的水费全部留为己用。美国大型灌区大多实行公司化管理模式,灌区管理机构由用水户自发建立,在立法上具有准自治的地位。灌区具有完全的权威性,包括有权停止供水甚至可以剥夺不支付灌溉水费的农民的土地所有权。由于灌区规模和政治影响力的关系,美国垦务局与灌区通常是平等的伙伴关系,而非中国行政主导模式中的上下级关系。同样实行市场化管理模式的还有澳大利亚,其灌区管理一般采取用水户参与的公司运作模式,通过灌溉公司和用水户所拥有的水权进行灌区水资源的分配。澳大利亚的水权市场较为成熟,用水户水权可以进入水市场进行临时或者永久的交易。与中国水权市场不同的是,澳大利亚在用水初次分配时就开展了水权交易。这种模式能充分调动用水户节水的积极性,也能很好地协调不同行政区域的用水需求,提升灌区管理效率。

从国外灌区市场管理实践来看,此模式适合灌溉工程体系完整,具备较好的灌溉水资源调度、控制能力以及工程管理条件的大中型灌区。同时,用水户有支付水费的能力,并具备初步的法律框架或政策。

2.1.2.3　政府与市场相结合管理模式

　　政府与市场相结合管理模式一般指骨干工程仍采用政府主导管理模式,而末级渠系工程管理引入租赁或承包、供水公司等市场化管理模式。由于我国市场经济体制尚不健全,难以在全部灌区范围内采用市场化管理模式,因此部分灌区采取了政府与市场相结合管理模式,如我国内蒙古河套灌区和湖南铁山灌区就采用了这一管理模式。基于这一管理模式,政府对总干渠、干渠等进行宏观调控,末级渠系让农户最大程度地进行参与,实行市场化管理,使政府与市场形成发展合力,不断提高灌溉效率。政府与市场相结合管理模式的特点在于部分渠道所有权、使用权和经营权由国家集体所有制转变为个人或法人所有。然而,该管理模式的实施也面临着一些挑战:其一,由于这一管理模式需要相对完善的市场,目前灌区一般将其应用于灌溉面积较小、行政区划较简单、隶属关系清楚的渠道;其二,为实现市场化管理机制的有效运行,这一管理模式的实施需要取得政府的高度重视和大力支持以及具备一定专业知识储备的农户作为辅助,保证用水户的最终利益。

　　实践中,政府与市场相结合管理模式可以分为租赁或承包管理、供水公司管理两类。其中,租赁或承包管理模式是在灌溉工程产权不变的前提下,将工程或设备的经营使用权转让给个人或联户,收取一定的租金或承包费及相关费用。同时,通过合同契约方式来保障工程产权所有者与承包(租赁)方的利益。这一组织形式主要适用于国管渠道,以及灌溉面积较小、行政区划比较简单、隶属关系清楚的小直口渠,如内蒙古河套灌区部分渠道在用水户协会外实施个人管理或承包管理。从河套灌区灌溉改革的发展状况来看,用水户协会这一改革形式的推广较为容易,同时实施支、斗渠等小型水利工程的承包租赁等形式也有很好的发展态势。

　　政府与市场相结合的另一类组织模式是在部分渠道按照市场机制要求建立供水公司。基于这一组织模式,根据灌区的特点,干渠、分干渠等仍采用政府主导模式,末级渠系则通过组建供水公司,并结合农民用水户协会进行管理。如湖南铁山灌区在铁山供水工程局的管理下,下设管理所,并同时通过组建供水公司,建立农民用水户协会,形成了政府主导,结合"供水公司、用水户协会、用水户"的新型灌溉管理模式。这种模式适用于市场化较为完善的区域,可以有效地解决目前我国农村一家一户土地分散经营的灌溉问题,工程设备的利用率及管理水平较高。

2.1.2.4　用水户自给自足管理模式

　　用水户自给自足的管理模式是指用水户依靠建立在自己农场内的小水库或地下水,或直接从河流引水灌溉,而不与其他农户或机构发生直接的关系。这一管理模式适用于单个灌溉工程和小型水利工程。由于我国灌区工程均较为庞大,一般只在干支渠以下渠道会实行各县和民间自行建设和管理,干渠等仍采用政府主导模式,如都江堰灌区内的渠首工程为官堰,干支及以下各级渠道为民堰,由受益各县或民间自行管理。而国外,在希腊、英国、法国等典型欧洲国家,小农户非常多,较为适用这一管理模式。如在法国农户农场范围内由农户自己进行建设管理,使得灌区内灌溉设施权属清晰,用水效率高,灌溉周期短,可以有效实现自给自足。

用水户自给自足的管理模式优势在于权属清晰,用水户可以依据自身需求建设和管理,用水户参与度高,有助于提高用水效率和形成节水意识。但同时,这一管理模式也存在一定的劣势:一方面,其仅适用于灌溉面积较小的灌区;另一方面,政府难以进行宏观把控,水费等可能无法按时收取,造成管理散漫的问题,容易形成冲突和矛盾。同时,这一管理模式需要农户具备一定的知识储备和较高的素质以及政府政策的支持。

对不同灌区管理模式的梳理情况见表 2.1-3。

表 2.1-3   不同灌区管理模式梳理

管理模式	行政主导管理模式	市场化管理模式	政府与市场相结合管理模式	用水户自给自足管理模式
运行模式	灌区实行分级管理,主干渠等由管理总局或水利部门进行管理,分干渠由下属机构管理,支渠或斗渠以下由农民用水户协会等管理	灌区由具备法人地位的灌区管理机构进行管理,水费归属于管理机构,同时政府也不给予管护工程补贴,管理机构自负盈亏	骨干工程仍采用政府主导管理模式,而末级渠系工程管理引入市场化管理模式	用水户自建水利工程并进行管理
运行特点	政府占主导地位,管理机构也隶属于政府;水价由政府制定,水费由政府征收	灌区管理组织与政府水行政部门无隶属关系;水价由灌区自行核定,水费由灌区管理机构征收	部分渠道所有权、使用权和经营权由国家集体所有制经营转变为个人或法人所有制经营	依靠农场内的小水库或地下水,或直接从河流引水灌溉,而不与其他农户或机构发生直接的关系
优势	政府具有行政强制性,政策较容易执行	能较好协调不同行政区域的用水需求;产权清晰,水费能充分用于灌区管护,减少腐败行为	充分调动起参与者的积极性,确保灌溉顺利进行	权属清晰,用水户参与度高,用水效率高
劣势	管理机构臃肿,效率低下;工程重建轻管,管护责任不明确	行政强制性不高,前期推行困难,改革阻力大	难以准确把握政府与市场的关系	政府难以宏观把控,水费收取困难
适用条件	灌溉面积较大,涉及行政区域较多的灌区	灌溉工程体系完整,具备好的灌溉水资源调度、控制能力以及工程管理条件的大中型灌区	灌溉面积较小,行政区划比较简单,隶属关系清楚或市场化较为完善的渠道	单个灌溉工程和小型水利工程
典型灌区	中国大部分灌区、日本灌区、墨西哥灌区、土耳其灌区	美国灌区、法国部分灌区(Gascogne 河流域管理公司)	内蒙古河套灌区、湖南铁山灌区	法国部分灌区

2.2　大型灌区运营风险管理及风险补偿机制

2.2.1　灌区良性运行的风险因素分析

受水利工程其产品和服务特点的限制,水利工程建成后,往往因投入不足,管理不善等,暴露出许多诸如工程老化失修、带病运行、完好程度低、效益衰减等严重问题,影响了水利工程效益的发挥。因此,灌溉工程建成后,能够保持运行状况良好,满足设计能力,全面发挥工程效益,有足够的运行管理维护资金,管理体制健全、管理队伍稳定、管理手段先进,且有良好的管理制度环境做保障,是工程良性运行的重要体现。而在灌区工程运行过程中,面临较多风险因素的影响,且较为复杂,因此,清晰识别影响灌区工程良性运行的风险因素尤为重要。

双因素理论最初是美国管理学家赫茨伯格在匹兹堡地区通过对工商企业机构的多名会计师、工程师开展调查,提出的影响人们行为的各项因素,归纳为两类:一类是保健因素,另一类是激励因素。而影响灌溉工程持续良性运行,也受到保健因素和激励因素的影响,如图 2.2-1 所示。

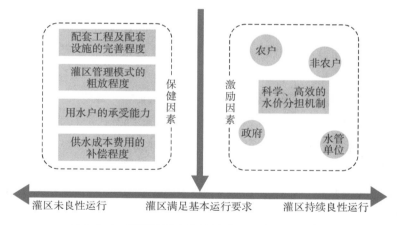

图 2.2-1　基于双因素理论的灌区风险识别示意图

（1）配套工程及配套设施的完善程度

完善的配套工程是工程良性运行的首要保健因素。我国正在运行的很多水利工程修建年代较早,受当时建设资金、技术等因素的限制,没有严格按照基建程序进行,设计审批、竣工验收、项目管理等制度也不完善,致使很多水利工程存在先天性缺陷,严重影响工程效益的充分发挥。

（2）灌区管理的精细化程度

由于灌区工程的特殊性,实现精细化管理有一定难度,只能最大程度地减少其粗放程度。从我国灌区工程运行管理的情况看,目前灌区管理方式的粗放程度比较高,其主要有以下风险:

首先是管理体制不顺。灌区工程往往涉及多个行政区县,工程所处各县内由各县灌区管理处负责,业务上受各县水利局及市管理处双重领导,灌区上级管理单位并不管理下级管理单位的人、财、物,仅仅起业务指导作用。

其次是供水及收费机制不顺畅。灌区水管单位管水不直接收取水费,水费由县财政代收。灌区下游常和上游市县因水量、水费问题发生矛盾,地处灌区下游的市县用水必须向与其相邻的上游市县要水并交费,层层水费不能足额上缴,用水困难,形成恶性循环,恶化了灌区内部管理环境,造成灌区用水量减少,效益衰减。

最后是管理能力有待提高。一方面,各地的具体用水量应该根据灌溉面积、种植结构计算得出来指导实际操作,然而放水时各地的用水需求和水量调配很模糊,多是凭经验在做。另一方面,由于缺乏计量设施,放水时应该在县界处通过计量设施量水实行水量控制,并在放水周期内进行连续观测,但是由于设施不完善、人员不到位,因此观测工作不够细致、规范。

（3）供水成本费用的补偿程度

商品售价只有以成本为最低经济界限,才能补偿物质消耗支出和劳动报酬支出,才能维持简单再生产。所以,回收成本是保证经营者进行正常生产经营活动最基本的条件。

由于水利工程供水具有准公益性的特点,在供水过程中必然发生各项供水生产成本和费用,包括水资源费、直接材料费、燃料动力费、工资和福利费、折旧费、工程养护修理费用等。虽不能完全按一般商品的定价原则来确定水价,但若供水生产成本和费用得不到合理补偿,水价不能补偿水利工程供水的成本,不能体现水资源的真正价值,将造成供水工程设施的老化失修、供水量锐减、供水工程难以为继。因此,补偿供水成本,是灌溉工程实现"投入—产出—再投入—再产出"良性运行的必然保证。因此供水成本费用能否实现补偿,其补偿程度是灌溉工程良性运行的又一保健因素。

（4）用水户的承受能力

由上文分析可知,通过科学制定水价,向用水户收取水费,实现灌溉工程的供水成本费用的补偿是保证灌溉工程良性运行的基础。而农业是弱势产业,制定水价时,除了考虑供水成本和费用外,还必须保障民生。水价的制定要兼顾成本和用水户承受能力。由于经济发展水平、种植结构、用水方式、灌溉条件、收入水平等方面存在差异,用水户水价承受力不尽相同。因此,在制定灌区水价制度时,应充分调研,借助科学方法合理评估用水户水价承受能力,确保新制定的农业水价总体上不增加用水户负担,保障农业生产活动的正常开展。否则,将影响民生,增加社会矛盾,水价政策难以推行,同样无法实现灌溉工程的良性运行。

（5）水价分担机制

灌溉工程具有很强的公益性特征,其投资大、收益低、投资回收期长,而其服务的对象——农业又属于弱势产业。为了保证灌溉工程能够良性运行,正常发挥其效益,同时又能使农民能够承受得起工程水价,世界上许多国家通行做法就是建立合理的农业水价分担机制。因此水价分担机制是保证灌溉工程良性运行的重要激励因素。

2.2.2　灌区水价形成机制

灌区水价的合理形成机制包括水价定价的基本原则、水价的构成以及水价的实现方式等。只有三个方面相互协调和配合,才能发挥水价对节约用水、合理配置水资源、促进农业的稳定发展、促进水利工程效益等多方面的作用。

（1）"合理补偿成本和不计利税"是灌区水价机制的核心

根据《水利工程供水价格管理办法》（中华人民共和国国家发展和改革委第54号令）,水利工程供水定价的目的,是促进水资源节约、保护和合理利用,促进水利工程良性运行、水利事业健康发展,保障国家水安全。农业水价的核心是"合理补偿成本和不计利税"。"合理补偿成本"是灌区水价的基本原则。第一,这是维持社会简单再生产的基本要求,体现了对水利工程供水和灌溉服务具有商品属性的肯定。尽管农业用水有特殊性,但也要尽最大可能适应市场经济体制要求。发展农业灌溉事业的基本原则是尊重经济规律,否则水利工程建得越多,政府背的包袱就越多,当基本的运行维护经费难以保证时,水利工程最终将难以为继。第二,灌溉供水可以促使农业增产、农民增收,受益者从获益中拿出一定比例补偿生产成本,是合理可行的。第三,用水者按成本付费,从经济上刺激用水户提高用水效率,促进其节约用水。第四,按成本付费对用水户是一种压力,有利于促进用水户调整农业结构,提高农业产出效益,从而提高对农业水价的承受能力,最终提高农业的综合整体效益。

"不计利润和税金"体现了国家对农业的扶持和农村水市场的特殊性。农业供水和灌溉服务实行不以营利为目的的经营方针。农业为弱势产业,获利微薄,农民种粮务农的积极性本就不高,再不采取有效的保护措施,就可能威胁到粮食安全。促进农业发展和农民增收,是农业和农村工作的根本任务,也是保持国民经济和社会健康发展的重要基础,制定农业水价时也应体现这一思想。

（2）灌溉工程水价的构成

根据以上水价定价的基本原则,水价组成采用以下模式:

$$水价＝水资源水价＋成本水价 \qquad (2.2-1)$$

水资源水价由水资源产权价值、劳动价值及其稀缺性价值三部分构成。这三者共同形成了以水权价值为核心，以水资源劳动价值及稀缺性价值为修正因素的水资源水价。

成本水价体现水利工程供水过程所耗费的全部物质资料和活劳动的价值，按其经济用途可以分为两部分：

①生产成本。生产成本包括直接材料费、水管单位中从事供水生产经营和服务的人员工资、职工福利费、固定资产折旧费、修理费等一切公共服务和生产经营过程中消耗的直接和间接费用。

②期间费用。期间费用包括销售费用、管理费用、财务费用。销售费用指水管单位在销售产品或提供劳务过程中发生的各项费用；管理费用指水管单位的管理部门为组织和管理生产经营、服务活动所发生的各种费用以及管理机构人员的工资；财务费用指水管单位为筹集资金而发生的费用。

（3）推行基本水价＋计量水价的两部制水价模式

农业水价推行基本水价＋计量水价的两部制水价模式，是符合农业用水市场特点的农业水价实现形式，代替目前单一地从量计价模式（按亩或方计价收费），不仅能够促使农民节约用水，也有利于农村水利工程的保值、增值。

根据《水利工程供水价格管理办法》，基本水价按照适当补偿工程基本运行维护费用、合理偿还贷款本息的原则核定，原则上不超过综合水价的50％。新建工程的基本水费按设计供水量收取，原有工程按核定售水量收取；计量水费按计价点的实际售水量收取。

（4）实行定额用水，超定额加价制度

在制定科学合理的灌溉定额的基础上，制定合理可行的农业用水计划。根据计量设施配置和完善程度，将农业用水计划分解到县、乡（镇）、村甚至村民小组。实行农业定额用水，超定额累进加价的水价运行机制，能够比较充分地发挥水价的经济杠杆作用，促进农业用水的节约，同时确保水利工程保值、增值，充分体现了商品水的价值。

2.2.3 灌区农业水价分担机制

我国较多灌溉工程运行中，农民是免交水费的，政府每年固定以财政预算的形式补贴水费，用于工程的运行。此模式虽减轻了用水受益者的水费负担，但因供水成本长期得不到补偿，工程将不能得到及时的维修养护，长此以往，必将带来工程带病运行、老化失修等问题，进而影响工程的长期良性运行。因此建立农业水价分担机制尤为必要。

农业水价分担机制必须在考虑农民承受能力以及社会经济条件的基础上，寻求农业用水各利益相关者共同分担灌区工程供水全成本，以保障工程良性运行，持续为农业粮食安全提供支撑。

（1）分担依据和分担主体

灌区供水水价的分担应以受益者的受益程度为主要分担依据，包括可量化的和不可量化的。可量化的程度如供水量、灌溉面积、供水所产生的收益额等；不可量化的程度如对粮食安全的保障，对社会安定的稳定。同时分担还应兼顾各分担主体的承受能力，尤其是农业用水户的水费承受能力，依照"补偿成本，合理收益，受益者负担""政府补偿与市场机制"相结合，体现社会公平。

农业水价分担主体与灌区相关利益主体密切相关，主要包括：国家和地方政府、水管单位、农业用水户、非农业用水户以及其他利益相关者。

$$A = S_g + S_w + S_f + S_u + S_s \qquad (2.2\text{-}2)$$

$$P_c = P_g + P_w + P_f + P_u + P_s \qquad (2.2\text{-}3)$$

式中，A 为灌区工程的供水全成本；S_g、S_w、S_f、S_u、S_s 分别为国家和地方政府、水管单位、农业用水户、非农业用水户、其他用水受益者所分担的供水成本；P_c 为水价；P_g、P_w、P_f、P_u、P_s 分别为政府、供水经营者、农业用水户、非农业用水户和其他用水受益者所分担的水价。

（2）政府分担模式

根据已有的实践，政府参与分担农业水价有四种模式：①政府财政全额分担，即免征水费；②政府财政直接补贴水管单位；③政府财政直接补贴农民用水户；④建立灌区工程专项基金。

模式1：政府财政全额承担农业水价（包括国有水利工程水价和末级渠系的水价），免征农业水费，即：

$$S_g = A \qquad (2.2\text{-}4)$$

$$P_g = P_c \qquad (2.2\text{-}5)$$

该模式虽然可以有效避免农业水价在计缴过程中的"搭车收费"现象，大大减轻农民的水费负担，有利于提高农民种粮的积极性，维持农业种植和生产。同时可以解决水管单位长期面临的因农业水费征收难、入不敷出而难以运行的难题，保障了水管单位的基本运行。但是该模式也存在许多弊端，一方面淡化了农民用水户的节水意识，很容易造成农民不节制地大面积漫灌，浪费水资源。同时节水灌溉技术不能得到推广，不利于全面推进节水生态文明建设。另一方面，在政府财政不足的情况下无法抵补供水成本，导致供水成本入不敷出，供水单位正常运行面临困难。此模式下，水费不能补偿供水成本，且水费与用水量、种植面积不挂钩，人们没有节水的意识，各支渠相互争水，在旱季造成上游随意放水、下游无水可用的现象,不利于灌区农业的整体发展。这种水费分担模式需要政府财政充足,并遵循市场的等价交换机制,农户素质较高、节水意识很强,灌区水管体系比较健全,否则将会带来一系列管理混乱、水资源浪费等供水困境。

模式 2:财政资金分担全部国有水利工程水价,即:

$$S_g = A_1 \qquad\qquad (2.2-6)$$

$$P_g = P_1 \qquad\qquad (2.2-7)$$

财政补贴全部国有水利工程水价对应的水费,农户只需分担末级渠系水费。该模式弥补了供水经营者的供水成本,可以维持水管单位的正常运作,保障国有供水工程的健康运行,也大大减少了农民用水户的水费负担。

模式 3:政府承担基本水价

根据《水利工程价格管理办法》要求,水利工程供水实行基本水价和计量水价相结合的两部制水价。基本水价按照适当补偿工程基本运行维护费用、合理偿还贷款本息的原则核定。

$$S_g = 基本运行维护费 + 贷款本息 \qquad\qquad (2.2-8)$$

该模式下,政府承担基本水费,可以保证水管单位的基础收入,也可以减轻农户的水费负担,体现了政府对农业的支持和责任。计量水费则由农户承担,有助于农户提高节水意识,提高用水效率,促进农业节水。

模式 4:政府补贴部分成本水价

$$S_g = 折旧费 + 修理费 \qquad\qquad (2.2-9)$$

政府分担部分的供水工程水费,主要包括折旧费及工程更新改造的费用。由于农业是弱势产业,公益性大、投入效益低,由财政分担部分折旧费和工程更新改造费用,可以适度降低水价,减轻农民水费负担。

以上模式 2、3、4,都采用政府直接补贴水管单位,而对农民用水户实行低价收费,称为暗补模式。暗补模式降低了农业用水价格,在一定程度上减轻了农民的用水负担,也保障了水管单位的正常运营。

模式 5:实行水费计收与补贴两条线

由于农户不能承受完全成本水价,往往核定的水价标准低于完全成本水价。核定的水价标准是在农户的承受范围之内的,因此,供水单位可以对农户按实际用水量及核定的水价标准计收水费,完全成本水价与核定水价之间的差额部分由政府补贴给水管单位。

（3）非农业用户参与农业水价分担模式

灌区工程一般除了保证农业用水，还需要兼顾生态用水、城市生活用水及二、三产业用水等非农业用水。我国总体已经进入了以工补农、以城带乡的发展阶段，今后坚持工业反哺农业、城市支撑农村的基本方针，是推动农村经济社会又好又快发展的指导思想。因此，非农业用水户参与农业水价分担，是贯彻该指导思想的重要体现。分担模式分补农型模式、差额补偿型模式、互补型模式等。

模式1：补农型分担模式

该模式要求在水价核算中，适当调整供水成本在农业与非农业之间的分配，增加非农业供水成本，以减轻农业供水成本。根据《水利工程价格管理办法》，水利工程水价应遵循用户公平负担原则。科学归集和分摊不同功能类型和供水类别的成本，统筹考虑用户承受能力，兼顾其他公共政策目标，确定供水价格。但以分摊计算后的农业供水成本核算的水价往往还是高于农民的水费承受能力。在非农业用水户水价承受能力较高的情况下，可考虑将供水的资产折旧全部由非农业用水户承担，不再由农业用水户承担，从而降低农业供水成本，达到补贴农业水价的目的。

模式2：互补型分担模式

随着经济的快速发展，非农业用水户对水的需求量越来越大，尤其是工业用水，已开始挤占农业用水量。这种情况下，可考虑建立"工农互补机制"，即用水量"以农补工"，水价"以工补农"。

方式1：由非农业用水户无偿参与农业节水建设，分担农田水利设施更新改造的全部或者部分成本。水利设施的节水改造，提高渠系的输水率，减少输水量的损失，节约的水资源可供给非农业用水户。非农业用水户对农田水利设施更新改造成本的分担，将减少农业用水户分摊的供水成本。

方式2：建立农业用水和非农业用水的水权交易市场，由非农业用水户直接向政府或农业用水户购买水权。其中，非农业用水户向政府购买水权，水价应与核定的产业用水水价保持一致，并实行阶梯水价，将水价计收分为多段，用来补贴农业水价；非农业用水户向农业用水户购买水权，须在农业用水户实际用水量低于额定需水量的基础上，购买剩余水量，购买水权的水价应用工业用水价来计量，用来减轻农户用水负担。建立水权市场并采取阶梯水价计收，有利于减轻农业用水负担，补贴供水成本，同时增强水资源节约、保护意识，减少水资源浪费，提高水资源利用效率。

模式3：差额补偿型分担模式

该模式就是基本维持现行的农业水价标准不变，水价与供水成本之间的差额，可考虑采取提高非农业用水水价来分担。非农业补偿水价的计算方法：

$$P_{\mathrm{u}} = (P_{\mathrm{c}} - P_{\mathrm{z}}) \times W / W_{\mathrm{u}} \qquad (2.2\text{-}10)$$

式中，P_{u} 为非农业差额补偿水价；P_{z} 为当前农业执行水价；P_{c} 为供水成本水价；W 为农业供水量；W_{u} 为非农业供水量。该模式仅考虑由农业用水户和非农业用水户参与分担。现实中都会有政府的参与，所以可考虑政府补贴后，供水成本尚不足的部分由非农业用水户来分担。

$$P_{\mathrm{u}} = (P_{\mathrm{c}} - P_{\mathrm{z}} - P_{\mathrm{g}}) \times W / W_{\mathrm{u}} \qquad (2.2\text{-}11)$$

该模式适合非农业供水部分水费收入比较稳定，且有一定利润，非农业用水户承受能力比较高的情况。

上述模式中，模式 1 和模式 2 属于相对静态的水价分担模式，两者相比，模式 2 互补型分担模式更有利于节水建设。模式 3 中非农业水价主要依据农业水价与供水成本之间的差额，因为旱涝灾害等自然因素和农业种植面积、作物类型等人为因素都会导致农业用水量的变化，致使水价制度管理比较困难，对水价管理提出了更高的要求，同时要求农民对水价的承受能力较强。

（4）水管单位参与农业水价分担模式

供水单位主要承担供水经营，其正常运行经费依赖水费的计收，而收取的水费往往收不抵支，自身经营状况本不佳，因此参与水价分担有难度。但可以采用其他方式，如水管单位可以通过提高工作效率、降低运行成本，或引进先进的供水设施，定期维护供水设备，防止滴水和漏水，提高供水效率，减少水资源在输水过程中的时间成本和损耗成本；提供灌溉技术培训和指导，提高农业灌溉效率，保障作物良性生长和促进节水；与农民用水户协会建立合作伙伴关系，减少供水管理成本，以上途径是通过降低成本、提高用水效率实现水价分担。

2.2.4 灌区可持续运行的水价风险补偿机制

通过合理负担、科学设计的水价分担机制可以有效明确各利益主体的水价分担责任与水价分担方式，但是灌区是一个需要常年持续运行的整体系统，其既需要横向上各主体之间合理负担、厘清责任，又需要纵向上长期持续运行，防止出现运行中断。因此，建立动态的风险补偿机制是灌区工程可持续运行的重要保障。

1）大型灌区工程特点属性

（1）公益性

财政部在《地方政府融资平台公司公益性项目债务核算暂行办法》（财会〔2010〕22号）中指出："公益性项目是指为社会公共利益服务、不以盈利为目的的投资项目，如市政建设、公共交通等基础设施项目，以及公共卫生、基础科研、义务教育、保障性安居工程等基本建设项目。"灌区工程以农业灌溉为主,并少部分兼顾沿线生活、生产及乡镇生态用水,工程以社会效益为主、兼顾一定经济效益,根据《水利产业政策》《水利工程管理体制改革实施意见》等规定,划定为准公益性工程,其管理机构为事业性质。灌区工程这种公益性决定了其在运行过程中要优先考虑社会公共利益,确保农民生产生活用水不受影响,将经济效益放在其次考虑地位。

表 2.2-1　大型灌区公益性特征

灌区项目公益性特征	内涵
公共产品属性	可被绝大多数人享用
外部效应	可以在其他地方产生经济效益和社会效益
规模效应	边际成本递减

（2）准公共性

公共物品理论依据需求方面是否具有竞争性,以及竞争方面是否具有排他性将商品划分为私人物品、共有物品、俱乐部物品以及公共物品。竞争性是指当一个主体消费该商品时,是否会减少其他主体对这种商品的消费与收益的性质;排他性是指某个主体在消费一种商品时,不能排除其他主体消费这种商品或者排除成本很高的性质。灌区工程具有明显的竞争性与非排他性,是典型的共有物品。这种性质可能导致在水源稀缺性非常显著的年份出现"拥挤消费"和"资源挤兑",最终引发灌溉工程失效的风险。这种准公共性体现在从需求侧可以使用市场手段管理,在供给侧使用政策手段管理。

（3）投资规模性

灌区工程投资的规模性决定了其必须实现规模效应才会实现工程的效用最大化。规模效应在经济学中指生产要达到盈亏平衡点,其是根据边际成本递减推倒得出,一般经济学理论认为任何生产活动都会产生成本,包括固定成本和可变成本。要达到盈利,必须使得销售收入大于生产成本,而多数情况下固定成本是不会增加的,因此生产越多,分摊到单个产品中的固定成本就越少,盈利就越多。同等条件下,将产品销量类比于使用年限,灌区工程也适用规模效益。灌区工程在建设初期投入大量成本,其运行的年限越久,年平均成本就会越低,实现的社会效益也就越大。如图 2.2-2,在灌区工程设计运行年份内,其年平均成本 C 随着运行的年限 N 增加而减少,只有在设计年份内实现可持续运行,才能达到良好的规模效应。

（4）上下游区位差异

在较干旱年份内,灌区整体供水预期减少,这种预期减少加之农户的个体理性最终会导致灌溉水资源的"挤兑"。而由于灌溉工程的"自上而下"特征,灌溉水源优先经过上游地区才会到达下游。经过上游地区时,上游用水户不仅要优先满足其基本用水需求,

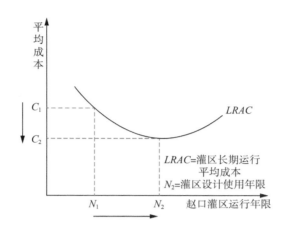

图 2.2-2　灌区持续运行年平均成本曲线

还会在干旱缺水的状态下加大这种心理预期,从而出现过度灌溉行为的发生。而位于下游地区的用水户,由于其地理位置的被动自然会出现缺水现象。这种上下游用水矛盾在价值层面不符合"均衡""统筹"的治水思路,从现实层面打破了灌区的用水均衡,并为灌区的整体可持续运行带来风险。

2)水价制度衍生风险:传统惯性与现代化失灵下的多重困境

在应然状态下,水价制度从整体上规定了灌区运行机制的市场化走向,为其进一步现代化奠定了基础:其通过完全的成本回收、费用核算机制实现工程整体建设成本与运行费用的回收,为灌区可持续运行提供资金保障;通过具备杠杆性质的水价机制来实现灌区用水户的节水约束,这种自运行机制也能够实现丰枯年内的动态水调节,达到一种用水均衡状态,然而这只是一种理想模型。结合国内多个灌区的市场化经验可知,在实际情况中并不是建立基于市场化的水价制度就能解决所有问题。相反,在个体理性和道德风险驱使下,灌区多数用水户会优先考虑自己的利益,而非集体的、自然的得失,这导致了机制失效——市场失灵、政策失灵,再加上用水户的自生性风险,最终导致整个灌区的可持续运行受到影响。

(1)市场失灵风险

①作物低灌溉需求价格弹性

在理想灌溉价格需求弹性模型下,基于市场化的水价机制能够有效调节农户的用水量。伴随着水价的提升,农户对于灌溉用水的心理需求就会减弱,即使客观需求不会减弱,基于价格压力也会使其想方设法来减少用水量。水价制度就是企图使用这种经济杠杆来达到节水效果。但事实有所偏差,在华北灌区,种植作物比例更大的是玉米、小麦这些经济作物,根据已有实证研究状况来看,这些经济作物具有极低的价格需求弹性——

小麦的灌溉需求价格弹性为−0.18,玉米的灌溉需求弹性为−0.35。这种极低的灌溉需求弹性使得现有的水价机制并不能有效调控农户的用水量,农户没有动力去调整其生产行为、改变其用水方式。

② 地下水替代灌溉风险

在华北灌溉区域内,常见的灌溉水源来自地表水系统和地下水系统。20世纪50年代以来,国内的灌溉投资主要针对地表水系统开发。60年代后,更多地区的农业集体开始加大对地下水系统的开发来满足其需求。80年代,华北55%的灌溉面积抽取地下水。对于地下水系统的过度开发导致了地下水位下降、洼地和水质恶化,由于对于泵和发动机的维护不善,使得地下水开采设备无法使用。这种更换设备的投资需求与当时的改革进程一拍即合,个体开始加大对地下水开采的投资,由此开启了管井产权从集体向私人的过渡。虽说这种管井的私有化趋势在近年来有所缓解,但是基于历史遗留问题,一部分居民依然拥有部分管井的所有权。因此,当灌区所提供的灌溉水价与其抽取地下水成本相比没有优势时,农户使用地下水替代就会不可避免地出现。这种替代效应表现在传统水价机制无法在农业经济发展与生态保护中找到平衡,对农户的关照进一步加剧了这种矛盾。

（2）水价政策失灵风险

基于对灌区发展进程与灌溉水价政策的梳理可知,灌区水价经历了从无到有、从单一制到组合制的过程,这一过程建立在一个基础之上——灌溉工程产权明晰。但是,基于我国由计划经济向市场经济的特殊性历史演变,部分灌溉工程并没有明确的产权。如赵口灌区一期工程始建于20世纪70年代,那时灌区的多数渠系由村民集体开挖,产权归村民集体所有,而激励农户参与开挖的动力来自其可以无偿使用灌溉水源,这进一步加剧了农户的粗放式用水。而这种状态大约持续了半个世纪,"无偿用水"观念如同钢印一般镌刻在了多数农户的脑海中,这增加了水费的征收难度。在询问赵口灌区某管理处管理人员水费征收问题时,其简短的两字"很难"描绘了这种水费征收阻力。

（3）农户自生性水价风险

①农户水价承受能力风险

农户水价承载力是指农户对水价的承受能力,水费承受能力常以水费占亩均产值的比例或占亩均纯收益的比例为依据。在我国水费占单位面积产值5%～8%为农民可承受的合理水价。农业是弱势产业,依照完全成本法测算出来的水价标准,往往都高于农民的可承受能力范围。而在灌区实际运行过程中,基于部分经济作物的低灌溉价格需求弹性以及其他可变费用回收,需要将水价提升到更高水平,这将加大农民的承受能力风险。

② 农户上下游用水不平衡风险

由于灌溉工程的"自上而下"特征,灌溉水源优先经过上游地区才会到达下游。经过上游地区时,上游用水户不仅要优先满足其基本用水需求,还会在干旱缺水的状态下加大这种心理预期,从而出现过度灌溉行为的发生。而位于下游地区的用水户,由于其地理位置的被动自然会遭到缺水。这种上下游用水矛盾在价值层面不符合"均衡""统筹"的治水思路,从现实层面打破了灌区的用水均衡,并为灌区的整体可持续运行带来风险。

3)风险补偿:助力灌区可持续良性运行

(1)防范市场失灵风险

①提价补贴,用好水价激励机制

提价补贴机制就是在成本水价基础上,根据调控需要将水价提高到农户所感知的水平,其本质是一种普遍提高水价再对用水者进行补贴的制度设计,其经过三个环节实现调节效果。首先是提高水价环节。根据调节目标的需要对农业灌溉水源进行标准分类,如地表水灌溉系统可针对大面积种植玉米、小麦的区域提高价格。其次是调节水费返还环节。提价征收的超额部分水费纳入统一的水费调节基金账户,扣除掉必要的用水户管理协会运行费用,剩余部分以补贴的形式按照本年度的用水户种植面积以补贴的形式返还给用水户。最后是政府补贴环节。政府对于参与提价补贴机制的区域按照其用水量进行补贴,并统一纳入水费调节基金账户,补贴给用水户。这种补贴机制最早在河北省衡水市桃城区节水型社会建设试点中取得成效,其有效改变了农民的节水意识和用水行为。但是需要注意的是,这种机制需要配套以适当的财政支持与精准的计量设施,并且在初期要投入大量的宣传教育配合政策解读。

② 加强监管,防范地下水超采风险

首先灌区要建立嵌入式的地下水超采治理体系融合于灌区现代化运行体系之中,充分利用已有的计量设施定时对地下水位进行监测,确保其不越红线并能逐步恢复。其次灌区应建立动态的水源分配机制。在地表水充足年份内,应优先使用地表水源灌溉以缓解地下水超采压力。最后,要加强私人地下水开采监管。充分利用农民用水户协会等基层组织普查管井的私有化状况并加入监管名单。利用电量用量、水位监测或是个体监督等手段来减少私人开采地下水。

(2)建立水价风险补偿金

①做好水价改革过渡资金准备

一方面,灌区要建立初始运行准备资金。结合国内多处灌区现代化试点经验可知,走向市场化是一个艰难的过程。20世纪90年代,湖北省和湖南省的灌区现代化改革成功经验来自世界银行大量的资金和人力支持,此后也有众多区域由于资金缺乏改革被迫中断。充足的资金准备能在灌区运行初期有效保证管理机制的落地,并培养灌区的运行习惯。另一方面,应做好逐步赎回灌溉设施私人所有权的资金准备。正如上文所提到,水费征收阻力很大程度上来自部分灌溉设施产权不明,这加剧了农户的观念阻力,明晰产权能够有效清除这种阻力并顺利推进灌区现代化改革。

② 储备干旱年份应急避险资金

建立水价风险补偿基金,预防在旱涝年份内灌区水费无法正常收回所带来的运行资金压力风险。水价风险补偿基金可使用"中央牵头,地方发力,民众参与"的方式筹集,例如,政府保底最低风险补偿资金,通过商业银行发行债券、理财等方式筹集灌区民众空闲资金,也可鼓励灌区所在企业努力承担社会责任,参与干旱年份内对于农户的补助,实现"工业反哺农业";同时,要建立完备的水价风险补偿标准以及补偿方案来确保水价风险补偿基金的标准化、法制化管理;要建立精细化的旱涝灾害监测系统来预估何时启动水价风险补偿金,并提前做好风险解决预案。

(3)形成动态水价调节机制

①提高农户水价承受能力

首先,可以通过提高赵口引黄灌区农作物的附加值来提高农户收入水平。通过塑造地方优质品牌可以进一步提升本地农产品的价格,从而将农作物的高附加值转移到农户收入,提高其水价承受能力。其次,通过提价补贴方式中的"补贴"能够在很大程度上提高农户的水价承受能力。但是需要注意的是,补贴机制的滞后性可能会模糊农户水价承受能力的边界。为此应该建立动态的水价承受能力评估机制:通过核算农户缴纳水费与所获补贴额的差额来确定农户实际缴纳水费,以实际缴纳水费来评估农户的水价承受能力,并以此为基础动态调整水价政策。

② 建立动态水价调节机制

传统的水价机制通常是固定不变的,而水资源又是基于气候动态变化的,这使得灌溉价格有时无法体现水资源的稀缺性。基于赵口引黄灌区旱涝灾害的频发,本书提供如下建议。首先,应建立动态的水价机制。在供水充足年份内使用标准的水价机制,上下游用水价格可相同,水量供应可适当放宽;在干旱年份内应实施定额管理、梯级累进制水价,这种手段能够在最大程度上调节上游的无序用水。同时,要建立下游用水风险补偿方案应对在特干旱年份内水价机制也无法调节的问题。可通过"政府补贴,农户自建"的方式鼓励农户在农田附近修建蓄水池,通过旱情预警系统提前通知农户进行蓄水以应对旱灾。

2.3 灌区工程网格化风险管理机制

大型灌区工程建筑物结构型式多样、建设难度大、施工方案复杂等特征,使得灌区工程建设与运行安全管理形势严峻,必须通过理论创新与实践创新,为大型灌区工程建设提供切实可行的安全管理机制。近年来,科学高效的网格化管理不断成功地应用于城市建设、社区管理等方面,这为大型灌区工程建设安全管理模式提供了理论与实践依据。将精细化、动态化、数字化以及闭环式的网格化理论与技术引入灌区工程的安全风险管理中,构建基于网格化管理的灌区工程安全风险管理机制,实现对灌区工程安全风险的系统化管理,从而提高应对灌区风险的精准与效率,为大型灌区工程建设安全管理提供新的思路。

2.3.1 灌区工程建设管理的风险特征

大型灌区工程建设安全管理风险是指发生在大型灌区工程建设期与运行期阶段,影响工程安全、供水安全、用水安全等管理目标实现的不确定性因素,具有以下特征:

(1)长期性与多样性

大型灌区工程建设的周期长、规模大、范围广,在项目全生命周期中涉及的风险因素数量多且种类繁杂,不仅众多的风险因素之间关系复杂,而且各风险因素之间与外界环境因素的交叉影响又使得大型灌区工程建设安全管理风险呈现多样性。

(2)传递性与诱发性

在大型灌区工程建设过程中,安全管理风险呈现单向传递的趋势,即项目全生命周期中的上一阶段风险因素会对下一阶段产生后续影响。假设大型灌区工程安全管理存在 Y1、Y2、Y3 三种风险,则风险 Y1、Y2、Y3 的传递关系如下:第一种是 Y1 发生可能导致 Y2 发生,Y2 发生也可能导致 Y3 发生;第二种是 Y1 发生,可能导致 Y2 发生,但可能不会诱发 Y3 发生;第三种是 Y1 发生,可能不会导致 Y2 发生,但可能诱发 Y3 发生。

(3)潜在性与动态性

大型灌区工程建设安全管理风险的潜在性是指风险存在并不意味着风险实际发生风险事故,仅仅表明风险发生是一种可能,若变成现实则需要条件。同时,随着大型灌区工程建设进度的推进,有些风险可能发生演变,也会出现新的一些风险,而有些风险则可以控制,有些风险会及时得到处理。

2.3.2 风险因素识别原则与依据

1)风险因素识别原则

大型灌区工程建设不仅涉及经济、政治、文化等多要素,而且也与国家标准、政策、法律等密切相关,如何科学地识别出复杂系统工程的风险因素需要遵循如下原则:

(1)全面周详

大型灌区工程建设风险识别阶段应该完整地识别出所有风险因素,不能因为安全管理者的主观因素遗漏某些风险,特别是高风险与较高风险。为了保障风险识别的完整性,可以结合多种方法、多个角度,参照不同阶段的大型灌区工程建设特征、目标、环境等进行详细识别与分析。全面周详原则是风险识别的基础性原则。

（2）系统关联

把大型灌区工程建设当作一个系统工程,从系统的全局性出发,识别某个风险因素时需要反思其诱发因素以及可能产生的其他风险,将风险因素进行有序分类,确定哪些是可接受风险,哪些是需处置风险,帮助决策者提供风险规避的措施。系统关联原则保证了风险识别的效果。

（3）有所侧重

对风险初步识别后,安全管理者可以在众多风险因素中集中精力识别与整理出需处置风险,提高风险识别效率,节约风险识别成本。除此之外,大型灌区工程建设长期可能存在的风险必然是风险识别的重点,需要加以预防。有所侧重原则保障了风险识别的效率。

2）风险因素识别依据

风险因素识别对信息具有很强的依赖性,相关的信息与资料是否完善,对能否全面、系统识别风险有着直接影响。信息与资料的收集来源如下:

（1）有关灌区的标准与法律法规文件

主要包括与灌区工程建设相关的国家、地方标准、规范,与水利工程安全管理相关文件规章制度等。如《大中型灌区、灌排泵站标准化规范化管理指导意见》《水利工程生产安全重大事故隐患判定标准》《水利水电工程(水库、水闸)运行危险源辨识与风险评价导则》《河南省现代灌区建设管理标准(试行)》等。

（2）大型灌区工程项目建设的相关资料

主要包括工程可行性研究报告、初步设计报告、专项施工方案、地质勘察材料、环境监测报告、制度汇编等。

（3）大型灌区工程项目建设的历史资料

调研与分析大型灌区之前发生过的风险事故案例,或者同类型大型水利水电工程数据资料,有助于识别可能存在的风险因素。通过对必要资料的综合分析,发挥安全管理者的主观能动性,对风险识别体系框架的构成具有指导意义。

2.3.3　风险因素识别常用方法

大型灌区工程建设安全管理风险识别一般需要借助一些方法和手段,既有定性识别方法,也有定量识别方法,目前比较常用的是专家调查法、核对表法、情景分析法等。虽然这些方法在大型工程建设项目风险识别中很实用,但也存在着一些不足之处,如表2.3-1所示。

表 2.3-1 大型灌区工程项目建设常用的风险因素识别方法及比较

序号	方法	比较
1	专家调查法	定义:以专家为收集信息的重要对象,通过咨询各领域专家意见,利用专家丰富的专业理论和实践经验,找出项目各种潜在风险并进行分析和评估
		优点:在缺乏足够的统计数据与原始资料的情况下,利用各领域专家的专业性,集思广益,做出定量估计
		缺点:容易受个人心理因素影响
2	核对表法	定义:对以往类似的已完工项目的实施环境和实施过程进行归纳总结后,以表格的形式罗列出项目常见的风险事件和来源,结合当前项目的实际,建立当前项目基本的风险结构体系
		优点:结合当前项目建设环境、管理现状、背景特点等,参照已识别出的风险核对表,对具体风险查漏补缺
		缺点:日常使用核查表是根据一般工程项目情况编制的,对于特定项目的特定风险,较难考虑到。而且专业的风险核对手册需要大量收集资料与数据,从最基础的工作做起,这就加大了风险管理的成本
3	情景分析法	定义:通过数字、图表和曲线等描述影响项目的某种因素变化时,项目的变化情况与后果,从而识别引起项目风险的关键因素及影响程度
		优点:当各种目标相互冲突排斥时,这种方法可以发挥作用,帮助扩展决策者的视野,增强他们确切分析未来的思维
		缺点:操作过程复杂,而且看不到全面情况,有很大局限性
4	WBS-RBS法	定义:按照工作内容将项目分解为相互独立、易于描述的单元,对每一个分项工程按照风险属性进行风险分解,通过构造 WBS-RBS 判断矩阵,有效地辨识项目各个环节的致险因子
		优点:该方法明确项目在实施过程中每个工作环节的任务分解内容,并且能够清晰地表达各环节之间的相互关系,帮助项目管理人员对项目进行整体管理
		缺点:对于大型工程建设项目,分解过于复杂、繁琐
5	故障树分析法	定义:利用图解的形式,将大的故障分解成各种小的故障,或对各种引起故障的原因进行分析,实际上是借用可靠性工程中的失效树形式对引起风险的各种因素进行分层次的识别,图的形式像树枝一样,越分越多,故称故障树
		优点:比较全面地分析所有故障原因,包括人为因素,因而包罗了系统内、外所有失效机理;比较形象化,直观化较强
		缺点:这种方法应用于大的系统时,容易产生遗漏和错误
6	霍尔三维结构识别法	定义:根据工程建设的风险分类,系统地、动态地、全面地从多维角度(如时间维、逻辑维、知识维)对项目实施过程中可能导致风险事件发生的各种因素进行辨认和甄别,使识别结果更加科学合理
		优点:具有研究方法上的整体性、技术应用上的综合性、组织管理上的科学性等特点,适用于规模较大、结构复杂、因素众多的大型项目管理
		缺点:对风险进行多个维度识别与分析需要花费一定的时间与精力

选择风险识别方法时,应综合考虑灌区工程建设的实际情况,以及相关安全管理者在工作实际中的已有经验,对灌区工程建设进行安全管理风险因素识别。

2.3.4　基于霍尔三维结构的灌区建设安全管理风险因素识别

1）霍尔三维结构模型

霍尔三维结构模型是美国系统工程专家霍尔于 1969 年提出的一种系统工程方法论。该模型为大型的、复杂的项目进行规划、组织和管理提供了一种系统的、分层次的立体研究结构体系，因而在世界各国得到了广泛应用。时间维、逻辑维和知识维组成了霍尔三维空间结构。

时间维度包括整个系统工程活动所要经历的全过程，包括规划、计划、研制、生产、安装、运行、更新七个阶段。

逻辑维度是指时间维度的每一个阶段内所要进行的工作内容和应该遵循的思维程序，包括明确问题、确定目标、系统综合、系统分析、系统优化、决策及实施七个步骤。

知识维度是指完成每一阶段和每一步骤需要运用包括工程、商业、法律、管理、建筑等各种知识和技能。

霍尔三维结构模型如图 2.3-1 所示。

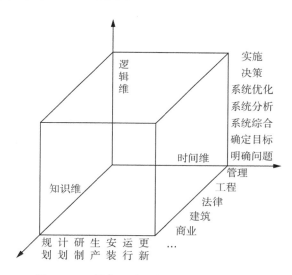

图 2.3-1　霍尔三维结构模型图（通用形式）

风险贯穿大型灌区工程建设安全管理的全生命周期，从时间维度对大型灌区工程建设安全管理进行连续的、动态的风险因素识别是必然的。随着大型灌区工程建设的推进，项目既存在内部环境中各种建筑物型式本身的风险，又受到自然、经济、社会等外部环境因素的冲击，从环境维度对大型灌区建设安全管理进行风险识别显得尤其重要。在大型灌区工程建设进程与环境的变化下，风险的种类不断增加，风险的表现形式也不断丰富，使得工程安全、供水安全、用水安全等大型灌区工程建设安全管理目标面临着一系列挑战，从目标维度进行风险识别有助于安全管理者更好地运用专业知识与技能去应对风险。把大型灌区工程建设项目作为一个系统，从系统角度识别风险更加全面，也有利于安全管理目标的实现。

参考霍尔三维结构模型，可从时间维、环境维、目标维三个维度对灌区工程建设的主要安全管理风险因素进行全面识别，如图2.3-2所示。

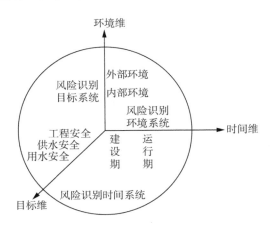

图2.3-2　大型灌区工程建设安全管理风险的霍尔三维结构识别图

2）灌区工程安全管理风险因素识别

（1）时间维度的风险因素

时间维度包括大型灌区工程项目的建设期和运行期。建设期是赵口引黄灌区二期工程的关键阶段，随着工程建设的实施与外部环境的变化，容易造成不确定的风险因素，建设期的风险因素可能会影响到运行期工程的安全。运行期是检验赵口引黄灌区二期工程实施效果和工程功能发挥的主要阶段，此阶段的风险极其可能造成新的工程安全损失与社会影响。根据赵口引黄灌区二期工程建设期与运行期的管理内容划分，从而制定时间维度的风险因素识别清单，如表2.3-2所示。

表2.3-2　灌区工程时间维度的风险因素

风险阶段	风险类型	风险因素	风险来源
建设期风险	J1 项目法人风险	J1-1 组织协调风险	J1-1-1 各方权利、责任、义务的界定与落实
			J1-1-2 人员培训
		J1-2 质量进度投资控制风险	J1-2-1 质量保障措施的落实
			J1-2-2 安全隐患的检查
			J1-2-3 资金拨付兑现
			J1-2-4 合同管理

续表

风险阶段	风险类型	风险因素	风险来源
建设期风险	J2 招标投标风险	J2-1 前期决策风险	J2-1-1 合同类型、招标方式与投标方式
		J2-2 文件编制风险	J2-2-1 招标和投标文件的编制
		J2-3 评标风险	J2-3-1 评级组织与评价方式
	J3 建设监理风险	J3-1 监理机构资质风险	J3-1-1 机构本身资质是否不低于资质等级要求
			J3-1-2 对施工承包方的资质审查
			J3-1-3 对工程管理资料的管理
		J3-2 监理人员监管能力风险	J3-2-1 对质量进度安全的控制能力
			J3-2-2 对项目的管理组织协调能力
		J3-3 监理人员责任意识风险	J3-3-1 有无严格遵守法律法规和强制性标准
运行期风险	Y1 工程检查观测维修风险	Y1-1 观测工作细则制定风险	Y1-1-1 有无根据规程、规范要求
		Y1-2 分析与评估建筑物状态风险	Y1-2-1 是否进行经常或特殊情况下巡检和观测工作
	Y2 灌排渠沟管理维护风险	Y2-1 新建与扩建渠道使用前风险	Y2-1-1 投入使用前有无进行泡水实验
		Y2-2 灌溉输水风险	Y2-2-1 灌溉期间是否尽量按照设计流量输水
			Y2-2-2 是否使用节制闸
		Y2-3 渠道检查风险	Y2-3-1 是否进行检查工作
			Y2-3-2 是否及时处理发现的问题
	Y3 建筑物管理维护风险	Y3-1 主要建筑物检查制度风险	Y3-1-1 是否对主要建筑物进行定期检查
		Y3-2 工程维修养护计划编制风险	Y3-2-1 有无对建筑物经常进行小修小补
			Y3-2-2 有无对建筑物一年整修一次
		Y3-3 枢纽工程联合运用风险	Y3-3-1 是否先开进水闸或退水闸
			Y3-3-2 是否根据分水、退水要求,全部或部分关闭节制闸
		Y3-4 闸门与启闭机风险	Y3-4-1 是否经常检查和保持清洁
			Y3-4-2 转动部件及止水是否有效
		Y3-5 桥梁风险	Y3-5-1 有无注明载重能力
			Y3-5-2 是否及时处理桥孔下游的冲刷
	Y4 环境保护管理风险	Y4-1 环境保护管理措施落实风险	Y4-1-1 环境管理规划的制定和实施
			Y4-1-2 环境管理与环境监督机构的完善
	Y5 供水管理风险	Y5-1 供水计划编制风险	Y5-1-1 是否根据斗、所管理处等分级编制上报的用水计划
		Y5-2 供水计划执行风险	Y5-2-1 灌水前层层召开会商的贯彻
			Y5-2-2 灌水时间内调配人员的交接手续
			Y5-2-3 灌水结束后用户和供水单位结算水量与逐级上报

续表

风险阶段	风险类型	风险因素	风险来源
运行期风险	Y6 通信调度风险	Y6-1 管理单位内通信风险	Y6-1-1 单位内生产调度通信
			Y6-1-2 单位内生产管理通信
			Y6-1-3 单位至所属站点之间的通信
		Y6-2 系统通信风险	Y6-2-1 单位至调度部门之间的调度通信
			Y6-2-2 管理单位至上级主管部门之间的生产管理通信
		Y6-3 对外通信风险	Y6-3-1 管理单位与有关单位、部门之间的通信
		Y6-4 施工通信风险	Y6-4-1 工地内部的通信
			Y6-4-2 工地对外的通信
			Y6-4-3 施工期间的防汛通信

（2）环境维度的风险因素

单从时间维度识别风险比较模糊，较难确定大型灌区工程建设的具体风险及其来源，因此将建筑物、人员内部环境层面和自然、技术、经济、政治、社会等外部环境层面结合起来，从而可归纳识别赵口引黄灌区二期工程的风险因素。

赵口引黄灌区二期工程建筑物数量庞大且型式多样，建筑物年久失修或新建都会对工程安全产生风险；自然风险是客观存在的，自然灾害与恶劣天气都是灌区工程建设中不可抗力的风险；经济风险是大型灌区工程建设必须控制的风险，资金的使用对于工程能否顺利进行有着关键影响；政治风险贯穿工程全生命周期，政策的变化对工程建设安全管理的影响是难以估计的；社会风险是一个不易察觉却容易集中爆发的因素，但经过处置可以控制甚至能够忽略。根据赵口引黄灌区二期工程的内外环境制定环境维度风险因素识别清单，如表 2.3-3 所示。

表 2.3-3　大型灌区工程环境维度的风险因素

风险环境	风险类型	风险因素	风险来源
内部环境	N1 主要建筑物风险	N1-1 控制工程风险	N1-1-1 闸门是否存在备用电源
			N1-1-2 闸门人工开启可靠性是否过低
			N1-1-3 闸门启闭机的设计参数与闸门的强度、刚度、稳定性是否一致
			N1-1-4 闸门管理制度与操作程序是否缺乏或合理
		N1-2 河渠交叉建筑物风险	N1-2-1 倒虹吸管基不均匀及管节错位
			N1-2-2 倒虹吸管身裂缝
			N1-2-3 倒虹吸止水破损及渗漏
		N1-3 路渠交叉建筑物风险	N1-3-1 涵洞洞身坍塌与滑坡
			N1-3-2 涵洞洞身开裂
			N1-3-3 涵洞渗透水

续表

风险环境	风险类型	风险因素	风险来源
内部环境	N1 主要建筑物风险	N1-4 渠道暗渠工程风险	N1-4-1 暗渠失稳
			N1-4-2 暗渠沉陷
	N2 人员风险	N2-1 个体差异性风险	N2-1-1 人员素质水平低
			N2-1-2 人员专业技能水平低
			N2-1-3 工作经验不足
			N2-1-4 应急能力差
		N2-2 行为性风险	N2-2-1 操作失误
			N2-2-2 指挥失误
			N2-2-3 监护失误
		N2-3 心理性风险	N2-3-1 心理状态异常
			N2-3-2 工作态度不端正
			N2-3-3 缺乏安全风险意识
		N2-4 生理性风险	N2-4-1 健康状况异常
			N2-4-2 身体超负荷工作
外部环境	W1 自然风险	W1-1 自然环境风险	W1-1-1 洪水、冰冻、风沙、雪崩等自然灾害
			W1-1-2 暴雨、强风、雷电、极寒等极端气象条件
		W1-2 环境污染风险	W1-2-1 三废排放与噪声污染
		W1-3 现场环境风险	W1-3-1 现场的照明条件、交通状况以及工作环境
	W2 技术风险	W2-1 设备设施风险	W2-1-1 设备设施的损坏
			W2-1-2 对设备设施操作不熟悉
		W2-2 技术方案风险	W2-2-1 设计发生变更
		W2-3 建筑物巡查检测风险	W2-3-1 信息化不够完善
	W3 政治风险	W3-1 政府行为风险	W3-1-1 政府的干预行为所带来的不确定因素
			W3-1-2 行政审批部门统筹协调所产生的矛盾
		W3-2 政策风险	W3-2-1 国家或政府有关水利工程的政策发生重大变化
			W3-2-2 相关重要的举措、法规出台
	W4 经济风险	W4-1 成本增加风险	W4-1-1 材料物价上涨
			W4-1-2 地方财政承担能力减弱
		W4-2 资金运转风险	W4-2-1 施工方对资金管控不严
	W5 社会风险	W5-1 征地拆迁风险	W5-1-1 民众对征迁补偿标准了解程度
			W5-1-2 征迁补偿标准是否达到民众预期
		W5-2 移民安置风险	W5-2-1 能否劝服民众搬迁
			W5-2-2 民众在新居住地有无获取谋生渠道
		W5-3 后期维护风险	W5-3-1 对民众宣传工作是否到位
			W5-3-2 是否建立良好的后期运营维护机制

3）目标维度的风险因素

目标维度是指从影响赵口引黄灌区二期工程建设安全管理目标的角度识别风险因素，不同目标下可以划分很多风险因素，而相同的风险因素又会影响不同的安全管理目标。

根据大型灌区工程的建设任务和要求，灌区工程建设安全管理总目标可以分为工程安全目标与供用水安全目标。影响这些目标的风险因素包括组织管理、应急管理、供用水管理等，通过分析风险因素与影响目标之间的关系，构建目标维度的风险识别清单，如表 2.3-4 所示。

表 2.3-4　大型灌区工程目标维度的风险因素

影响目标	风险类型	风险因素	风险来源
工程安全	G1 组织管理风险	G1-1 安全生产责任制风险	G1-1-1 未按要求每季进行安全检查与评估
			G1-1-2 没有严格执行安全生产职责的要求
			G1-1-3 部门主要责任人渎职、失职
		G1-2 安全管理制度风险	G1-2-1 安全生产法律法规更新不及时
			G1-2-2 安全管理部门职能划分不细致
			G1-2-3 各部门安全生产责任划分不明确
			G1-2-4 安全生产档案管理不满足制度要求
		G1-3 安全教育风险	G1-3-1 未根据最新颁布的法律法规、行业规程规范、单位规章制度制定培训计划，进行教育培训
			G1-3-2 安全部门内部的责任人或相关管理人员的安全管理资质不合格，未取得相关培训证书
			G1-3-3 新员工逐级教育没有落实
			G1-3-4 日常管理过程中不重视安全教育
		G1-4 隐患排查风险	G1-4-1 没有建立完善的隐患排查制度
			G1-4-2 没有按照规定对隐患进行排查
			G1-4-3 没有及时排查出隐患
			G1-4-4 没有将隐患信息汇总、录入安全台账
			G1-4-5 隐患相关的档案信息记录不完整
			G1-4-6 未按规定对安全隐患排查得到的相关数据进行统计分析
	G2 应急管理风险	G2-1 应急准备风险	G2-1-1 应急组织机构不明确，没有专门从事应急救援的机构
			G2-1-2 应急管理制度不完善，没有明确负责人、应急工作权责不分明
			G2-1-3 缺乏应急管理预案
			G2-1-4 未按规定进行演练，导致作业人员与救援人员不熟悉应急知识、技能
			G2-1-5 应急处置的相关物资与设备设施缺失

续表

影响目标	风险类型	风险因素	风险来源
工程安全	G2 应急管理风险	G2-2 应急处置风险	G2-2-1 紧急事件发生时,没有按照应急预案进行处理
			G2-2-2 没有对紧急事件做出及时反应
			G2-2-3 应急处理过程中相关责任人或主管领导失职,造成紧急事件
		G2-3 应急恢复风险	G2-3-1 完成应急响应后没有及时结束应急响应状态
			G2-3-2 没有在完成应急响应后对应急救援工作进行总结
			G2-3-3 没有在应急状态结束后对紧急事件的产生原因进行分析
供用水安全	S1 供水风险	S1-1 供水调配风险	S1-1-1 灌区范围内生活、生产和生态用水需求是否统筹兼顾
		S1-2 供水费用风险	S1-2-1 供水成本核定是否科学
			S1-2-2 水费计收办法是否完善
	S2 用水风险	S2-1 用水规范风险	S2-1-1 是否建立灌区用水管理制度
			S2-1-2 是否强化灌区取水许可管理
		S2-2 用水统计风险	S2-2-1 有无根据需要设置用水计量设施与设备
			S2-2-2 有无用水计量系统管护制度与标准,积极推进在线监测
		S2-3 用水节水风险	S2-3-1 有无积极推广应用节水技术和工艺
			S2-3-2 有无建立健全节水激励机制

2.3.5　基于杜邦安全管理理论的灌区工程安全管理目标设定

为提高大型灌区工程建设安全管理水平,最大限度地规避风险,降低各种风险损失,明确大型灌区工程建设安全管理的总目标是十分必要的。本研究借鉴杜邦安全管理理念,提出大型灌区安全管理的总目标。

杜邦公司成立两个多世纪以来,曾被评为世界上最安全的企业之一,其最先提出的"一切事故都是可以预防和避免的"安全理念得到了广泛的应用,同时取得了社会的认可和良好的业绩。从杜邦多年的安全管理成果中,归纳概括出杜邦安全管理理论的精髓,即杜邦十大安全管理理念与安全文化模型。

1)杜邦安全文化管理理念

表 2.3-5　杜邦十大安全管理理念

序号	理念
1	一切事故都是可以防止的
2	各级管理层要对各自的安全负有直接责任,责任落实到人
3	安全隐患是可以通过采取措施进行控制的

续表

序号	理念
4	雇佣员工的基本条件之一是要安全工作,员工要具有安全意识
5	员工要接受严格的安全培训,充分了解杜邦公司的安全管理理念
6	各级主管要进行严格的安全检查
7	发现安全隐患要及时采取措施进行纠正、更正
8	强调工作外安全的重要性;将安全管理的思想作为该公司的战略思想
9	良好的安全是创造良好业绩的保障
10	员工的直接参与是关键

2) 杜邦安全文化管理模型

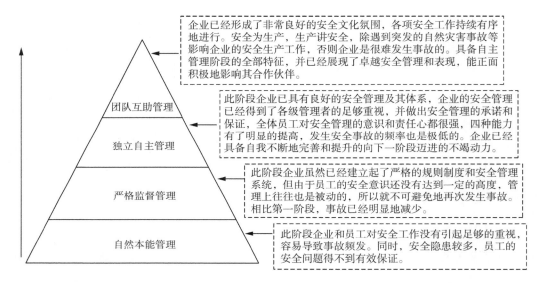

图 2.3-3　杜邦安全文化管理模型

3) 杜邦安全管理理论与大型灌区工程建设安全管理的契合性

杜邦公司安全理念已被全世界认可并得到推广,其独特的安全管理体系和良好安全行为文化建设成果,被国内很多企业的安全文化建设所借鉴和采纳,大型灌区工程建设的安全管理也同样契合。

(1) 管理目标契合:始终追求"零事故"

杜邦文化倡导员工直接参与到安全管理中,每个员工都能知道企业安全的目标和要求,并认识到自己无论身处哪个岗位,安全都是需要大家共同努力的。大型灌区工程建设本身就是存在风险的项目,"零事故"是安全管理者始终追求的目标,这同样需要与工程相关的每位成员达成安全共识并积极参与,及时检查发现影响安全管理的各类隐患,进而及时整改消除,达到工程安全管理的目的。

（2）管理理念契合：事故可预防

杜邦文化认为所有事故发生的原因，是客观存在的，是能被认识，能被识别出来的，使用先进成熟的技术手段加强监测，也是能进行预警，对灾害进行预防的。大型灌区工程建设与运行各管理层都要有这样的信念，采取一切可能的措施防止、控制事故的发生。依据海因里希法则，事故发生是小概率事件，单起事故伤害程度的大小受偶然因素支配，但从数理统计数据分析，事故是有规律的，是可以预防的。

（3）管理文化契合：进阶式安全文化

杜邦安全文化的本质就是体现对人的尊重，就是人性化管理，体现以人为本。文化主导行为，行为主导态度，态度决定结果，结果反映文明。杜邦的安全文化，就是要让员工在科学文明的安全文化主导下，创造安全的环境，通过安全理念的渗透，来改变员工的行为，使之成为自觉和规范的行动。大型灌区工程建设同样需要将安全文化作为项目的核心价值之一，并主导安全管理行为，安全管理行为主导安全管理态度，态度决定安全管理结果，结果反映安全管理文明。

4）灌区工程安全管理总目标

大型灌区工程安全管理总目标是：加强灌区工程的安全文化建设，创造工程建设与运行的安全环境，提高安全管理水平，最大限度地规避风险，减少风险事故，降低工程损失，最大限度保证运行期内工程运行安全，确保工程供水安全、用水安全，进而保证灌区内粮食安全。

2.3.6 灌区工程风险网格化管理机制构建

近年来，网格技术凭借在网络虚拟环境中的高性能资源共享优势被广泛应用到许多领域，通过网格技术能够充分发挥网格协同效应，实现信息高度融合与共享。将网格化管理理论运用于灌区工程建设安全管理中，对该工程进行网格化划分，并借助信息技术建立与其管理模式相适应的安全管理信息平台，构建适应灌区工程的网格化安全管理模式。

1）灌区工程风险网格化管理的特征

Foster 和 Kesselman 于 1998 年提出网格定义，即网格是一种构筑在互联网上的新兴技术，它将高速互联网、高性能计算机、大型数据库、传感器、远程设备等融为一体，为科技人员和普通百姓提供更多的资源、功能和交互性。鉴于网格技术的强大功能，2004 年北京市东城区首创"万米单元格"的网格化管理模式，实现城市管理从粗放到精细、从静态到动态、从开环到闭环、从分散到集中的转变，使得网格化管理在我国城市社区管理领域不断实践与创新，并且拓展到消防、水电等其他领域，这为网格化管理研究提供了丰富的素材。

我国学者对网格化管理的概念做出了以下解释:郑士源等通过对网格化进行归纳,指出网格化管理是借助计算机技术,将管理对象按标准进行网格划分,以信息技术实现网格间的信息共享,最终优化整体管理效率的一种方式。周进萍以南京市网格化管理模式为例,在现有的街道、社区划分的基础上,把辖区再细分为若干个网格,以此作为责任单位、工作载体和服务平台,实施扁平化、精细化、多元化、常态化和长效化服务管理的一种社会治理方式。刘师常指出网格化管理是一种将管理对象进行单位划分,并以此作为责任单位工作载体和平台,实施扁平化、精细化、多元化和长效化服务管理的一种社会治理方式。

综合学者们的观点,本研究认为网格化管理是一种基于现代信息技术与网格技术,将管理对象按照一定标准划分若干网格单元,充分发挥各网格间的协调机制,最终实现资源共享、信息整合、业务细分、处置高效、监管科学的现代化管理模式。

大型灌区工程网格化安全管理,是指将灌区工程按照一定标准划分成若干个风险管理网格单元,运用现代信息技术与网格化管理理念,对工程建设与运行中可能存在的风险进行识别、监控、分析、处理以及反馈等,最终达到保障建设与运行安全、科学应对风险、提高安全管理水平。大型灌区工程网格化安全管理具有以下特征:

(1)管理精细化

以大型灌区工程作为安全管理对象,将安全管理对象按照一定标准划分不同层级的网格,细化到最小的网格单元,即风险因素网格,并且每个网格都有对应的网格人员各司其职,采取统一方式进行管理。

(2)管理系统化

将大型灌区工程看作一个系统,将系统划分成不同网格,对风险因素网格单元进行监控,发现风险并且及时上报,对风险处理进行反馈评价,形成闭环式管理模式。

(3)管理动态化

大型灌区工程建设的安全管理状态随时随地都可能发生变化,网格化管理能够通过安全管理信息平台及时地对网格单元进行管理,拥有一套发现问题、反馈问题、解决问题的完整的动态管理流程,提高了的安全管理效率。

(4)管理数字化

信息技术是网格化安全管理系统协同的重要支撑,通过信息技术可以使安全信息在管理主体间相互流转,也便于安全信息的收集、归纳与分析,更好地实现风险规避的管理目标,与科学高效的现代化管理理念相一致。

2)灌区工程风险网格化管理机制构建内容

(1)划分赵口引黄灌区二期工程安全风险管理网格

按照"地理布局、区域属性、风险因素"的原则,对灌区工程项目进行网格单元划分。地理布局是根据灌区工程所处的不同地理位置进行划分,区域属性是根据每处工程所在区域的功能属性进行划分,风险因素是根据影响灌区安全的风险类型进一步划分。

(2)组建灌区工程安全风险管理网格服务团队

根据划分的安全管理网格单元和灌区原有的管理组织机构,以"格格对接,层层递进,人人有责"为组建原则,形成安全管理网格服务团队。

灌区工程可依托灌区管理局,成立"灌区网格化领导小组",负责统筹规划灌区工程的网格化管理工作;根据网格划分单元,在每一级的网格单元层面中,成立"灌区网格服务团队",包括各级网格长以及网格员,他们共同构成每个网格的"服务团队",从而形成网格单元与网格员对应关系,明确安全责任主体,负责反馈、处理、分析风险,把安全管理目标落实到每个网格之中。一级网格长是灌区管理局负责人,管理局下属的灌区工程处长为二级网格长,管理处下属的工程管理所所长为三级网格长,四级网格长是项目建设单位负责人。

(3)设计灌区工程安全管理信息平台

根据灌区工程信息化建设需求,搭建系统总体逻辑框架,为系统设计和开发建设奠定坚实的基础。系统逻辑架构共包含采集传输层、网络通信层、数据存储层、数据资源层、业务支撑层、业务应用层及用户层等。

2.4 工程应用

2.4.1 赵口引黄灌区二期工程管理体制构建

赵口引黄灌区内干旱、洪涝、风沙、雹霜等自然灾害时有发生,其中尤以旱灾和涝灾最为严重。1970 年,赵口引黄灌区开始建造,由引黄渠首闸从黄河引水。然而,随着时间的推移,大部分渠系因年久失修需改造或重建,且难以满足当前农业灌溉需求。为实现耕地资源能够获得充足的水源支持,保证农作物的产量,提高农业综合生产能力,2019 年12 月,河南省开始实施建设赵口引黄灌区二期工程项目。同时,在加强灌区建设过程中,赵口引黄灌区二期工程建设和运行管理体制应同步推进改革,构建长效管理体制。本部分分析了赵口引黄灌区二期工程建设管理体制概况,结合运行过程中可能存在的利益相关者进行分析,针对性地提出赵口引黄灌区二期工程运行过程中适用的管理体制,对促进灌区可持续发展具有一定的指导和借鉴作用。

2.4.1.1 工程建设管理体制概况

根据水利部《水利工程建设项目管理规定》要求,组建赵口引黄灌区二期工程建设管理局作为工程建设的项目法人,推行项目法人责任制、招标投标制、建设监理制和合同管理制四项制度,严格按照《中华人民共和国建筑法》《中华人民共和国招标投标法》等进行工程项目的建设和管理工作,提高工程质量,有效控制工程投资和工期,保证工程建设的顺利实施。

1) 工程建设管理体制现状分析

随着社会经济的不断发展,我国水利水电项目建设的管理水平也在不断提高。通过学习借鉴国外的先进技术和管理经验,行政手段管理为主的传统模式逐渐被淘汰。一般来说,水利水电工程建设的管理模式主要有以下几类:施工单位自营模式、政府管理模式、以设计为主体的项目总承包责任制模式、水利水电招投标管理模式、工程管理承包(工程监理)责任制模式和董事会负责制模式。各工程建设管理模式特点及优劣势见表 2.4-1。

表 2.4-1　工程建设管理模式的基本情况

建设管理模式	特点	优势	劣势
施工单位自营模式	工程任务由国家指令性计划下达,施工单位兼任建设单位	施工单位自营模式不需要协调,普通建设单位管理,提高管理效率,矛盾少,能够及时调动力量,加快工程进度	项目建设的速度比较慢;同时施工单位不考虑节约成本问题,导致投资费用较高
政府管理模式	由政府充当建设单位,对施工单位进行管理	按照水利水电工程质量要求按时完成工程任务,节约国家的资源和成本	随着改革开放的发展,会出现投资问题
以设计为主体的项目总承包责任制模式	甲方项目的组织管理权利由设计单位代替行使	水利水电工程项目的设计方面非常突出	易出现工程工期推迟,浪费投资费用问题
水利水电招投标管理模式	建设单位与业主签订合同,避免经济纠纷	保证了水利水电工程项目的质量;节约了国家资源和资金;落实了施工管理的责任	在基础建设方面有脱节问题
工程管理承包(工程监理)责任制模式	由业主委托或聘请监理单位行使工程管理的职能	体现专业人员管理模式的优点,避免了业主不懂工程建设的知识去管理水利水电工程的缺点	出现施工和监理串通弊端
董事会负责制模式	按照投资的比例设立,建设项目各环节均由董事会管理	实现全过程管理,改善基建与生产的分离现象;明确落实项目的责任和义务;实现投资方回收利益最大化;提高各单位的建设积极性	董事会作为水利水电工程的总管理方,其缺少了政府行政管理职能,使得在调节方面缺少能力和权力

目前,赵口引黄灌区二期工程建设采用地方政府主导、强调法人主体地位的建设管理模式。河南省赵口引黄灌区二期工程建设管理局(以下简称建管局)作为项目法人,其余单位主要涉及施工单位、设计单位、监理单位和地方移民征迁实施机构。建管局作为项目法人,对所有阶段,包括招标投标、工程建设、竣工验收等进行监督与指导。通过招标选择施工单位和监理单位,将施工单位作为重点监控对象,通过移民单位、设计单位的

辅助以及监理单位的监控,保证工程的顺利建设(见图 2.4-1)。

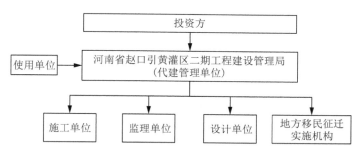

图 2.4-1　项目法人管理

具体而言,建管局分设综合科、工程计划科、质量安全科、财务科和环境征迁科等科室,对各部分工作进行精准把控(见图 2.4-2)。其中,综合科负责内部行政和日常事务工作,统筹规划整体工程建设;工程计划科结合赵口引黄灌区二期工程实际情况,负责工程计划、合同管理工作;质量安全科负责保证工程质量与安全,注重水利安全生产,建立健全安全生产双重预防机制,全面落实建管局安全生产主体责任,定期开展安全生产教育培训;财务科负责工程建设过程中的财务管理与会计核算;环境征迁科主要负责移民征迁工作。施工单位根据各标段招标项目引进,如中国水电基础局有限公司、河南省水利

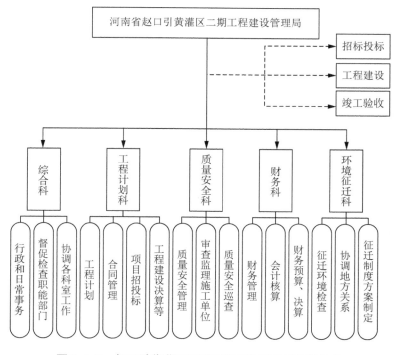

图 2.4-2　赵口引黄灌区二期工程建设管理局组织结构

第一、第二工程局等公司,保证标段内各条渠道及建筑物建设进度和建设质量。设计单位是河南省水利勘测设计研究有限公司,主要负责实际施工图示,并受移民征迁工作推进和施工单位施工布置制约。监理单位根据各施工方确定,负责监督各标段内工程建设与质量把关。地方移民征迁实施机构负责临时用地提供、永久用地提供、清障及专项处理和资金筹措等。

2)工程建设管理体制问题和解决对策

综合而言,赵口引黄灌区二期工程在建设过程中尚存在以下问题:

(1)整体进度目标不科学。整体进度目标制定没能统筹考虑,部分标段制定的目标不能和工程规模大小、施工难易等因素相结合,缺乏风险预估与调控机制。部分标段目标分解不科学,导致编制的进度计划缺少科学性与指导性。

(2)不能正确处理进度与成本、质量的关系。部分标段过多强调进度与成本、质量关系的对立性,没有系统分析三者之间的统一性。不注重人的管理。注重短期成本,忽略进度滞后在客观因素影响下的长期成本,造成进度阶段目标和成本控制目标难以实现。

(3)相应管理部门之间的衔接不够。工程渠(沟)道条数、建筑物数量多,工期短,设计单位图纸提供和施工单位图纸需求有差距,影响施工单位人、机、物安排;征迁实施机构与施工单位之间供地、清障任务和施工计划不一致,不能满足快速施工需要;建管局质量控制与进度控制部门关注点不同、缺乏有效的交流与沟通;在进度和质量方面,尚未找到合理的结合点,有相互牵制的现象。

在后续建设过程中,首先应通过科学调度,协调各部门职能。建管局应统筹规划好各阶段的招投标、工程建设等的监督与指导;建立严格的奖惩制度。通过各参建单位工作合力,共同推动工程建设进度。施工单位应主动出击,做好储备、加大投入,合理安排工序,做好培训等管理工作。设计单位应按时完成设计任务。监理单位应加强技术指导、协助落实各项进度控制决策。

其次,应重点关注移民征迁工作。明确工作思路,及时向水利厅、省政府汇报移民征迁工作中存在的主要问题,请求上级部门给予高位推动;同时积极与市、县政府沟通,细化征迁方案、资金和用地指标,建立台账,明确时间节点,请求地方政府高压推进。此外建管征迁队伍也应进行身份转变,从监督者、评估者转向执行者、实施者,积极承担起许多本该由地方实施机构完成的工作,主动走到征迁工作前台。

2.4.1.2 相关者利益诉求与利益冲突识别

赵口引黄灌区二期工程的有效运行需要在不同利益主体间建立一个合理的利益协调和分配机制,而分析相关利益主体角色的错位、缺位,以及各主体之间关系的交叉、矛盾是赵口引黄灌区二期工程运行管理体制形成的关键。因此,为了更有效地构建赵口引黄灌区二期工程运行管理体制,需要研究现有的以及将有的相关利益主体角色和关系,分析相关主体互动情况。

1)利益相关者识别与利益诉求

(1)利益相关者识别

本书将利益相关者定义为灌区工程运行中影响组织策划者既定目标实现或者被该目标实现过程影响的个人或群体。灌区工程运行中的利益相关者主要包括农业用水户、政府部门、农民用水户协会、供水机构和灌溉专业管理组织等多元主体。实践中,各利益相关者之间由于利益冲突和矛盾导致不同主体的决策和行为存在差异。因此,对灌区工程运行中的利益相关者进行识别并明晰其利益诉求,是分析各相关主体利益冲突并实现利益平衡的基础。

对于利益相关者的分类,学者们基于不同的划分维度和标准给出了不同的解读。其中,Mitchell 等提出的动态分类法——"米切尔分类法",由于具有较好的操作性,从而成为利益相关者的主要划分标准。结合赵口引黄灌区的实际情况,借鉴"米切尔分类法",以合法性、权力性、紧急性为参考指标,按照严格向上相关的综合判定标准对该灌区工程运行中的利益相关者进行识别,将利益主体区分为直接利益相关者、间接利益相关者、潜在利益相关者和非利益相关者,从而构建利益相关者识别矩阵,如表 2.4-2 所示。其中,政府部门包括国务院、水利部、河南省豫东水利工程管理局、开封市引黄管理处、赵口管理处、开封市县各级政府及水管单位;其他包括灌区运行中涉及的除上述相关者以外的部门或群众。

表 2.4-2 灌区管理过程中的利益相关者识别

利益方	合法性	权力性	紧急性	分类
农业用水户	高	高	高	直接利益相关者
政府部门	高	高	中	间接利益相关者
农民用水户协会	中	高	高	间接利益相关者
供水机构	高	高	中	间接利益相关者
灌溉专业管理组织	高	高	中	间接利益相关者
中介机构	低	中	低	潜在利益相关者
媒体	低	中	低	潜在利益相关者
学者	低	中	低	潜在利益相关者
其他	低	低	低	非利益相关者

(2)利益诉求

为使研究结论更具代表性,对赵口引黄灌区二期工程运行中利益相关者的利益诉求分析主要针对直接利益相关者和间接利益相关者。

农业用水户的利益诉求。赵口引黄灌区的农业用水户是农业灌溉水资源的需求者与最终消费者。对于农业用水户而言,满足农业用水需求,降低农业水价是他们最为关心的利益诉求。

非农业用水户的利益诉求。近年来,随着灌区内工业的迅速发展和城市化进程的加快,工业需水量越来越大。对于非农业用水户而言,获取充足的水资源以满足基本的生产生活需要是其最为重要的利益诉求。

政府部门的利益诉求。根据行政上的隶属关系和政策上的指导关系,政府部门可划分为中央政府和地方政府,两者在水资源管理上的利益诉求也存在差异。对于中央政府而言,缓解水资源供需矛盾,保障国家粮食安全,制定宏观政策确保水资源合理配置是其主要利益诉求;对于地方政府而言,既要落实中央政府的决策,又要重点关注、协调灌区内各利益相关者的利益关系,以实现当地水资源的有效配置,并促进地方经济的发展。

农民用水户协会的利益诉求。农民用水户协会是用水农户自发组建的实行自我服务、民主管理的农民用水合作组织,是政府与农业用水户之间的中间桥梁。农民用水户协会的主要利益诉求是以组织形式维护用水户利益,获取维持协会稳定运行的资金,同时提高农业水资源管理效率与农业水资源利用的公平性与协调性。

供水机构的利益诉求。作为准公益性机构,灌区供水机构通常不以盈利为目标。因此,灌区供水机构的利益诉求为收取水费并获得合理收益,在盈亏基本平衡的基础上保障各项业务的正常运行。

灌溉专业管理组织的利益诉求。灌区专业管理组织一般是水利局的下属事业单位,也是农民用水户协会的上级组织。对于灌溉专业管理组织而言,获取收益从而维持灌区的长期正常运行是其最为重要的利益诉求。各利益相关者具体关系如图 2.4-3 所示(图中双向箭头表示双方存在利益冲突)。

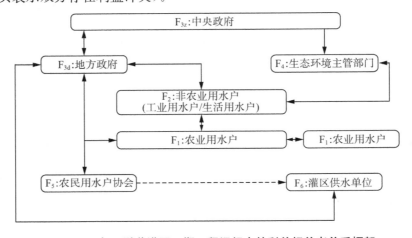

图 2.4-3 赵口引黄灌区二期工程运行中的利益相关者关系框架

2) 多元主体利益冲突分析

在赵口引黄灌区二期工程的运行中,多元利益主体之间形成了复杂的利益冲突,如图 2.4-4 所示。

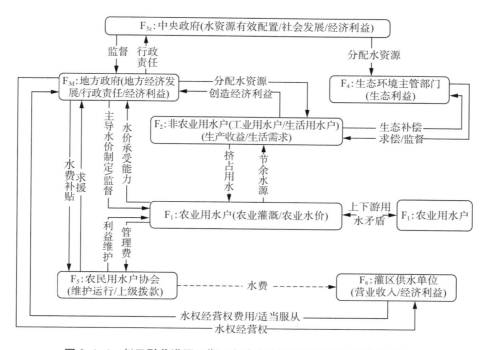

图 2.4-4　赵口引黄灌区二期工程中多方利益相关者之间的利益冲突

（1）农业用水户与农业用水户之间的利益冲突

农业用水户与农业用水户之间的利益冲突主要表现为上下游之间的用水矛盾。赵口引黄灌区内自然条件较为接近,各市县的作物种类、播种时间、生长周期基本类似,因此灌溉用水时间大体一致。同时由于干渠是按续灌设计,因此各地同时用水是渠道的最佳状态。然而,由于灌区实行分级管理,分级负责,难以做到统一协调,给灌区统一调水和运行管理带来较大困难。现实情况是灌区分散管理导致不同市、县（区）之间相互戒备,放水时间不统一,偌大一条干渠,经常出现仅为一个县放水的现象,不仅造成干渠淤积,且因水小水位低,上游为提高水位经常落闸节制,大水漫灌、日灌夜排、灌后退水的现象时有发生,与下游用水冲突频发。同时,落闸节制也会导致上游淤积加剧,反过来又影响后续引水。由此可知,灌区粗放型的管理方式导致上下游之间常常发生用水矛盾,下游周口、许昌的一些县被迫中断引黄,工程效益难以充分发挥,灌区灌溉面积衰减。

（2）农业用水户与政府之间的利益冲突

农业用水户与政府之间的利益冲突主要表现为水价改革中农业用水户与政府之间

的价格博弈。赵口引黄灌区农业水价收费标准的制定是在政府宏观调控下的改革,政府承担了制定农业水价相关政策、组织和领导农业水价改革的工作。政府通过实行农业水价改革和开展节水工程建设,试图利用农业水价的杠杆作用促进农民节水,实现水资源的合理利用。农业用水户是水价改革中重点关注的群体,受水价改革的影响最大。由于赵口引黄灌区目前的农业水价远远低于成本,因此政府水价改革的趋势是提高农业水价,但提高水价会增加用水农户的负担,农业用水户往往不愿意接受较高的水价,此时就面临着农业用水户与政府之间的价格博弈。由此,政府在农业水价改革中存在一定障碍,在提高水价实现节水目的的同时也要兼顾农业用水户的承受能力。

(3)非农业用水户与政府、生态环境主管部门之间的利益冲突

非农业用水户与政府之间在经济利益和公共利益维护上存在矛盾。赵口引黄灌区二期工程的主要任务是在现有工程的基础上,建设灌区灌排工程系统和配套工程,解决灌区农业灌溉用水需求,并兼顾为部分区域乡镇二、三产供水。随着当地工业化和城镇化进程的加快,非农业用水户作为水资源的需求方和工程的受益者,为维持正常的生产生活运转,其用水需求不断增长,这明显推动了水资源"农转非"的速度和规模,水资源过度"农转非"可能危害局部农业发展以及生态环境。政府考虑到这一情况,从维护公共利益的角度出发,可能会减少非农业用水户的水资源,以缓解水资源供需矛盾,保障国家粮食安全。

非农业用水户与生态环境主管部门之间在经济利益和生态补偿上存在冲突,这主要归因于非农业用水对生态环境产生的负外部性影响。灌区内工业主要有电力加工业、冶金、建材机械等,2015年灌区全年完成国内生产总值244.3亿元,其中第二产业增加值达到117.5亿元,第二产业在地区经济中仍然占据主导地位。由于当地地表水水资源不足,且水量年内年际变化较大,加上缺少配套工程,非农业用水户在需水量迅速增加的情况下,只有靠超采地下水才能满足其用水需求。目前,该区域超采地下水量9 571万 m^3,超采率为33.4%。由于连年超采,已形成大面积地下水漏斗区。同时,生产、生活污水未经有效处理并直接排放,已经在相当程度上破坏了当地的水生态环境。因此,生态环境主管部门在向政府争取生态用水的同时,期望向用水户征收生态补偿基金,以修复非农业用水户过度用水和污水排放可能带来的生态环境损害。

(4)农民用水户协会与政府、农业用水户之间的利益冲突

农民用水户协会与政府之间的利益冲突主要表现为政治利益和经济利益的矛盾。①农民用水户协会独立核算的性质使得其并不满足成为非营利组织的条件。虽然农民用水户协会提供的服务有助于减少政府推进赵口引黄灌区工程运行中的纷扰和压力,但是其又无法被完全视同为政府部门,农民用水户协会的社会角色长期得不到准确定位,政治利益难以实现;②农民用水户协会维持运转的经费一部分来源于政府的水费返还,

但就目前赵口引黄灌区的情况来看,水费返还并不能保证协会的良好运行。上述矛盾的存在可能使农民用水户协会产生懈怠情绪,难以履行应尽职责,从而成为政府提高农业水资源管理效率与农业水资源利用公平性与协调性的阻力。

农民用水户协会与农业用水户之间存在经济利益上的冲突。用水户协会由用水户协会代表大会负责,下设办事机构为用水户协会执委会,全权负责日常事务工作和协调各用水组有关问题,并负责各支、斗渠及其建筑物的管理。然而,灌区内部分农民用水户协会并非通过民主选举成立,而是由村干部直接担任协会管理者。若考虑村干部的自利行为,则双方的利益冲突主要建立在农民用水户协会与农业用水户之间的经济利益矛盾基础之上,这主要表现在:为维持运转,农民用水户协会可能选择向农业用水户加收管理费。由于多数农业用水户对于水费管理制度的知情权缺失,致使其经济利益受到损失。

（5）各级政府及其与灌区供水单位之间的利益冲突

各级政府与灌区供水单位之间的利益冲突主要表现为经济利益和公共利益提供上的矛盾,并且这种矛盾因水价改革实施强度的变化而变化。由于灌区供水单位在水利基础设施维修等方面的成本难以精确核算,故从两个方面进行假设分析。其一,若水价改革不到位,偏低的水价会使灌区供水单位的经济利益受损,导致灌区供水单位不愿意履行对水利基础设施的维修义务,从而影响农业用水效率,不利于农业水资源的有效配置。其二,若改革后水价偏高,灌区供水单位能够获得更多的经营所得,这虽然有助于提高其履行义务的意愿,但另一方面也容易产生寻租行为。具体而言,赵口引黄灌区水资源的分配分为两个阶段:①由灌区供水单位向地方政府支付一定费用获得水资源;②供水单位将所获水资源进行配送并获得水费收入。在上述过程中,供水单位为追逐盈利可能与地方政府间形成利益共谋,其中,供水单位可以通过寻租获得更多的经营水资源;地方政府可以通过设租获取来自供水单位的灰色收益,并通过政策制定增加收益分配占比。而作为水资源授权人的中央政府,由于信息不对称致使其收益被地方政府挤占,自身利益难以得到保证。

2.4.1.3　工程运行管理体制构建

结合灌区自然条件和现有灌排运行体系,为了统一管理和调配好灌区的有限水资源,充分发挥灌区上、下游水利工程的作用,更好地为所辖区域经济建设和社会稳定发展服务,结合灌区一期工程运行管理体制情况和二期工程可能的利益相关者诉求和冲突,形成灌区二期工程运行管理体制构想,并根据灌区现有情况确定现阶段适配的二期工程运行管理体制方案。

1）一期工程运行管理体制概况

目前赵口灌区采用条块结合的管理模式,管理部门主要有省级管理单位——豫东水利工程管理局赵口分局,市级管理单位——开封市引黄管理处,以及包括赵口灌区引黄处、灌区管理所、引黄灌溉管理站、引黄工程管理中心等在内的县级单位,如图2.4-5所示。

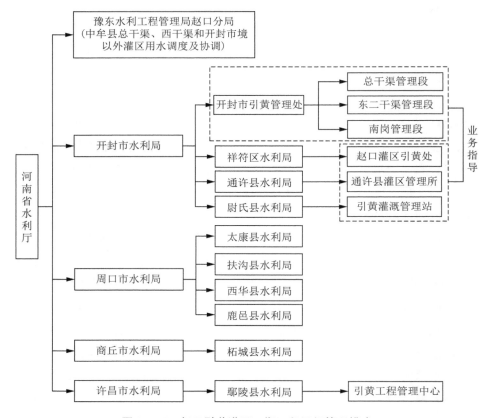

图 2.4-5 赵口引黄灌区一期工程运行管理模式

豫东水利工程管理局赵口分局直属河南水利厅,承担的主要任务为:赵口引黄灌区用水调度与协调,总干渠中牟县境内18.5 km、西干渠中牟县境内11.5 km,共30 km渠道及管理范围内的水资源综合开发利用,制定灌区用水计划、调水配水。担负灌区协调和总干、西干渠位于郑州境内30 km渠道及其建筑物和沉沙池的运用管理。

开封市引黄管理处归属开封市水利局领导,设有办公室、工程管理科、财务科,下设总干渠管理段、东二干渠管理段、南岗管理段,该部门承担的主要任务包括:负责开封市境内的赵口引黄灌区跨县界骨干工程管理、各县用水调配问题,制定灌区用水计划;负责总干渠开封市境内9.1 km渠道管理,东二干渠全长36.9 km渠道管理以及西干渠开封市境内26 km渠道管理。

赵口引黄灌区还在相关的市、县(区)设有相应的管理部门。如开封市祥符区设有"赵口灌区引黄处"、通许县设有"灌区管理所"、尉氏县设有"引黄灌溉管理站"、许昌市鄢陵县设有"引黄工程管理中心",分别作为赵口引黄灌区专管机构,均归属当地水利局领导。而杞县、太康县、扶沟县、西华县、鹿邑县、柘城县等均未设置引黄灌区专管机构,由当地水利局代管。

总体而言,赵口引黄灌区目前由赵口分局负责中牟县境内总干渠、西干渠的运行管理,以及开封市境以外范围灌区内用水调度及协调。开封市引黄管理处负责开封市境内灌区用水调度及协调,直接负责开封市境内总干渠、西干渠及东二干渠的运行管理。开封市祥符区、尉氏县、通许县、杞县设有专管机构,负责对各自县境内灌区用水调度、协调及管理,归属各县水利局领导,业务上受各县水利局及开封市引黄管理处双重领导。周口市太康县、扶沟县、西华县及鹿邑县引黄由县水利局代管,以及许昌市鄢陵县引黄工程管理中心分别负责各自县境内灌区用水调度、协调及管理,并与赵口分局有业务归口关系。

赵口引黄灌区现行管理模式已沿用多年,在实际运行中逐渐暴露出一些问题,并严重制约了灌区工程效益的发挥,主要表现在:其一,管理体制不顺,权限交叉。各县内灌区管理由各县水利局领导,但业务上受各县水利局及开封市引黄管理处双重领导,灌区管理效率低下;其二,供水及收费机制不顺畅。灌区供水环节多,用水要经过多级申报,收费亦是如此,灌区水费由县财政代收,水管单位管水却不管水费,导致水管部门工程建设和工程维修没有足够的资金;其三,灌区上下游之间用水存在纠纷。由于权限交叉导致的管理问题,灌区下游和上游市县经常因水量、水费问题而产生矛盾;其四,引调水管理粗放。各地水量调配没有根据灌溉面积、种植结构制定标准,核实用水情况做得不够。同时,计量设备不完善,影响了水资源的合理利用;其五,灌区重建轻管问题普遍。由于日常监管不到位,许多新建工程在建成后不久就遭到破坏,过早地失去使用价值,影响了灌区的稳定高效运行。

2)二期工程运行管理体制构想

基于上述国内外大型灌区管理体制与经验借鉴、赵口引黄灌区二期工程运行的利益相关者分析,结合灌区二期工程运行管理现状,并对应于政府与市场相结合、市场化、行政主导三种典型灌区管理模式,本书初步提出三类灌区运行管理体制的构想,包括政府、市场、自主管理相结合的管理体制,董事会、供水公司、用水户协会、用水户相结合的管理体制,以及灌区管理局、灌区管理处、用水户协会相结合的管理体制。

(1)政府、市场、自主管理相结合的管理体制

后国际金融危机时代的政府与市场关系得到了明确和界定,在经济领域应坚持市场为基础和主导、政府宏观调控为辅的关系模式,在西方自由主义市场经济阶段,世界性经济危机的大爆发充分暴露了市场的局限性,市场本身有失灵的时候,单靠市场解决不了社会的一些基本问题,如公共产品、贫富分化、公正公平等社会发展的长期问题。农田水

利设施就是一种垄断性较强、具有非竞争性、同时可以收费的准公共产品。因此,对于赵口引黄灌区二期工程的建设以及运行管理,地方政府应该主动放权并积极引进民间资本,采取合同承包、特许经营等公私合营模式共建基础设施并共同管理,以达到收益最大化的效果。

同时,集体行动的一般理论指出,在经济活动中,个人利益和集体利益并不总是一致的。个人既会拥护组织的共同利益,但同时也会有区别于组织之外的纯粹的个人利益,当个人利益与集体利益发生冲突时,就会影响集体利益的实现。如何化解集体行动带来的困境,主要有以下几种化解方案。①小集团战略。群体规模越大、人数越多,组织成员参加集体行动的动机就越小。而在小集团中则可以避免组织和个人面临的一系列困扰。②选择性激励。在集体行动中集体性激励不足以激励每一个理性的个人为组织目标付出努力,那么实行选择性激励就十分有必要。③强制手段。集团在必要时候可以强制成员参加集体行动,比如纳税。大型灌区水利设施的良性运行管理离不开农户的集体参与,这就是一个集体行动,是农户个人利益与灌区集体利益的博弈。因此,应积极推动农民用水户协会的建立,普及加入农民用水户协会的好处,给予选择性激励,使得农民参与下的集体行动一致性得以实现。

为有效缓解赵口引黄灌区二期工程运行中可能面临的利益相关者矛盾,如农业用水户之间用水冲突、农业用水户与政府之间水价收缴的矛盾等,以及解决赵口引黄灌区一期工程重建轻管等问题,本书结合上述理论分析提出赵口引黄灌区二期工程运行实施政府、市场、自主管理相结合的管理机制的构想(见图2.4-6),即骨干工程采取政府主导管

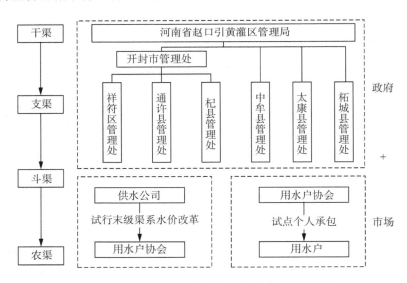

图 2.4-6 政府、市场、自主管理相结合的管理体制

理模式,末级渠系工程引入个人承包、供水公司等市场化经营模式,并建立农民用水户协会监督水费收支、处理用水纠纷等,以期实现灌区的现代化管理。

具体而言,首先在赵口引黄灌区成立"河南省赵口引黄灌区管理局",并在各县成立管理处,管理处下设管理所,按3级管理机构进行垂直直属管理,各级管理机构有行政隶属关系,对骨干工程进行宏观把控。其中开封市下辖鼓楼区、城乡一体化示范区、祥符区、杞县、通许县共5个县(区),成立赵口引黄灌区开封市管理处。河南省赵口引黄灌区管理局负责对灌区关键输水线路及控制性节点工程进行直接管理,协调各市的水事关系,主要管理内容包括:总干渠、东二干渠以及协调利用涡河输水利用段范围内裴庄闸、吴庄闸、魏湾闸、玄武闸共4个拦河闸的调度运用等。赵口引黄灌区开封市管理处主要是协调市辖5个县(区)的水事关系,其他县级管理所负责当地的水事事务。

部分支渠或斗渠在用水户参与灌溉管理的基础上实施个人承包或建立供水公司的市场化管理模式。个人承包以支渠或斗渠为单位,同一渠道控制区内的用水户共同参与组成有法人地位的社团组织(用水户协会),通过政府授权将工程设施的维护、管理和使用权部分或全部交给用水户自行管理,政府所属的灌溉专管机构对用水户协会给予技术、设备等方面的指导和帮助。协会管辖范围内工程的运行费用由用水户自己承担。另一种方式是在支渠或斗渠设立"赵口引黄灌区供水公司",实行自主经营,自负盈亏。同时尝试建立水权交易市场,试行末级渠系水价改革。农业用水户通过节水措施形成灌溉节余水权并在市场中进行交易,既是水权市场中的水权出让者,也是节水工程的利益分享者。工业用水户以合理的价格在市场上购买水权。政府部门有效推进水价改革,制定政策并作出决策,鼓励开展水权交易,推行农业水价改革以撬动农业水权的有效供给,推动水权市场未来发展。

政府、市场、自主管理相结合的管理体制适用于政府机构设置合理、市场化程度相对完善、用水户素质较高,以及在管理过程中用水户可以实现有效参与的灌区。目前,赵口引黄灌区工程由赵口分局、开封市引黄管理处和地方水利局等多重领导,职责权属不明晰,并且所涉及的用水户协会尚不完善,大部分农户参与的积极性不高,未形成系统的管理模式。为保证这一管理机制的有效运行,我们认为:首先,灌区管理机构应进行调整,建立管理局、管理处、管理所的垂直领导模式,完善灌区制度建设;其次,政府应对农业用水户进行培训,加大投入和扶持力度,成立农民用水户协会,提高其参与管理的积极性和农民节水意识。同时,建立和完善奖惩机制,保证用水户协会的可持续发展;再者,以小面积范围作为试点实施个人承包或供水公司管理模式,根据试点效果,判断是否大范围内推广这一管理体制。

(2)董事会、供水公司、用水户协会、用水户相结合的管理体制

根据管理层次与管理宽度理论,管理层次与管理宽度呈负向关系,较大的宽度意味

着较少的层次,较小的宽意味着较多的层次。我国以前的灌溉管理模式倾向于高耸的结构,较多的管理层次导致信息在传递过程中极易产生失真,比如赵口引黄灌区一期工程运行中上、下游市、县(区)常因水量、水费问题发生矛盾,同时面临层层水费不能足额上缴、用水困难等问题,造成灌区用水量减少、效益衰减。而在国外灌区较多采用的市场化管理模式下,灌区由具备法人地位的管理机构进行管理,如法国的开发公司、澳大利亚的灌溉公司,水价定价权和水费征收权均属灌区管理组织,在管理层次减少的同时,也有效提高了水费收入。

从灌区管理角度来看,产权理论可很好地用于解决水资源优化配置问题。产权理论认为私有产权更有利于高效合作和组织。在我国水资源的所有权归属于国家,即全民所有,只能通过水资源使用权的部分或全部转让,即水权来实现水资源的有效理由。澳大利亚、美国等发达国家水权交易的成功实践表明,建立水权交易市场,不仅提高了农户在水资源管理和分配中的参与能力,促进用水户进行节水农业改造,提高水资源的利用效率,而且提高了供水部门管理水平,提升了社会效益。

赵口引黄灌区一期现行的"条块管理"的行政主导管理模式是在传统的计划经济体制下形成的,难以很好地与市场接轨,导致了制度效率较低,引发了灌区重建轻管、上下游用水纠纷、水费不能足额上缴等问题。为了提高灌区管理效率,以适应市场经济体制对灌溉管理提出的更高要求,同时基于上述理论基础以及国内外各灌区的成功管理经验,本书提出赵口引黄灌区二期工程运行实施董事会、供水公司、用水户协会、用水户相结合的市场化管理体制的构想(见图 2.4-7)。

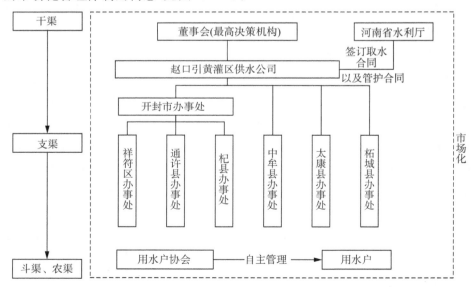

图 2.4-7 董事会、供水公司、用水户协会、用水户相结合的管理体制

具体而言,首先在赵口引黄灌区成立"赵口引黄灌区供水公司",供水公司具有独立法人地位,实行总经理聘任制,再由总经理聘任管辖各部门的经理与雇员,管理层人员可优先考虑经验丰富的赵口引黄灌区一期工程现有在编人员。董事会是最高决策机构,通过选举产生。供水公司与政府签订取水合同以及基础设施的管护合同,这些工程的费用都从公司所收的水费和其他收入中开支,政府不再给予补贴。供水公司与政府水行政部门没有隶属关系,政府主要起宏观指导作用,负责出台农田水利政策,监督和指导大规模的水源、输水工程管护。供水公司对灌区实行统一管理,统一解决郑州、开封、周口、商丘四市跨地区调(引)水问题,其中,跨市级行政区向下游输水的输水线路渠道及其控制性建筑物由供水公司统一管理,其他根据工程分布情况及承担的任务建立相应办事处。赵口引黄灌区二期工程范围涉及郑州、开封、周口及商丘四个市。其中开封市涉及开封市鼓楼区、城乡一体化示范区、祥符区、通许县及杞县,因此成立开封市办事处,负责市辖各县协调及灌区指令上传下达,同时,可根据实际情况外派人员负责各县(区)工作。其他三市均无跨县协调任务,各自设立市级办事处。各办事处隶属于赵口引黄灌区供水公司,与政府部门无隶属关系。

同时,引入参与式管理,充分发挥用水户协会的作用。具体而言,全灌区以支渠系统为单位,成立用水户协会,协会具有明确的法人地位。用水户协会由用水户协会代表大会负责,下设办事机构为用水户协会执委会,全权负责日常事务工作和协调各用水组有关问题,并负责各支、斗渠及其建筑物的管理。灌区在合理界定产权的基础上,将田间工程的使用权和收益权及水资源使用权下放到用水户协会,使庞大的田间工程管理的主体转变为农户。用水户协会与供水公司签订技术经济合同,实行目标管理,内部实行各种形式的承包责任制,责、权、利相结合,奖惩分明,自负盈亏。

用水方面,用水户协会根据农民的用水要求与供水公司签订供水协议,供水公司把灌溉用水供应给用水户协会,并根据供水量向用水户协会收取水费,农民用水户协会再把从供水公司购买的水作为商品卖给用水农户,并根据用水农户的实际用水量向农户收取水费。供水公司、用水户协会和用水农户这种一对一地进行灌溉用水的供给和收费,减少了管理层次,使得水费的收取过程更加规范化。同时,用水户代表大会有助于协调不同市、县(区)用水需求,基于水费的考虑,农民也会自发地节约用水,较好地解决了以往条块管理体制下的上下游用水纠纷问题,有助于灌区用水效率的提高。田间工程维护方面,将田间工程的使用权和收益权下放到用水户协会,有助于增强用水户主动维护田间工程的积极性和责任心。同时,用水户基于对水价因素的考量,将会主动考虑节水,加强田间工程的管理。因此,这一模式能很好地解决赵口引黄灌区一期管理体制中的重建轻管问题。

另外,建议在实施水价改革的基础上,开展水权交易。首先,政府部门要明确水权交易、水权变更与终止的法律依据,规范水权市场运作的法律法规和政策,并合理界定收费标准,供水公司根据实际情况在标准范围内进行调整。其次,尝试设立水权交易中心,通过对初始水权的确认,给予用水户明确的初始分配水权,交易中心根据历年来每亩土地的用水量限定农户每亩最高可以使用的水量。若当年农户使用水量未超过限额用水量,则剩余水权可以留至下一年继续使用或出售给其他农户。

董事会、供水公司、用水户协会、用水户相结合的市场化管理体制适用于灌溉工程体系完整,具备较好的灌溉水资源调度、控制能力以及工程管理条件的大中型灌区,最关键的是,用水户需有缴纳水费的习惯,有支付水费的能力,并具备初步的法律框架或政策。就赵口引黄灌区目前情况来看,实施这一管理体制还存在困难。首先,赵口引黄灌区量水设施不完善,现实情况是二期工程水量计量仅能精确到支渠,因此,个体用水户的用水情况无法明晰。其次,用水户协会名存实亡,农民用水需与村委会沟通,村委会再与水管单位沟通调水问题,农户有需要时引黄处进行引水,引水标准仅存在一个年度总量指标,用完不能再申请额度,未用完额度也无法延至次年,是否超出需求也没有跟踪记录和调查。在此情况下,用水缺乏规划,上下游常因水量问题产生纠纷。上述问题存在的根本原因是广大农民群众文化知识水平较低,法律意识不强,加之中国乡村社会特有的复杂社会现实,使得农民参与能力和参与意识不强。最后,赵口引黄灌区水费仍由政府财政补贴,水管部门采用简单的行政计划手段实行无偿供水,商品水价值规律的违背导致灌溉水的低效使用和严重浪费,阻碍了灌区市场化管理的推进。

因此,为推进赵口引黄灌区二期工程运行的市场化管理体制,建设现代化灌区,建议赵口引黄灌区二期工程建设中完善基础设施,根据灌区所在地的实际情况选择适合当地情况操作简单的量水设备,水量计量尽可能精确到斗渠和农渠,为水费收取和用水户协会的工作奠定基础。其次,进行水价改革,逐步帮助用水户树立“水是商品”的观念,试行由无偿供水转变为抵偿供水,再逐步过渡到由用水户自行承担水费。最后,发挥用水户协会的作用,可先在已成立用水户协会的区域开展试点,选取文化水平高的农户先加入用水户协会,让其引领其他用水户,让名存实亡的用水户协会“活”起来。同时,政府有意识地逐步退出,放权给用水户协会,让民间主体在灌区管理中发挥更大的作用。

(3)灌区管理局、灌区管理处、用水户协会相结合的管理体制

家庭承包制实施后,个体农户理应承担家庭范畴内的农业生产诸项事务,但农村灌溉工程与用水管理仍沿袭计划经济体制下的以政府和集体管理为主的方式。以“公地悲剧”为代表的西方公共物品供给理论认为,在公共物品供给过程中个人理性的结果却是集体选择的非理性,导致了公共物品供给的恶化和非持续发展,最终丧失了集体利益和个人的长远利益。诸多学者倾向于强权控制或者彻底私有化这两种极端路径来化解这一悲剧。如曼瑟尔·奥尔森最早提出可通过强制性的组织策略,依靠中央强权来迫使成员参与集体行动。然而,强权控制需要消耗大量行政资源,还可能引发基层民众的抵抗

情绪,政治成本过高在乡村这一级更不具有可操作性。彻底私化的理念对于公共物品固有的非排他性及非竞争性的属性显得过于理想化,同时农村公共物品的产权划分最小单位是村组,很难细分到农户,故这一悲剧依然无法避免。为回应这一供给困境,奥尔森又提出了另一种"选择性激励"的方式来回应集体成员的"搭便车"行为,即成员若不参加集体行动就会受到一定形式的惩罚,难以得到或将失去某些有价值的资源。

在此基础之上,埃莉诺·奥斯特罗姆提出了"公共池塘资源理论"。该理论认为,通过资源占用者的自组织行为可以有效解决公共池塘资源问题。在此背景下,从 20 世纪 90 年代起,我国积极探索各种形式的用水管理体制改革,并从国外引进了"农民用水户协会"这一运行管理模式。世界银行作为我国参与式运行管理的倡导者,其提供贷款的前提是必须在用水户参与式灌溉管理改革试点的项目区建立用水户协会。农民用水户协会替代乡村政权组织成为水管单位和农户之间的纽带便成了现实选择。

基于上述理论分析,结合赵口引黄灌区内自然条件和现有灌排运行体系,为了统一管理和调配好灌区的有限水资源,充分发挥灌区上、下游水利工程的作用,更好地为所辖区域经济建设和社会稳定发展服务,本书提出赵口引黄灌区二期工程运行实施灌区管理局、灌区管理处、用水户协会相结合的政府主导管理机制的构想(见图 2.4-8),即骨干工程管理在政府行政主导下进行,末级渠系由农民用水户协会自主管理。

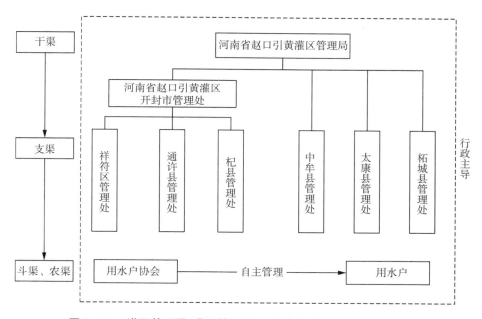

图 2.4-8　灌区管理局、灌区管理处、用水户协会相结合的管理机制

具体而言,在赵口引黄灌区成立河南省赵口引黄灌区管理局,各县成立管理处并受管理局领导,共同负责对各级渠系的管理。赵口引黄灌区二期工程范围涉及郑州、开封、周口及商丘四个市。其中开封市涉及开封市鼓楼区、城乡一体化示范区、祥符区、通许县及杞县，因此成立赵口引黄灌区开封市管理处，负责市辖各县协调及灌区指令上传下达，其下各县设置引黄管理处；郑州、商丘两市分别只有中牟、柘城各一个县，赵口引黄灌区二期范围内无跨县协调任务，故只分别成立中牟、柘城引黄管理处；周口市只有太康县在赵口引黄灌区二期范围内，无跨县协调任务，故只成立太康引黄管理处。同时根据灌区"骨干工程管理专业化、科学化，田间工程管理社会化、民主化"的原则，以管理局、管理处组合的管理模式为主，进一步深化以用水户参与灌溉管理为中心的灌区管理体制改革，积极组建农民用水户协会，以此构建赵口引黄灌区二期工程运行的灌区管理局、灌区管理处、用水户协会相结合的管理体制。具体如下：

灌区管理局为工程一级管理机构。主要职责：贯彻执行国家的有关法律、法规、方针政策及上级主管部门的决定、指令，指导并监督用水户协会开展工作；拟定需水计划、年度及实时供水计划并落实、协调用水，参与供水水价制定，负责水费管理征缴；开展节水灌溉试验，推广科技成果；加强工程维修养护，提出工程维修计划和实施方案；组织编制并落实综合开发利用规划；负责灌区范围内灌溉水质管理，制定水质监测与管理办法，拟定水污染事故的应急预案；建立灌区信息化系统，负责公共信息对外发布与管理，协调与供水范围有关的各管理部门的关系等。

灌区管理处为管理局的下属单位，为二级管理机构，主要职责：协助管理局在辖区范围内行使管理职权，负责辖区内需水量信息收集，接受并执行来自管理局调度中心的供水计划，对辖区内供水计划提出执行方案或调整意见；对本辖区执行的供水计划进行监督、管理；负责供水合同的管理和水量、水费的统计及收取；负责本辖区工程安全管理及安全信息采集、整理；负责辖区各类数据库管理与信息服务，分类整理数据，及时上传管理局调度中心，协调辖区内水事关系等。

全灌区以支渠系统为单位，成立用水户协会。用水户协会的建立和发展，得益于"用水户参与式灌溉管理"理念的确立和推广，它是农民自己的管水组织，以向农民用水户提供灌溉服务为宗旨，以互助合作、民主决策、民主管理、民主监督为基本原则，实行自主经营管理。用水户协会由用水户协会代表大会负责，下设办事机构为用水户协会执委会，全权负责日常事务工作和协调各用水组有关问题，并负责斗渠及以下田间工程等部分的相关问题。

农民用水户协会的建立是适应市场经济运行规律的一种优化的运行管理模式。在灌区组建用水户协会时，应当充分考虑组建的相关条件和配套设施，以使农民用水户协会充分发挥其作用。一是较好的群众关系。因为农民用水户协会主要是由广大农民群众组成，农民的积极性程度跟协会的良好运行与持续发展息息相关。二是充足稳定的灌溉水源。协会能长期有效运行的前提条件就是有足够的水，可采用渠灌与井灌相结合的办法来保证灌溉水源,也可与供水单位之间签订供用水合同。三是完善的灌溉渠系工程。农民用水户协会的建立必须有完善的渠系工程才能保障协会的可持续运行。四是相关项目的扶持。借助相关项目的资助能为农民用水户协会的未来发展奠定良好的基础。目前,赵口引黄灌区二期工程符合农民用水户协会组建的上述前提条件,在现有管理局、管理处组合的管理机制基础上拓展的农民用水户协会能够真正成为农民用水户的利益代表。

3）二期工程运行管理体制方案制定

前文综合多方因素,初步构建了赵口引黄灌区二期工程运行的三类管理体制,即政府、市场、自主管理相结合的管理体制,董事会、供水公司、用水户协会、用水户相结合的管理体制,以及灌区管理局、灌区管理处、用水户协会相结合的管理体制。就赵口引黄灌区目前情况来看,直接实施董事会、供水公司、用水户协会、用水户相结合的市场化管理体制,以及政府、市场、自主管理相结合的管理体制尚存在困难。因此,为了统一管理和有效调配灌区的有限水资源,充分发挥灌区上、下游水利工程的作用,更好地为所辖区域经济建设和社会稳定发展服务,本书认为赵口引黄灌区二期工程建设完成、进入运行管理阶段后,在初期适宜采取灌区管理局、灌区管理处、用水户协会相结合的行政主导管理体制下的垂直管理组织形式,在此基础上进行灌区现代化改革,逐步向政府与市场相结合以及市场化管理模式转变。为此,本书提出如下建议:

首先,在赵口一期"条块管理"的基础上优化机构设置。依托河南省赵口引黄灌区建设管理局,成立灌区管理主管机构——河南省赵口引黄灌区管理局,对灌区实行统一管理,同时在开封市及下辖县(区)成立相应的引黄管理处。其中,管理局负责对灌区关键输水线路及控制性节点工程进行直接管理,其他工程则由引黄管理处实施管理。灌区管理部门与水行政管理机构无隶属关系,各引黄管理处仅受管理局领导。基于上述机构组织体系,灌区主管机构对下属各级管理处的人、财、物便能够做到合理配置并进行有效监管。

其次,逐步引入参与式管理,充分发挥用水户协会的作用。用水户协会由用水户协会代表大会负责,下设办事机构为用水户协会执委会,全权负责日常事务工作和协调各用水组有关问题,并负责各支、斗渠及其建筑物的管理。在合理界定灌区产权的基础上,可将田间工程的使用权和收益权及水资源使用权下放到用水户协会,使庞大的田间工程管理的主体转变为农户,增加用水农户主动维护田间工程的积极性和责任心,让民间主体在灌区管理中发挥更大的作用。与此同时,还应当建立和完善相应的奖惩机制,以保证用水户协会的健康有序发展。

最后,在垂直管理改革成功的基础上,稳步推进灌区现代化改革,实施"政府、市场、自主管理相结合"的管理体制。选取小面积范围作为试点实施个人承包或供水公司管理模式,根据试点效果,判断是否以及多大范围内推广这一管理模式。若改革顺利,则可过渡到市场化管理体制,采取"董事会、供水公司、用水户协会、用水户"的管理体制。值得注意的是,灌区现代化改革成功实施的关键在于水价改革以及用水户协会的配合。因此,赵口引黄灌区二期工程建设完成后应持续进行水价改革,改进水费征收方式,充分发挥用水户协会的作用,助力灌区现代化、市场化改革。

2.4.2 赵口引黄灌区农业水价分担机制与风险补偿机制

1) 赵口灌区水价分担机制

建议赵口引黄灌区二期工程实行两部制水价制度,即基本水价和计量水价。政府主要承担基本水价部分,补偿供水的基本成本,保证供水单位基础收入,以维持供水单位的简单再生产;同时政府承担生态用水水费,以促进生态平衡,建设人水和谐的社会;在农业水价方面,由于赵口引黄灌区以粮食作物为主,农业灌溉需水量大,农户水价承受能力弱,因此本着"补偿成本,合理收益,受益者负担""政府补偿与市场机制"等原则,农民承担计量水价,实行多用水多交费。这样,既增强农户节水意识,提高他们的用水效率,同时也避免上下游之间抢用水现象的发生。非农业用水户除了通过分摊较多的供水成本,减轻农民的水价负担外,还可以通过与农户之间的水权交易,实现用水量的"以农补工",水价的"以工补农"。其他用水受益者可以与农灌区农业相关产业签订购销合同,消化灌区以水生产的农业产品,以此减轻农户的经济负担。上述各主体在一定的分担条件下通过相应的分担方式承担水价的分担责任,其具体分担条件、分担责任和分担方式见表2.4-3。

表 2.4-3　赵口引黄灌区相关用水利益主体水价分担条件、责任与方式

利益主体	分担条件	分担责任	分担方式
政府	水资源管理权 财政资金 民生保障职能	精准预算 合理统筹 监督管理	基本水价 农业补贴 生态供水成本 招商引资
水管单位	管理技术 管理人才	降低供水成本	节水技术和设施的开发使用
农业用户	农业收益 市场机制 水价承受能力弱	供需平衡 减轻政府财政压力	计量水价 水量的"以农补工"
非农业用户	产业收益 用水需求 市场机制	供需平衡 减轻供水成本压力	承担农田水利设施更新改造成本 水价的"以工补农"

2) 赵口引黄灌区二期工程水价风险补偿机制

(1) 灌区水价风险补偿金额

灌区水价的风险补偿主要针对灌区工程成本的回收风险以及农户的用水承受能力风险,而农业水价推行的基本水价加计量水价的两部制水价模式。按基本水价计收的水

费是基本水费,可以保证工程基本的运行。根据《水利工程供水价格管理办法》,基本水费按照补偿供水直接工资、管理费用和 50% 的折旧费、修理费的原则核定。经测算,赵口引黄灌区两部制水费数据见表 2.4-4。

表 2.4-4 赵口引黄灌区两部制水价测算数据表

水价组成	项目	数据	备注
基本水费/年	直接工资	913.50 万元	
	管理费用	91.50 万元	
	固定资产折旧费	6 740 万元	3 370 万元(50%)
	修理费	3 089 万元	
	基本水费	7 464 万元	
计量水费/年	年运行总成本费用	13 844 万元	
	剔除基本水价的其他费用	6 380 万元	
	灌区总水量	24 090 万 m³	
	计量水费	6 380 万元	
补偿总额		13 844 万元	

当重大旱灾以及大旱灾年份发生时,水费无收取时,水管单位需要约 7 464 万元/年来确保灌区工程的基本运行,因此,水价风险补偿基金的基数则为 7 464 万元/年。

(2)灌区水价风险补偿资金来源

基于灌区属性的分析可知,灌区工程的公共物品属性决定了其在风险补偿机制运行时的可能资金筹集方式:政府供给与市场供给。政府供给的主要手段是以政府财政主导建立水价风险补偿基金,通过中央政府与地方政府按比例出资构成水价风险补偿资金来源;市场供给则主要通过政策手段培育健全的市场机制,通过市场交易手段解决在干旱年份由于缺水所衍生的各种风险问题,从而对灌区水价风险进行间接性补偿。

一是财政主导筹集:设立水价风险补偿基金。对灌区水价进行风险补偿,其本质一方面属于灌溉工程成本回收机制的补充与支持,属于基础建设支持的范畴。赵口引黄灌区建立了基于完全成本的水价机制,在灌区工程成本回收方面发挥了重要作用,在干旱年份的水价风险补偿,究其本质属于对于工程成本回收的补偿;另一方面其属于由政府来分担农民粮食种植的部分成本,属于粮食补贴的范畴。赵口引黄灌区水价风险补偿是发生在生产性环节上对于农民的直接补贴,究其根源还是因为农业用水这一生产要素价格风险的补贴。因此,对赵口引黄灌区进行的水价风险补偿本质上属于针对灌区工程成本费用以及农户缺水风险的共同补偿,通过设立水价风险补偿基金可以统一有效地解决这一由干旱问题引发的灌区工程运行风险。

建议由各级财政出资建立灌区可持续运行的水价风险补偿基金,并进行专户管理,专项用于灌区工程的运行维护。如果基金存在资金缺口,则由省级地方政府向中央财政申请资金予以填补。当然,地方政府可以根据地方财政情况,执行差别化的财政补偿政策。

二是引导市场主体参与基金投资。伴随近年各级政府投资规模的不断扩大,财政赤字也不断加剧。当央地财政出现紧缺的时候可以适当利用政策手段引导市场主体参与水价风险基金的投资。如以债券、信托等方式筹集资金。总之,要使用好政策手段,并搭配有效的市场机制实现灌区水价风险补偿资金的筹集。

三是市场交易解决:多向度水权交易市场的确立。为从根本上解决水价衍生风险问题,建立市场机制,实行灌区内的水权交易。通过水权交易,达到控制用水和提高水资源配置效益的双重目标,针对赵口引黄灌区设计的市场交易补偿方式如图2.4-9所示。

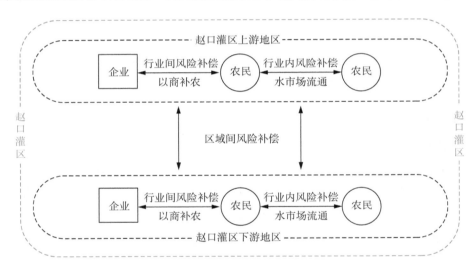

图 2.4-9　市场交易补偿机制

2.4.3　赵口引黄灌区工程风险网格化管理机制

1)划分风险管理网格

按照"地理布局、区域属性、风险因素"的原则,对赵口引黄灌区二期工程项目进行网格单元划分。地理布局是根据赵口引黄灌区二期工程建设每个工程所处的不同地理位置进行划分,区域属性是根据每处工程所在区域的功能属性进行划分,风险因素是根据影响灌区安全的风险类型进一步划分。赵口引黄灌区二期工程一级网格按照地理布局划分为一总干区、中游渠灌区、惠济河引水区、涡河引水区;其次以区域属性为单位划分成总干灌片、东一干灌片、朱仙灌片等灌区二级网格单元,对每个二级网格依据区域属性进一步划分成灌区三级网格单元,包括总干渠、北干渠、东一干等;然后以可接受风险和需处置风险因素为单元划分成灌区安全管理四级网格,如图 2.4-10 所示。

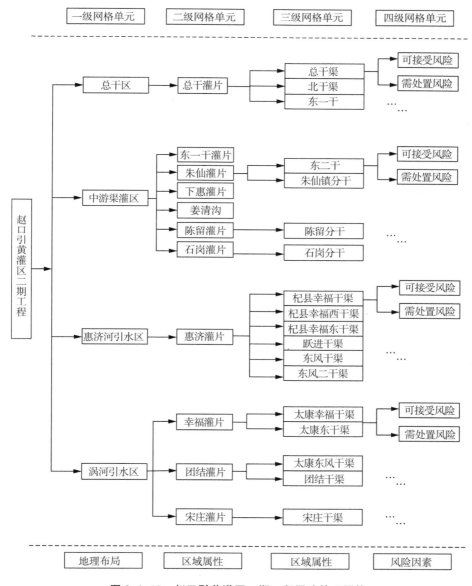

图 2.4-10　赵口引黄灌区二期工程风险管理网格

2）组建风险网格管理服务团队

根据划分的风险管理网格单元和灌区原有的管理组织机构,以"格格对接,层层递进,人人有责"为组建原则,形成了安全管理网格服务团队。

其中,"格格对接"是指根据划分的安全管理网格,每一个网格单元有与之对应的工作人员专管专治本网格,使得管理区域无缝隙,管理人员无缝隙,有效防止事故发生时推诿责任,做到快速反应,及时处理,从而提高灌区安全管理的效率与精准度;"层层递进"是指在整个灌区工程层面,网格管理人员需要网格领导人(即网格长)对各个层级的网格发挥统筹规划作用,每个网格长下设具体的网格员对网格进行具体的管控任务,根据网格层级的划分,层层推进网格团队人员的组建工作。"人人有责"是指灌区的安全管理不只是领导层的责任,更是每一位服务团队成员的责任,灌区的每个成员对灌区的安全都负有一定的责任,都积极投入灌区的安全管理之中,从而提升灌区安全管理效率。

根据赵口引黄灌区二期工程的风险网格单元,以及基于灌区原有的管理组织机构,组建安全管理网格服务团队。在整个灌区工程层面,依托河南省赵口引黄灌区管理局,成立灌区网格领导小组,负责统筹规划赵口引黄灌区二期工程的网格化管理工作;按照层层递进的原则,在每一级的网格单元层面中,成立灌区网格服务团队,负责反馈、处理、分析风险,把安全管理目标落实到每个网格之中。网格服务团队包括网格长与网格员,一级网格长是河南赵口引黄灌区管理局负责人,管理局下属的赵口引黄灌区工程二期管理处处长为二级网格长,管理处下属的赵口引黄灌区工程二期管理所所长为三级网格长,四级网格长是项目建设单位负责人,具体职能如图2.4-11所示。

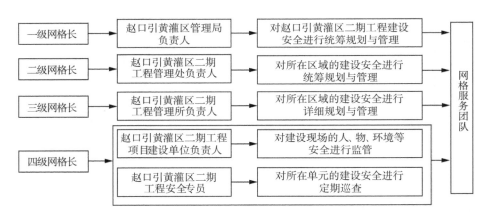

图2.4-11　网格服务团队职能

3)设计赵口引黄灌区二期工程安全管理信息平台

根据项目可行性研究报告,赵口引黄灌区二期工程信息化建设通过需求分析搭建系统总体逻辑框架,为系统设计和开发建设奠定坚实的基础。系统逻辑架构共包含采集传输层、网络通信层、数据存储层、数据资源层、业务支撑层、业务应用层及用户层等,系统逻辑架构图如图2.4-12所示。

基于赵口引黄灌区工程建设可行性研究报告中提出的赵口引黄灌区信息化管理系

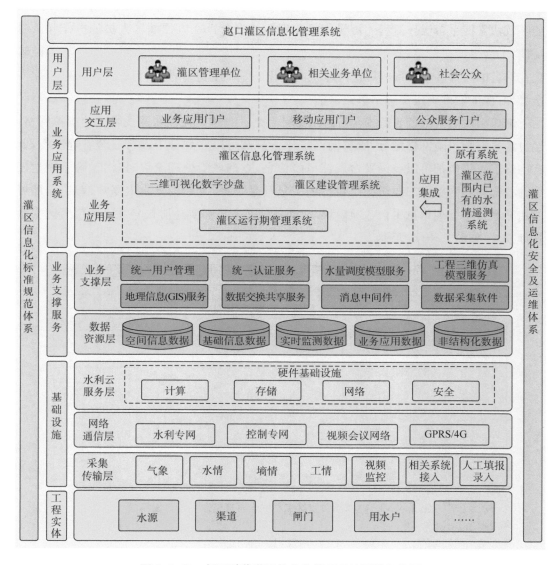

图 2.4-12　赵口引黄灌区信息化管理系统逻辑架构图

统逻辑架构,在其建设期管理系统与运行期管理系统中增加风险管理业务模块,使得赵口引黄灌区二期工程安全管理信息平台具有可行性、实用性、可操作性以及精确性。

其中,可行性体现在网格化管理需要现代化技术支撑,建立与之对应的安全信息管理平台是必要的。赵口引黄灌区二期工程规模宏大,由于其地理布局,导致其安全管理的及时性受到制约,同时由于传统管理模式的信息化不足,导致其管理上需要进一步完善以适应现代管理的大环境,所以结合赵口引黄灌区的实际情况,引入网格化管理理念与技术,从而提升灌区的安全管理效率。实用性体现在科技发展迅速的当下,灌区各管理部门都设置有台式电脑实时监控,办公的现代化和移动端占有率大幅增长,工作人员能够较快掌握平台操作流程。可操作性体现在该平台旨在方便灌区人员的操作和及时反馈,平台界面以简单、明了、易操作为主,同时能够及时提醒用户查看信息。精确性体现在平台的设计基于灌区实际情况以及网格化的基础上进行设计,为适应灌区网格化安全管理,保证能准确定位网格单元。

赵口引黄灌区二期工程安全管理信息平台是一种建立在互联网技术上的虚拟网格,经过灌区安全风险网格划分,所有网格工作人员都可以在划分中进行安全管理工作,所有网格工作人员都可以登录平台反馈风险信息,查询风险处理流程,提出风险管理建议等。各部门和网格内部成员凭借自己的工号登录平台,重新设置个人账户信息后,即可使用灌区安全管理信息平台各项模块,而网格外部人员需要注册账号才可使用灌区安全管理模块,如图 2.4-13 所示。

图 2.4-13　赵口引黄灌区工程安全管理信息平台界面初设

灌区安全管理信息平台所具备的功能模块介绍如下:

(1) 灌区概况模块

灌区概况模块功能是针对所有人群而设计的,用户登录后可以浏览三部分内容:一是赵口引黄灌区二期工程概况;二是赵口引黄灌区二期工程的安全管理模式;三是赵口引黄灌区二期工程的网格单元。

(2) 风险反馈模块

在发现安全风险之后,有关用户可以通过该模块及时反馈风险:第一步提交定位,选择风险所处的网格位置和发送实时地理位置;第二步描述现场,使用文字、图片、视频三种形式;第三步信息传递,将上述信息填写完毕后点击一键发送,所有网格的所有用户均会收到有关风险信息。

（3）风险处理模块

各部门以及网格长、网格员在接收到风险反馈信息之后进行处理流程：第一步风险所在区域的网格员必须现场核实风险情况，看风险信息传递是否有误，如出现错误需要及时修正并上传反馈；第二步对核实无误后的风险给出处理方案，记录处理的措施；第三步选择处理人员信息并确认。

（4）风险统计模块

风险统计模块的负责人员主要是相关部门人员，其他人员进入此模块受到限制。此模块包括两大功能：一是存档所有风险所发生的位置、类型、原因、处理措施、处理人员，方便后续查询与参考；二是统计风险发生的频次，提供风险预测的方向；三是预测未来可能发生的风险，提出风险预防措施。

（5）灌区监督模块

灌区管理模块功能对所有人员开放，一方面供监管部门对网格人员进行绩效考核；另一方面，用户可以在此模块提出自己关于工程安全管理的建议或意见，包括对灌区组织管理、对风险处理及其他方面的建议等。以上各模块见图2.4-14。

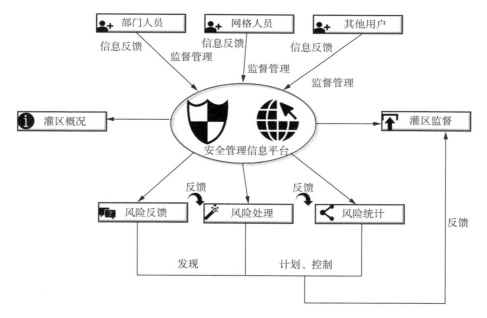

图2.4-14 赵口引黄灌区二期工程安全管理信息平台功能模块

4）灌区工程风险网格化管理机制的优势与运行

赵口引黄灌区二期工程网格化安全管理是通过网格单元链接网格服务团队，再利用安全风险管理信息平台链接风险事件与各职能部门，从而形成了一个闭合安全管理的系统。形成"防范范围无空白，防范人员无缝隙，横向到边，纵向到底"的网格化管理模式，

复杂大型灌区工程长效服役风险管控技术

科学组织、补漏消缺、维持稳定、修订完善、逐步提升的网格化管理机制,见图 2.4-15。

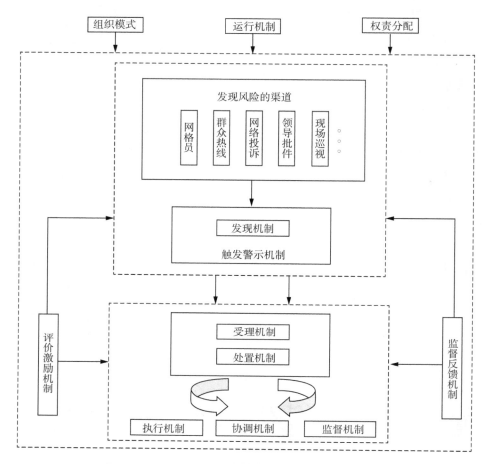

图 2.4-15 灌区工程风险网格化管理机制的总体框架

赵口引黄灌区二期工程通过划分网格单元,把影响该灌区的风险因素从地理布局、区域属性以及风险类别细化到每一个网格单元中,同时组建灌区工程网格服务团队,整个灌区的安全风险大网格由每个风险网格与其管理成员一一对应的小网格集成;然后建立灌区工程安全管理信息平台,连接网格服务团队与安全风险信息,此平台将风险信息传递与反馈给网格成员,反过来网格成员在此平台处理风险因素,且横向管理部门之间都会接收到风险信息,履行职责共同应对风险;最终形成了一个系统的闭环式的赵口引黄灌区二期工程建设网格化安全管理模式。该模式具有以下优势:

(1)横纵联合的扁平化、精准化管理

赵口引黄灌区二期工程建设网格化安全模式将直线型管理与横向管理充分结合,非单一垂直直属的管理模式,上级管理者的个人管理能力不再是关键影响因素,在明确职责的基础上能够发挥各部门各网格人员以及社会公众的主观能动性,加强灌区安全管理人人有责的管理理念。同级之间可以相互共享信息,也能相互监督,使风险处理更加便捷、精准、高效,同时也在一定程度上增强网格内部人员的责任意识。此外,由赵口引黄灌区管理局各部门组成的网格领导小组是网格化管理模式中的监管者,一方面各职能部门作为网格服务团队有力的保障,能够及时迅速地为其提供支持与帮助,另一方面监察部门负责对网格成员进行绩效考核,监督网格成员的安全管理情况。

（2）网格单元的自主、协作管理

根据杜邦安全文化管理四阶段模型,赵口引黄灌区二期工程建设网格化管理模式介于独立自主管理与互助团队管理之间。灌区将网格化管理的技术引入网格单元中,健全了有效的、适合本灌区的安全管理流程与安全管理规章制度,网格服务团队作为网格化管理模式中的主要执行者,以安全管理信息平台为核心高效处理风险,共享安全风险信息,提出安全管理措施。同时积极培养网格人员的安全意识,同级网格单元实行同级自主管理,不同级网格单元协作管理,网格成员对安全管理模式认知全面,对自身安全负责的安全理念逐渐形成。此外,将风险处理情况作为网格人员绩效考核的一部分,能够促进网格单元之间相互监督,逐渐走向团队互助管理阶段,最终实现安全管理目标。

（3）基于信息技术的集成化、开放化管理

基于现代信息技术的赵口引黄灌区二期工程安全管理平台是网格化管理模式中的联络者,是网格化管理必不可少的组成部分。赵口引黄灌区二期工程建设网格化管理模式把网格成员、各类建筑物型式、计算机技术、风险信息等作为管理要素,各个要素之间联系紧密。在网格化管理模式中,不仅包括管理技术的集成,也包括通过建立安全管理信息平台进行管理技术与信息技术的集成,安全管理信息平台面向网格内外成员开放,注重发挥信息的作用。同时多层次、多功能的网格管理使得组织结构灵活,安全管理不仅仅局限在职能部门中,而且强调每个网格单元的所有与之相关成员主体行为。

发现、计划、控制、结束构成了网格化安全管理模式的整体运行流程,且每一阶段都有与其对应的运行机制,具体运行流程及机制如图2.4-16所示。

（1）风险发现与计划阶段:触发警示机制

发现阶段与计划阶段是网格化管理流程的开始,对后续风险处理、统计有着重要推进作用。此阶段借鉴计算机领域的心跳机制,形成了赵口引黄灌区二期工程建设网格化的触发警示机制,安全人员对风险定期或不定期进行排查,主动发现安全风险,及时上报至安全管理信息平台,制定风险处理计划,在此平台设定安全风险管理任务,给相关部门及网格人员发送任务指令,要求迅速给出风险核对反馈。

（2）风险控制阶段:执行协调机制与内外监督机制

控制阶段是网格化管理流程极其重要的一环。通过对灌区现场风险情况的反馈,对

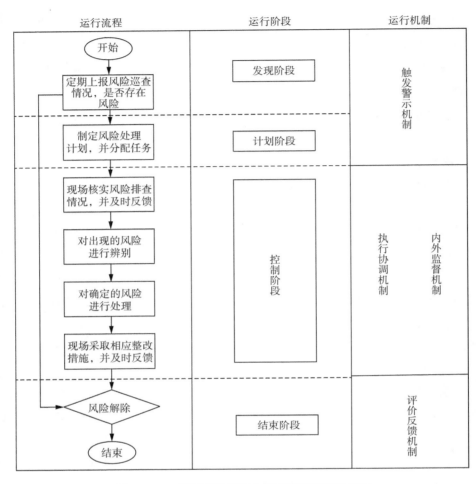

图 2.4-16　灌区网格化安全管理运行流程及机制

风险因素做出识别,根据各层级不同的安全管理任务对风险进行处理。同时,监管部门依托安全管理信息平台,按照设计好的评价体系,对赵口引黄灌区二期工程内部人员进行客观的考核评价;除此之外,网格外部有监督关系的人员也可以进入平台对灌区网格化管理进行主观评价。

(3)风险结束阶段:评价反馈机制

赵口引黄灌区二期工程建设安全网格化管理是一个复杂的系统,制定风险处理计划、监督风险处理流程不可能做到完全意义上的全面性、适应性。因此,在网格化管理结束阶段,需要收集该模式运行的信息,优化触发警示机制、执行协调机制以及内外监督机制的内部安全管理要素之间的关系,不断提高赵口引黄灌区二期工程建设网格化安全管理模式的管理效果与监督效果。

第三章
大型灌区工程建设期风险动态识别与管控

大型灌区工程具有河道、渠道线路长，水闸、倒虹吸等建筑物分散等特点，建设期危险源识别与预警具有较大难度。以节点工程和控制断面分析为主的点面结合、分区控制的大型灌区建设期危险源识别和风险评估方法可以有效降低危险源识别与风险评估难度，通过构建灌区渠道、水闸、倒虹吸等典型建筑物施工期动态危险源指标体系和数据库，建立大型灌区工程建设期多因素的危险源动态识别和预警模型，为工程安全施工提供保障。

3.1 灌区工程建设期分区管理及风险动态识别

3.1.1 建设期危险源识别方法

（1）施工工作分解结构

对风险的识别主要分为6个步骤：首先确定未知风险的存在，然后建立各种可能存在的风险清单，并根据清单推测风险可能产生的结果；其次通过绘制风险预测图，建立风险目录摘要，建立识别风险工作分解结构（WBS），该结构可以降低存在的风险被遗漏的可能，如图3.1-1所示。

工作分解结构（Work Breakdown Structure, WBS）在工程施工期的危险源识别工作中运用时，以项目进度为线索、根据不同阶段的作业类型进行板块划分，再对每个板块中的关键节点进行分类整理。将一个复杂项目分解成若干子系统，然后从最小的分项工程中逐步排查分析出危险源。从材料准备、放样及基坑开挖、配套房屋工程等6个方面,按施工流程对灌区典型工程进行结构分解。水闸工程施工工作结构分解如图3.1-2所示。

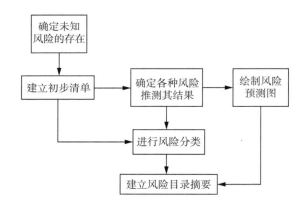

图 3.1-1　风险的识别过程

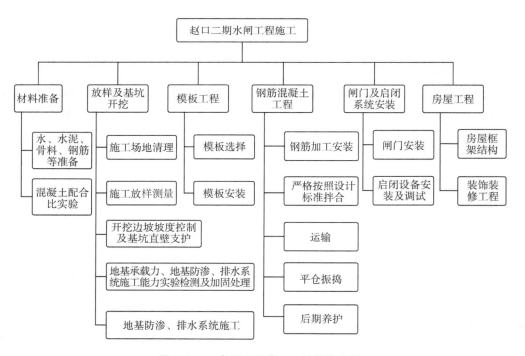

图 3.1-2　水闸工程施工工作结构分解

渠道工程施工工作结构分解如图 3.1-3 所示。

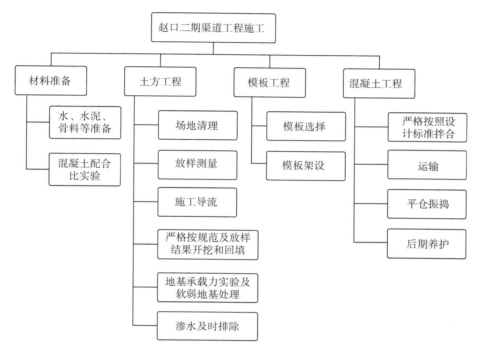

图 3.1-3 渠道工程施工工作结构分解

倒虹吸工程施工工作结构分解如图 3.1-4 所示。

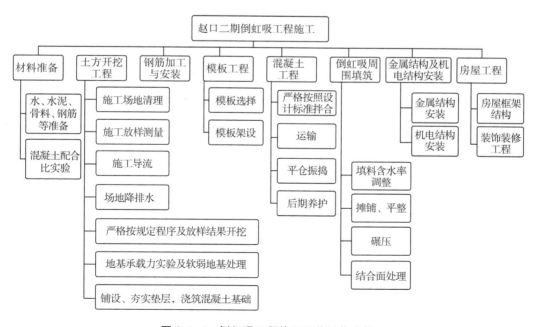

图 3.1-4 倒虹吸工程施工工作结构分解

复杂大型灌区工程长效服役风险管控技术

（2）建设期工程施工危险源识别鱼刺图法

基于水闸、渠道、倒虹吸施工工作结构分解结果，总结了灌区工程施工的相同点，用整理问题型鱼刺图法将识别大纲概括如图 3.1-5 所示。其中，灌区工程施工危险源为识别的总目标（鱼头），其中施工作业类、作业环境类、机械设备类、人员及管理风险、建筑材料风险为风险产生的几个关键方面（标于中骨），这五个中骨连接于主骨之上，具体产生风险的事件标在小骨上。

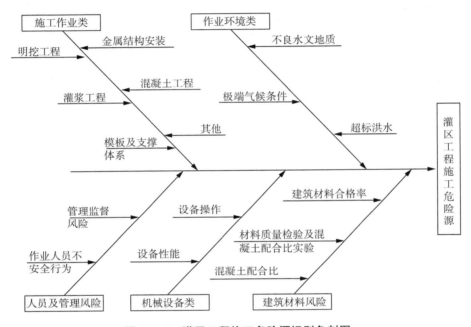

图 3.1-5　灌区工程施工危险源识别鱼刺图

（3）建设期工程风险清单

采用工作结构分解法、鱼刺图法，从风险清单中应能清晰地看到具体危险源及其类别属性、相互间层次关系，同时清单本身要具有较强的普遍适用性。阅读文献并参考《水利水电工程施工危险源辨识与风险评价导则（试行）》、结合灌区工程施工危险源识别鱼刺图，根据灌区典型工程——水闸、渠道、倒虹吸工程施工的具体特点分别建立施工期危险源清单见表 3.1-1～表 3.1-3。

表 3.1-1　水闸工程施工危险源清单

序号	要素层	危险源属性层	指标（风险因素）层	风险后果
1	施工作业类	明挖工程	边坡最陡坡度	边坡垮塌，施工安全
2			挖方直壁不加支撑的最大深度	边坡垮塌，施工安全
3			地质条件、周围环境和地下管线复杂，或影响毗邻建筑（构筑）物安全的深基坑作业	施工安全
4			地下水活动强烈地段开挖	施工安全
5		灌浆工程	防渗墙施工方案	施工安全、施工进度、工程质量不达标
6		模板工程及支撑体系	模板刚度	施工安全、工程质量
7			模板安装质量	施工安全、工程质量
8			模板支撑体系作业质量	施工安全、工程质量
9		金属结构安装	闸门系统安装	工程质量不达标
10		混凝土工程	混凝土强度、抗渗、抗冻指标	工程质量不达标
11			平仓振捣	工程质量不达标
12			养护条件	工程质量不达标
13			养护时间	工程质量不达标
14			大体积混凝土温控	工程质量不达标
15		其他	上下游护坡段施工	工程质量不达标
16			台背回填	工程质量不达标
17			降排水工程	施工进度、施工安全
18			沉降缝、伸缩缝与止水设置	工程质量
19	作业环境类	超标洪水	超标洪水	施工安全和施工进度
20		极端气候条件	降水	施工安全和施工进度
21			气温骤降	施工安全和施工进度、工程质量
22		不良水文地质	地震砂土液化	工程质量不达标
23			地下水对钢筋混凝土的腐蚀	工程质量不达标
24	机械设备类	设备操作	操作规范性	施工安全、工程质量
25		设备性能	相关设备性能与标定参数一致性	施工安全、工程质量
26	人员及管理风险	作业人员的不安全行为	作业人员整体技能	施工安全、工程质量、进度
27			特种作业人员持证上岗	施工安全
28			作业人员整体习惯性动作	施工安全
29			作业人员整体心理状况	施工安全
30		质量管理监督风险	质量监督制度合理性和落实情况	工程质量不达标、施工安全
31	建筑材料风险	建筑材料风险	钢筋和水泥等材料合格率	工程质量不达标
32			材料检验	工程质量不达标
33			混凝土配合比实验	工程质量不达标

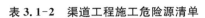

表 3.1-2　渠道工程施工危险源清单

序号	要素层	危险源属性层	指标（风险因素）层	风险后果
1	施工作业类	土方工程	施工放样	工程质量不达标
2			现场地基承载力实验	工程质量不达标、施工安全
3			开挖过程中存在超、欠挖，原始土结构干扰、破坏	工程质量不达标、施工进度
4			开挖程序	工程质量不达标、施工安全
5			地下水活动强烈地段开挖，开挖过程中渗水	施工安全、施工进度、工程质量不达标
6		模板工程及支撑体系	模板刚度	施工安全、工程质量
7			模板架设质量	施工安全、工程质量
8			模板支撑体系作业质量	施工安全、工程质量
9		混凝土工程	混凝土强度、抗渗、抗冻指标	工程质量不达标
10			混凝土运输过程中温度控制	工程质量不达标
11			混凝土运输至浇筑地点后坍落度变化	工程质量不达标
12			平仓振捣	工程质量不达标
13			养护条件	工程质量不达标
14			养护时间	工程质量不达标
15		伸缩缝处理	衬砌伸缩缝处理	工程质量不达标
16		降排水	降排水工程	施工安全、工程质量不达标
17	作业环境类	超标洪水	超标洪水	施工进度、施工安全
18		极端气候条件	降水	工程质量不达标
19			气温骤降	施工安全和施工进度
20		不良水文地质	地震砂土液化	工程质量不达标
21			地下水对钢筋混凝土的腐蚀	工程质量不达标
22	机械设备类	设备操作	操作规范性	施工安全、工程质量
23		设备性能	相关设备性能与标定参数一致性	施工安全、工程质量
24	人员及管理风险	作业人员的不安全行为	作业人员整体技能	施工安全、工程质量、进度
25			特种作业人员持证上岗	施工安全
26			作业人员整体习惯性动作	施工安全
27			作业人员整体心理状况	施工安全
28		质量管理监督风险	质量监督制度合理性和落实情况	工程质量不达标、施工安全
29	建筑材料风险	建筑材料风险	建筑材料选择	工程质量不达标
30			建筑材料合格率	工程质量不达标
31			混凝土配合比管控	工程质量不达标
32			建筑材料试验检测	工程质量不达标

表 3.1-3　倒虹吸工程施工危险源清单

序号	要素层	危险源属性层	指标(风险因素)层	风险后果
1	施工作业类	土方开挖工程	施工放样	工程质量不达标
2			场地降排水施工	施工进度、施工安全
3			开挖宽度、高程、坡比控制	工程质量不达标、施工进度
4			开挖顺序	工程质量不达标、施工安全
5			开挖过程中基坑坑壁的监测和检查	施工安全、工程质量不达标
6			现场地基承载力实验确认地基是否需要加固或换填	工程质量不达标、施工安全
7			垫层铺设夯实和浇筑混凝土基础	工程质量不达标、施工安全
8		钢筋工程	钢筋加工和安装绑扎	工程质量不达标
9		模板工程及支撑体系	模板刚度	施工安全、工程质量
10			模板架设质量	施工安全、工程质量
11			模板支撑体系作业质量	施工安全、工程质量
12		混凝土工程	混凝土强度、抗渗、抗冻指标	工程质量不达标
13			混凝土运输过程中温度控制	工程质量不达标
14			混凝土运输至浇筑地点后坍落度变化	工程质量不达标
15			平仓振捣	工程质量不达标
16			养护条件	工程质量不达标
17			养护时间	工程质量不达标
18			止水带处理	工程质量不达标
19		金属结构及机电安装	金属结构安装	工程质量不达标
20			机电结构安装	工程质量不达标
21		房屋工程	房屋框架结构和装饰装修	工程质量不达标
22		倒虹吸周围填筑	填筑料含水率	施工进度、工程质量不达标
23			摊铺、平整和碾压	施工进度、工程质量不达标
24			接合面处理	工程质量不达标

续表

序号	要素层	危险源属性层	指标（风险因素）层	风险后果
25	作业环境类	超标洪水	超标洪水	施工安全、工程质量不达标
26		极端气候条件	降水	施工安全和施工进度
27			气温骤降	工程质量不达标
28		不良水文地质	地震砂土液化	工程质量不达标
29			地下水对钢筋混凝土的腐蚀	工程质量不达标
30	机械设备类	设备操作	操作规范性	施工安全、工程质量
31		设备性能	相关设备性能与标定参数一致性	施工安全、工程质量
32	人员及管理风险	作业人员的不安全行为	作业人员整体技能	施工安全、工程质量、进度
33			特种作业人员持证上岗	施工安全
34			作业人员整体习惯性动作	施工安全
35			作业人员整体心理状况	施工安全
36		质量管理监督风险	质量监督制度合理性和落实情况	工程质量不达标、施工安全
37	建筑材料风险	建筑材料风险	建筑材料选择	工程质量不达标
38			建筑材料合格率	工程质量不达标
39			混凝土配合比管控	工程质量不达标
40			建筑材料试验检测	工程质量不达标

3.1.2　建设期危险源动态识别体系

施工是一个随着时间的推移而不断推进的动态过程，以时间为线索将施工过程划分为三个阶段。准备阶段：场地布置清理、工房搭建、设备进场、材料选购、员工培训、熟悉图纸等；全面施工阶段：场地降排水工程、基础开挖、基础处理、混凝土浇筑、砌石及有关土方工程；尾工阶段：安装、回填土方、生态恢复等。

参考《灌溉与排水工程设计规范》（GB 50288—2018）（划分标准如表3.1-4所示）、水利工程规模以上和规模以下工程划分标准，将工程进行规模等级划分。将工程规模和施工进度两个因素融合，构建分类分级的危险源风险动态识别体系。

表 3.1-4　灌溉与排水渠系建筑物分级指标

建筑物级别	1	2	3	4	5
设计流量（m³/s）	≥300	<300，且≥100	<100，且≥20	<20，且≥5	<5

3.1.2.1　水闸工程危险源动态识别体系

不同规模的水闸其施工期的危险源有很大差异。这些危险源导致工程事故而造成的损失差异显著。因此,需要兼顾工程规模与施工进度两个导致危险源发生变化的主要因素。本项目水闸工程的设计流量均在 $0\sim100$ m³/s 内,故按设计流量是否大于 5 m³/s 对其进行规模划分。规模等级之下再进行施工过程的划分。

1) 设计流量≥5 m³/s 的水闸工程

(1) 准备阶段,准备阶段主要统领全局,做好整个项目的施工组织设计、施工图纸熟悉与改进、建筑材料和设备选购等,危险源主要来自规划和设计等方面。

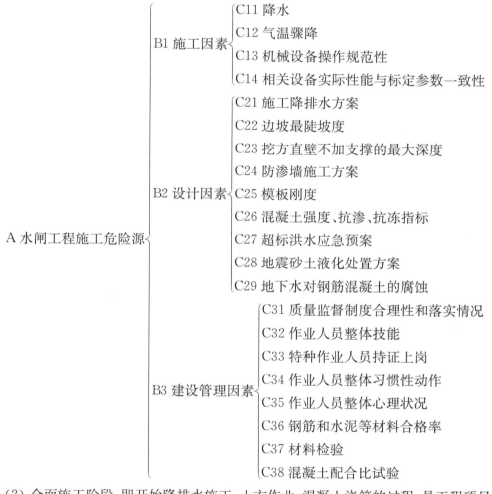

(2) 全面施工阶段,即开始降排水施工、土方作业、混凝土浇筑的过程,是工程项目从无到有的过程,危险源即作业过程中实际出现的各种问题,也是对工程安全影响最大的阶段。

A 水闸工程施工危险源

B1 施工因素
- C11 复杂深基坑作业
- C12 地下水活动强烈地段开挖
- C13 模板安装质量
- C14 模板支撑体系作业质量
- C15 平仓振捣
- C16 大体积混凝土温控
- C17 新浇混凝土养护条件
- C18 新浇混凝土养护时间
- C19 沉降缝、伸缩缝与止水设置
- C110 上下游护坡段施工
- C111 台背回填
- C112 闸门系统安装
- C113 降水
- C114 气温骤降
- C115 机械设备操作规范性
- C116 相关设备实际性能与标定参数一致性

B2 设计因素
- C21 施工降排水方案
- C22 边坡最陡坡度
- C23 挖方直壁不加支撑的最大深度
- C24 防渗墙施工方案
- C25 模板刚度
- C26 混凝土强度、抗渗、抗冻指标
- C27 超标洪水应急预案
- C28 地震砂土液化处置方案
- C29 地下水对钢筋混凝土的腐蚀

B3 建设管理因素
- C31 质量监督制度合理性和落实情况
- C32 作业人员整体技能
- C33 特种作业人员持证上岗
- C34 作业人员整体习惯性动作
- C35 作业人员整体心理状况
- C36 钢筋和水泥等材料合格率
- C37 材料检验
- C38 混凝土配合比管控

（3）尾工阶段，即混凝土浇筑完成后进行的回填、生态恢复等作业过程，前两个阶段的大部分危险源已不存在，此时危险源对工程运行阶段会产生较大影响。

A 水闸工程施工危险源
- B1 施工因素
  - C11 上下游护坡段施工
  - C12 台背回填
  - C13 闸门系统安装
  - C14 降水
  - C15 气温骤降
  - C16 机械设备操作规范性
  - C17 相关设备实际性能与标定参数一致性
- B2 设计因素
  - C21 超标洪水应急预案
- B3 建设管理因素
  - C31 质量监督制度合理性和落实情况
  - C32 作业人员整体技能
  - C33 特种作业人员持证上岗
  - C34 作业人员整体习惯性动作
  - C35 作业人员整体心理状况
  - C36 钢筋和水泥等材料合格率
  - C37 材料检验
  - C38 混凝土配合比管控

2）设计流量＜5 m³/s 的水闸工程

（1）准备阶段，风险主要由设计和对后期建设管理的规划不当产生。

A 水闸工程施工危险源
- B1 施工因素
  - C11 降水
  - C12 气温骤降
- B2 设计因素
  - C21 施工降排水方案
  - C22 边坡最陡坡度
  - C23 防渗墙施工方案
  - C24 模板刚度
  - C25 混凝土强度、抗渗、抗冻指标
  - C26 超标洪水应急预案
  - C27 地震砂土液化处置方案
  - C28 地下水对钢筋混凝土的腐蚀
- B3 建设管理因素
  - C31 质量监督制度合理性和落实情况
  - C32 作业人员整体技能
  - C33 特种作业人员持证上岗
  - C34 作业人员整体习惯性动作
  - C35 作业人员整体心理状况
  - C36 钢筋和水泥等材料合格率
  - C37 材料检验
  - C38 混凝土配合比试验

（2）全面施工阶段，风险主要由施工因素和设计因素产生，建设管理方面影响不是非常大。

A 水闸工程施工危险源
- B1 施工因素
  - C11 地下水活动强烈地段开挖
  - C12 模板安装质量
  - C13 模板支撑体系作业质量
  - C14 沉降缝、伸缩缝与止水设置
  - C15 上下游护坡段施工
  - C16 台背回填
  - C17 闸门系统安装
  - C18 降水
  - C19 气温骤降
- B2 设计因素
  - C21 施工降排水方案
  - C22 边坡最陡坡度
  - C23 防渗墙施工方案
  - C24 模板刚度
  - C25 混凝土强度、抗渗、抗冻指标
  - C26 超标洪水应急预案
  - C27 地震砂土液化处置方案
  - C28 地下水对钢筋混凝土的腐蚀
- B3 建设管理因素
  - C31 质量监督制度合理性和落实情况
  - C32 作业人员整体技能
  - C33 钢筋和水泥等材料合格率
  - C34 材料检验
  - C35 混凝土配合比管控

（3）尾工阶段，设计因素影响非常小。

A 水闸工程施工危险源
- B1 施工因素
  - C11 上下游护坡段施工
  - C12 台背回填
  - C13 闸门系统安装
  - C14 降水
  - C15 气温骤降
  - C16 机械设备操作规范性
  - C17 相关设备实际性能与标定参数一致性
- B2 设计因素
  - C21 超标洪水应急预案
- B3 建设管理因素
  - C31 质量监督制度合理性和落实情况
  - C32 作业人员整体技能
  - C33 特种作业人员持证上岗
  - C34 作业人员整体习惯性动作
  - C35 作业人员整体心理状况

3.1.2.2 渠道工程危险源动态识别体系

不同设计规模的渠道其施工期的危险源有很大差异。这些危险源导致工程事故而造成的损失差异显著。有些危险源在规模小的渠道工程中,对工程安全产生的影响很小,对这类危险源可弱化其权重或者忽略。因此,为了更准确地反映实际风险情况和避免盲目采取防控措施造成巨大浪费,需要兼顾工程规模与施工进度两个导致危险源发生变化的主要因素。本项目渠道工程的设计流量均在 $0 \sim 130$ m^3/s 内,故按设计流量是否大于 20 m^3/s 对其进行规模划分。规模等级之下再进行施工过程的划分。

1) 设计流量 $\geqslant 20$ m^3/s 的渠道工程

(1) 准备阶段,主要为后续施工的顺利推进做好准备工作,危险源主要来自规划和设计等方面,对工程进度和工程质量影响非常大。

(2) 全面施工阶段,包含降排水施工、土方工程、混凝土浇筑等作业类型,在此阶段主要解决施工中出现的具体问题,危险源数量最多,对施工安全和工程质量影响最大。

A 渠道工程施工危险源

B1 施工因素
- C11 施工放样
- C12 现场地基承载力实验
- C13 开挖程序
- C14 超、欠挖,原始土结构干扰、破坏
- C15 地下水活动强烈地段开挖,开挖过程中渗水
- C16 模板安装质量
- C17 模板支撑体系作业质量
- C18 混凝土运输过程中温度控制
- C19 混凝土运输至浇筑地点后坍落度变化
- C110 平仓振捣
- C111 养护条件
- C112 养护时间
- C113 降水
- C114 气温骤降
- C115 机械设备操作规范性
- C116 相关设备实际性能与标定参数一致性

B2 设计因素
- C21 降排水方案
- C22 模板刚度
- C23 混凝土强度、抗渗、抗冻指标
- C24 衬砌伸缩缝处理
- C25 超标洪水应急预案
- C26 地震砂土液化处置方案
- C27 地下水对钢筋混凝土的腐蚀

B3 建设管理因素
- C31 质量监督制度合理性和落实情况
- C32 作业人员整体技能
- C33 特种作业人员持证上岗
- C34 作业人员整体习惯性动作
- C35 作业人员整体心理状况
- C36 建筑材料选择
- C37 建筑材料合格率
- C38 混凝土配合比管控
- C39 检测试验准确性

（3）尾工阶段，主体工程已经完成，包含一些配套设施的安装和建设工程。

$$
\text{A 渠道工程施工危险源}
\begin{cases}
\text{B1 施工因素}
\begin{cases}
\text{C11 降水} \\
\text{C12 气温骤降} \\
\text{C13 机械设备操作规范性} \\
\text{C14 相关设备实际性能与标定参数一致性}
\end{cases} \\
\text{B2 设计因素}\ \text{C21 超标洪水应急预案} \\
\text{B3 建设管理因素}
\begin{cases}
\text{C31 质量监督制度合理性和落实情况} \\
\text{C32 作业人员整体技能} \\
\text{C33 特种作业人员持证上岗} \\
\text{C34 作业人员整体习惯性动作} \\
\text{C35 作业人员整体心理状况}
\end{cases}
\end{cases}
$$

2）设计流量$<20\ \mathrm{m^3/s}$的渠道工程

（1）准备阶段，风险主要由设计和对后期建设管理的规划不当产生，施工因素主要指针对降水和气温骤降等施工条件而制定的预案的合理性。

$$
\text{A 渠道工程施工危险源}
\begin{cases}
\text{B1 施工因素}
\begin{cases}
\text{C11 降水} \\
\text{C12 气温骤降}
\end{cases} \\
\text{B2 设计因素}
\begin{cases}
\text{C21 降排水方案} \\
\text{C22 模板刚度} \\
\text{C23 混凝土强度、抗渗、抗冻指标} \\
\text{C24 衬砌伸缩缝处理} \\
\text{C25 超标洪水应急预案} \\
\text{C26 地震砂土液化处置方案} \\
\text{C27 地下水对钢筋混凝土的腐蚀}
\end{cases} \\
\text{B3 建设管理因素}
\begin{cases}
\text{C31 质量监督制度合理性和落实情况} \\
\text{C32 作业人员整体技能} \\
\text{C33 建筑材料选择} \\
\text{C34 建筑材料合格率} \\
\text{C35 混凝土配合比管控} \\
\text{C36 检测试验准确性}
\end{cases}
\end{cases}
$$

（2）全面施工阶段，风险主要由施工因素和设计因素产生，建设管理方面影响不是非常大，风险数量较规模较大的渠道有所减少。

A 渠道工程施工危险源
- B1 施工因素
  - C11 施工放样
  - C12 现场地基承载力实验
  - C13 超、欠挖，原始土结构干扰、破坏
  - C14 地下水活动强烈地段开挖，开挖过程中渗水
  - C15 模板安装质量
  - C16 模板支撑体系作业质量
  - C17 混凝土运输至浇筑地点后坍落度变化
  - C18 平仓振捣
  - C19 降水
  - C110 气温骤降
  - C111 机械设备操作规范性
- B2 设计因素
  - C21 降排水方案
  - C22 模板刚度
  - C23 混凝土强度、抗渗、抗冻指标
  - C24 衬砌伸缩缝处理
  - C25 超标洪水应急预案
  - C26 地震砂土液化处置方案
  - C27 地下水对钢筋混凝土的腐蚀
- B3 建设管理因素
  - C31 质量监督制度合理性和落实情况
  - C32 作业人员整体技能
  - C33 作业人员整体习惯性动作
  - C34 建筑材料选择
  - C35 建筑材料合格率
  - C36 混凝土配合比管控
  - C37 检测试验准确性

（3）尾工阶段，主要进行一些小型配套设施的安装和建设工程，对渠道工程的整体安全性影响甚微。

A 渠道工程施工危险源
- B1 施工因素
  - C11 降水
  - C12 气温骤降
- B2 设计因素
  - C21 超标洪水应急预案
- B3 建设管理因素
  - C31 质量监督制度合理性和落实情况
  - C32 作业人员整体技能
  - C33 特种作业人员持证上岗
  - C34 作业人员整体习惯性动作
  - C35 作业人员整体心理状况

3.1.2.3 倒虹吸工程危险源动态识别体系

倒虹吸工程施工复杂,涉及大规模的土方开挖和回填。有些危险源在规模小的倒虹吸工程中,对工程安全产生的影响很小甚至没有,对这类危险源可以弱化其权重。因此,为了更准确地反映实际风险情况和避免盲目采取防控措施造成巨大浪费,兼顾工程规模与施工进度两个导致危险源发生变化的主要因素。按设计流量是否大于 5 m³/s 对其进行规模划分。规模等级之下再进行施工过程的划分。

1) 设计流量≥5 m³/s 的倒虹吸工程

(1) 准备阶段,主要为后续施工的顺利推进做好准备工作,危险源主要来自规划和设计等方面,对工程进度和工程质量影响非常大。

```
                          ┌ C11 降水
                          │ C12 气温骤降
              B1 施工因素 ┤ C13 机械设备操作规范性
                          └ C14 相关设备实际性能与标定参数一致性
                          ┌ C21 开挖降排水方案
                          │ C22 模板刚度
                          │ C23 混凝土强度、抗渗、抗冻指标
                          │ C24 止水带处理
              B2 设计因素 ┤ C25 填筑料含水率
                          │ C26 超标洪水应急预案
                          │ C27 地震砂土液化处置方案
A 倒虹吸工程施工危险源 ┤    └ C28 地下水对钢筋混凝土的腐蚀
                          ┌ C31 质量监督制度合理性和落实情况
                          │ C32 作业人员整体技能
                          │ C33 特种作业人员持证上岗
                          │ C34 作业人员整体习惯性动作
              B3 建设管理因素 C35 作业人员整体心理状况
                          │ C36 建筑材料选择
                          │ C37 建筑材料合格率
                          │ C38 混凝土配合比管控
                          └ C39 检测试验准确性
```

(2) 全面施工阶段,包含降排水施工、土方工程、混凝土浇筑等作业类型,工程量巨大,在此阶段主要解决施工中出现的具体问题,危险源数量最多。

A 倒虹吸工程施工危险源

B1 施工因素
- C11 施工放样
- C12 现场地基承载力实验
- C13 开挖宽度、高程、坡比控制
- C14 开挖顺序
- C15 开挖过程中基坑坑壁的监测和检查
- C16 垫层铺设夯实和浇筑混凝土基础
- C17 钢筋加工和安装绑扎
- C18 模板安装质量
- C19 模板支撑体系作业质量
- C110 混凝土运输过程中温度控制
- C111 混凝土运输至浇筑地点后坍落度变化
- C112 平仓振捣
- C113 养护条件
- C114 养护时间
- C115 降水
- C116 气温骤降
- C117 金属结构和机电设备安装
- C118 房屋框架结构和装饰装修
- C119 填筑料摊铺、平整和碾压
- C120 填筑料接合面处理
- C121 机械设备操作规范性
- C122 相关设备实际性能与标定参数一致性

B2 设计因素
- C21 开挖降排水方案
- C22 模板刚度
- C23 混凝土强度、抗渗、抗冻指标
- C24 止水带处理
- C25 填筑料含水率
- C26 超标洪水应急预案
- C27 地震砂土液化处置方案
- C28 地下水对钢筋混凝土的腐蚀

B3 建设管理因素
- C31 质量监督制度合理性和落实情况
- C32 作业人员整体技能
- C33 特种作业人员持证上岗
- C34 作业人员整体习惯性动作
- C35 作业人员整体心理状况
- C36 建筑材料选择
- C37 建筑材料合格率
- C38 混凝土配合比管控
- C39 检测试验准确性

（3）尾工阶段，倒虹吸混凝土浇筑已经完成施工，土方回填工程量大，还包含一些配套设施的安装和建设工程，对倒虹吸工程的整体安全性影响较大。

A 倒虹吸工程施工危险源
- B1 施工因素
  - C11 降水
  - C12 气温骤降
  - C13 金属结构和机电设备安装
  - C14 房屋框架结构和装饰装修
  - C15 机械设备操作规范性
  - C16 相关设备实际性能与标定参数一致性
- B2 设计因素
  - C21 超标洪水应急预案
- B3 建设管理因素
  - C31 质量监督制度合理性和落实情况
  - C32 作业人员整体技能
  - C33 特种作业人员持证上岗
  - C34 作业人员整体习惯性动作
  - C35 作业人员整体心理状况

2）设计流量<5 m³/s 的倒虹吸工程

（1）准备阶段，风险主要由设计和对后期建设管理的规划不当产生，施工因素主要指针对降水和气温骤降等施工条件而制定的预案的合理性。

A 倒虹吸工程施工危险源
- B1 施工因素
  - C11 降水
  - C12 气温骤降
- B2 设计因素
  - C21 开挖降排水方案
  - C22 模板刚度
  - C23 混凝土强度、抗渗、抗冻指标
  - C24 止水带处理
  - C25 填筑料含水率
  - C26 超标洪水应急预案
  - C27 地震砂土液化处置方案
  - C28 地下水对钢筋混凝土的腐蚀
- B3 建设管理因素
  - C31 质量监督制度合理性和落实情况
  - C32 作业人员整体技能
  - C33 特种作业人员持证上岗
  - C34 作业人员整体习惯性动作
  - C35 作业人员整体心理状况
  - C36 建筑材料选择
  - C37 建筑材料合格率
  - C38 混凝土配合比管控
  - C39 检测试验准确性

（2）全面施工阶段，风险主要由施工因素和设计因素产生，建设管理方面影响稍小，风险数量较规模较大的倒虹吸有所减少。

A 倒虹吸工程施工危险源

B1 施工因素
- C11 施工放样
- C12 现场地基承载力实验
- C13 开挖宽度、高程、坡比控制
- C14 开挖过程中基坑坑壁的监测和检查
- C15 垫层铺设夯实和浇筑混凝土基础
- C16 钢筋加工和安装绑扎
- C17 模板安装质量
- C18 模板支撑体系作业质量
- C19 平仓振捣
- C110 降水
- C111 气温骤降
- C112 填筑料摊铺、平整和碾压
- C113 填筑料接合面处理
- C114 机械设备操作规范性
- C115 相关设备实际性能与标定参数一致性

B2 设计因素
- C21 开挖降排水方案
- C22 模板刚度
- C23 混凝土强度、抗渗、抗冻指标
- C24 止水带处理
- C25 填筑料含水率
- C26 超标洪水应急预案
- C27 地震砂土液化处置方案
- C28 地下水对钢筋混凝土的腐蚀

B3 建设管理因素
- C31 质量监督制度合理性和落实情况
- C32 作业人员整体技能
- C33 建筑材料选择
- C34 建筑材料合格率
- C35 混凝土配合比管控
- C36 检测试验准确性

（3）尾工阶段，主要进行土方回填，对渠道工程的整体安全性有一定影响。

A 倒虹吸工程施工危险源
- B1 施工因素
  - C11 降水
  - C12 气温骤降
  - C13 金属结构和机电设备安装
- B2 设计因素
  - C21 超标洪水应急预案
- B3 建设管理因素
  - C31 质量监督制度合理性和落实情况
  - C32 作业人员整体技能
  - C33 特种作业人员持证上岗
  - C34 作业人员整体习惯性动作
  - C35 作业人员整体心理状况

3.2　灌区工程建设期风险演化

3.2.1　基于系统动力学(SD)的施工风险演化机理

系统动力学(System Dynamics,SD)基于反馈控制理论，是一种系统科学的方法，以系统论为理论核心，以控制论为表现方式，以表现系统内各因子相互关系的动态行为为目标，通过与计算机技术的紧密结合，直观表现复杂系统内部多重反馈结构。系统动力学最早由美国科学家 Forrester 提出，属于信息论学科与控制论相结合的交叉学科，主要应用于研究社会学科和自然学科问题以及系统分析。采用系统动力学进行研究是定性分析与定量计算的结合，着重研究系统的结构组成以及动态行为，对研究数据的精度要求不高。

系统动力学的变现外核是一种数学模型，而实际内核则是进行问题分析的系统方法，以系统内因子的内在联系及相互依存关系为实际突破口，建立系统中内含的两种反馈机制：一种是正反馈机制，促使系统正向增长；另一种是负反馈机制，使系统维持在稳态附近。系统动力学的建模工具主要包括：

（1）因果关系图。因果关系图可以用来定性描述变量间的抽象化作用和影响关系，对问题存在和发展的根本原因和作用机制进行探讨。系统变量可以通过因果关系链进行两两连接，因果关系链为从原因指向结果的箭头。其中，正向关系链表示 A 变量增加（减少）能够引起 B 变量的增加（减少），二者变化方向相同。

（2）反馈回路。反馈反映了系统内部的输入与输出关系，而反馈回路指的则是由变量和因果关系链共同构成的闭合回路，即因果关系回路是一种特殊的反馈回路。因此，反馈回路同样包含正反馈和负反馈两种形式：当回路中含有偶数个负因果关系链时，回路为正反馈回路,反之则为负反馈回路。

(3)系统流图。系统流图是在因果关系图的基础上,对系统关系进行更细致、深入描述的系统动力学工具,主要由状态变量、速率变量、辅助变量和常量(外生变量)所构成。在整个系统过程中,状态变量指信息或物质进行累积的变量,由速率变量对其产生直接影响;而辅助变量仅用于反映变量的变化趋势,不产生累积效果;速率变量又称流量,主要用于反映状态变量的快慢和增减幅度;常量是对系统固定产生影响的变量。

(4)变量系统方程。根据不同的变量类型,在系统中将方程划分为水平方程、辅助方程和速率方程三种。水平方程主要用来表示状态变量与其他变量间的定量关系,一般表现为积分形式;辅助方程是指辅助变量和其他变量之间的函数关系,具有多种表达形式;速率方程反映的则是对速率变量变化快慢及变化幅度的度量。

灌区工程是一个具有多输入、多输出、多干扰动态特性的复杂开放系统。灌区工程施工风险演化是事故发生的必要条件,当风险演化聚集的能量达到一定程度时,就会由量变到质变形成风险事故。这种风险具有危害大、性质复杂甚至可能产生连锁反应的特点。系统动力学通过因果关系结构图来反映系统运行的复杂性,展现施工风险的衍生性、传播性、动态性、复杂性。灌区工程施工风险演化系统由施工因素子系统、设计因素子系统、建设管理因素子系统3个子系统构成且都可通过风险管控与安全投入来消除部分风险量。根据人、机、环境、管理相互作用的特点,在风险识别结果基础上,概括灌区工程施工风险演化因果回路图并构建灌区工程施工风险系统流图如图 3.2-1、图 3.2-2 所示。

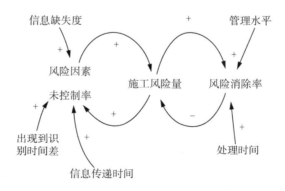

图 3.2-1 灌区工程施工风险因果回路图

3.2.2 危险源时空演化

根据分级分区的原则从施工的各个阶段出发对危险源进行分析,基于系统动力学原

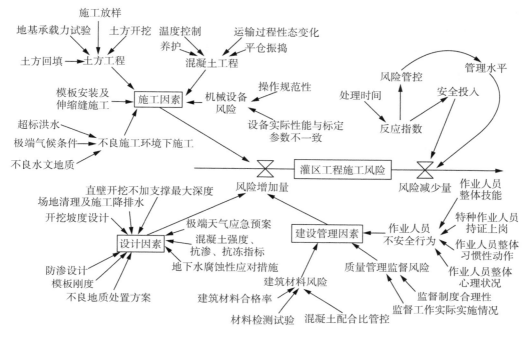

图 3.2-2 灌区工程施工风险系统流图

理研究危险源随时间的演化规律。准备阶段、全面施工阶段、尾工阶段 3 个施工时间段内,设计因素、施工因素、建设管理因素三个风险类别会随施工的推进发生演化,其最终结果以对整体项目综合安全性的影响权重来反映,如图 3.2-3 所示。

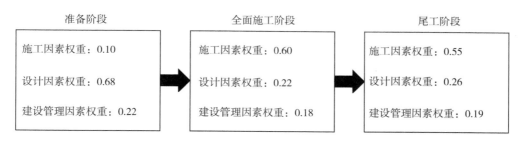

图 3.2-3 施工各阶段二级指标权重演化流程

由图 3.2-3 可见,在施工准备阶段设计因素权重最大,施工因素权重最低;全面施工阶段施工因素权重最大为 0.60,设计因素权重降低至 0.22;尾工阶段施工因素权重依然最大但降至 0.55,设计因素权重提升至 0.26;三个阶段中建设管理因素的权重维持在 0.20 左右,变化不大。这是因为,在施工准备阶段主要是进行设计图纸的熟悉和校核、材料设备的选购等工作,这些工作直接影响后续施工过程的安全。在全面施工阶段,设计方面的问题大多已在前一阶段解决,实际土方开挖、混凝土浇筑等工作是导致建筑质量不达标或产生安全事故的最直接和最根本的原因,故施工因素权重增至最大。尾工阶段主要进行土方回填、生态恢复等工作,这一阶段对施工期建筑物的安全影响相对较小,设计的内容较少且较少有涉及核心安全的内容,施工作业依然是影响建筑物安全的主要因素。建设管理方面的工作是遏制风险扩展的保证,必须自始至终高度重视。

选取案例知识数据库中各类工程各个施工阶段的一级指标进行综合安全评分计算,可得图 3.2-4 所示的曲线。

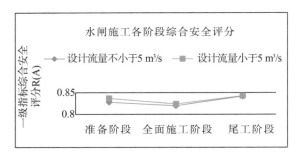

（a）水闸

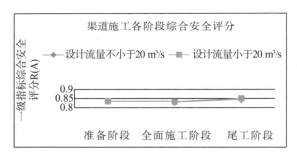

（b）渠道

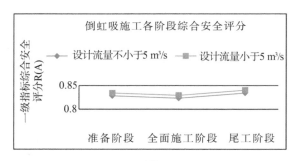

（c）倒虹吸

图 3.2-4　施工各阶段一级指标综合安全评分变化

对每类工程各施工阶段的危险源数量进行统计,如图 3.2-5 所示。

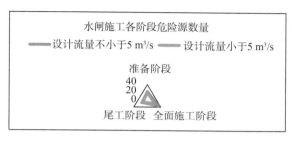

（a）水闸

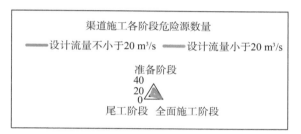

（b）渠道

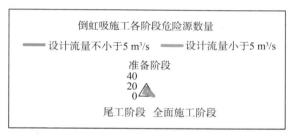

（c）倒虹吸

图 3.2-5   施工各阶段危险源数量统计(单位:个)

由图 3.2-4 可以看到,本研究中选取的几个典型建筑物的综合安全评分均大于0.8,属 4 级风险。由于综合安全评分越高越安全,从上述几个图可以发现:

（1）各施工阶段综合安全评分是变化的、危险源数量也各不相同,即施工风险随施工的推进是不断变化的。综合安全评分先减小后增大,全面施工阶段危险源数量最多且评分最小、风险最大;

（2）施工准备阶段的评分低于尾工阶段,即准备阶段的危险源比尾工阶段的危险源更容易导致项目风险扩大;

（3）规模小的工程项目的综合安全评分略高于规模大的工程项目的综合安全评分,说明规模越大施工风险也越大。规模大的工程其危险源数目不小于规模较小的工程的

危险源数量;

（4）准备阶段涉及整个项目顺利推进的一些基础性工作,这一阶段的许多工作对整个工程的安全有重要影响。全面施工阶段的危险源数量最多,在实际施工中需要采取有效措施进行风险防控;

（5）尾工阶段主要涉及土方回填、设备安装等工作,对未来工程项目的安全运行有重要影响,应严格按规范要求进行设计和施工。

3.2.3 大型灌区工程施工系统风险分析

通过对水闸、渠道、倒虹吸三类典型灌区工程,不同规模等级、不同施工阶段的风险评价指标的权重和危险源演化规律进行分析,可以发现:

（1）灌区建筑物种类繁杂,施工危险源类型多、数目大;

（2）建设期的风险主要来自设计、施工和建设管理三个方面的危险因素,其中施工准备阶段以设计因素影响最大、全面施工阶段与尾工阶段施工因素影响最大,建设管理因素影响相对较小;

（3）随着施工进度的推进,危险源的数目及各指标的权重也在不断变化。在准备阶段,工程规划和设计类型的因素比重较大。全面施工阶段的危险源数目最多,解决具体工程问题的施工作业类危险源比重较高。尾工阶段的危险源数目最少,土方回填等工作比重较高;

（4）规模等级较高的工程,其施工危险源数目明显高于等级较低的工程,且施工、设计和建设管理三类危险因素的权重分布更均衡,对设计的要求相对更高;

（5）施工作业类危险源对水闸工程施工质量安全影响最大,建筑材料类次之,机械设备类影响最小且略低于人员及管理风险。对赵口引黄灌区二期工程而言,作业环境类危险源属于Ⅳ级危险源,需要特别关注;

（6）施工作业类危险源中,混凝土工程对作业安全影响最大,明挖工程中的地下水活动强烈地段开挖风险较大;

（7）作业环境类危险源的风险主要由不良水文地质引发,主要包括地震砂土液化问题和地下水对钢筋混凝土的腐蚀;

（8）对于建筑材料类危险源,需要重点把控钢筋、水泥等建材的合格率,同时保证配合比等实验的规范性和代表性;

（9）操作机械设备的规范性相对重要于设备的性能,施工作业人员的不安全行为比管理监督不力更容易使风险扩大;

（10）体系中同一子系统里同级指标间的权重值大多数相差较大,说明就影响程度而言各指标主次分明,有利于风险防控时防控重点的把握;

（11）合理设计、严格按设计标准施工、制定详细可行的建设管理制度并严格落实，是保证施工安全和工程质量的根本要求。在项目建设过程中，要结合实际施工环境和施工水平，对设计方案或施工方案进行调整。建筑材料的质量、混凝土配合比等也是影响工程安全的重要因素。

总之，结合具体工程环境、严格遵守相关规范，是规避风险、保证工程质量的最有效手段。

3.3 灌区工程建设期风险评估

3.3.1 基于层次分析法的危险源风险评价方法

（1）风险评价指标体系构建

风险评价指标体系是综合分析的基础，没有科学合理的指标体系，就无法对识别出来的危险源的风险大小进行可信的衡量。指标体系构建时应遵循：层次性和系统性、科学性、简洁可操作性、相对独立性、动态性原则。同时，考虑危险源识别与评价的一致性，根据危险源动态识别体系建立危险源风险动态评价指标体系。评价指标共分 3 个等级，主要从施工、设计、建设管理三个方面进行评价。

一级指标：工程施工安全风险 A；

二级指标：施工因素风险 B1、设计因素风险 B2、建设管理因素风险 B3；

三级指标：明挖工程 C11、C12……

（2）评价指标风险量化

将所有的底层指标进行定量化，即采用合理方法将原始信息转化到一定的数值范围内，用无量纲的数值表示，定义指标的安全值是闭区间[0,1]上的实数，规定评分值越大，指标安全状况就越好。

3.3.2 风险计算模型

1）层次分析法计算指标权重

同一子系统里同级别的指标，需要引入权重来反映其对目标安全性的影响程度。使用层次分析法，采用层次分析模型对施工期危险源风险评价指标的权重进行计算。层次分析法需要依据一定原则建立若干有序的目标层：最上层为要求的总目标，总目标的下层是影响总目标的二级因素，依此向下形成一个多层次影响总目标的全部因素的逻辑结构。结合专家打分结果和专家对同级因子相对重要性两两间的比较结果，即可确定各个指标的权重。具体实现过程如下：

（1）判断矩阵构造

对于 n 项评价指标，利用相对重要性准则对指标 X_i 和 X_j 两两比较，得到相对重要度 a_{ij}，构成 n 阶判断矩阵，如式（3.3-1）所示。

$$A = \begin{bmatrix} a_{11} & \cdots & a_{1n} \\ \vdots & \ddots & \vdots \\ a_{n1} & \cdots & a_{nn} \end{bmatrix} \tag{3.3-1}$$

式中，$a_{ij} > 0$，$a_{ij} = 1/a_{ji}$，$a_{ii} = 1$，$i, j = 1, 2, \cdots, n$。

其中，相对重要性准则根据表3.3-1所示的标度进行两两比较。

表3.3-1　元素相对重要性的比例标度

标度	含义
1	两个元素相比同等重要
3	因子 i 稍微重要于因子 j
5	因子 i 较重要于因子 j
7	因子 i 的重要性远大于因子 j
9	因子 i 的重要性远远超过因子 j
2,4,6,8	为上述相邻判断的中间值
倒数	若元素 i 与元素 j 相比得 a_{ij}，则元素 j 与元素 i 相比得倒数 $1/a_{ij}$

（2）计算判断矩阵的特征向量和最大特征值

a. 每一列规范化

$$\overline{a}_{ij} = \frac{a_{ij}}{\sum_{k=1}^{n} a_{kj}} \tag{3.3-2}$$

b. 规范列平均化

$$w_i = \frac{1}{n} \sum_{j=1}^{n} a_{ij} \tag{3.3-3}$$

向量 $\boldsymbol{W} = (w_1 \quad w_2 \quad \cdots \quad w_n)^{\mathrm{T}}$ 即为特征向量。

c. 计算最大特征值

$$\lambda_{\max} = \frac{1}{n} \sum_{i=1}^{n} \frac{(\boldsymbol{AW})_i}{w_i} \tag{3.3-4}$$

（3）一致性检验

采用如下计算指标对判断矩阵进行一致性检验：

$$CI = \frac{\lambda_{\max} - n}{n - 1} \tag{3.3-5}$$

求一致性比率，
$$CR = \frac{CI}{RI}$$
（3.3-6）

平均随机一致性指标 RI 值随 1～10 阶判断矩阵的阶数变化，如表 3.3-2 所示。

表 3.3-2 RI 取值对照表

n	1	2	3	4	5	6	7	8	9	10
RI	0	0	0.58	0.9	1.12	1.24	1.32	1.41	1.45	1.49

CR 值越小，则判断矩阵的一致性越好，通常认为当 $CR \leqslant 0.1$ 时，判断矩阵的一致性满足使用要求。否则需要重新对指标进行两两比较，构造新的判断矩阵。

（4）确定指标权重

特征向量 $\boldsymbol{W} = (w_1 \quad w_2 \quad \cdots \quad w_n)^{\mathrm{T}}$ 中的 w_i 即为第 i 项指标的权重。

（5）为减少工作量、提高效率，采用 MATLAB 软件进行 AHP 模型的计算。

2）专家权威性权重计算

从专家的从业时间、就职单位、学历情况、技术职称、对工程施工的了解程度五个方面考虑，对每位专家所给出的判断赋予一定权重，如表 3.3-3 所示。用加权平均法计算每位专家的权重。将某一专家的五项权重值相加，记为 V_i。所有专家五项权重值之和 V_i 构成的集合为 V，再对 V 中所有元素作归一化处理，即可得到每位专家的权威性权重值 v_i。v_i 构成的集合用 v 表示，如式（3.3-7）所示。

$$v = \{v_1, v_2, \cdots, v_n\}$$
（3.3-7）

表 3.3-3 专家权重测算指标

就职单位	科研单位	施工单位	设计单位	监理单位	业主单位	其他
权重	0.231	0.231	0.179	0.154	0.128	0.077
技术职称	院士	正高/教授	高工/副教授	工程师/讲师	技术人员	其他
权重	0.333	0.267	0.200	0.100	0.067	0.033
从业时间	>20 年	10～20 年	5～10 年	3～5 年	1～3 年	<1 年
权重	0.333	0.267	0.200	0.100	0.067	0.033
学历情况	博士	硕士	学士	专科	其他	
权重	0.312 5	0.250 0	0.218 8	0.156 3	0.062 5	
对水闸施工了解程度	非常熟悉	熟悉	比较了解	一般了解	不了解	
权重	0.333 0	0.266 7	0.200 0	0.133 3	0.066 7	

3）各级指标综合安全评分计算

"综合安全评分"：在对风险评价体系中的各项指标进行风险评价时，综合考虑同一子系统里同级指标间权重、测评人员测评水平、层级间相互影响等因素影响后，通过计算得到的量值，该值取自区间 [0，1.0]，评分越高则风险越小。

（1）三级指标综合安全评分计算

设有 n 位专家对风险项目进行打分，则

$$R(C_{ij}) = \sum_{k=1}^{n}(V_k \times N_{jk}) \tag{3.3-8}$$

式中，$R(C_{ij})$ 为 B_i 类因素风险中的第 j 项危险源的综合安全评分；V_k 为第 k 位专家的权威性权重；N_{jk} 为第 k 位专家对第 j 项危险源的打分。

（2）二级指标综合安全评分计算

设二级指标 B_i 包含 m 个子项目，则

$$R(B_i) = \sum_{j=1}^{m}\left[W_{C_{ij}} \times R(C_{ij})\right] \tag{3.3-9}$$

式中，$R(B_i)$ 为第 i 项二级指标的综合安全评分；$W_{C_{ij}}$ 为 B_i 类因素风险中的第 j 项危险源的权重；$R(C_{ij})$ 为 B_i 类因素风险中的第 j 项危险源的综合安全评分。

（3）一级指标综合安全评分计算

一级指标 A 共包含 3 个子项目，则

$$R(A) = \sum_{i=1}^{3}\left[W_{B_i} \times R(B_i)\right] \tag{3.3-10}$$

式中，$R(A)$ 为一级指标的综合安全评分；W_{B_i} 为第 i 个二级子项目的权重；$R(B_i)$ 为第 i 个二级子项目的综合安全评分。

3.3.3 各评价指标权重计算

1）水闸工程

（1）设计流量不小于 5 $\mathrm{m^3/s}$ 的水闸工程

①准备阶段二级指标权重如表 3.3-4 所示。

表 3.3-4 二级指标权重值

指标	B1	B2	B3	权重值
B1	1	4	2	0.100
B2	0.250	1	5	0.680
B3	0.500	0.200	1	0.220
一致性检验结果	$\lambda_{max} = 3.025 \quad CI = 0.012 \quad CR = 0.021$			

设计流量不小于 5 $\mathrm{m^3/s}$ 的水闸工程准备阶段各类风险因素权重计算如表 3.3-5～表 3.3-7 所示。

表 3.3-5　施工因素风险各指标权重计算结果

指标	C11	C12	C13	C14	权重值
C11	1	2	4	5	0.471
C12	0.500	1	5	5	0.354
C13	0.250	0.200	1	2	0.105
C14	0.200	0.200	0.500	1	0.070

一致性检验结果 $\lambda_{max} = 4.128$　$CI = 0.043$　$CR = 0.047$

表 3.3-6　设计因素风险各指标权重计算结果

指标	C21	C22	C23	C24	C25	C26	C27	C28	C29	权重值
C21	1	5	4	5	3	5	2	4	5	0.303
C22	0.200	1	5.000 0	5	5	4	2	2	2	0.182
C23	0.250	0.200	1	5	4	4	0.500	2	2	0.103
C24	0.200	0.200	0.200	1	2	2	0.200	0.333	0.250	0.032
C25	0.333	0.200	0.250	1.000	1	2	0.2000	0.500	0.333	0.039
C26	0.200	0.250	0.250	0.500	0.500	1	0.200	0.333	0.500	0.028
C27	0.500	0.500	2.000	5.000	5.000	5.000	1	4.000	1	0.150
C28	0.250	0.500	0.500	3.000	2.000	3.000	0.250	1	4	0.089
C29	0.200	0.500	0.500	4.000	3.000	2.000	1.000	0.250	1	0.074

一致性检验结果 $\lambda_{max} = 10.144$　$CI = 0.143$　$CR = 0.099$

表 3.3-7　建设管理因素风险各指标权重计算结果

指标	C31	C32	C33	C34	C35	C36	C37	C38	权重值
C31	1	7	5	5	6	2	3	2	0.314
C32	0.143	1	5	4	5	0.500	2	2	0.139
C33	0.200	0.200	1	0.500	2	0.167	0.250	0.250	0.034
C34	0.200	0.250	2.000	1	2	0.167	0.250	0.250	0.041
C35	0.167	0.200	0.500	0.500	1	0.167	0.500	0.500	0.034
C36	0.500	2.000	6.000	6.000	6.000	1	6	1	0.213
C37	0.333	0.500	4.000	4.000	2.000	0.167	1	0.200	0.076
C38	0.500	0.500	4.000	4.000	2.000	1.000	5.000	1	0.149

一致性检验结果 $\lambda_{max} = 8.946$　$CI = 0.135$　$CR = 0.096$

施工因素风险中 C11 权重最大,设计因素风险中 C21 权重最大,建设管理因素风险中 C31 权重最大。

②全面施工阶段二级指标权重如表 3.3-8 所示。

表 3.3-8　二级指标权重值

指标	B1	B2	B3	权重值
B1	1	3	5	0.600
B2	0.333	1	2	0.220
B3	0.200	0.500	1	0.180
一致性检验结果	$\lambda_{\max} = 3.004$　$CI = 0.002$　$CR = 0.003$			

设计流量不小于 5 m³/s 的水闸工程全面施工阶段各类风险因素权重计算如表 3.3-9～表 3.3-11 所示。

表 3.3-9　设计因素风险各指标权重计算结果

指标	C21	C22	C23	C24	C25	C26	C27	C28	C29	权重值
C21	1	2	3	4	4	2	3	2	2	0.238
C22	0.500	1	1	2	3	2	4	2	3	0.156
C23	0.333	1.000	1	2	4	2	4	4	2	0.169
C24	0.250	0.500	0.500	1	2	2	2	4	2	0.110
C25	0.250	0.333	0.250	0.500	1	2	3	2	4	0.092
C26	0.500	0.500	0.500	0.500	0.500	1	2	1	3	0.077
C27	0.333	0.250	0.250	0.500	0.333	0.500	1	2	2	0.055
C28	0.500	0.500	0.250	0.250	0.500	1.000	0.500	1	2	0.057
C29	0.500	0.333	0.500	0.500	0.250	0.333	0.500	0.500	1	0.046
一致性检验结果 $\lambda_{\max} = 9.984$　$CI = 0.123$　$CR = 0.085$										

表 3.3-10　施工因素风险各指标权重计算结果

指标	C11	C12	C13	C14	C15	C16	C17	C18	C19	C110	C111	C112	C113	C114	C115	C116	权重值
C11	1	2	3	4	2	3	4	4	1	4	5	4	4	4	7	6	0.152
C12	0.500	1	2	4	3	3	3	3	2	4	5	5	5	6	6	6	0.140
C13	0.333	0.500	1	1	2	2	4	4	2	2	4	4	5	5	6	6	0.101
C14	0.250	0.250	1.000	1	2	2	4	4	2	2	4	5	5	5	6	6	0.100
C15	0.500	0.333	0.500	0.500	1	2	3	3	4	2	5	6	5	4	5	6	0.093
C16	0.333	0.333	0.500	0.500	0.500	1	2	5	2	5	6	6	6	6	6	6	0.093
C17	0.250	0.333	0.250	0.250	0.333	0.500	1	1	2	2	4	5	5	5	6	6	0.058
C18	0.250	0.333	0.250	0.250	0.333	0.200	1.000	1	2	2	4	5	3	2	6	6	0.056
C19	1.000	0.500	0.500	0.500	0.250	0.500	0.500	0.500	1	2	5	5	4	2	5	6	0.057
C110	0.250	0.250	0.500	0.500	0.500	0.200	0.500	0.500	0.500	1	2	3	3	3	5	6	0.040
C111	0.200	0.200	0.250	0.250	0.200	0.167	0.250	0.250	0.200	0.500	1	2	2	2	5	5	0.026
C112	0.250	0.200	0.250	0.200	0.167	0.167	0.200	0.200	0.200	0.333	0.500	1	1	4	5	5	0.024
C113	0.250	0.200	0.200	0.200	0.200	0.167	0.200	0.200	0.333	0.250	0.333	0.500	1	2	2	5	0.020
C114	0.250	0.167	0.200	0.200	0.250	0.167	0.200	0.200	0.500	0.333	0.500	0.250	0.500	1	2	5	0.018
C115	0.143	0.167	0.167	0.167	0.200	0.167	0.167	0.167	0.200	0.200	0.200	0.200	0.200	0.500	1	1	0.011
C116	0.167	0.167	0.167	0.167	0.167	0.167	0.167	0.167	0.167	0.167	0.200	0.200	0.200	0.200	1.000	1	0.011

一致性检验结果 $\lambda_{max} = 18.357$　$CI = 0.157$　$CR = 0.099$

表 3.3-11　建设管理因素风险各指标权重计算结果

指标	C31	C32	C33	C34	C35	C36	C37	C38	权重值
C31	1	2	3	4	5	2	4	3	0.277
C32	0.500	1	2	5	3	2	2	4	0.209
C33	0.333	0.500	1	2	2	5	4	4	0.162
C34	0.250	0.200	0.500	1	4	3	2	3	0.116
C35	0.200	0.333	0.500	0.250	1	2	2	3	0.075
C36	0.500	0.500	0.200	0.333	0.500	1	2	2	0.067
C37	0.250	0.500	0.250	0.500	0.500	0.500	1	2	0.055
C38	0.333	0.250	0.250	0.333	0.333	0.500	0.500	1	0.039

一致性检验结果 $\lambda_{max} = 8.936$　$CI = 0.134$　$CR = 0.095$

施工因素风险中 C11 权重最大,设计因素风险中 C21 权重最大,建设管理因素风险中 C31 权重最大。

③尾工阶段二级指标权重如表 3.3-12 所示。

表 3.3-12　二级指标权重值

指标	B1	B2	B3	权重值
B1	1	2	5	0.550
B2	0.500	1	6	0.260
B3	0.200	0.167	1	0.190
一致性检验结果	$\lambda_{max} = 3.086$　$CI = 0.043$　$CR = 0.074$			

设计流量不小于 5 m³/s 的水闸工程尾工阶段各类风险因素权重计算如表 3.3-13～表 3.3-15 所示。

表 3.3-13　施工因素风险各指标权重计算结果

指标	C11	C12	C13	C14	C15	C16	C17	权重值
C11	1	2	2	4	3	4	5	0.290
C12	0.500	1	2	4	3	5	5	0.245
C13	0.500	0.500	1	2	5	6	5	0.196
C14	0.250	0.250	0.500	1	4	4	3	0.120
C15	0.333	0.333	0.200	0.250	1	2	4	0.071
C16	0.250	0.200	0.167	0.250	0.500	1	2	0.044
C17	0.200	0.200	0.200	0.333	0.250	0.500	1	0.034

一致性检验结果 $\lambda_{max} = 7.614$　$CI = 0.102$　$CR = 0.078$

表 3.3-14　设计因素风险各指标权重计算结果

指标	C21	权重值
C21	1	1.000

一致性检验结果 $\lambda_{max} = 1.000$　$CI = 0.000$　$CR = 0.000$

表 3.3-15　建设管理因素风险各指标权重计算结果

指标	C31	C32	C33	C34	C35	C36	C37	C38	权重值
C31	1	3	2	3	4	2	4	2	0.261
C32	0.333	1	4	3	4	2	3	2	0.219
C33	0.500	0.250	1	2	2	3	4	3	0.144
C34	0.333	0.333	0.500	1	3	2	4	2	0.116
C35	0.250	0.250	0.500	0.333	1	2	4	3	0.089
C36	0.500	0.500	0.333	0.500	0.500	1	2	2	0.074
C37	0.250	0.333	0.250	0.250	0.250	0.500	1	1	0.040
C38	0.500	0.500	0.333	0.500	0.333	0.500	1.000	1	0.057

一致性检验结果 $\lambda_{max} = 8.955$　$CI = 0.137$　$CR = 0.097$

施工因素风险中 C11 权重最大,设计因素风险中 C21 权重最大,建设管理因素风险中 C31 权重最大。

(2) 设计流量小于 5 m³/s 的水闸工程

① 准备阶段二级指标权重如表 3.3-16 所示。

表 3.3-16　二级指标权重值

指标	B1	B2	B3	权重值
B1	1	4	2	0.100
B2	0.250	1	5	0.680
B3	0.500	0.200	1	0.220
一致性检验结果	$\lambda_{max} = 3.025$　$CI = 0.012$　$CR = 0.021$			

设计流量小于 5 m³/s 的水闸工程准备阶段各类风险因素权重计算如表 3.3-17~表 3.3-19 所示。

表 3.3-17　施工因素风险各指标权重计算结果

指标	C11	C12	权重值
C11	1	0.333	0.250

指标	C11	C12	权重值
C12	3	1	0.750

一致性检验结果 $\lambda_{\max} = 2.000$　$CI = 0.000$　$CR = 0.000$

表 3.3-18　设计因素风险各指标权重计算结果

指标	C21	C22	C23	C24	C25	C26	C27	C28	权重值
C21	1	5	4	5	3	5	2	4	0.328
C22	0.200	1	5	5	5	4	2	2	0.207
C23	0.250	0.200	1	5	4	4	0.5	2	0.107
C24	0.20	0.200	0.200	1	1	2	0.2	0.333	0.037
C25	0.333	0.200	0.250	1.000	1	2	0.2	0.5	0.044
C26	0.200	0.250	0.250	0.500	0.500	1	0.2	0.333	0.033
C27	0.500	0.50	2.000	5.000	5.000	5.000	1	4	0.170
C28	0.250	0.50	0.500	3.000	2.000	3.000	0.250	1	0.074

一致性检验结果 $\lambda_{\max} = 8.849$　$CI = 0.121$　$CR = 0.086$

表 3.3-19　建设管理因素风险各指标权重计算结果

指标	C31	C32	C33	C34	C35	C36	C37	C38	权重值
C31	1	7	5	5	6	2	3	2	0.314
C32	0.143	1	5	4	5	0.5	2	2	0.139
C33	0.200	0.200	1	0.5	2	0.167	0.250	0.250	0.034
C34	0.200	0.250	2.000	1	2	0.167	0.250	0.250	0.041
C35	0.167	0.200	0.500	0.500	1	0.167	0.500	0.500	0.034
C36	0.500	2.000	6.000	6.000	6.000	1	6	1	0.213
C37	0.333	0.500	4.000	4.000	2.000	0.167	1	0.200	0.076
C38	0.500	0.500	4.000	4.000	2.000	1.000	5.000	1	0.149

一致性检验结果 $\lambda_{\max} = 8.946$　$CI = 0.135$　$CR = 0.096$

施工因素风险中 C12 权重最大,设计因素风险中 C21 权重最大,建设管理因素风险中 C31 权重最大。

②全面施工阶段二级指标权重如表 3.3-20 所示。

表 3.3-20　二级指标权重值

指标	B1	B2	B3	权重值
B1	1	3	5	0.600
B2	0.333	1	2	0.220
B3	0.200	0.500	1	0.180
一致性检验结果	$\lambda_{\max} = 3.004$　$CI = 0.002$　$CR = 0.003$			

设计流量小于 $5\ \mathrm{m^3/s}$ 的水闸工程全面施工阶段各类风险因素权重计算如表 3.3-21~表 3.3-23 所示。

表 3.3-21　设计因素风险各指标权重计算结果

指标	C21	C22	C23	C24	C25	C26	C27	C28	权重值
C21	1	2	3	4	4	2	3	2	0.271
C22	0.500	1	1	2	3	2	4	2	0.165
C23	0.333	1.000	1	2	4	2	4	4	0.182
C24	0.250	0.500	0.500	1	2	2	2	4	0.115
C25	0.250	0.333	0.250	0.500	1	2	3	2	0.084
C26	0.500	0.500	0.500	0.500	0.500	1	2	1	0.074
C27	0.333	0.250	0.250	0.500	0.333	0.500	1	2	0.053
C28	0.500	0.500	0.250	0.250	0.500	1.000	0.500	1	0.056
一致性检验结果 $\lambda_{\max} = 8.722$　$CI = 0.103$　$CR = 0.073$									

表 3.3-22　建设管理因素风险各指标权重计算结果

指标	C31	C32	C33	C34	C35	C36	C37	C38	权重值
C31	1	2	3	4	5	2	4	3	0.278
C32	0.500	1	2	5	3	2	2	4	0.209
C33	0.333	0.500	1	2	2	5	4	4	0.162
C34	0.250	0.200	0.500	1	4	3	2	3	0.116
C35	0.200	0.333	0.500	0.250	1	2	2	3	0.075
C36	0.500	0.500	0.200	0.333	0.500	1	2	2	0.067
C37	0.250	0.500	0.250	0.500	0.500	0.500	1	2	0.054
C38	0.333	0.250	0.250	0.333	0.333	0.500	0.500	1	0.039
一致性检验结果 $\lambda_{\max} = 8.936$　$CI = 0.134$　$CR = 0.095$									

表 3.3-23 施工因素风险各指标权重计算结果

指标	C11	C12	C13	C14	C15	C16	C17	C18	C19	C110	C111	C112	C113	C114	权重值
C11	1	2	3	4	2	3	4	4	1	4	5	4	4	4	0.166
C12	0.500	1	2	4	3	3	3	3	2	4	5	5	5	6	0.152
C13	0.333	0.500	1	1	2	2	4	4	2	2	4	4	5	5	0.106
C14	0.250	0.250	1.000	1	2	2	4	4	2	2	4	5	5	5	0.104
C15	0.500	0.333	0.500	0.500	1	2	3	3	4	2	5	6	5	4	0.097
C16	0.333	0.333	0.500	0.500	0.500	1	2	5	2	5	6	6	6	6	0.094
C17	0.250	0.333	0.250	0.250	0.333	0.500	1	1	2	2	4	5	5	5	0.055
C18	0.250	0.333	0.250	0.250	0.333	0.200	1.000	1	2	2	4	5	5	5	0.054
C19	1.000	0.500	0.500	0.500	0.250	0.500	0.500	0.50	1	2	5	5	3	2	0.057
C110	0.250	0.250	0.500	0.500	0.500	0.200	0.500	0.50	0.500	1	2	3	4	3	0.038
C111	0.200	0.200	0.250	0.250	0.200	0.167	0.250	0.250	0.200	0.500	1	2	3	2	0.023
C112	0.250	0.200	0.250	0.200	0.167	0.167	0.200	0.200	0.200	0.333	0.500	1	2	4	0.021
C113	0.250	0.200	0.200	0.200	0.200	0.167	0.200	0.200	0.333	0.250	0.333	0.500	1	2	0.017
C114	0.250	0.167	0.200	0.200	0.250	0.167	0.200	0.200	0.500	0.333	0.500	0.250	0.500	1	0.016

一致性检验结果 $\lambda_{max} = 15.858$ $CI = 0.143$ $CR = 0.091$

施工因素风险中 C11 权重最大，设计因素风险中 C21 权重最大，建设管理因素风险中 C31 权重最大。

③尾工阶段二级指标权重如表 3.3-24 所示。

表 3.3-24　二级指标权重值

指标	B1	B2	B3	权重值
B1	1	2	5	0.550
B2	0.500	1	6	0.260
B3	0.200	0.167	1	0.190
一致性检验结果	$\lambda_{max} = 3.086$　$CI = 0.043$　$CR = 0.074$			

设计流量小于 5 m^3/s 的水闸工程尾工阶段各类风险因素权重计算不再列出。

2）渠道工程

（1）设计流量不小于 20 m^3/s 的渠道工程

①准备阶段二级指标权重如表 3.3-25 所示。

表 3.3-25　二级指标权重值

指标	B1	B2	B3	权重值
B1	1	4	2	0.100
B2	0.250	1	5	0.680
B3	0.500	0.200	1	0.220
一致性检验结果	$\lambda_{max} = 3.025$　$CI = 0.012$　$CR = 0.021$			

设计流量不小于 20 m^3/s 的渠道工程准备阶段各类风险因素权重计算如表 3.3-26～表 3.3-28 所示。

表 3.3-26　施工因素风险各指标权重计算结果

指标	C11	C12	C13	C14	权重值
C11	1	2	4	5	0.471
C12	0.500	1	5	5	0.354
C13	0.250	0.200	1	2	0.105
C14	0.200	0.200	0.500	1	0.070
一致性检验结果 $\lambda_{max} = 4.128$　$CI = 0.043$　$CR = 0.047$					

表 3.3-27 设计因素风险各指标权重计算结果

指标	C21	C22	C23	C24	C25	C26	C27	权重值
C21	1	2	3	4	3	4	2	0.294
C22	0.500	1	2	4	3	4	2	0.224
C23	0.333	0.500	1	2	4	4	2	0.168
C24	0.250	0.250	0.500	1	1	2	4	0.099
C25	0.333	0.333	0.250	1.000	1	2	3	0.091
C26	0.250	0.250	0.250	0.500	0.500	1	2	0.059
C27	0.500	0.500	0.500	0.250	0.333	0.500	1	0.065
一致性检验结果 $\lambda_{max} = 7.762$ $CI = 0.127$ $CR = 0.096$								

表 3.3-28 建设管理因素风险各指标权重计算结果

指标	C31	C32	C33	C34	C35	C36	C37	C38	C39	权重值
C31	1	2	3	4	3	2	3	2	3	0.231
C32	0.500	1	4	3	4	2	2	2	4	0.207
C33	0.333	0.250	1	2	2	3	4	4	3	0.143
C34	0.250	0.333	0.500	1	2	3	4	3	4	0.121
C35	0.333	0.250	0.500	0.500	1	2	2	2	4	0.084
C36	0.500	0.500	0.333	0.333	0.500	1	2	1	2	0.065
C37	0.333	0.500	0.250	0.250	0.500	0.500	1	2	3	0.059
C38	0.500	0.500	0.250	0.333	0.500	1.000	0.500	1	2	0.055
C39	0.333	0.250	0.333	0.250	0.250	0.500	0.333	0.500	1	0.035
一致性检验结果 $\lambda_{max} = 10.056$ $CI = 0.132$ $CR = 0.091$										

施工因素风险 C11、设计因素风险 C21、建设管理因素风险 C31 权重最大。

②全面施工阶段二级指标权重如表 3.3-29 所示。

表 3.3-29 二级指标权重值

指标	B1	B2	B3	权重值
B1	1	3	5	0.600
B2	0.333	1	2	0.220
B3	0.200	0.500	1	0.180
一致性检验结果	$\lambda_{max} = 3.004$ $CI = 0.002$ $CR = 0.003$			

设计流量不小于 20 m³/s 渠道工程全面施工阶段各类风险因素权重计算如表3.3-30～表3.3-32 所示。

表 3.3-30　设计因素风险各指标权重计算结果

指标	C21	C22	C23	C24	C25	C26	C27	权重值
C21	1	2	3	4	4	2	3	0.309
C22	0.500	1	1	2	3	2	4	0.181
C23	0.333	1.000	1	2	4	2	4	0.185
C24	0.250	0.500	0.500	1	2	2	2	0.107
C25	0.250	0.333	0.250	0.500	1	2	3	0.085
C26	0.500	0.500	0.500	0.500	0.500	1	2	0.083
C27	0.333	0.250	0.250	0.500	0.333	0.500	1	0.050

一致性检验结果 $\lambda_{max} = 7.467$　$CI = 0.078$　$CR = 0.059$

表 3.3-31　建设管理因素风险各指标权重计算结果

指标	C31	C32	C33	C34	C35	C36	C37	C38	C39	权重值
C31	1	2	3	4	5	2	4	3	6	0.258
C32	0.500	1	2	5	3	2	2	4	5	0.197
C33	0.333	0.500	1	2	2	5	4	4	5	0.158
C34	0.250	0.200	0.500	1	4	3	2	3	6	0.118
C35	0.200	0.333	0.500	0.250	1	2	2	3	4	0.077
C36	0.500	0.500	0.200	0.333	0.500	1	2	2	6	0.073
C37	0.250	0.500	0.250	0.500	0.500	0.500	1	2	5	0.058
C38	0.333	0.250	0.250	0.333	0.333	0.500	0.500	1	2	0.039
C39	0.167	0.200	0.200	0.167	0.250	0.167	0.200	0.500	1	0.022

一致性检验结果 $\lambda_{max} = 10.050$　$CI = 0.131$　$CR = 0.091$

表 3.3-32　施工因素风险各指标权重计算结果

指标	C11	C12	C13	C14	C15	C16	C17	C18	C19	C110	C111	C112	C113	C114	C115	C116	权重值
C11	1	2	3	4	2	3	4	4	1	4	5	4	4	4	7	6	0.152
C12	0.500	1	2	4	3	3	3	3	2	4	5	5	5	6	6	6	0.140
C13	0.333	0.500	1	1	2	2	4	4	2	2	4	4	5	5	6	6	0.101
C14	0.250	0.250	1.000	1	2	2	4	4	2	2	4	5	5	5	6	6	0.100
C15	0.500	0.333	0.500	0.500	1	2	3	3	4	2	5	6	5	4	5	6	0.093
C16	0.333	0.333	0.500	0.500	0.500	1	2	5	2	5	6	6	6	6	6	6	0.093
C17	0.250	0.333	0.250	0.250	0.333	0.500	1	1	2	2	4	5	5	5	6	6	0.058
C18	0.250	0.333	0.250	0.250	0.333	0.200	1.000	1	2	2	4	5	5	5	6	6	0.056
C19	1.000	0.500	0.500	0.500	0.250	0.500	0.500	0.500	1	2	5	5	3	2	5	6	0.057
C110	0.250	0.250	0.500	0.500	0.500	0.200	0.500	0.500	0.500	1	2	3	4	3	5	6	0.040
C111	0.200	0.200	0.250	0.250	0.200	0.167	0.250	0.250	0.200	0.500	1	2	3	2	5	5	0.026
C112	0.250	0.200	0.250	0.200	0.167	0.167	0.200	0.200	0.200	0.333	0.500	1	2	4	5	5	0.024
C113	0.250	0.200	0.200	0.200	0.200	0.167	0.200	0.200	0.333	0.250	0.333	0.500	1	2	5	5	0.020
C114	0.250	0.167	0.200	0.200	0.250	0.167	0.200	0.200	0.500	0.333	0.500	0.250	0.500	1	2	5	0.018
C115	0.143	0.167	0.167	0.167	0.200	0.167	0.167	0.167	0.200	0.200	0.200	0.200	0.200	0.500	1	1	0.011
C116	0.167	0.167	0.167	0.167	0.167	0.167	0.167	0.167	0.167	0.167	0.200	0.200	0.200	0.200	1.000	1	0.011

一致性检验结果 $\lambda_{max} = 18.357$　$CI = 0.157$　$CR = 0.099$

施工因素风险中 C11 权重最大，设计因素风险中 C21 权重最大，建设管理因素风险中 C31 权重最大。

③尾工阶段二级指标权重如表3.3-33所示。

表3.3-33 二级指标权重值

指标	B1	B2	B3	权重值
B1	1	2	5	0.550
B2	0.500	1	6	0.260
B3	0.200	0.167	1	0.190
一致性检验结果	$\lambda_{max} = 3.086$ $CI = 0.043$ $CR = 0.074$			

设计流量不小于 20 m^3/s 的渠道工程尾工阶段各类风险因素权重计算如表3.3-34～表3.3-36所示。

表3.3-34 施工因素风险各指标权重计算结果

指标	C11	C12	C13	C14	权重值
C11	1	2	2	4	0.430
C12	0.500	1	2	4	0.302
C13	0.500	0.500	1	2	0.178
C14	0.250	0.250	0.500	1	0.090
一致性检验结果 $\lambda_{max} = 4.061$ $CI = 0.020$ $CR = 0.023$					

表3.3-35 设计因素风险各指标权重计算结果

指标	C21	权重值
C21	1	1.000
一致性检验结果 $\lambda_{max} = 1.000$ $CI = 0.000$ $CR = 0.000$		

表3.3-36 建设管理因素风险各指标权重计算结果

指标	C31	C32	C33	C34	C35	权重值
C31	1	3	2	3	4	0.394
C32	0.333	1	4	3	4	0.290
C33	0.500	0.250	1	2	2	0.140
C34	0.333	0.333	0.500	1	3	0.111
C35	0.250	0.250	0.500	0.333	1	0.065
一致性检验结果 $\lambda_{max} = 5.403$ $CI = 0.101$ $CR = 0.090$						

施工因素风险中 C11 权重最大,设计因素风险中 C21 权重最大,建设管理因素风险中 C31 权重最大。

(2)设计流量小于 20 m^3/s 的渠道工程

①准备阶段二级指标权重如表3.3-37所示。

表 3.3-37 二级指标权重值

指标	B1	B2	B3	权重值
B1	1	4	2	0.100
B2	0.250	1	5	0.680
B3	0.500	0.200	1	0.220
一致性检验结果	$\lambda_{\max} = 3.025$ $CI = 0.012$ $CR = 0.021$			

设计流量小于 20 m³/s 的渠道工程准备阶段各类风险因素权重计算如表 3.3-38～表 3.3-40 所示。

表 3.3-38 施工因素风险各指标权重计算结果

指标	C11	C12	权重值
C11	1	0.333	0.250
C12	3	1	0.750
一致性检验结果 $\lambda_{\max} = 2.000$ $CI = 0.000$ $CR = 0.000$			

表 3.3-39 设计因素风险各指标权重计算结果

指标	C21	C22	C23	C24	C25	C26	C27	权重值
C21	1	2	3	4	3	4	2	0.294
C22	0.500	1	2	4	3	4	2	0.225
C23	0.333	0.500	1	2	4	4	2	0.168
C24	0.250	0.250	0.500	1	1	2	4	0.100
C25	0.333	0.333	0.250	1.000	1	2	3	0.092
C26	0.250	0.250	0.250	0.500	0.500	1	2	0.058
C27	0.500	0.500	0.500	0.250	0.333	0.500	1	0.063
一致性检验结果 $\lambda_{\max} = 7.762$ $CI = 0.127$ $CR = 0.096$								

表 3.3-40 建设管理因素风险各指标权重计算结果

指标	C31	C32	C33	C34	C35	C36	C37	C38	C39	权重值
C31	1	2	3	4	3	2	3	2	3	0.231
C32	0.500	1	4	3	4	2	2	2	4	0.207
C33	0.333	0.250	1	2	2	3	4	4	3	0.142
C34	0.250	0.333	0.500	1	2	3	4	3	4	0.121
C35	0.333	0.250	0.500	0.500	1	2	2	2	4	0.084
C36	0.500	0.500	0.333	0.333	0.500	1	2	1	2	0.066
C37	0.333	0.500	0.250	0.250	0.500	0.500	1	2	3	0.058

续表

指标	C31	C32	C33	C34	C35	C36	C37	C38	C39	权重值
C38	0.500	0.500	0.250	0.333	0.500	1.000	0.500	1	2	0.055
C39	0.333	0.250	0.333	0.250	0.250	0.500	0.333	0.500	1	0.036
一致性检验结果 $\lambda_{max} = 10.056$　$CI = 0.132$　$CR = 0.091$										

②全面施工阶段二级指标权重如表3.3-41所示。

表3.3-41　二级指标权重值

指标	B1	B2	B3	权重值
B1	1	3	5	0.600
B2	0.333	1	2	0.220
B3	0.200	0.500	1	0.180
一致性检验结果	$\lambda_{max} = 3.004$　$CI = 0.002$　$CR = 0.003$			

设计流量小于20 m^3/s渠道工程全面施工阶段各类风险因素权重不详细列出。

③尾工阶段,二级指标权重如表3.3-42所示。

表3.3-42　二级指标权重值

指标	B1	B2	B3	权重值
B1	1	2	5	0.550
B2	0.500	1	6	0.260
B3	0.200	0.167	1	0.190
一致性检验结果	$\lambda_{max} = 3.086$　$CI = 0.043$　$CR = 0.074$			

设计流量小于20 m^3/s的渠道工程尾工阶段各类风险因素权重不详细列出。

3)倒虹吸工程

(1)设计流量不小于5 m^3/s的倒虹吸工程

①准备阶段二级指标权重如表3.3-43所示。

表3.3-43　二级指标权重值

指标	B1	B2	B3	权重值
B1	1	4	2	0.100
B2	0.250	1	5	0.680
B3	0.500	0.200	1	0.220
一致性检验结果	$\lambda_{max} = 3.025$　$CI = 0.012$　$CR = 0.021$			

设计流量不小于5 m^3/s的倒虹吸工程准备阶段各类风险因素权重计算如表3.3-44~表3.3-46所示。

表 3.3-44　施工因素风险各指标权重计算结果

指标	C11	C12	C13	C14	权重值
C11	1	2	4	5	0.435
C12	0.500	1	5	5	0.350
C13	0.250	0.200	1	2	0.145
C14	0.200	0.200	0.500	1	0.070

一致性检验结果 $\lambda_{max} = 4.128$　$CI = 0.043$　$CR = 0.047$

表 3.3-45　设计因素风险各指标权重计算结果

指标	C21	C22	C23	C24	C25	C26	C27	C28	权重值
C21	1	2	3	4	3	4	2	2	0.263
C22	0.500	1	2	2	3	4	2	3	0.189
C23	0.333	0.500	1	2	4	3	2	4	0.164
C24	0.250	0.500	0.500	1	1	2	4	3	0.108
C25	0.333	0.333	0.250	1.000	1	2	3	4	0.101
C26	0.250	0.250	0.333	0.500	0.500	1	2	3	0.066
C27	0.500	0.500	0.500	0.250	0.333	0.500	1	2	0.062
C28	0.500	0.333	0.250	0.333	0.250	0.333	0.500	1	0.047

一致性检验结果 $\lambda_{max} = 8.923$　$CI = 0.132$　$CR = 0.094$

表 3.3-46　建设管理因素风险各指标权重计算结果

指标	C31	C32	C33	C34	C35	C36	C37	C38	C39	权重值
C31	1	2	3	4	3	2	3	2	3	0.231
C32	0.500	1	4	3	4	2	2	2	4	0.208
C33	0.333	0.250	1	2	2	3	4	4	3	0.144
C34	0.250	0.333	0.500	1	2	3	2	3	4	0.111
C35	0.333	0.250	0.500	0.500	1	2	2	2	4	0.085
C36	0.500	0.500	0.333	0.333	0.500	1	2	1	2	0.067
C37	0.333	0.500	0.250	0.500	0.500	0.500	1	2	3	0.063
C38	0.500	0.500	0.250	0.333	0.500	1.000	0.500	1	2	0.055
C39	0.333	0.250	0.333	0.250	0.250	0.500	0.333	0.500	1	0.036

一致性检验结果 $\lambda_{max} = 9.992$　$CI = 0.124$　$CR = 0.086$

施工因素风险中 C11 权重最大,设计因素风险中 C21 权重最大,建设管理因素风险中 C31 权重最大。

②全面施工阶段二级指标权重如表 3.3-47 所示。

表 3.3-47 二级指标权重值

指标	B1	B2	B3	权重值
B1	1	3	5	0.600
B2	0.333	1	2	0.220
B3	0.200	0.500	1	0.180
一致性检验结果	$\lambda_{max} = 3.004$ $CI = 0.002$ $CR = 0.003$			

设计流量不小于 5 m³/s 的倒虹吸工程全面施工阶段各类风险因素权重计算如表 3.3-48~表 3.3-50 所示。

表 3.3-48 设计因素风险各指标权重计算结果

指标	C21	C22	C23	C24	C25	C26	C27	C28	权重值
C21	1	2	3	4	4	2	3	3	0.273
C22	0.500	1	1	2	3	2	4	3	0.169
C23	0.333	1.000	1	2	4	2	4	5	0.182
C24	0.250	0.500	0.500	1	2	2	2	4	0.109
C25	0.250	0.333	0.250	0.500	1	2	3	4	0.091
C26	0.500	0.500	0.500	0.500	0.500	1	2	3	0.082
C27	0.333	0.250	0.250	0.500	0.333	0.500	1	5	0.061
C28	0.333	0.333	0.200	0.250	0.250	0.333	0.200	1	0.035
一致性检验结果 $\lambda_{max} = 8.822$ $CI = 0.118$ $CR = 0.083$									

表 3.3-49 建设管理因素风险各指标权重计算结果

指标	C31	C32	C33	C34	C35	C36	C37	C38	C39	权重值
C31	1	2	3	4	5	2	4	3	6	0.259
C32	0.500	1	2	5	3	2	2	4	5	0.198
C33	0.333	0.500	1	2	2	5	4	4	5	0.158
C34	0.250	0.200	0.500	1	4	3	2	3	6	0.118
C35	0.200	0.333	0.500	0.250	1	2	2	3	4	0.076
C36	0.500	0.500	0.200	0.333	0.500	1	2	2	6	0.073
C37	0.250	0.500	0.250	0.500	0.500	0.500	1	2	5	0.058
C38	0.333	0.250	0.250	0.333	0.333	0.500	0.500	1	2	0.039
C39	0.167	0.200	0.200	0.167	0.250	0.167	0.200	0.500	1	0.022
一致性检验结果 $\lambda_{max} = 10.050$ $CI = 0.131$ $CR = 0.091$										

表 3.3-50　施工因素风险各指标权重计算结果

指标	C11	C12	C13	C14	C15	C16	C17	C18	C19	C110	C111	C112	C113	C114	C115	C116	C117	C118	C119	C120	C121	C122	权重值
C11	1	2	2	3	2	3	4	4	1	4	4	4	4	4	5	6	5	6	4	2	4	3	0.112
C12	0.500	1	2	2	2	3	2	3	2	4	5	5	5	6	5	6	5	6	5	5	4	3	0.105
C13	0.500	0.500	1	1.000	2	2	3	4	2	2	4	4	5	5	5	6	5	5	5	6	4	3	0.091
C14	0.333	0.500	1.000	1	2	2	2	4	2	2	4	5	5	5	5	6	5	6	5	5	3	4	0.089
C15	0.500	0.500	0.500	0.500	1	2	2	4	4	2	5	4	5	4	5	6	4	5	5	4	5	4	0.082
C16	0.333	0.333	0.500	0.500	0.500	1	2	2	2	2	4	4	4	4	5	4	5	5	5	3	5	4	0.069
C17	0.250	0.500	0.333	0.500	0.500	0.500	1	1	2	2	4	4	4	4	4	5	5	4	2	6	3	4	0.058
C18	0.250	0.333	0.250	0.250	0.250	0.500	1.000	1	2	2	2	5	5	5	4	4	4	5	4	7	4	4	0.058
C19	1.000	0.500	0.500	0.500	0.500	0.500	0.500	0.500	1	2	2	2	2	2	5	4	4	5	6	5	4	4	0.052
C110	0.250	0.250	0.500	0.500	0.500	0.500	0.500	0.500	0.500	1	2	2	2	3	5	4	5	5	6	5	4	4	0.046
C111	0.250	0.200	0.250	0.250	0.200	0.250	0.250	0.500	0.500	0.500	1	2	2	2	5	5	6	5	4	5	6	4	0.040
C112	0.250	0.200	0.250	0.200	0.250	0.250	0.250	0.200	0.500	0.500	0.500	1	2	2	2	4	4	5	4	5	4	3	0.031
C113	0.250	0.200	0.200	0.200	0.200	0.250	0.250	0.250	0.333	0.500	0.500	0.500	1	2	2	2	3	4	4	4	3	3	0.026
C114	0.250	0.167	0.200	0.200	0.250	0.200	0.250	0.200	0.500	0.333	0.500	0.500	0.500	1	2	2	2	3	4	5	4	4	0.024
C115	0.200	0.200	0.167	0.200	0.200	0.200	0.200	0.250	0.200	0.200	0.200	0.500	0.500	0.500	1	2	2	2	4	5	4	4	0.020
C116	0.200	0.167	0.200	0.200	0.167	0.250	0.200	0.250	0.250	0.250	0.200	0.250	0.500	0.500	0.500	1	2	2	2	5	4	3	0.018
C117	0.200	0.167	0.200	0.167	0.200	0.200	0.200	0.250	0.250	0.200	0.167	0.250	0.333	0.500	0.500	0.500	1	2	2	4	5	4	0.017
C118	0.167	0.167	0.167	0.200	0.200	0.200	0.250	0.200	0.167	0.200	0.200	0.200	0.250	0.333	0.250	0.500	0.500	1	2	2	3	3	0.013
C119	0.250	0.200	0.200	0.200	0.200	0.200	0.500	0.250	0.143	0.167	0.250	0.200	0.250	0.250	0.250	0.200	0.250	0.500	1	2	2	2	0.013
C120	0.500	0.200	0.167	0.200	0.250	0.333	0.167	0.143	0.200	0.200	0.200	0.200	0.250	0.200	0.200	0.200	0.200	0.500	0.500	1	2	2	0.012
C121	0.250	0.250	0.250	0.333	0.200	0.200	0.333	0.250	0.333	0.250	0.167	0.250	0.333	0.250	0.250	0.250	0.200	0.333	0.500	0.500	1	2	0.012
C122	0.333	0.333	0.333	0.250	0.250	0.250	0.250	0.250	0.250	0.250	0.250	0.333	0.333	0.250	0.250	0.333	0.250	0.333	0.333	0.500	0.500	1	0.012

一致性检验结果 $\lambda_{max} = 25.409$　$CI = 0.162$　$CR = 0.099$

施工因素风险中 C11 权重最大,设计因素风险中 C21 权重最大,建设管理因素风险中 C31 权重最大。

③尾工阶段二级指标权重如表 3.3-51 所示。

表 3.3-51 二级指标权重值

指标	B1	B2	B3	权重值
B1	1	2	5	0.550
B2	0.500	1	6	0.260
B3	0.200	0.167	1	0.190
一致性检验结果	$\lambda_{max} = 3.086$ $CI = 0.043$ $CR = 0.074$			

设计流量不小于 5 m³/s 的倒虹吸工程尾工阶段各类风险因素权重计算如表 3.3-52～表 3.3-54 所示。

表 3.3-52 施工因素风险各指标权重计算结果

指标	C11	C12	C13	C14	C15	C16	权重值
C11	1	2	2	4	5	6	0.341
C12	0.500	1	2	4	5	6	0.272
C13	0.500	0.500	1	2	5	6	0.183
C14	0.250	0.250	0.500	1	5	6	0.125
C15	0.200	0.200	0.200	0.200	1	2	0.046
C16	0.167	0.167	0.167	0.167	0.500	1	0.033

一致性检验结果 $\lambda_{max} = 6.387$ $CI = 0.077$ $CR = 0.063$

表 3.3-53 设计因素风险各指标权重计算结果

指标	C21	权重值
C21	1	1.000

一致性检验结果 $\lambda_{max} = 1.000$ $CI = 0.000$ $CR = 0.000$

表 3.3-54 建设管理因素风险各指标权重计算结果

指标	C31	C32	C33	C34	C35	权重值
C31	1	3	2	3	4	0.395
C32	0.333	1	4	3	4	0.291

指标	C31	C32	C33	C34	C35	权重值
C33	0.500	0.250	1	2	2	0.141
C34	0.333	0.333	0.500	1	3	0.111
C35	0.250	0.250	0.500	0.333	1	0.063
一致性检验结果 $\lambda_{max} = 5.403$ $CI = 0.101$ $CR = 0.090$

施工因素风险中 C11 权重最大,设计因素风险中 C21 权重最大,建设管理因素风险中 C31 权重最大。

(2) 设计流量小于 5 m³/s 的倒虹吸工程

①准备阶段二级指标权重如表 3.3-55 所示。

表 3.3-55 二级指标权重值

指标	B1	B2	B3	权重值
B1	1	4	2	0.100
B2	0.250	1	5	0.680
B3	0.500	0.200	1	0.220
一致性检验结果	$\lambda_{max} = 3.025$ $CI = 0.012$ $CR = 0.021$			

设计流量小于 5 m³/s 的倒虹吸工程准备阶段各类风险因素权重不详细列出。

施工因素风险中 C12 权重最大,设计因素风险中 C21 权重最大,建设管理因素风险中 C31 权重最大。

②全面施工阶段二级指标权重如表 3.3-56 所示。

表 3.3-56 二级指标权重值

指标	B1	B2	B3	权重值
B1	1	3	5	0.600
B2	0.333	1	2	0.220
B3	0.200	0.500	1	0.180
一致性检验结果	$\lambda_{max} = 3.004$ $CI = 0.002$ $CR = 0.003$			

设计流量小于 5 m³/s 的倒虹吸工程全面施工阶段各类风险因素权重计算如表 3.3-57～表 3.3-59 所示。

表 3.3-57 设计因素风险各指标权重计算结果

指标	C21	C22	C23	C24	C25	C26	C27	C28	权重值
C21	1	2	3	4	4	2	3	3	0.273
C22	0.500	1	1	2	3	2	4	3	0.169
C23	0.333	1.000	1	2	4	2	4	5	0.182
C24	0.250	0.500	0.500	1	2	2	2	4	0.109
C25	0.250	0.333	0.250	0.500	1	2	3	4	0.091
C26	0.500	0.500	0.500	0.500	0.500	1	2	3	0.082
C27	0.333	0.250	0.250	0.500	0.333	0.500	1	5	0.061
C28	0.333	0.333	0.200	0.250	0.250	0.333	0.200	1	0.035

一致性检验结果 $\lambda_{max} = 8.822$ $CI = 0.118$ $CR = 0.083$

表 3.3-58 建设管理因素风险各指标权重计算结果

指标	C31	C32	C33	C34	C35	C36	C37	C38	C39	权重值
C31	1	2	3	4	5	2	4	3	6	0.259
C32	0.500	1	2	5	3	2	2	4	5	0.198
C33	0.333	0.500	1	2	2	5	4	4	5	0.158
C34	0.250	0.200	0.500	1	4	3	2	3	6	0.118
C35	0.200	0.333	0.500	0.250	1	2	2	3	4	0.076
C36	0.500	0.500	0.200	0.333	0.500	1	2	2	6	0.073
C37	0.250	0.500	0.250	0.500	0.500	0.500	1	2	5	0.058
C38	0.333	0.250	0.250	0.333	0.333	0.500	0.500	1	2	0.039
C39	0.167	0.200	0.200	0.167	0.250	0.167	0.200	0.500	1	0.022

一致性检验结果 $\lambda_{max} = 10.050$ $CI = 0.131$ $CR = 0.091$

表 3.3-59　施工因素风险各指标权重计算结果

指标	C11	C12	C13	C14	C15	C16	C17	C18	C19	C110	C111	C112	C113	C114	C115	C116	C117	C118	C119	C120	C121	C122	权重值
C11	1	2	2	3	2	3	4	4	1	4	4	4	4	4	5	6	5	6	4	2	4	3	0.112
C12	0.500	1	2	2	2	3	2	3	1	4	5	5	5	6	5	6	5	6	5	5	4	3	0.105
C13	0.500	0.500	1	1	2	2	3	4	2	2	4	4	5	5	5	6	5	5	5	6	4	3	0.091
C14	0.333	0.500	1.000	1	2	2	2	4	2	2	4	5	5	5	5	6	5	6	5	5	3	4	0.089
C15	0.500	0.500	0.500	1	1	2	2	2	4	2	5	5	5	4	5	6	5	5	5	4	5	4	0.082
C16	0.333	0.333	0.500	0.500	0.500	1	2	2	2	2	4	4	4	4	5	5	5	5	5	4	5	4	0.069
C17	0.250	0.500	0.500	0.500	0.500	0.500	1	1	2	2	4	4	4	4	4	5	4	4	2	3	5	4	0.058
C18	0.250	0.333	0.333	0.250	0.500	0.500	1.000	1	2	2	2	5	4	5	4	4	4	5	4	6	4	3	0.058
C19	1.000	0.500	0.500	0.500	0.250	0.500	0.500	0.500	1	2	2	2	3	2	5	4	4	5	6	7	3	4	0.052
C110	0.250	0.250	0.500	0.500	0.500	0.500	0.500	0.500	0.500	1	2	2	2	3	5	4	5	5	6	5	4	4	0.046
C111	0.250	0.200	0.250	0.250	0.200	0.250	0.500	0.500	0.500	0.500	1	2	2	2	5	5	6	5	4	5	6	4	0.040
C112	0.250	0.167	0.250	0.200	0.200	0.250	0.250	0.500	0.500	0.500	0.500	1	2	2	2	4	4	5	4	5	4	3	0.031
C113	0.250	0.200	0.200	0.200	0.200	0.250	0.250	0.200	0.333	0.500	0.500	0.500	1	3	2	5	3	5	4	5	3	4	0.026
C114	0.250	0.167	0.200	0.200	0.250	0.200	0.250	0.250	0.500	0.200	0.200	0.250	2	1	2	4	2	4	4	5	4	4	0.024
C115	0.200	0.200	0.200	0.200	0.200	0.200	0.250	0.250	0.250	0.250	0.200	0.250	0.500	0.500	1	4	2	3	4	5	4	4	0.020
C116	0.167	0.167	0.200	0.167	0.167	0.200	0.250	0.250	0.250	0.250	0.200	0.250	0.500	0.500	1.000	1	2	2	2	5	6	4	0.018
C117	0.200	0.167	0.200	0.167	0.250	0.250	0.333	0.333	0.250	0.200	0.167	0.250	0.333	0.500	0.500	0.500	1	2	2	4	5	4	0.017
C118	0.167	0.167	0.200	0.200	0.200	0.200	0.333	0.167	0.167	0.200	0.200	0.250	0.250	0.333	0.500	0.500	0.500	1	2	2	3	3	0.013
C119	0.250	0.167	0.167	0.200	0.250	0.200	0.333	0.250	0.143	0.167	0.250	0.200	0.250	0.250	0.500	0.500	0.500	0.500	1	1	2	3	0.013
C120	0.500	0.200	0.200	0.200	0.200	0.200	0.333	0.250	0.333	0.200	0.200	0.250	0.200	0.200	0.200	0.200	0.250	0.500	0.500	1	2	2	0.012
C121	0.250	0.250	0.250	0.333	0.200	0.200	0.333	0.250	0.250	0.250	0.167	0.250	0.333	0.250	0.250	0.250	0.200	0.333	0.500	0.500	1	2	0.012
C122	0.333	0.333	0.333	0.250	0.250	0.250	0.250	0.333	0.250	0.250	0.250	0.333	0.333	0.250	0.250	0.333	0.250	0.333	0.333	0.500	0.500	1	0.012

一致性检验结果 $\lambda_{max} = 25.409$　$CI = 0.162$　$CR = 0.099$

③尾工阶段二级指标权重如表 3.3-60 所示。

表 3.3-60 二级指标权重值

指标	B1	B2	B3	权重值
B1	1	2	5	0.550
B2	0.500	1	6	0.260
B3	0.200	0.167	1	0.190
一致性检验结果	$\lambda_{\max} = 3.086$ $CI = 0.043$ $CR = 0.074$			

设计流量小于 $5\ \mathrm{m^3/s}$ 的倒虹吸工程尾工阶段各类风险因素权重不详细列出。

3.3.4 风险等级划分标准

对照风险指标量化分级方式、基于可靠度及风险概念,对危险源进行等级划分,如表 3.3-61 所示。

表 3.3-61 风险等级对应综合安全评分范围

风险等级	综合安全评分(R)	危险源等级	备注
1 级	$0.00 \leqslant R \leqslant 0.25$	Ⅰ级	极度危险源
2 级	$0.25 < R \leqslant 0.50$	Ⅱ级	重度危险源
3 级	$0.50 < R \leqslant 0.75$	Ⅲ级	中度危险源
4 级	$0.75 < R \leqslant 1.00$	Ⅳ级	一般危险源

极度危险源,对整个工程建设造成毁灭性灾害,不能继续作业;重度危险源,对工程建设产生重大影响并导致重大经济损失,要立即整改;中度危险源,对工程建设产生较大影响并影响工程进度,需要整改;一般危险源,对工程建设产生一般影响,需要注意。由于层次分析法在风险量化与指标权重计算时、专家权威性权重计算时都将数据归一化至区间 $[0,1]$ 内,且风险量化时是按照 4 个等级进行量化,计算出来的综合安全评分的数值也在区间 $[0,1]$ 内,故与 4.1.3.2 节风险识别的风险矩阵法(LS 法)所确定的通用风险值 R 有所区别。

3.3.5 危险源量化标准

将所有的底层指标进行量化,即采用合理方法将原始信息转化到一定的数值范围内,并用无量纲的数值表示,定义指标的安全值是闭区间 $[0,1]$ 上的实数值,并规定评分值越大,指标安全状况就越好。对于定性指标,采用专家打分法。对于定量指标,采用功效系数法对其进行无量纲化处理,并用一定的量化公式求解指标值。

邀请专家对三级指标进行打分,采用模糊数学理论将打分规则设置成:在本工程施工中,施工条件、施工方案等实际条件对于所评价危险源而言是"极差""差""较差""较好",这四个等级的分值分别对应区间 $[0,0.25]$、$(0.25,0.5]$、$(0.5,0.75]$、$(0.75,1.0]$。"极差",对整个工程建设可能造成毁灭性灾害,需立即停止作业;"差",对工程建设产生重大影响并导致重大经济损失,要立即整改;"较差",对工程建设产生较大影响并影响工程进度,需要整改;"较好",对工程建设影响一般,需要注意。将所有指标转化为无量纲量,运用公式求解出各级各项指标安全评分,量化至区间 $[0,1]$ 进行比较。评分值越大,指标的安全状况越好,风险越小。

3.3.5.1 水闸工程

赵口引黄灌区二期工程水闸施工主要存在地基地震液化、施工导流、排水及施工临时边坡稳定等问题。针对水闸工程制定如下危险源风险量化标准。

1)施工作业类

(1)明挖工程

①边坡最陡坡度,取边坡最陡坡度与允许边坡最陡坡度的比值 K 作为边坡最陡坡度的评价指数,当评分值大于 1.0 时,取 1.0,量化标准如下。

a. $K \leqslant 1.01$ $\quad \dfrac{1.01-K}{1.01-1.00} \times 0.20 + 0.80$

b. $1.01 < K \leqslant 1.02$ $\quad \dfrac{1.02-K}{1.02-1.01} \times 0.20 + 0.60$

c. $1.02 < K \leqslant 1.05$ $\quad \dfrac{1.05-K}{1.05-1.02} \times 0.30 + 0.40$

d. $K > 1.05$ $\quad \dfrac{1.10-K}{1.10-1.05} \times 0.30 + 0.20$

不同土质条件下,水闸工程施工土方开挖允许边坡最陡坡度值如表 3.3-62 所示。

表 3.3-62 土方开挖允许边坡最陡坡度的评价参数表

土的类别	边坡坡度(高:宽)		
	坡顶无荷载	坡顶有静载	坡顶有动载
中密的砂土	1:1.00	1:1.25	1:1.50
中密的碎石类土	1:0.75	1:1.00	1:1.25
硬塑的轻亚黏性土	1:0.67	1:0.75	1:1.00
中密的碎石类土(充填物为黏性土)	1:0.50	1:0.67	1:0.75
硬塑的亚黏土、黏土	1:0.33	1:0.50	1:0.67
老黄土	1:0.10	1:0.25	1:0.33
软土(经井点降水后)	1:1.00	—	—

注:静载指堆土或材料等,动载指机械挖土或汽车运输作业等。

②挖方直壁不加支撑的最大深度

取挖方直壁不加支撑的最大深度与挖方直壁不加支撑的允许深度的比值 K_h 作为挖方直壁不加支撑的最大深度的评价指数,当评分值大于 1.0 时,取 1.0。

a. $K \leqslant 1.01$ $\quad \dfrac{1.01 - K}{1.01 - 1.00} \times 0.20 + 0.80$

b. $1.01 < K \leqslant 1.02$ $\quad \dfrac{1.02 - K}{1.02 - 1.01} \times 0.20 + 0.60$

c. $1.02 < K \leqslant 1.05$ $\quad \dfrac{1.05 - K}{1.05 - 1.02} \times 0.30 + 0.40$

d. $K > 1.05$ $\quad \dfrac{1.10 - K}{1.10 - 1.05} \times 0.30 + 0.20$

不同类别土质条件下,土方挖方直壁不加支撑的允许深度值如表 3.3-63 所示。

表 3.3-63 土方挖方直壁不加支撑的允许深度的评价参数表

土的类别	挖方深度（m）
密实、中密的砂土和碎石类土（充填物为砂土）	1.00
硬塑、可塑的轻亚黏土及亚黏土	1.25
硬塑、可塑的黏土和碎石类土（充填物为黏性土）	1.50
坚硬的黏土	2.00

③开挖深度超过 5 m（含）的深基坑作业,或开挖深度虽未超过 5 m,但地质条件、周围环境和地下管线复杂,或影响毗邻建筑（构筑）物安全的深基坑作业情况

a. 深度超过 5 m,地质和环境简单、对毗邻建筑物安全影响较小（评分 0.75～1.00）

b. 深度未超 5 m,地质条件、环境复杂、影响毗邻建筑物安全（评分 0.50～0.75）

c. 深度超过 5 m,地质条件、环境复杂、不影响毗邻建筑物安全（评分 0.25～0.50）

d. 深度超过 5 m,地质条件、环境复杂、影响毗邻建筑物安全（评分 0.00～0.25）

④地下水活动强烈地段开挖

a. 地下水基本情况已探明,经论证无需采取措施即可开挖（评分 0.75～1.00）

b. 地下水基本情况已探明,未采取措施即开挖（评分 0.50～0.75）

c. 地下水基本情况未知,采取相应预防措施后开挖（评分 0.25～0.50）

d. 地下水基本情况未知,未采取降排措施即开挖（评分 0.00～0.25）

（2）灌浆工程——防渗墙施工方案

a. 施工方案合理（评分 0.75～1.00）

b. 施工方案关键地方合理（评分 0.50～0.75）

c. 施工方案部分关键地方不合理（评分 0.25～0.50）

d. 施工方案不合理（评分 0.00～0.25）

（3）模板工程及支撑体系

①模板刚度

a. 模板刚度极强,基本无形变(评分 0.75～1.00)

b. 模板刚度好,无显著形变(评分 0.50～0.75)

c. 模板刚度一般,微小形变可调整(评分 0.25～0.50)

d. 模板刚度低,形变不可接受(评分 0.00～0.25)

②模板安装质量

a. 模板安装质量高,完全满足设计要求(评分 0.75～1.00)

b. 模板安装质量较高,基本满足设计要求(评分 0.50～0.75)

c. 模板安装质量一般,关键地方都满足要求(评分 0.25～0.50)

d. 模板安装质量较低,关键地方不满足要求(评分 0.00～0.25)

③模板支撑体系作业质量

a. 模板支撑体系作业质量高,完全满足设计要求(评分 0.75～1.00)

b. 模板支撑体系作业质量较好,基本满足设计要求(评分 0.50～0.75)

c. 模板支撑体系作业质量一般,关键地方都满足要求(评分 0.25～0.50)

d. 模板支撑体系作业质量较低,关键地方不满足要求(评分 0.00～0.25)

（4）金属结构安装——闸门系统安装

a. 闸门系统严格按规范安装(评分 0.75～1.00)

b. 闸门系统基本上按规范安装(评分 0.50～0.75)

c. 闸门系统关键部位按规范安装(评分 0.25～0.50)

d. 闸门系统按经验安装(评分 0.00～0.25)

（5）混凝土工程

①混凝土强度、抗渗、抗冻指标

a. 混凝土强度、抗渗、抗冻指标均满足设计要求(评分 0.75～1.00)

b. 混凝土强度、抗渗、抗冻指标基本满足设计要求(评分 0.50～0.75)

c. 混凝土强度、抗渗、抗冻指标部分满足设计要求(评分 0.25～0.50)

d. 混凝土强度、抗渗、抗冻指标均不满足设计要求(评分 0.00～0.25)

②平仓振捣

a. 平仓振捣符合规定要求(评分 0.75～1.00)

b. 平仓振捣关键部位符合规定要求(评分 0.50～0.75)

c. 平仓振捣部分关键部位不符合规定要求(评分 0.25～0.50)

d. 平仓振捣不符合规定要求(评分 0.00～0.25)

③养护条件

a. 养护条件符合规定要求(评分 0.75～1.00)

b. 养护条件基本符合规定要求(评分 0.50～0.75)

c. 部分关键部位养护条件不符合规定要求(评分 0.25～0.50)

d. 养护条件不符合规定要求(评分 0.00～0.25)

④养护时间

a. 养护时间达到规定要求(评分 0.75～1.00)

b. 关键部位养护时间达到规定要求(评分 0.50～0.75)

c. 部分关键部位养护时间未达到规定要求(评分 0.25～0.50)

d. 养护时间未达到规定要求(评分 0.00～0.25)

⑤大体积混凝土温控

a. 新浇筑混凝土最小边尺寸小于 1.5 m,按规范采取温控措施(评分 0.75～1.00)

b. 新浇筑混凝土最小边尺寸大于 1.5 m,按规范采取温控措施(评分 0.50～0.75)

c. 新浇筑混凝土最小边尺寸小于 1.5 m,部分采取了温控措施(评分 0.25～0.50)

d. 新浇筑混凝土最小边尺寸大于 1.5 m,未按规范采取温控措施(评分 0.00～0.25)

(6) 其他施工作业

① 上下游护坡段施工

a. 上下游护坡工程规模较小,严格按规范要求设计和施工(评分 0.75～1.00)

b. 上下游护坡工程规模较大,严格按规范要求设计和施工(评分 0.50～0.75)

c. 上下游护坡工程规模较大,关键部位按规范要求设计和施工(评分 0.25～0.50)

d. 上下游护坡工程规模较大,未按规范要求设计和施工(评分 0.00～0.25)

②台背回填

a. 严格按规范要求控制回填土含水率和压实度、回填高程等(评分 0.75～1.00)

b. 大部分按规范要求控制回填土含水率和压实度、回填高程等(评分 0.50～0.75)

c. 关键部位按规范要求控制回填土含水率和压实度、回填高程等(评分 0.25～0.50)

d. 未控制回填土含水率和压实度、回填高程等(评分 0.00～0.25)

③降排水工程

a. 地表水、地下水基本情况已探明,制定详细可行的降排方案(评分 0.75～1.00)

b. 地表水、地下水基本情况已探明,降排方案基本合理(评分 0.50～0.75)

c. 地表水、地下水基本情况已探明,降排方案可以接受(评分 0.25～0.50)

d. 地表水、地下水基本情况未探明,参考其他工程进行降排水(评分 0.00～0.25)

④沉降缝、伸缩缝与止水设置

a. 沉降缝、伸缩缝与止水严格按照规范要求设计、施工(评分 0.75～1.00)

b. 沉降缝、伸缩缝与止水设计合理、施工基本达标(评分 0.50～0.75)

c. 沉降缝、伸缩缝与止水设计基本合理、施工基本达标(评分 0.25～0.50)

d. 沉降缝、伸缩缝与止水设计不合理或施工不达标(评分 0.00~0.25)

2)作业环境类

(1)超标准洪水

a. 早已预测超标洪水,提前做好处置(评分 0.75~1.00)

b. 超标洪水处置及时,有详尽的应急预案(评分 0.50~0.75)

c. 超标洪水处置迟缓,有详尽应急预案(评分 0.25~0.50)

d. 超标洪水处置迟缓,应急预案不明确(评分 0.00~0.25)

(2)极端气候条件

①降水

a. 降水量小、持续时间短,可正常施工(评分 0.75~1.00)

b. 降水量大、持续时间短,采取积极的排水等应对措施(评分 0.50~0.75)

c. 降水量小、持续时间长,相关处置措施不完善(评分 0.25~0.50)

d. 降水量大、持续时间长,处置措施不到位(评分 0.00~0.25)

②气温骤降

a. 新浇筑混凝土防寒保暖等措施好(评分 0.75~1.00)

b. 新浇筑混凝土防寒保暖等措施较好(评分 0.50~0.75)

c. 新浇筑混凝土防寒保暖等措施一般(评分 0.25~0.50)

d. 新浇筑混凝土未采取防寒保暖措施(评分 0.00~0.25)

(3)不良地质地段

①地震砂土液化

a. 无地震砂土液化问题(评分 0.75~1.00)

b. 存在一般地震砂土液化问题(评分 0.50~0.75)

c. 地震砂土液化问题较严重(评分 0.25~0.50)

d. 地震砂土液化问题严重(评分 0.00~0.25)

②地下水对钢筋混凝土的腐蚀

a. 地下水对钢筋混凝土基本无腐蚀(评分 0.75~1.00)

b. 地下水对钢筋混凝土腐蚀较轻(评分 0.50~0.75)

c. 地下水对钢筋混凝土腐蚀轻(评分 0.25~0.50)

d. 地下水对钢筋混凝土腐蚀较严重(评分 0.00~0.25)

3)机械设备类

(1)设备操作——操作规范性

a. 严格按照操作规程操作(评分 0.75~1.00)

b. 基本按照操作规程操作(评分 0.50~0.75)

c. 关键设备按照操作规程操作(评分 0.25～0.50)

d. 部分关键设备未按照操作规程操作(评分 0.00～0.25)

(2)设备性能——相关设备性能与标定参数一致性

a. 设备性能与标定参数完全一致(评分 0.75～1.00)

b. 设备性能与标定参数基本一致(评分 0.50～0.75)

c. 关键设备性能与标定参数一致(评分 0.25～0.50)

d. 部分关键设备性能与标定参数不一致(评分 0.00～0.25)

4)人员及管理风险

(1)作业人员的不安全行为

①作业人员整体技能

a. 作业人员整体技能好(评分 0.75～1.00)

b. 作业人员整体技能较好(评分 0.50～0.75)

c. 作业人员整体技能一般(评分 0.25～0.50)

d. 作业人员整体技能较差(评分 0.00～0.25)

②特种作业人员持证上岗

a. 特种人员 100%持证上岗(评分 0.75～1.00)

b. 特种人员 80%～99%持证上岗(评分 0.50～0.75)

c. 特种人员 60%～79%持证上岗(评分 0.25～0.50)

d. 特种人员 60%以下持证上岗(评分 0.00～0.25)

③作业人员整体习惯性动作

a. 作业人员整体习惯性动作符合要求(评分 0.75～1.00)

b. 作业人员整体习惯性动作基本符合要求(评分 0.50～0.75)

c. 作业人员整体习惯性动作关键动作符合要求(评分 0.25～0.50)

d. 作业人员整体习惯性动作部分关键动作不符合要求(评分 0.00～0.25)

④作业人员整体心理状况

a. 作业人员整体心理状况好(评分 0.75～1.00)

b. 作业人员整体心理状况较好(评分 0.50～0.75)

c. 作业人员整体心理状况一般(评分 0.25～0.50)

d. 作业人员整体心理状况较差(评分 0.00～0.25)

(2)质量管理监督风险——质量监督制度合理性和落实情况

a. 质量监督制度合理、严格落实(评分 0.75～1.00)

b. 质量监督制度较合理、严格落实(评分 0.50～0.75)

c. 质量监督制度合理、未严格落实(评分 0.25～0.50)

d. 质量监督制度不合理、未严格落实（评分 0.00～0.25）

5）建筑材料风险

（1）钢筋和水泥等材料合格证

a. 施工材料 100％有合格证（评分 0.75～1.00）

b. 施工材料 80％～99％有合格证（评分 0.50～0.75）

c. 施工材料 60％～79％有合格证（评分 0.25～0.50）

d. 施工材料 60％以下有合格证（评分 0.00～0.25）

（2）材料检验

a. 施工材料检验 100％合格（评分 0.75～1.00）

b. 施工材料检验 80％～99％合格（评分 0.50～0.75）

c. 施工材料检验 60％～79％合格（评分 0.25～0.50）

d. 施工材料检验 60％以下合格（评分 0.00～0.25）

（3）混凝土配合比实验

a. 实验规范严谨，实验结果可靠（评分 0.75～1.00）

b. 实验基本合理，对关键部位所用混凝土的实验结果可用（评分 0.50～0.75）

c. 实验基本合理，对关键部位所用混凝土的实验结果基本可用（评分 0.25～0.50）

d. 实验方法不合理，实验结果不可信（评分 0.00～0.25）

3.3.5.2 渠道工程

赵口引黄灌区二期工程渠道施工主要存在地震砂土液化、渗透变形及冲刷、施工导流、排水及施工临时边坡稳定等问题。针对渠道工程制定如下危险源风险量化标准。

1）施工作业类

（1）土方工程

①施工放样

a. 操作方法规范、放样精确，严格按设计要求进行放样（评分 0.75～1.00）

b. 操作方法规范、误差较低，严格按设计要求进行放样（评分 0.50～0.75）

c. 操作方法规范、误差较大，严格按设计要求进行放样（评分 0.25～0.50）

d. 操作方法不规范、误差较大，未按设计要求进行放样（评分 0.00～0.25）

②现场地基承载力试验

a. 试验规范、试验结果准确可靠，地基承载力非常好（评分 0.75～1.00）

b. 试验规范、试验结果准确可靠，地基承载力一般、按规范要求进行处理（评分 0.50～0.75）

c. 试验相对规范、试验结果相对可靠，地基承载力一般、按规范要求进行处理（评分

0.25～0.50)

　　d. 试验相对规范、试验结果相对可靠,地基承载力一般、未按规范要求进行处理(评分 0.00～0.25)

　　③开挖作业质量,开挖过程对原始土体结构的干扰和破坏

　　a. 开挖过程无超、欠挖问题,原始土体结构未被扰动、破坏(评分 0.75～1.00)

　　b. 开挖过程超、欠挖问题较少,原始土体结构扰动、破坏较轻(评分 0.50～0.75)

　　c. 开挖过程超、欠挖问题较多,原始土体结构扰动、破坏较轻(评分 0.25～0.50)

　　d. 开挖过程超、欠挖问题较多,原始土体结构扰动破坏较严重(评分 0.00～0.25)

　　④开挖程序

　　a. 开挖程序设计合理、严格按设计顺序开挖(评分 0.75～1.00)

　　b. 开挖程序设计合理、规模较大渠段严格按设计顺序开挖(评分 0.50～0.75)

　　c. 开挖程序设计基本合理、规模较大渠段按设计顺序开挖(评分 0.25～0.50)

　　d. 开挖程序设计基本合理、未按设计顺序开挖(评分 0.00～0.25)

　　⑤地下水活动强烈地段开挖,同水闸工程。

　　(2) 模板工程及支撑体系,同水闸工程。

　　(3) 混凝土工程

　　①混凝土强度、抗渗、抗冻指标,同水闸工程。

　　②混凝土运输过程中的温度控制

　　a. 混凝土运输过程中的温控措施符合规范要求(评分 0.75～1.00)

　　b. 大部分混凝土运输过程中的温控措施符合规范要求(评分 0.50～0.75)

　　c. 大部分混凝土运输过程中的温控措施不符合规范要求(评分 0.25～0.50)

　　d. 混凝土运输过程中未采取温控措施(评分 0.00～0.25)

　　③混凝土运输至浇筑地点后坍落度变化

　　a. 混凝土运输至浇筑地点后坍落度不变(评分 0.75～1.00)

　　b. 混凝土运输至浇筑地点后坍落度基本不变(评分 0.50～0.75)

　　c. 混凝土运输至浇筑地点后坍落度变化基本可以接受(评分 0.25～0.50)

　　d. 混凝土运输至浇筑地点后坍落度变化较大,无法接受(评分 0.00～0.25)

　　④平仓振捣、养护条件、养护时间同水闸工程。

　　(4) 其他施工作业,同水闸工程。

　　2) 作业环境类、机械设备类、人员及管理风险同水闸工程。

　　3) 建筑材料风险

　　(1) 建筑材料选择

　　a. 按照设计要求进行严格试验,选出优良的建筑材料(评分 0.75～1.00)

b. 按照设计要求进行严格试验,选出合格的建筑材料(评分 0.50~0.75)

c. 按照设计要求进行严格试验,选出基本合格的建筑材料(评分 0.25~0.50)

d. 部分材料进行试验检测,选出基本合格的建筑材料(评分 0.00~0.25)

(2) 钢筋和水泥等材料合格率

a. 施工材料 100% 合格(评分 0.75~1.00)

b. 施工材料 80%~99% 合格(评分 0.50~0.75)

c. 施工材料 60%~79% 合格(评分 0.25~0.50)

d. 施工材料 60% 以下合格(评分 0.00~0.25)

① 混凝土配合比管控

a. 实验规范严谨,实验结果可靠,管控非常严格(评分 0.75~1.00)

b. 大部分实验规范严谨,实验结果可用,管控严格(评分 0.50~0.75)

c. 实验基本合理,对关键部位所用混凝土的实验结果基本可用,管控较严格(评分 0.25~0.50)

d. 实验方法不合理,实验结果不可信,管控不严(评分 0.00~0.25)

② 建筑材料试验检验

a. 实验规范严谨,对各类、各批次施工材料都检验(评分 0.75~1.00)

b. 实验规范严谨,对各类、大部分批次施工材料检验(评分 0.50~0.75)

c. 实验规范严谨,对各类、少部分批次施工材料检验(评分 0.25~0.50)

d. 实验不规范,对各类、各批次施工材料检验(评分 0.00~0.25)

3.3.5.3 倒虹吸工程

根据赵口引黄灌区二期工程渠道流量、地形地质情况,采用钢筋混凝土矩形断面。需要重点关注斜管段抗滑稳定,管身抗浮稳定,进、出口挡土墙稳定,地震砂土液化、地基承载力不足等问题。针对赵口引黄灌区二期工程制定了如下危险源风险量化标准。

1) 施工作业类

(1) 土方工程

施工放样、场地降排水施工、开挖参数控制、开挖程序、现场地基承载力试验的判断标准同渠道工程。

开挖过程中基坑坑壁的监测和检查:

a. 合理设置了监测系统,并定期按设计要求进行巡查和数据分析(评分 0.75~1.00)

b. 合理设置了监测系统,并定期按设计要求进行巡查(评分 0.50~0.75)

c. 合理设置了监测系统,未按设计要求进行巡查和数据分析(评分 0.25~0.50)

d. 监测系统设置不是很合理,按设计要求进行巡查和数据分析(评分 0.00~0.25)

垫层铺设夯实和混凝土基础浇筑量化标准如下：

a. 垫层料含水率等控制合理、夯实达标，基础浇筑质量很好（评分 0.75～1.00）

b. 垫层料含水率等控制合理、夯实达标，基础浇筑质量较好（评分 0.50～0.75）

c. 垫层料含水率等控制合理、夯实达标，基础浇筑质量一般（评分 0.25～0.50）

d. 垫层料含水率等控制合理、夯实不达标，基础浇筑质量好（评分 0.00～0.25）

（2）钢筋工程——钢筋加工和安装绑扎评价标准如下：

a. 严格按设计要求进行加工和安装绑扎，质量非常好（评分 0.75～1.00）

b. 严格按设计要求进行加工和安装绑扎，质量较好（评分 0.50～0.75）

c. 严格按设计要求进行加工和安装绑扎，质量一般（评分 0.25～0.50）

d. 未严格按设计要求进行加工和安装绑扎（评分 0.00～0.25）

（3）模板工程及支撑体系，同水闸工程。

（4）混凝土工程，止水带处理评价标准如下：

a. 止水带质量满足设计要求，施工质量非常好（评分 0.75～1.00）

b. 止水带质量满足设计要求，施工质量较好（评分 0.50～0.75）

c. 止水带质量满足设计要求，施工质量一般（评分 0.25～0.50）

d. 止水带质量不满足设计要求，施工质量一般（评分 0.00～0.25）

其他混凝土工程相关评价标准同渠道工程。

（5）金属结构及机电设备安装

①金属结构安装，同水闸工程。

②机电设备安装

a. 严格按规范安装（评分 0.75～1.00）

b. 基本上按规范安装（评分 0.50～0.75）

c. 关键结构按规范安装（评分 0.25～0.50）

d. 部分关键结构按规范安装（评分 0.00～0.25）

（6）房屋框架结构和装饰装修

a. 房屋结构和装饰装修均严格按照规范进行设计和施工（评分 0.75～1.00）

b. 房屋结构按照规范进行设计，施工质量较好（评分 0.50～0.75）

c. 房屋结构按照规范进行设计，施工质量一般（评分 0.25～0.50）

d. 房屋结构按照规范进行设计，施工质量较差（评分 0.00～0.25）

2）作业环境类、机械设备类、人员及管理风险、建筑材料风险，同水闸工程。

3.3.6 基于案例推理理论的工程施工过程危险源案例知识数据库建立

3.3.6.1 案例推理理论与方法

1）案例推理理论

案例推理（case-based reasoning,CBR）的思想首先是由美国耶鲁大学罗杰沙克在动态记忆理论研究中提出,被认为是最早关于 CBR 的思想。案例推理是一种基于记忆的推理理论,其思想来源于人类对客观事物"回忆"的认识。当人们处理一个新问题时,往往习惯回忆以前对类似问题的处理方式,经过对比发现新问题与所回忆的问题相一致时,就可以用以前处理此类问题的解决方法解决新问题。当新问题是从未遇到过的问题时,可以通过一定程度的类比,获得解决问题的相关方法,使用相关知识完成对新问题的解决,并记忆此新问题的解决方法和结果,成为以后解决此类问题的案例知识。案例推理运行的过程可以归纳为一个 4R 循环:案例检索（Retrieve）、案例复用（Reuse）、案例修正（Revise）和案例保存（Retain）。

2）案例推理方法

源案例与目标案例的信息和案例推理机制,是案例推理模型的两大系统。

（1）案例表示

目前,案例的表示方法主要有逻辑表示法、语义网络法、产生式规则法、面向对象表示法和框架表示法。

（2）案例检索与匹配

采用一定算法从案例知识库中找出与目标案例具有一定相似度的案例知识,在案例检索与匹配中,合适的算法可以提高案例推理的质量和效率。案例检索与匹配的算法主要有知识导引法、归纳导引法以及最近相邻法。现对最近相邻法进行详细介绍:首先检索目标案例及其特征属性值与案例知识库中距离最近的 k 个案例,然后依据这些案例的分类属性进行分析,把这 k 个案例中最匹配的信息赋给目标案例。k 值越大,表示可获得的案例知识越多,但由于在安全分析中需要迅速地获得最相似的案例,需要将 k 限制在一个较小的范围内。当 $k=1$ 时为最近相邻算法,该方法是 CBR 经常采用的算法,需要合理地确定属性的权重。最近相邻法以案例间的某种距离表示案例间的相似度,采用闵可夫斯基（Minkowski）方法的相似度计算方法:

$$D(c_i,c_j)=(\sum_{k=1}^{n}|c_{ik}-c_{jk}|^r)^{\frac{1}{r}}r\geqslant 1 \tag{3.3-11}$$

其中 c_i、c_j 为案例 i 和案例 j,c_{ik}、c_{jk} 为案例 i 和案例 j 的第 k 个属性,n 为案例属性的数量。当 $r=1$ 时,得到曼哈顿距离（Manhattan Distance）函数,当 $r=2$ 时,得到欧几

里得距离(Euclidean Distance)函数,本项目采用 $r=1$。

知识库案例与目标案例各属性之间相似度函数 sim() 为:

$$\text{sim}(c_i, c_j) = 1 - D(c_i, c_j) \tag{3.3-12}$$

案例相似度的测度需考虑指标属性权重,知识库案例与目标案例相似度一般式:

$$\text{sim}(c_i, c_j) = \sum_{k=1}^{n} \omega_k \text{sim}(c_{ik}, c_{jk}) \tag{3.3-13}$$

式中,ω_k 为第 k 个属性的权重,且 $\sum_{k=1}^{n} \omega_k = 1$。

案例的匹配有以下五种基本情形:

a. 完全匹配:$\text{sim}(c_i, c_j) = 1$

b. 完全不匹配:$\text{sim}(c_i, c_j) = 0$

c. 足够相似:$1 > \text{sim}(c_i, c_j) \geqslant \beta$

d. 可能相似:$\beta > \text{sim}(c_i, c_j) \geqslant \alpha$

e. 最低程度相似:$\alpha > \text{sim}(c_i, c_j) > 0$

其中,$1 > \beta > \alpha > 0$ 在实际应用中常取 $\alpha = 0.30, \beta = 0.80$。

(3)案例的复用。它是指将检索到的匹配案例信息应用到目标案例的求解问题中。

3.3.6.2　基于案例推理模型的工程施工过程危险源数据库应用

通过案例的检索与匹配,将获得的相似案例知识应用到目标案例中,以便对危险源等级做出合理的判断。基于案例的水利工程施工安全分析程序如图 3.3-1 所示。

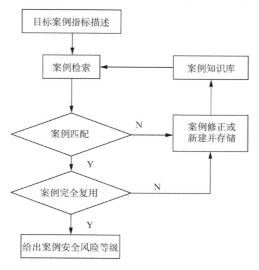

图 3.3-1　基于案例的水利工程施工安全分析程序

3.3.6.3 水闸工程案例知识数据库

1) 设计流量不小于 5 m³/s 的水闸工程案例知识应用如下；

（1）准备阶段案例知识数据库如表 3.3-64 所示。

表 3.3-64 准备阶段案例知识框架和案例知识数据库

案例知识框架		案例 1	案例 2	案例 3	案例 4	…
施工因素风险 B1	C11	0.187	0.336	0.558	0.724	…
	C12	0.172	0.360	0.550	0.708	…
	C13	0.186	0.336	0.549	0.731	
	C14	0.148	0.344	0.545	0.696	
设计因素风险 B2	C21	0.153	0.346	0.564	0.782	
	C22	0.169	0.340	0.556	0.747	
	C23	0.138	0.344	0.560	0.731	
	C24	0.157	0.333	0.558	0.696	
	C25	0.166	0.353	0.550	0.753	
	C26	0.164	0.327	0.549	0.737	
	C27	0.162	0.350	0.545	0.725	
	C28	0.154	0.354	0.568	0.719	
	C29	0.148	0.351	0.531	0.689	
建设管理因素风险 B3	C31	0.162	0.344	0.549	0.719	
	C32	0.186	0.327	0.564	0.689	
	C33	0.138	0.350	0.556	0.696	
	C34	0.157	0.354	0.560	0.753	
	C35	0.138	0.351	0.558	0.737	
	C36	0.164	0.336	0.550	0.725	
	C37	0.162	0.360	0.549	0.719	
	C38	0.160	0.336	0.513	0.731	
知识数据库案例风险等级		1 级	2 级	3 级	4 级	…

按照式（3.3-11）～式（3.3-13），采用确定的组合权重，计算出知识库案例与目标案例各指标之间的相似度以及知识库案例与目标案例的相似度。

（2）全面施工阶段案例知识数据库如表 3.3-65 所示。

表 3.3-65 全面施工阶段案例知识框架和案例知识数据库

案例知识框架		案例 1	案例 2	案例 3	案例 4	...
施工因素风险 B1	C11	0.162	0.354	0.586	0.708	
	C12	0.166	0.336	0.570	0.731	
	C13	0.172	0.336	0.574	0.763	
	C14	0.186	0.360	0.547	0.719	
	C15	0.164	0.336	0.555	0.689	
	C16	0.162	0.344	0.599	0.696	
	C17	0.157	0.327	0.499	0.753	
	C18	0.138	0.350	0.525	0.737	
	C19	0.160	0.354	0.520	0.725	
	C110	0.138	0.350	0.523	0.719	
	C111	0.164	0.336	0.528	0.731	
	C112	0.138	0.353	0.529	0.771	
	C113	0.157	0.333	0.506	0.713	
	C114	0.166	0.353	0.548	0.743	
	C115	0.164	0.327	0.531	0.750	
	C116	0.162	0.354	0.521	0.741	
设计因素风险 B2	C21	0.161	0.327	0.549	0.719	
	C22	0.140	0.351	0.513	0.731	
	C23	0.161	0.351	0.525	0.771	
	C24	0.150	0.336	0.520	0.713	
	C25	0.138	0.346	0.523	0.743	
	C26	0.164	0.327	0.528	0.750	
	C27	0.166	0.350	0.549	0.731	
	C28	0.164	0.354	0.545	0.763	
	C29	0.166	0.336	0.523	0.719	
建设管理因素风险 B3	C31	0.166	0.351	0.500	0.753	
	C32	0.160	0.350	0.520	0.713	
	C33	0.138	0.336	0.523	0.743	
	C34	0.172	0.353	0.586	0.750	
	C35	0.140	0.350	0.570	0.731	
	C36	0.166	0.350	0.574	0.763	
	C37	0.169	0.351	0.547	0.754	
	C38	0.168	0.351	0.555	0.758	...
知识数据库案例风险等级		1 级	2 级	3 级	4 级	...

（3）尾工阶段案例知识数据库如表3.3-66所示。

表 3.3-66　尾工阶段案例知识框架和案例知识数据库

案例知识框架		案例1	案例2	案例3	案例4	⋯
施工因素风险 B1	C11	0.140	0.363	0.528	0.731	
	C12	0.146	0.344	0.549	0.743	
	C13	0.138	0.327	0.574	0.750	
	C14	0.167	0.350	0.547	0.731	
	C15	0.169	0.374	0.555	0.719	
	C16	0.166	0.336	0.532	0.731	
	C17	0.160	0.351	0.550	0.771	
设计因素风险 B2	C21	0.168	0.333	0.504	0.756	
建设管理因素风险 B3	C31	0.173	0.327	0.520	0.740	
	C32	0.166	0.333	0.523	0.720	
	C33	0.167	0.353	0.492	0.717	
	C34	0.175	0.356	0.519	0.733	
	C35	0.166	0.327	0.524	0.754	
	C36	0.168	0.350	0.586	0.741	
	C37	0.163	0.327	0.570	0.760	
	C38	0.166	0.350	0.574	0.756	
知识数据库案例风险等级		1 级	2 级	3 级	4 级	⋯

2）设计流量小于 $5 \text{ m}^3/\text{s}$ 的水闸工程案例知识应用。对于此规模等级的水闸工程在各阶段的案例知识数据库略有差异。案例知识数据库一般只在风险初步评估时利用，要仔细研究施工风险仍然推荐重新使用本章所建立的模型进行计算。限于篇幅此处直接给出设计流量小于 $5 \text{ m}^3/\text{s}$ 的水闸工程的案例知识数据库（表3.3-67）。

表 3.3-67　全面施工阶段案例知识框架和案例知识数据库

案例知识框架		案例1	案例2	案例3	案例4	⋯
施工因素风险 B1	C11	0.166	0.336	0.574	0.731	
	C12	0.172	0.336	0.547	0.763	
	C13	0.186	0.360	0.555	0.719	
	C14	0.164	0.336	0.599	0.689	
	C15	0.162	0.344	0.499	0.696	
	C16	0.157	0.327	0.525	0.753	
	C17	0.138	0.350	0.520	0.737	
	C18	0.160	0.354	0.523	0.725	

案例知识框架		案例1	案例2	案例3	案例4	...
施工因素风险 B1	C19	0.138	0.350	0.528	0.719	
	C110	0.164	0.336	0.529	0.731	
	C111	0.138	0.353	0.506	0.771	
	C112	0.157	0.333	0.548	0.713	
	C113	0.166	0.353	0.531	0.743	
	C114	0.164	0.327	0.521	0.750	
设计因素风险 B2	C21	0.140	0.351	0.549	0.719	
	C22	0.161	0.351	0.513	0.731	
	C23	0.150	0.336	0.525	0.771	
	C24	0.138	0.346	0.520	0.713	
	C25	0.164	0.327	0.523	0.743	
	C26	0.166	0.350	0.528	0.750	
	C27	0.164	0.354	0.549	0.731	
	C28	0.166	0.336	0.545	0.763	
建设管理因素风险 B3	C31	0.166	0.351	0.549	0.753	
	C32	0.160	0.350	0.513	0.713	
	C33	0.138	0.336	0.525	0.743	
	C34	0.172	0.353	0.520	0.750	
	C35	0.140	0.350	0.523	0.731	
	C36	0.166	0.336	0.528	0.771	
	C37	0.169	0.346	0.549	0.713	
	C38	0.168	0.327	0.545	0.743	
知识数据库案例风险等级		1级	2级	3级	4级	...

3.3.6.4 渠道工程案例知识数据库

1）设计流量不小于 20 m³/s 的渠道工程案例知识应用如下：

（1）准备阶段案例知识数据库如表 3.3-68 所示。

表 3.3-68 准备阶段案例知识框架和案例知识数据库

案例知识框架		案例1	案例2	案例3	案例4	...
施工因素风险 B1	C11	0.162	0.336	0.336	0.724	
	C12	0.186	0.360	0.360	0.708	
	C13	0.186	0.344	0.344	0.747	
	C14	0.148	0.333	0.333	0.731	

案例知识框架		案例1	案例2	案例3	案例4	...
设计因素风险 B2	C21	0.169	0.346	0.346	0.731	
	C22	0.138	0.340	0.340	0.696	
	C23	0.157	0.344	0.344	0.753	
	C24	0.166	0.333	0.333	0.737	
	C25	0.162	0.353	0.353	0.725	
	C26	0.154	0.327	0.327	0.719	
	C27	0.148	0.350	0.350	0.689	
建设管理因素风险 B3	C31	0.162	0.344	0.344	0.719	
	C32	0.186	0.327	0.327	0.689	
	C33	0.138	0.350	0.350	0.696	
	C34	0.157	0.354	0.354	0.753	
	C35	0.138	0.351	0.351	0.737	
	C36	0.164	0.336	0.336	0.725	
	C37	0.164	0.360	0.360	0.696	
	C38	0.162	0.336	0.336	0.753	
	C39	0.154	0.353	0.353	0.737	
知识数据库案例风险等级		1级	2级	3级	4级	...

（2）全面施工阶段案例知识数据库如表 3.3-69 所示。

表 3.3-69 全面施工阶段案例知识框架和案例知识数据库

案例知识框架		案例1	案例2	案例3	案例4	...
施工因素风险 B1	C11	0.162	0.354	0.354	0.708	
	C12	0.166	0.336	0.336	0.731	
	C13	0.172	0.336	0.336	0.763	
	C14	0.186	0.360	0.360	0.719	
	C15	0.138	0.336	0.336	0.689	
	C16	0.157	0.344	0.344	0.696	
	C17	0.138	0.327	0.327	0.753	
	C18	0.138	0.350	0.350	0.737	
	C19	0.160	0.354	0.354	0.725	
	C110	0.138	0.350	0.350	0.696	
	C111	0.164	0.336	0.336	0.731	
	C112	0.164	0.360	0.360	0.771	
	C113	0.162	0.336	0.336	0.713	

案例知识框架		案例 1	案例 2	案例 3	案例 4	...
施工因素风险 B1	C114	0.166	0.353	0.353	0.743	
	C115	0.164	0.327	0.327	0.750	
	C116	0.162	0.354	0.354	0.741	
设计因素风险 B2	C21	0.140	0.351	0.351	0.771	
	C22	0.161	0.351	0.351	0.713	
	C23	0.150	0.336	0.336	0.743	
	C24	0.138	0.346	0.346	0.750	
	C25	0.164	0.327	0.327	0.731	
	C26	0.166	0.350	0.350	0.763	
	C27	0.164	0.354	0.354	0.719	
建设管理因素风险 B3	C31	0.166	0.351	0.351	0.753	
	C32	0.164	0.350	0.350	0.713	
	C33	0.160	0.336	0.336	0.743	
	C34	0.138	0.353	0.353	0.750	
	C35	0.172	0.350	0.350	0.731	
	C36	0.140	0.350	0.350	0.763	
	C37	0.166	0.336	0.336	0.731	
	C38	0.169	0.346	0.346	0.763	
	C39	0.168	0.327	0.327	0.719	
知识数据库案例风险等级		1 级	2 级	3 级	4 级	...

（3）尾工阶段案例知识数据库如表 3.3-70 所示。

表 3.3-70　尾工阶段案例知识框架和案例知识数据库

案例知识框架		案例 1	案例 2	案例 3	案例 4	...
施工因素风险 B1	C11	0.140	0.344	0.344	0.750	
	C12	0.146	0.327	0.327	0.731	
	C13	0.138	0.350	0.350	0.719	
	C14	0.167	0.374	0.374	0.731	
设计因素风险 B2	C21	0.166	0.351	0.351	0.731	
建设管理因素风险 B3	C31	0.175	0.327	0.327	0.740	
	C32	0.166	0.333	0.333	0.720	
	C33	0.168	0.353	0.353	0.717	
	C34	0.163	0.356	0.356	0.733	
	C35	0.166	0.327	0.327	0.754	
知识数据库案例风险等级		1 级	2 级	3 级	4 级	...

2）设计流量小于 20 m³/s 的渠道工程案例知识应用。对于此规模等级的渠道工程在各阶段的案例知识数据库略有差异。案例知识数据库一般只在风险初步评估时利用，要仔细研究施工风险仍然推荐重新使用本章所建立的模型进行计算。限于篇幅此处不再详细罗列设计流量小于 20 m³/s 的渠道工程案例知识数据库。

3.3.6.5 倒虹吸工程案例知识数据库

1）设计流量不小于 5 m³/s 的倒虹吸工程案例知识应用如下：

（1）准备阶段案例知识数据库如表 3.3-71 所示。

表 3.3-71 准备阶段案例知识框架和案例知识数据库

案例知识框架		案例 1	案例 2	案例 3	案例 4	⋯
施工因素风险 B1	C11	0.138	0.336	0.550	0.724	
	C12	0.157	0.360	0.558	0.708	
	C13	0.186	0.340	0.550	0.753	
	C14	0.148	0.344	0.545	0.737	
设计因素风险 B2	C21	0.169	0.346	0.556	0.731	
	C22	0.138	0.340	0.560	0.696	
	C23	0.157	0.344	0.558	0.753	
	C24	0.166	0.333	0.550	0.737	
	C25	0.162	0.353	0.549	0.725	
	C26	0.154	0.327	0.545	0.719	
	C27	0.157	0.344	0.550	0.708	
	C28	0.166	0.333	0.549	0.747	
建设管理因素风险 B3	C31	0.162	0.344	0.549	0.719	
	C32	0.186	0.327	0.564	0.689	
	C33	0.138	0.350	0.556	0.696	
	C34	0.157	0.354	0.560	0.753	
	C35	0.138	0.351	0.558	0.737	
	C36	0.162	0.353	0.550	0.725	
	C37	0.154	0.327	0.560	0.696	
	C38	0.157	0.350	0.558	0.737	
	C39	0.154	0.353	0.560	0.725	
知识数据库案例风险等级		1 级	2 级	3 级	4 级	⋯

按照式（3.3-11）～式（3.3-13），采用确定的组合权重，计算出知识库案例与目标案例各指标之间的相似度以及知识库案例与目标案例的相似度。

（2）全面施工阶段案例知识数据库如表 3.3-72 所示。

表 3.3-72　全面施工阶段案例知识框架和案例知识数据库

案例知识框架		案例 1	案例 2	案例 3	案例 4	...
施工因素风险 B1	C11	0.162	0.354	0.586	0.708	
	C12	0.166	0.336	0.570	0.731	
	C13	0.172	0.336	0.574	0.763	
	C14	0.186	0.360	0.547	0.719	
	C15	0.138	0.336	0.556	0.689	
	C16	0.157	0.344	0.560	0.696	
	C17	0.138	0.327	0.558	0.753	
	C18	0.138	0.350	0.525	0.737	
	C19	0.160	0.354	0.520	0.725	
	C110	0.138	0.350	0.523	0.696	
	C111	0.164	0.336	0.528	0.731	
	C112	0.164	0.360	0.529	0.771	
	C113	0.162	0.336	0.506	0.713	
	C114	0.166	0.353	0.548	0.743	
	C115	0.164	0.327	0.531	0.750	
	C116	0.162	0.354	0.521	0.753	
	C117	0.186	0.350	0.560	0.737	
	C118	0.138	0.354	0.558	0.725	
	C119	0.157	0.351	0.550	0.696	
	C120	0.138	0.336	0.549	0.731	
	C121	0.164	0.360	0.556	0.771	
	C122	0.164	0.336	0.560	0.713	
设计因素风险 B2	C21	0.140	0.350	0.549	0.771	
	C22	0.161	0.354	0.513	0.713	
	C23	0.150	0.351	0.525	0.743	
	C24	0.138	0.353	0.520	0.750	
	C25	0.162	0.327	0.523	0.731	
	C26	0.166	0.351	0.529	0.763	
	C27	0.164	0.336	0.506	0.750	
	C28	0.162	0.360	0.548	0.731	

续表

案例知识框架		案例1	案例2	案例3	案例4	...
建设管理因素风险 B3	C31	0.165 6	0.336	0.500	0.753	
	C32	0.150 2	0.344	0.520	0.713	
	C33	0.137 9	0.327	0.523	0.743	
	C34	0.164 2	0.350	0.586	0.750	
	C35	0.171 8	0.354	0.570	0.731	
	C36	0.140 0	0.350	0.525	0.750	
	C37	0.165 6	0.336	0.520	0.731	
	C38	0.168 7	0.360	0.523	0.763	
	C39	0.168 1	0.336	0.528	0.719	
知识数据库案例风险等级		1级	2级	3级	4级	...

（3）尾工阶段案例知识数据库如表 3.3-73 所示。

表 3.3-73　尾工阶段案例知识框架和案例知识数据库

案例知识框架		案例1	案例2	案例3	案例4	...
施工因素风险 B1	C11	0.140	0.344	0.574	0.750	
	C12	0.146	0.327	0.547	0.731	
	C13	0.138	0.350	0.555	0.719	
	C14	0.140	0.350	0.520	0.731	
	C15	0.166	0.336	0.523	0.763	
	C16	0.169	0.360	0.528	0.719	
设计因素风险 B2	C21	0.160	0.350	0.547	0.731	
建设管理因素风险 B3	C31	0.175	0.327	0.519	0.719	
	C32	0.172	0.333	0.574	0.731	
	C33	0.140	0.327	0.520	0.717	
	C34	0.166	0.350	0.523	0.733	
	C35	0.166	0.350	0.574	0.754	
知识数据库案例风险等级		1级	2级	3级	4级	...

2）设计流量小于 5 m³/s 的倒虹吸工程案例知识应用。对于此规模等级的倒虹吸工程在各阶段的案例知识数据库略有差异。案例知识数据库一般只在风险初步评估时利用，要准确了解施工风险仍然推荐重新使用本章所建立的模型进行计算。限于篇幅此处不再详细罗列设计流量小于 5 m³/s 的倒虹吸工程案例知识数据库。

3.3.7　基于主成分分析法的灌区施工风险研究

3.3.7.1　主成分分析法理论

针对多个随机变量的分析,皮尔逊(Karl Pearson)提出了主成分分析法。通常情况下,同一因素在不同事件里产生的影响是不同的,由同一因素可能引起不同事件,而同一事件又由不同因素共同影响,在解决这类相互交织、相互关联的多指标综合问题时,主成分分析方法便彰显出独特的优越性。

（1）主成分分析法数学模型

设存在某个 p 维总体 $\boldsymbol{X}=(X_1,X_2,\cdots,X_p)^{\mathrm{T}}$ 的 s 个个体 x_i（$i=1,2,\cdots,s$）,观测记录每个个体的 p 项指标的值,分别为 $\boldsymbol{x}_i=(x_{i1},x_{i2},\cdots x_{ip})^{\mathrm{T}}$（$i=1,2,\cdots,s$）。要想通过这 p 项可观测指标 $X_1,X_2,\cdots,X_p$ 提取出 h（$h\ll p$）项综合指标 $Y_1,Y_2,\cdots,Y_h$,只需将每一综合指标分别看成是各可观测指标的某种线性组合,便能得到下述数学模型:

$$\begin{cases} Y_1=l_{11}X_1+l_{12}X_2+\cdots+l_{1p}X_p=l_1^{\mathrm{T}}X \\ Y_2=l_{21}X_1+l_{22}X_2+\cdots+l_{2p}X_p=l_2^{\mathrm{T}}X \\ \cdots\cdots \\ Y_h=l_{h1}X_1+l_{h2}X_2+\cdots+l_{hp}X_p=l_h^{\mathrm{T}}X \end{cases} \tag{3.3-14}$$

式中,$\boldsymbol{l}_i=(l_{i1},l_{i2},\cdots,l_{ip})^{\mathrm{T}}$ 是常向量;$\boldsymbol{X}=(X_1,X_2,\cdots,X_p)^{\mathrm{T}}$ 是标准化随机向量。只要确定常数向量 $l_1,l_2,\cdots,l_h$,综合指标 $Y_1,Y_2,\cdots,Y_h$ 就能得到确定。

（2）提取主成分

在主成分分析中,用随机变量的方差大小去度量其所包含的信息量。设随机向量 $\boldsymbol{X}=(X_1,X_2,\cdots,X_p)^{\mathrm{T}}$ 的相关系数矩阵为 $\boldsymbol{R}$,则:

$$\boldsymbol{R}=\begin{bmatrix} r_{11} & r_{12} & \cdots & r_{1p} \\ r_{21} & r_{22} & \cdots & r_{2p} \\ \vdots & \vdots & \vdots & \vdots \\ r_{p1} & r_{p2} & \cdots & r_{pp} \end{bmatrix} \tag{3.3-15}$$

式中,r_{mn}（$m,n=1,2,\cdots,p$）为原变量 X_m 与 X_n 对应观测值 x_{im} 与 x_{in} 的相关系数;x_m 与 x_n 为原变量 X_m 与 X_n 对应观测值的均值。

令 Y_1 的方差为

$$Var(Y_1)=Var(l_1^{\mathrm{T}}\boldsymbol{X})=l_1^{\mathrm{T}}\boldsymbol{R}l_1 \tag{3.3-16}$$

l_1 应是下述约束优化问题的解:

$$\max l_1^T \boldsymbol{R} l_1$$
$$s.t. l_1^T l = 1 \tag{3.3-17}$$

由拉格朗日乘数法可得：

$$(\boldsymbol{R} - \lambda \boldsymbol{I}) l_1 = 0 \tag{3.3-18}$$

式中，$\boldsymbol{I}$ 为单位矩阵。式(3.3-18)有非零解的充要条件是 $|\boldsymbol{R} - \lambda \boldsymbol{I}| = 0$，而 $|\boldsymbol{R} - \lambda \boldsymbol{I}| = 0$ 共有 p 个根，且正好是相关系数矩阵 $\boldsymbol{R}$ 的 p 个特征根，又相关系数矩阵是正定的对称矩阵，所以这 p 个特征根均为非负实数，将其从大到小排列记为：

$$\lambda_1 \geqslant \lambda_2 \geqslant \cdots \geqslant \lambda_p \geqslant 0 \tag{3.3-19}$$

将 $\boldsymbol{R}$ 的任一特征根 λ_i 代入式(3.3-5)，有：

$$\boldsymbol{R} l_1 = \lambda_i l_1 \tag{3.3-20}$$

式(3.3-20)中的单位向量 l_1 是 $\boldsymbol{R}$ 的特征根 λ_i 对应的单位特征向量。当 $\lambda_i = \lambda_1$ 时，即取最大特征根时，相应的 $Var(Y_1)$ 取得最大值。此时 $Var(Y_1) = l_1^T \boldsymbol{R} l_1 = \lambda_1 l_1^T l_1 = \lambda_1$，而 l_1 就是 $\boldsymbol{R}$ 的最大特征根 λ_1 所对应的单位特征向量。因此第一主成分被确定。

$$Y_1 = l_1^T \boldsymbol{X} \tag{3.3-21}$$

当需要确定 Y_2 时，为了最有效地提取信息，Y_1 中已提取的信息就不应该重复出现在 Y_2 中，这就要求 Y_1 与 Y_2 不存在相关性，即二者协方差为零，也即：

$$Cov(Y_1, Y_2) = 0 \tag{3.3-22}$$

易推得：$Cov(Y_1, Y_2) = 0 \Leftrightarrow l_1^T l_2 = 0$ 故求 l_2 时的约束优化问题为

$$\max l_2^T \boldsymbol{R} l_2$$
$$s.t. \begin{cases} l_2^T l_2 = 1 \\ l_1^T l_2 = 0 \end{cases} \tag{3.3-23}$$

同理可得 $Var(Y_2) = l_2^T \boldsymbol{R} l_2 = \lambda_2$，那么 $Y_2 = l_2^T \boldsymbol{X}$ 称为第二主成分。以此类推，可以继续提取出其他主成分。

比值 $\lambda_j / \sum_{i=1}^{p} \lambda_i$ 是第 j 个主成分 Y_j 所提取的信息量在全部信息量中所占的比例，称为第 j 个主成分的贡献率。贡献率越大，则第 j 个主成分的综合能力越强。前 h 个主成分的贡献率之和 $\sum_{i=1}^{h} \lambda_i / \sum_{i=1}^{p} \lambda_i$ 称为前 h 个主成分 $Y_1, Y_2, \cdots, Y_h$ 的累计贡献率。在实际应用中，当累计贡献率大于 85% 时，便可认为前 h 个主成分已经综合了原来 p 个变量所反映的大部分信息。

（3）构造评价函数

设 $L=(l_1, l_2, \cdots, l_h)$ 为特征向量矩阵，又称为主成分荷载矩阵，且任一荷载向量 l_i（ $i=1, 2, \cdots, h$ ）的分量值越大，说明主成分能更多地反映对应变量的信息。

设 $\omega_j=\lambda_j / \sum\limits_{i=1}^{p} \lambda_i$ ，$\Omega=(\omega_1, \omega_2, \cdots, \omega_h)$ ，又 $Y=(Y_1, Y_2, \cdots, Y_h)$ ，则综合评价函数为

$$Z=\Omega^{\mathrm{T}} Y \tag{3.3-24}$$

3.3.7.2　风险分解

1）各工序致险因子

运用鱼刺图法，对各主要建筑物施工中可能发生的事故原因进行全面分析，确定事故伤害对象、伤害程度及可能导致事故发生的人的不安全行为及物的不安全状态。拆分三种建筑物施工工序，并列出每个施工工序的致险因子，如表 3.3-74 所示。

表 3.3-74　各工序致险因子

序号	施工工序	致险因子
1.1	渠道土方开挖	地质条件差影响开挖速度、施工机械发生故障、施工人员操作不当、渠道边坡发生滑坡
1.2	渠道土方回填	施工机械发生故障、气象因素影响回填效果
1.3	渠道模板安装	模板质量较差、施工人员操作不当、气象因素影响施工、设计不当
1.4	渠道衬砌	设计不当、施工技术较差、材料可靠性较低、气象条件影响进度、施工人员操作不当
2.1	水闸土方开挖	地质条件差影响开挖速度、施工机械发生故障、施工人员操作不当、排水不当发生渗透破坏
2.2	水闸底板施工	地质较差影响施工进度、设计不当、材料可靠性较差、施工人员操作不当、气象因素、机械设备可靠性
2.3	水闸墩墙施工	地质因素、施工技术可行性、施工与设计契合度、材料可行性、施工人员综合能力、机械设备可靠性
2.4	水闸土方回填	施工机械发生故障、气象因素影响回填效果
2.5	水闸排架柱	材料可靠性、机械设备可靠性、施工人员操作不当、气象因素影响施工进度
2.6	水闸闸室施工	施工机械可靠度、施工人员操作不当、设计不当、施工技术可行性较差、设计和施工契合度较差、材料可靠性
2.7	水闸闸门	设计不当、施工技术、材料可靠性、施工组织设计方案较差、施工人员操作不当
2.8	水闸机电安装	设计不当、施工人员操作不当、材料可靠性较差、施工组织设计方案较差
3.1	倒虹吸基坑开挖	地质条件差影响开挖速度、施工机械发生故障、施工人员操作不当、排水不当发生渗透破坏

序号	施工工序	致险因子
3.2	倒虹吸地基处理	设计不当、施工与设计契合度较差、施工组织设计方案较差、机械设备可靠性较差、地质条件差影响施工进度
3.3	倒虹吸钢筋绑扎安装	材料可靠性较差、机械设备可靠性较差、施工人员操作不当、气象因素影响操作进度
3.4	倒虹吸拼装模板	材料可靠性较差、机械设备可靠性较差、施工人员操作不当、施工与设计契合度较差、设计不当
3.5	倒虹吸衬砌	施工与设计契合度较差、施工组织设计方案不当、材料可靠性较差、机械设备可靠性较差、施工人员操作不当
3.6	倒虹吸回填	施工机械可靠度较差、气象条件影响施工进度

对施工流程风险分析,将施工的风险因素分成 a~i 9 个因素,如表 3.3-75 所示。

表 3.3-75 风险因素

编号	风险因素
a	设计方案合理性
b	施工与设计契合度
c	施工技术可行性
d	施工组织设计方案
e	材料可靠性
f	机械设备可靠性
g	施工人员综合能力
h	气象条件
i	地质条件

采用专家打分法和专家调查法进行风险指标的评分工作,邀请水利工程施工领域的专业人士 11 人组成评估小组,其中教授 4 名、高级工程师 3 名和长期从事水利施工的研究员 4 名,按照施工风险分析的清单进行分值评定。对每个风险相对每个施工流程的影响进行打分,分值在 0~1 之间,数值越大影响越大。

2)风险分析

(1)相关矩阵及主成分

根据专家打分结果求得各风险的相关系数矩阵如表 3.3-76 所示,计算得到各成分贡献率如表 3.3-77 所示,按照累积值 85% 的标准,计算结果得到四组主成分。

表 3.3-76 相关系数矩阵

系数	a	b	c	d	e	f	g	h	i
a	1.000	0.402	0.242	0.336	0.467	0.324	0.492	−0.182	−0.049

续表

系数	a	b	c	d	e	f	g	h	i
b	0.402	1.000	−0.290	−0.258	−0.054	−0.019	0.202	−0.182	0.115
c	0.242	−0.290	1.000	0.211	0.673	0.512	0.519	−0.099	−0.232
d	0.336	−0.258	0.211	1.000	0.431	0.470	0.253	−0.130	−0.252
e	0.467	−0.054	0.673	0.431	1.000	0.643	0.754	−0.322	−0.338
f	0.324	−0.019	0.512	0.470	0.643	1.000	0.774	−0.528	−0.649
g	0.492	0.202	0.519	0.253	0.754	0.774	1.000	−0.375	−0.581
h	−0.182	−0.182	−0.099	−0.130	−0.322	−0.528	−0.375	1.000	0.633
i	−0.049	0.115	−0.232	−0.252	−0.338	−0.649	−0.581	0.633	1.000

表 3.3-77　成分分析值及贡献率

成分	初始特征值		
	分析值	贡献率(%)	累积值(%)
f1	0.447	44.692	44.692
f2	0.169	16.928	61.621
f3	0.146	14.564	76.185
f4	0.098	9.828	86.014
f5	0.049	4.949	90.963
f6	0.035	3.505	94.468
f7	0.029	2.873	97.342
f8	0.019	1.932	99.273
f9	0.007	0.727	100.000

成分标准化变量的因子得分如表 3.3-78 所示,成分荷载矩阵如表 3.3-79 所示。

表 3.3-78　成分标准化变量的因子得分

工序	成分			
	f1	f2	f3	f4
1.1	0.150	0.110	0.632	0.109
1.2	0.252	0.137	0.523	0.087
1.3	0.441	0.296	0.429	−0.165
1.4	0.278	0.183	0.544	−0.005
2.1	0.045	0.327	0.672	−0.045
2.2	0.338	0.256	0.328	0.077

续表

工序	成分			
	f1	f2	f3	f4
2.3	0.330	0.247	0.335	0.088
2.4	0.348	0.194	0.424	0.034
2.5	0.606	−0.079	0.454	0.019
2.6	0.356	0.150	0.427	0.067
2.7	0.474	0.139	0.342	0.045
2.8	0.501	0.097	0.379	0.023
3.1	0.212	0.041	0.680	0.067
3.2	0.225	−0.015	0.736	0.054
3.3	0.780	−0.094	0.500	−0.186
3.4	0.464	0.082	0.414	0.040
3.5	0.411	0.137	0.502	−0.050
3.6	0.332	0.070	0.489	0.109

表 3.3-79　成分荷载矩阵

系数	主成分			
	f1	f2	f3	f4
a	0.525	0.490	0.525	0.233
b	0.011	0.948	0.077	−0.053
c	0.639	−0.396	0.329	−0.450
d	0.516	−0.315	0.209	0.741
e	0.843	−0.098	0.305	−0.135
f	0.895	−0.052	−0.152	0.030
g	0.880	0.186	0.061	−0.222
h	−0.573	−0.280	0.602	−0.082
i	−0.676	0.072	0.628	−0.027

（2）结果分析

最终可得到各个主成分下的相应风险因素指标得分比重，结果见表 3.3-80。

表 3.3-80　各风险因素排名

系数	1	2	3	4	总得分	排序
a	0.131	0.321	0.401	0.263	0.197	1
d	0.128	−0.206	0.159	0.838	0.128	2
b	0.003	0.622	0.059	−0.060	0.109	3

续表

系数	1	2	3	4	总得分	排序
e	0.210	−0.064	0.233	−0.153	0.102	4
g	0.219	0.122	0.046	−0.251	0.101	5
f	0.223	−0.034	−0.116	0.034	0.080	6
c	0.159	−0.260	0.251	−0.508	0.014	7
i	−0.168	0.047	0.479	−0.030	0.000	8
h	−0.142	−0.184	0.460	−0.092	−0.037	9

根据表 3.3-80 可得,各风险因素从高到低为 a 设计方案合理性、d 施工组织设计方案、b 施工与设计契合度、e 材料可靠性、g 施工人员综合能力、f 机械设备可靠性、c 施工技术可行性、i 地质条件、h 气象条件。

3.4 灌区工程建设期风险预警与防控

3.4.1 风险预警的原则

风险预警应当遵循以下几个原则:

(1) 预警指标设置科学合理,防止缺失或重复。在设置预警指标时,要考虑全面,不能遗漏或重复设置;

(2) 预警指标设置利于监测,便于记录,适用统计分析;

(3) 预警指标控制数值要符合预警系统要求,确保项目实施;

(4) 预警监测时段和监测频次要得到保障,确保及时发现问题。

3.4.2 风险预警的主要内容

施工项目风险预警是一个动态的过程、是一个系统的体系。应当根据变化着的施工环境进行风险监测,及时发现风险预警信号,采取科学合理的应对措施或解决方案,降低风险发生概率。风险预警主要有以下三项内容:

一是要建立动态预警体系。施工预警动态体系主要体现在预警流程上,通常情况下,首先,我们根据施工工程状况进行风险分析,从而制定风险接收准则(可以忽略的、可容许的、不希望的、难以接受的和无法接受的)。其次,要对施工工程项目中存在的风险源进行分析,研究确定出风险预警监测指标,并根据风险接收准则对预警监测指标进行预警值设置 R^*。再次,就是进行施工风险判断,当风险预警监测指标 R 小于等于预警设置值 R^* 时,施工继续实施;当风险预警监测指标 R 大于预警设置值 R^* 时,则需要进行风险处理,即要通过对风险源和风险因素进行风险分析和控制以降低风险等级,以满足盾构施工条件 $R \leqslant R^*$。动态风险预警流程如图 3.4-1 所示。

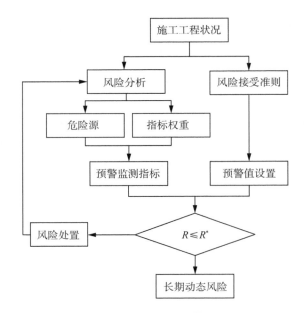

图 3.4-1　动态风险预警流程图

二是建立预警控制模型,即对 R 的值进行有效分析和控制、有效降低风险等级。

三是建立风险化解方案。建立风险化解方案,为施工提供可靠的组织保障、技术保障和物质保障。

3.4.3　综合安全评分与风险预警

为了简化计算、减少打分等工作量,同时充分利用综合安全评分对各危险源安全状态的反映结果,所以风险等级划分标准值即为各预警设置值。

表 3.4-1　风险等级与预警等级对应表

风险等级	综合安全评分(R)	预警等级	预警颜色
1 级	$0.00 \leqslant R \leqslant 0.25$	重警	红色
2 级	$0.25 < R \leqslant 0.50$	中警	黄色
3 级	$0.50 < R \leqslant 0.75$	轻警	橙色
4 级	$0.75 < R \leqslant 1.00$	无警	绿色

预警颜色绿、橙、黄、红,分别对应可接受、可容忍、不可接受的和不可容忍的危险源风险。

3.4.4 风险防控建议及措施

根据各级指标的权重和指标层里各指标的风险等级,提出风险防控措施保证工程施工质量安全。

1）工程措施

（1）在进行基坑开挖作业前,需要先进行基坑降排水施工。如采用井点降水法,把地下水位降至水闸基底面 0.50 m 以下;

（2）基坑开挖时要严格控制开挖的深度和坡率,经地基承载力试验检测,对不符合要求的软弱地基需要进行换填、夯实等处理;

（3）对于液化严重的砂土地基可以采用强夯置换法、砂石桩法等挤密法进行处理,也可采用挖除换填法或使用桩基础和深基础;

（4）基础混凝土应根据地下水的特性选择相应的水泥种类。如水中硫酸根离子含量较高,则需要选择抗硫酸盐硅酸盐水泥,同时降低水灰比、适当添加引气剂;

（5）严格按规范要求的浇筑顺序浇筑,根据实际需要选择适当的振捣设备进行振捣。在振捣时确定混凝土无明显下沉后才能停止浇筑施工。同时,要避免出现过振捣和欠振捣问题,浇筑后还要加强养护方可获得较好的施工效果;

（6）洪水与暴雨方面,对渠首建筑物、穿河倒虹吸等可能遭受洪水威胁的建筑物在设计和施工组织中制定相应的防护措施。分析历年水文资料和水文预报,合理安排施工期。加强对洪水与暴雨的应对能力,将其对施工的影响降到最低。

2）非工程措施

（1）由专人负责建筑材料的选择和各项指标检测,严格进行各项实验,确保材料质量合格、拌合出来的混凝土性能优良;

（2）动工前先对不同工种的施工作业人员进行有针对性的培训,关注作业人员身心健康、提升整体作业水平,安排专人负责机械设备操作、定期维护和标定设备;

（3）质量控制方面,建立可追溯的工程质量追踪机制,覆盖管理、设计、施工、材料供应商等所有参建单位,按照法律规定细化本工程的质量责任制,按职责分工承担相应的质量责任;

（4）合同管理方面,在法律框架内,通过合同进行管理是最有效的控制措施,项目合约部门应具备较高的合同管理水平,将进度、质量、成本、安全等管理目标转化为具体合同条款,加以规范和约定;

（5）设计阶段邀请行业专家进行审查,设立专门的质量责任部门,在合同里明确质量责任制的相关规定和细则。通过设定质量保证金、缺陷责任期等措施,提高施工单位对质量的执行力度,通过实际供水效果与设计供水效果的对比来考核设计单位质量责任;

（6）依据计算结果及各水工建筑物的特点和可能发生的风险，权重大或风险等级较高的危险源需要重点防控，提前编制应急预案，进行风险因素的有效控制。

3.5　工程应用

3.5.1　基于层次分析法的建设期危险源动态识别及预警

3.5.1.1　水闸

1）工程概况

刘元寨枢纽位于开封市祥符区范村乡刘元寨东二干渠、马家沟与陈留分干交汇处，由刘元寨排水倒虹吸、陈留分干分水闸、东二干渠分水闸、刘元寨退水闸及两座斗门组成。其中刘元寨倒虹吸、陈留分干分水闸、两座斗门为拆除重建，其余建筑物为维修利用。闸室为开敞式平底板宽顶堰结构，单孔尺寸 3.5 m×2.5 m（宽×高），C30 钢筋混凝土整体现浇，负责向杞县、惠济河输水。刘元寨枢纽如图 3.5-1 所示。

图 3.5-1　刘元寨枢纽

（1）河（沟）道节制闸设计等级、洪水标准。前石寨河（沟）道节制闸工程建筑物级别为 4 级。河（沟）道节制闸设计洪水标准为 20 年一遇，设计流量 388.4 m³/s，下游设计水位 58.13 m；校核洪水标准为 50 年一遇，校核流量 506 m³/s，下游校核水位 59.1 m。

（2）地形、地质条件。闸基位于上部土层中，承载力偏低，闸基强度若不能满足设计要求，应采取加固处理措施。场区存在地震液化、渗透变形及冲刷、施工导流、排水及施工临时边坡稳定问题。上部地层土质疏松,第①层轻粉质壤土、第②层砂壤土及第③层砂壤土具高压缩性,第④层中粉质壤土具中等偏高压缩性,承载力标准值 $f_k=80\sim110$ kPa。

（3）地震动参数。场区地震动峰值加速度为 0.10 g,相当于地震基本烈度Ⅶ度。

（4）水文地质条件。场区地下水主要为第四系松散层孔隙水,主要赋存于粉质壤土和粉细砂中。勘察期间测得地下水埋深 2.60～7.80 m,水位高程 50.97～54.40 m。勘察期间取样做室内渗透试验,由试验结果可知:中、重粉质壤土具微～弱透水性,砂壤土、轻粉质壤土具弱～中等透水性,粉细砂具强透水性。场区地下水对混凝土无腐蚀性,对钢筋混凝土结构中的钢筋具弱腐蚀性,对钢结构具弱腐蚀性。

（5）土体物理力学指标

表 3.5-1　节制闸各土体单元力学性指标建议值表

土体单元序号	土名（时代成因）	力学指标						渗透系数	承载力标准值	闸基础与地基土间摩擦系数建议值
		压缩		饱快		饱固快				
		压缩系数	压缩模量	黏聚力	内摩擦角	黏聚力	内摩擦角			
		al-2	Es	c	φ	c	φ	K	f_k	f
		MPa^{-1}	MPa	kPa	(°)	kPa	(°)	cm/s	kPa	
①	轻粉质壤土（Q^{2}al$_4$）	0.51	4.8	12	16	14	14	1.5E-03	80	0.26
②	砂壤土（Q^{2}al$_4$）	0.50	4.9	6	17	8	15	6.0E-03	95	0.27
③	砂壤土（Q^{1}al$_4$）	0.50	4.8	8	18	10	16	2.5E-05	95	0.28
④	中粉质壤土（Q^{1}al$_4$）	0.45	5.4	16	15	13	13	1.5E-04	110	0.25
⑤	粉细砂（Q^{1}al$_4$）				23		25	6.5E-03		
⑥	轻粉质壤土（Qal$_3$）	0.40	5.8	12	16	14	14	1.5E-04	120	
⑦	重粉质壤土（Qal$_3$）	0.30	6.2	25	12	23	14	2.5E-05	120	

第②、第③层砂壤土、第④层中粉质壤土（黏粒含量少于 16%）及第⑤层粉细砂为可液化层,液化等级为轻微。

（6）工程布置。建筑物总长 131 m,由进口段、闸室段、出口段等部分组成。

（7）过流能力计算。前石寨河(沟)道节制闸 20 年一遇设计流量 388.4 m³/s,下游设计水位 58.13 m;50 年校核流量 506 m³/s,下游校核水位 59.1 m。设计过闸水头 0.1 m,加大过闸水头 0.1 m,计算闸孔净宽。闸孔净宽为 6 m,闸孔数采用 7 孔。

（8）地基处理。为消除液化,对闸室采用水泥土搅拌桩进行围封,墙厚 0.3 m,桩长17 m。建筑物的建基面位于第③层砂壤土,承载力标准值 95 kPa,不能满足基底压应力的要求。为提高承载力,对消力池段挡墙、上游铺盖段挡土墙、闸室采用 CFG 桩处理,桩径 0.5 m,桩间距 1.5 m,桩长 8 m,处理后的地基承载力不小于 190 kPa。

2022 年 6 月 10 日上午,对前石寨拦河闸进行了工程质量检测,检测内容包括混凝土强度检测、工程雷达探测、红外热成像脱空检测以及无人机环境地形检测等,部分现场照片如图 3.5-2~图 3.5-5 所示。

图 3.5-2 三维激光检测

图 3.5-3 工程雷达检测

图 3.5-4 混凝土强度检测

图 3.5-5 拦河闸下游连接段护坡发生破坏

2)综合安全评分计算

(1)准备阶段前石寨拦河闸三级指标的综合安全评分如表 3.5-2 所示。

表 3.5-2 三级指标综合安全评分及风险等级

二级指标	三级指标	三级指标权重 $W_{C_{ij}}$	综合安全评分 $R(C_{ij})$	风险等级
施工因素风险 B1	C11	0.471	0.825	4 级
	C12	0.354	0.833	4 级
	C13	0.105	0.851	4 级
	C14	0.070	0.836	4 级

续表

二级指标	三级指标	三级指标权重 $W_{C_{ij}}$	综合安全评分 $R(C_{ij})$	风险等级
设计因素风险 B2	C21	0.303	0.852	4级
	C22	0.182	0.859	4级
	C23	0.103	0.848	4级
	C24	0.032	0.813	4级
	C25	0.039	0.823	4级
	C26	0.028	0.845	4级
	C27	0.150	0.826	4级
	C28	0.089	0.691	3级
	C29	0.074	0.672	3级
建设管理因素风险 B3	C31	0.314	0.815	4级
	C32	0.139	0.837	4级
	C33	0.034	0.895	4级
	C34	0.041	0.867	4级
	C35	0.034	0.892	4级
	C36	0.213	0.875	4级
	C37	0.076	0.853	4级
	C38	0.149	0.838	4级

前石寨拦河闸准备阶段二级指标的综合安全评分如表 3.5-3 所示。

表 3.5-3　二级指标综合安全评分及风险等级

二级指标	二级指标权重 W_{B_i}	综合安全评分 $R(B_i)$	风险等级
施工因素风险 B1	0.100	0.831	4级
设计因素风险 B2	0.680	0.819	4级
建设管理因素风险 B3	0.220	0.845	4级

一级指标：$R(A) = \sum_{i=1}^{3} [W_{B_i} \times R(B_i)] = 0.826$，风险等级为 4 级。

由表 3.5-2 可以看出前石寨拦河闸准备阶段大部分危险源的风险等级为 4 级，但是 C28（地震砂土液化）、C29（地下水对钢筋混凝土的腐蚀）的风险等级为 3 级，施工中需要重点关注。

（2）全面施工阶段前石寨拦河闸三级指标的综合安全评分如表 3.5-4 所示。

表 3.5-4 三级指标综合安全评分及风险等级

二级指标	三级指标	三级指标权重 $W_{C_{ij}}$	综合安全评分 $R(C_{ij})$	风险等级
施工因素风险 B1	C11	0.152	0.848	4 级
	C12	0.140	0.850	4 级
	C13	0.101	0.834	4 级
	C14	0.100	0.813	4 级
	C15	0.093	0.826	4 级
	C16	0.093	0.845	4 级
	C17	0.058	0.826	4 级
	C18	0.056	0.654	3 级
	C19	0.057	0.672	3 级
	C110	0.040	0.826	4 级
	C111	0.026	0.789	4 级
	C112	0.024	0.837	4 级
	C113	0.020	0.895	4 级
	C114	0.018	0.855	4 级
	C115	0.011	0.887	4 级
	C116	0.011	0.859	4 级
设计因素风险 B2	C21	0.238	0.826	4 级
	C22	0.156	0.850	4 级
	C23	0.169	0.840	4 级
	C24	0.110	0.815	4 级
	C25	0.092	0.827	4 级
	C26	0.077	0.840	4 级
	C27	0.055	0.820	4 级
	C28	0.057	0.646	3 级
	C29	0.046	0.672	3 级
建设管理因素风险 B3	C31	0.277	0.845	4 级
	C32	0.209	0.846	4 级
	C33	0.162	0.885	4 级
	C34	0.116	0.858	4 级
	C35	0.075	0.891	4 级
	C36	0.067	0.875	4 级
	C37	0.055	0.856	4 级
	C38	0.039	0.846	4 级

前石寨拦河闸全面施工阶段二级指标的综合安全评分如表 3.5-5 所示。

表 3.5-5　二级指标综合安全评分及风险等级

二级指标	二级指标权重 W_{B_i}	综合安全评分 $R(B_i)$	风险等级
施工因素风险 B1	0.600	0.818	4 级
设计因素风险 B2	0.220	0.814	4 级
建设管理因素风险 B3	0.180	0.859	4 级

一级指标：$R(A)=\sum\limits_{i=1}^{3}[W_{B_i}\times R(B_i)]=0.825$，风险等级为 4 级。

由表 3.5-4 可以看出前石寨拦河闸全面施工阶段大部分危险源的风险等级为 4 级，但是 C19（沉降缝、伸缩缝与止水设置）、C28（地震砂土液化）、C29（地下水对钢筋混凝土的腐蚀）的风险等级为 3 级，施工中需要重点采取措施。

（3）尾工阶段前石寨拦河闸三级指标的综合安全评分如表 3.5-6 所示，二级指标的综合安全评分如表 3.5-7 所示。

表 3.5-6　三级指标综合安全评分及风险等级

二级指标	三级指标	三级指标权重 $W_{C_{ij}}$	综合安全评分 $R(C_{ij})$	风险等级
施工因素风险 B1	C11	0.290	0.836	4 级
	C12	0.245	0.822	4 级
	C13	0.196	0.854	4 级
	C14	0.120	0.825	4 级
	C15	0.071	0.820	4 级
	C16	0.044	0.835	4 级
	C17	0.034	0.837	4 级
设计因素风险 B2	C21	1.000	0.850	4 级
建设管理因素风险 B3	C31	0.261	0.845	4 级
	C32	0.219	0.853	4 级
	C33	0.144	0.895	4 级
	C34	0.116	0.867	4 级
	C35	0.089	0.892	4 级
	C36	0.074	0.875	4 级
	C37	0.040	0.856	4 级
	C38	0.057	0.847	4 级

表 3.5-7　二级指标综合安全评分及风险等级

二级指标	二级指标权重 W_{B_i}	综合安全评分 $R(B_i)$	风险等级
施工因素风险 B1	0.550	0.834	4 级
设计因素风险 B2	0.260	0.850	4 级
建设管理因素风险 B3	0.190	0.863	4 级

一级指标：$R(A) = \sum_{i=1}^{3} \left[W_{B_i} \times R(B_i) \right] = 0.843$，风险等级为 4 级。由表 3.5-6 可以看出前石寨拦河闸尾工阶段全部危险源的风险等级都为 4 级，安全性较高。

3.5.1.2　渠道

1）概况

（1）设计参数。总干渠总长 32.219 km，起点设计渠底高程 80.653 m，设计水位 83.053 m，终点设计渠底高程 73.356 m，设计水位 75.546 m。渠首至现状衬砌段末端桩号（ZGQ0+000～ZGQ8+596）设计流量 123.1 m^3/s，渠道底宽 27 m，比降 1/4 500，内边坡 1：2.5，外边坡 1：2。总干渠渠道全断面衬砌，采用 C25F150W6 现浇混凝土板，厚度为 0.1 m。渠道左、右岸堤顶宽度 5 m，兼作运行管理道路，路面宽度 4 m，道路全宽 5 m，面层为 200 mm 厚 C25 混凝土，基层为 200 mm 厚 6％水泥土。

（2）工程地质条件。地下水类型为第四系松散层孔隙水，勘察期间测得地下水埋深一般为 1.77～5.30 m，水位高程 69.8～79.6 m。地层承载力标准值为 90～110 kPa，为软～中硬土，强度较低。工程场区地震动峰值加速度为 0.10 g，地震基本烈度为Ⅷ度。砂性土液化指数 $I_{LE} = 10.16～33.82$，液化等级为中等～严重，存在液化问题。渠底一般位于砂壤土及粉砂层，一般具弱～中等透水性，局部为强透水性，存在渗漏问题。渠道边坡岩性主要为砂壤土和粉砂，抗冲刷能力差，存在边坡稳定问题。堤防填土一般具中等透水性，局部具强透水性，抗冲刷能力差，整体填筑质量差。地下水位埋深较浅，施工时可能存在施工降排水问题。

2022 年 6 月 8 日上午，在工程起点位置对总干渠渠道进行检测，检测内容包括混凝土强度检测、工程雷达探测、红外热成像脱空检测以及无人机环境地形检测等，如图 3.5-6～图 3.5-9 所示。

图 3.5-6   二期工程起点渠道

图 3.5-7   渠道局部淤积

图 3.5-8   混凝土强度检测

图 3.5-9   工程雷达检测

2）综合安全评分计算

（1）准备阶段总干渠三级指标和二级指标的综合安全评分如表 3.5-8、表 3.5-9 所示。

表 3.5-8   三级指标综合安全评分及风险等级

二级指标	三级指标	三级指标权重 $W_{C_{ij}}$	综合安全评分 $R(C_{ij})$	风险等级
施工因素风险 B1	C11	0.471	0.828	4 级
	C12	0.354	0.830	4 级
	C13	0.105	0.850	4 级
	C14	0.070	0.838	4 级
设计因素风险 B2	C21	0.294	0.849	4 级
	C22	0.224	0.816	4 级
	C23	0.168	0.841	4 级
	C24	0.099	0.835	4 级

二级指标	三级指标	三级指标权重 $W_{C_{ij}}$	综合安全评分 $R(C_{ij})$	风险等级
设计因素风险 B2	C25	0.091	0.8374 级	
	C26	0.059	0.825	4 级
	C27	0.065	0.855	4 级
建设管理因素风险 B3	C31	0.231	0.860	4 级
	C32	0.207	0.858	4 级
	C33	0.143	0.827	4 级
	C34	0.121	0.825	4 级
	C35	0.084	0.837	4 级
	C36	0.065	0.841	4 级
	C37	0.059	0.825	4 级
	C38	0.055	0.850	4 级
	C39	0.035	0.850	4 级

表 3.5-9　二级指标综合安全评分及风险等级

二级指标	二级指标权重 W_{B_i}	综合安全评分 $R(B_i)$	风险等级
施工因素风险 B1	0.100	0.832	4 级
设计因素风险 B2	0.680	0.837	4 级
建设管理因素风险 B3	0.220	0.845	4 级

一级指标：$R(A) = \sum\limits_{i=1}^{3} \left[W_{B_i} \times R(B_i) \right] = 0.838$，风险等级为 4 级。

由表 3.5-8 得，总干渠准备阶段所有危险源的风险等级均为 4 级，风险较小。

（2）全面施工阶段总干渠三级指标和二级指标的综合安全评分如表 3.5-10、表 3.5-11 所示。

表 3.5-10　三级指标综合安全评分及风险等级

二级指标	三级指标	三级指标权重 $W_{C_{ij}}$	综合安全评分 $R(C_{ij})$	风险等级
施工因素风险 B1	C11	0.152	0.835	4 级
	C12	0.140	0.826	4 级
	C13	0.101	0.860	4 级
	C14	0.100	0.849	4 级

续表

二级指标	三级指标	三级指标权重 $W_{C_{ij}}$	综合安全评分 $R(C_{ij})$	风险等级
施工因素风险 B1	C15	0.093	0.808	4 级
	C16	0.093	0.819	4 级
	C17	0.058	0.831	4 级
	C18	0.056	0.832	4 级
	C19	0.057	0.825	4 级
	C110	0.040	0.850	4 级
	C111	0.026	0.850	4 级
	C112	0.024	0.850	4 级
	C113	0.020	0.830	4 级
	C114	0.018	0.796	4 级
	C115	0.011	0.814	4 级
	C116	0.011	0.834	4 级
设计因素风险 B2	C21	0.309	0.850	4 级
	C22	0.181	0.830	4 级
	C23	0.185	0.837	4 级
	C24	0.107	0.836	4 级
	C25	0.085	0.830	4 级
	C26	0.083	0.742	3 级
	C27	0.050	0.731	3 级
建设管理因素风险 B3	C31	0.258	0.860	4 级
	C32	0.197	0.849	4 级
	C33	0.158	0.814	4 级
	C34	0.118	0.819	4 级
	C35	0.077	0.837	4 级
	C36	0.073	0.839	4 级
	C37	0.058	0.836	4 级
	C38	0.039	0.850	4 级
	C39	0.022	0.850	4 级

表 3.5-11 二级指标综合安全评分及风险等级

二级指标	二级指标权重 W_{B_i}	综合安全评分 $R(B_i)$	风险等级
施工因素风险 B1	0.600	0.833	4 级
设计因素风险 B2	0.220	0.827	4 级
建设管理因素风险 B3	0.180	0.840	4 级

一级指标：$R(A) = \sum_{i=1}^{3}[W_{B_i} \times R(B_i)] = 0.833$，风险等级为 4 级。

由表 3.5-10 可得，总干渠全面施工阶段大部分危险源的风险等级为 4 级，但是 C26（地震砂土液化）、C27（地下水对钢筋混凝土的腐蚀）的风险等级为 3 级，施工中需要采取有效措施加以控制。

（3）尾工阶段总干渠三级指标和二级指标的综合安全评分如表 3.5-12、表 3.5-13 所示。

表 3.5-12 三级指标综合安全评分及风险等级

二级指标	三级指标	三级指标权重 $W_{C_{ij}}$	综合安全评分 $R(C_{ij})$	风险等级
施工因素风险 B1	C11	0.430	0.846	4 级
	C12	0.302	0.835	4 级
	C13	0.178	0.844	4 级
	C14	0.090	0.844	4 级
设计因素风险 B2	C21	1.000	0.852	4 级
建设管理因素风险 B3	C31	0.394	0.842	4 级
	C32	0.290	0.839	4 级
	C33	0.140	0.846	4 级
	C34	0.111	0.851	4 级
	C35	0.065	0.838	4 级

表 3.5-13 二级指标综合安全评分及风险等级

二级指标	二级指标权重 W_{B_i}	综合安全评分 $R(B_i)$	风险等级
施工因素风险 B1	0.550	0.842	4 级
设计因素风险 B2	0.260	0.852	4 级
建设管理因素风险 B3	0.190	0.842	4 级

一级指标：$R(A) = \sum_{i=1}^{3}[W_{B_i} \times R(B_i)] = 0.845$，风险等级为 4 级。

由表 3.5-12 得，总干渠尾工阶段全部危险源风险等级均为 4 级，施工风险较小。

3.5.1.3 倒虹吸

1）概况

东二干渠马家沟排水倒虹吸位于开封市祥符区范村乡刘元寨西，东二干渠、马家沟与陈留分干交汇处，是陈留分干渠与马家沟的交叉建筑物。马家沟以倒虹吸型式从陈留分干渠下穿过。倒虹吸局部段建基面可能位于第②层重粉质壤土层中，强度偏低；场区存在砂土地震液化、施工排水问题和施工边坡稳定问题,应采取相应处理措施。

(1)地层岩性。场区勘探深度范围内揭露地层岩性主要为第四系全新统粉质壤土、砂壤土、粉砂和粉细砂,场区岩性、岩相较为复杂,地质结构总体具黏砂多层结构特征。工程场区由老至新各土体单元的物理性指标建议值见表3.5-14。

表3.5-14 陈留分干刘元寨排水倒虹吸各土体单元物理性指标建议值表

土体单元序号	土名(时代成因)	天然含水量(W)	天然干密度(ρ_d)	天然孔隙比(e)	比重(Gs)	塑性指数(IP)	液性指数(IL)
		%	g/cm³	—	—	%	—
②	重粉质壤土($Q_4^2 al$)	28.4	1.42	0.908	2.71	8.00	1.15
③	轻粉质壤土($Q_4^1 al$)	27.0	1.47	0.830	2.69	8.44	0.94
④	重粉质壤土($Q_4^1 al$)	21.3	1.48	0.831	2.71	7.85	0.91

(2)地下水条件。工程场区地下水类型主要为第四系松散层孔隙水,主要赋存于粉砂和粉质壤土层中。勘察期间测得地下水埋深4.1~4.5 m,水位高程68.24~69.50 m。场区地下水对混凝土不具腐蚀性,对混凝土结构中的钢筋、钢结构具弱腐蚀性。

(3)地震动参数。工程区位于祥符区范村乡境内,根据《中国地震动参数区划图》(GB 18306—2015),场区地震动峰值加速度为0.10g,相当于地震基本烈度Ⅶ度,场地类别为Ⅲ类场地。

(4)地震液化问题。工程场区地震动峰值加速度为0.10g,地震基本烈度为Ⅶ度。第四系全新统少黏性土及砂层多呈松散~稍密状,存在地震液化问题。

(5)建筑物级别及洪水标准。刘元寨倒虹吸下穿陈留分干渠,马家沟级别为5级,东二干渠在交叉位置根据其输水流量确定为3级,则刘元寨倒虹吸为3级建筑物,其设计洪水标准为20年一遇,校核洪水标准为50年一遇。

(6)建筑物总体布置。倒虹吸出口右侧为刘元寨枢纽,为现状维修利用建筑物,倒虹吸出口右侧与枢纽退水闸相邻。倒虹吸出口段长30 m,由出口消力池段和海漫段组成。其中左侧为八字墙＋圆弧翼墙型式,扩散角为10°,右侧为直墙体。出口消力池段长10 m,底高程67.60 m,底板厚度0.5 m,下设0.2 m厚粗砂垫层及350 g/m² 土工布,其后底板高程由67.60 m升至68.50 m。消力池段底板和翼墙均设置φ110排水孔,间距2 m,梅花形布置。海漫段长5.0 m,采用M7.5浆砌石护砌,厚度为0.3 m,后设置1.5 m深抛石防冲槽,长7.5 m。

(7)地基处理。建基面下第①层粉砂、第③层轻粉质壤土可液化层,液化等级为轻微~中等。为消除液化,对管身采用水泥土搅拌桩进行围封,桩径0.6 m,桩间距0.3 m,桩长8.0 m。建筑物的建基面位于第③层轻粉质壤土,承载力标准值120 kPa,不能满足斜管段基底压应力的要求。为提高承载力,对斜管段采用水泥土换填,换填深度2 m,处理后的地基承载力不小于 140 kPa。

2022 年 6 月 10 日上午,对马家沟排水倒虹吸进行了工程质量检测,检测内容包括混凝土强度检测、工程雷达探测、红外热成像脱空检测等,部分现场照片如图 3.5-10～图 3.5-13 所示。

图 3.5-10　出口段三维激光检测

图 3.5-11　流道三维激光检测

图 3.5-12　混凝土强度检测

图 3.5-13　工程雷达检测

2) 综合安全评分计算

(1) 准备阶段马家沟排水倒虹吸三级指标和二级指标综合安全评分如表 3.5-15、表 3.5-16 所示。

表 3.5-15　三级指标综合安全评分及风险等级

二级指标	三级指标	三级指标权重 $W_{C_{ij}}$	综合安全评分 $R(C_{ij})$	风险等级
施工因素风险 B1	C11	0.435	0.805	4 级
	C12	0.350	0.836	4 级
	C13	0.145	0.845	4 级
	C14	0.070	0.830	4 级

续表

二级指标	三级指标	三级指标权重 $W_{C_{ij}}$	综合安全评分 $R(C_{ij})$	风险等级
设计因素风险 B2	C21	0.263	0.849	4级
	C22	0.189	0.811	4级
	C23	0.164	0.828	4级
	C24	0.108	0.840	4级
	C25	0.101	0.832	4级
	C26	0.066	0.829	4级
	C27	0.062	0.850	4级
	C28	0.047	0.841	4级
建设管理因素风险 B3	C31	0.231	0.860	4级
	C32	0.208	0.853	4级
	C33	0.144	0.815	4级
	C34	0.111	0.819	4级
	C35	0.085	0.831	4级
	C36	0.067	0.829	4级
	C37	0.063	0.831	4级
	C38	0.055	0.850	4级
	C39	0.036	0.850	4级

表 3.5-16 二级指标综合安全评分及风险等级

二级指标	二级指标权重 W_{B_i}	综合安全评分 $R(B_i)$	风险等级
施工因素风险 B1	0.100	0.822	4级
设计因素风险 B2	0.680	0.834	4级
建设管理因素风险 B3	0.220	0.840	4级

一级指标：$R(A) = \sum_{i=1}^{3} [W_{B_i} \times R(B_i)] = 0.834$，风险等级为 4 级。

由表 3.5-15 得，马家沟倒虹吸准备阶段全部危险源风险等级均为 4 级，风险小。

（2）全面施工阶段马家沟排水倒虹吸三级指标和二级指标的综合安全评分如表 3.5-17、表 3.5-18 所示。

表 3.5-17 三级指标综合安全评分及风险等级

二级指标	三级指标	三级指标权重 $W_{C_{ij}}$	综合安全评分 $R(C_{ij})$	风险等级
施工因素风险 B1	C11	0.112	0.835	4级
	C12	0.105	0.818	4级

二级指标	三级指标	三级指标权重 $W_{C_{ij}}$	综合安全评分 $R(C_{ij})$	风险等级
施工因素风险 B1	C13	0.091	0.852	4 级
	C14	0.089	0.835	4 级
	C15	0.082	0.808	4 级
	C16	0.069	0.811	4 级
	C17	0.058	0.823	4 级
	C18	0.058	0.825	4 级
	C19	0.052	0.819	4 级
	C110	0.046	0.835	4 级
	C111	0.040	0.842	4 级
	C112	0.031	0.843	4 级
	C113	0.026	0.824	4 级
	C114	0.024	0.800	4 级
	C115	0.020	0.814	4 级
	C116	0.018	0.812	4 级
	C117	0.017	0.828	4 级
	C118	0.013	0.833	4 级
	C119	0.013	0.826	4 级
	C120	0.012	0.748	3 级
	C121	0.012	0.807	4 级
	C122	0.012	0.827	4 级
设计因素风险 B2	C21	0.273	0.835	4 级
	C22	0.169	0.823	4 级
	C23	0.182	0.827	4 级
	C24	0.109	0.821	4 级
	C25	0.091	0.823	4 级
	C26	0.082	0.742	3 级
	C27	0.061	0.741	3 级
	C28	0.035	0.833	4 级
建设管理因素风险 B3	C31	0.259	0.858	4 级
	C32	0.198	0.838	4 级
	C33	0.158	0.806	4 级
	C34	0.118	0.815	4 级
	C35	0.076	0.832	4 级
	C36	0.073	0.833	4 级

二级指标	三级指标	三级指标权重 $W_{C_{ij}}$	综合安全评分 $R(C_{ij})$	风险等级
建设管理因素风险 B3	C37	0.058	0.836	4 级
	C38	0.039	0.835	4 级
	C39	0.022	0.843	4 级

表 3.5-18　二级指标综合安全评分及风险等级

二级指标	二级指标权重 W_{B_i}	综合安全评分 $R(B_i)$	风险等级
施工因素风险 B1	0.600	0.826	4 级
设计因素风险 B2	0.220	0.816	4 级
建设管理因素风险 B3	0.180	0.834	4 级

一级指标：$R(A) = \sum_{i=1}^{3} [W_{B_i} \times R(B_i)] = 0.825$，风险等级为 4 级。

由表 3.5-17 可得，马家沟排水倒虹吸全面施工阶段大部分危险源的风险等级为 4 级，但是 C120（填筑料接合面处理）、C26（地震砂土液化）、C27（地下水对钢筋混凝土的腐蚀）的风险等级为 3 级，施工中需要采取有效措施进行处置。

（3）尾工阶段马家沟排水倒虹吸三级指标和二级指标的综合安全评分如表 3.5-19、表 3.5-20 所示。

表 3.5-19　三级指标综合安全评分及风险等级

二级指标	三级指标	三级指标权重 $W_{C_{ij}}$	综合安全评分 $R(C_{ij})$	风险等级
施工因素风险 B1	C11	0.341	0.836	4 级
	C12	0.272	0.823	4 级
	C13	0.183	0.832	4 级
	C14	0.125	0.837	4 级
	C15	0.046	0.828	4 级
	C16	0.033	0.814	4 级
设计因素风险 B2	C21	1.000	0.837	4 级
建设管理因素风险 B3	C31	0.395	0.850	4 级
	C32	0.291	0.830	4 级
	C33	0.141	0.837	4 级
	C34	0.111	0.836	4 级
	C35	0.063	0.830	4 级

表 3.5-20　二级指标综合安全评分及风险等级

二级指标	二级指标权重 W_{B_i}	综合安全评分 $R(B_i)$	风险等级
施工因素风险 B1	0.550	0.831	4 级
设计因素风险 B2	0.260	0.837	4 级
建设管理因素风险 B3	0.190	0.839	4 级

一级指标：$R(A) = \sum_{i=1}^{3} [W_{B_i} \times R(B_i)] = 0.834$，风险等级为 4 级。

由表 3.5-19 得，马家沟倒虹吸尾工阶段全部危险源风险等级为 4 级，风险较小。

3.5.2　基于主成分分析法的建设期危险源动态识别及预警

3.5.2.1　渠道

工程概况同 3.5.1.2 节。基于 3.3.7 的各工序致险因子清单，采用专家打分法和专家调查法进行风险指标的评分工作。对渠道工程的每个风险相对每个施工流程的影响进行打分，分值在 0～1 之间，数值越大影响越大。对打分结果进行平均并作归一化处理，见表 3.5-21。

表 3.5-21　渠道工程施工风险专家打分结果

工序	a	b	c	d	e	f	g	h	i
1.1	0.059	0.140	0.086	0.140	0.014	0.145	0.059	0.154	0.204
1.2	0.063	0.167	0.089	0.146	0.031	0.135	0.094	0.167	0.109
1.3	0.105	0.198	0.142	0.040	0.065	0.134	0.170	0.093	0.053
1.4	0.141	0.138	0.094	0.082	0.126	0.085	0.088	0.111	0.135

结合 3.3.7 的成分标准化变量的因子得分和成分荷载矩阵，通过主成分分析方法与评估计算，最终可得到水闸工程的各施工工序综合分值结果见表 3.5-22。

表 3.5-22　渠道工程各工序综合分值

工序	1	2	3	4	综合得分	排序
1.4	0.225	0.149	0.440	−0.004	0.227	1
1.3	0.341	0.229	0.332	−0.128	0.190	2
1.2	0.207	0.113	0.429	0.071	0.181	3
1.1	0.126	0.092	0.532	0.091	0.159	4

根据表 3.5-22 可得,施工工序影响从大到小分别为 1.4 渠道衬砌,1.3 渠道模板安装,1.2 渠道土方回填,1.1 渠道土方开挖。

3.5.2.2　倒虹吸

工程概况同 3.5.1.3 节。基于 3.3.7 节的各工序致险因子清单,采用专家打分法和专家调查法进行风险指标的评分工作。对倒虹吸工程的每个风险相对每个施工流程的影响进行打分,分值在 0～1 之间,数值越大影响越大。对他们的打分结果进行平均并作归一化处理,结果见表 3.5-23。

表 3.5-23　倒虹吸工程施工风险专家打分结果

工序	a	b	c	d	e	f	g	h	i
3.1	0.074	0.126	0.121	0.139	0.026	0.121	0.063	0.200	0.131
3.2	0.125	0.052	0.121	0.125	0.065	0.085	0.081	0.173	0.173
3.3	0.028	0.065	0.159	0.102	0.167	0.167	0.191	0.118	0.004
3.4	0.174	0.081	0.136	0.124	0.089	0.140	0.140	0.097	0.019
3.5	0.147	0.108	0.123	0.078	0.102	0.114	0.144	0.123	0.063
3.6	0.106	0.101	0.061	0.146	0.061	0.141	0.136	0.187	0.061

通过上述的主成分分析方法与评估计算,最终可得到主成分下的各施工工序综合分值,结果见表 3.5-24。

表 3.5-24　倒虹吸工程各施工工序综合分值

工序	1	2	3	4	综合得分	排序
3.5	0.322	0.108	0.394	−0.040	0.279	2
3.4	0.361	0.064	0.322	0.031	0.222	8
3.3	0.562	−0.068	0.361	−0.134	0.216	10
3.6	0.267	0.056	0.393	0.088	0.195	12
3.2	0.186	−0.013	0.608	0.045	0.174	13
3.1	0.176	0.034	0.563	0.055	0.172	17

根据表 3.5-24 可得,施工工序影响从大到小分别为 3.5 倒虹吸衬砌,3.4 倒虹吸拼装模板,3.3 倒虹吸钢筋绑扎安装,3.6 倒虹吸回填,3.2 倒虹吸地基处理,3.1 倒虹吸基坑开挖。

第四章
大型灌区工程运行期风险动态识别及预警

大型灌区工程建筑物数量庞大，种类繁多，运行期受水位、降雨、气温等外界环境因素的长期作用或短期突发影响，不同类型的建筑物呈现出不同的风险特征，其运行信息具有随机性、多源性、非线性等特点。根据大型灌区工程的特点，创建了大型灌区运行期风险动态识别模型，建立了灌区风险评价体系和预警模型，为大型灌区运行期安全提供技术支撑。

4.1 灌区工程运行期风险分类与动态识别

4.1.1 运行期灌区风险源识别方法

4.1.1.1 现状调查法

大型灌区工程渠系交错，渠系建筑物种类和数量繁多，要全面掌握灌区渠道和建筑物等工程现状情况，调查工作量大。因此，根据灌区渠道线路长、建筑物众多的特点，可将参与现状调查人员按专业分组，分工协作，保证每组人员专业齐全、经验丰富。另外，可根据渠系的分级特点分成总干渠、分干渠和支渠等不同的现状调查小组，同步开展灌区工程现场调查。

现状调查通过组织相关专业专家，充分讨论并总结工程现状和主要存在问题，对工程安全管理进行初步评价，提出安全检测和安全复核的重点。主要包括以下内容。

（1）调查方式

大型灌区现状调查工作量大，根据灌区渠道线路长、建筑物众多的特点，可将参与现状调查人员按专业分组，分工协作，保证每组人员专业齐全、经验丰富。一般地，可根据渠系的分级特点分成总干渠、分干渠和支渠等不同的现状调查小组，同步开展现场调查工作。

（2）调查内容

现状调查内容包括渠道和渠系建筑物尺寸参数和外观检查，重点检查工程中的薄弱部位；详细记录渠道、边坡和建筑物的现状情况及存在的问题和缺陷；薄弱部位和隐蔽部位检查一般有：渠道裂缝、基础渗漏检查，连接处止水设施完整性检查，混凝土、钢筋混凝土的缺陷检查，渠底冲刷淤积检查，以及上下游进出水口连接段分缝止水和沉降变形的检查；同时，通过查阅工程档案资料及询问，了解不同渠段在建设和运行期间曾经出现过的问题。

渠道病害调查主要包括：渠坡的变位、开裂、倒塌、渗水，渠道淤积等，对渠坡病害的长度、宽度、高度、裂缝大小、倒塌范围、渗水情况、淤积深度等进行测量，并做详细描述，在此基础上对病害程度、原因进行分析与评价。

渠系建筑物病害调查主要包括：①结构尺寸，结构整体长度、宽度、高度，纵横断面尺寸，部分构件尺寸；②外观缺陷，破损脱落、掏空裂缝露筋、渗漏等；③裂缝情况，部位、数量、走向、长度，并了解裂缝的变化情况；④损伤状态，压碎、冻融剥蚀及冲蚀（空蚀和磨蚀）等情况；⑤渗漏状态，点、线或面渗漏及析出物分布情况；⑥变形情况，不均匀沉降、变形、错位、倾斜、倒塌等；⑦淤积情况，内部淤积、堵塞长度、深度、面积、体积等。

闸门及启闭机外观检查：①闸门门体变形、构件折断、破损、锈蚀、开裂、漏水等，钢闸门焊缝、裂纹等缺陷，止水设施老化、破损、变形等，启闭机机身及各零部件的老化、损伤、裂纹、变形、锈蚀缺件、渗油等；②启闭机运行状况。目测并借助卷尺、卡尺、数码相机等工具，描述、记录金属结构主要构件的外观情况，调查记录涂层老化和构件腐蚀部位及程度、构件变形损伤及缺陷的数量与部位、启闭机与电气设备的老化磨损及完善性、设备运行情况等。

对于运行管理，主要调查信息采集、监测、监控站点的分布，运行状况、设备完好程度、应用效果；通信方式、运维效果，公网覆盖与自建网络情况；信息的处理、应用、共享、服务等已达到的程度；运行环境的支撑保障能力。分析信息化建设与应用过程中存在的主要问题，提出改进意见和建议等。

（3）调查手段

在收集历史资料的基础上，对灌区工程进行全面检查。借助卷尺、卡尺、数码相机、经纬仪、无人机等工具，结合日常观测的情况，对出现隐患部位进行重点检查、细致记录，并现场拍照,必要时可进一步借助超声波、探地雷达等先进隐患探测技术,对工程的外观状况、结构安全、渗漏情况、运行管理条件等进行全面检查和评价。

4.1.1.2 安全检查表法

安全检查表法(Safety Checklist Analysis,SCA)是依据相关的标准、规范,对工程、系统中已知的危险类别、设计缺陷以及与一般工艺设备、操作、管理有关的潜在危险性和有害性进行判别检查。本方法适用于工程、系统的各个阶段,是系统安全工程的一种最基础、最简便、广泛应用的系统危险性评价方法。安全检查表的编制主要是依据以下四个方面的内容:

(1)国家、地方的相关安全法规、规定、规程、规范和标准,行业、企业的规章制度、标准及企业安全生产操作规程。

(2)国内外行业、企业事故统计案例,经验教训。

(3)行业及企业安全生产的经验,特别是本企业安全生产的实践经验,引发事故的各种潜在不安全因素及杜绝或减少事故发生的成功经验。

(4)系统安全分析的结果,如采用事故树分析方法找出的不安全因素,或作为防止事故控制点源列入检查表。

4.1.1.3 专家调查法

专家调查法又称"德尔菲法",围绕某一主题或问题,征询有关专家或权威人士的意见和看法的调查方法。这种调查的对象只限于专家这一层次。调查是多轮次的,一般为3~5次。每次都请调查对象回答内容基本一致的问卷,并要求他们简要陈述自己看法的理由根据。每轮次调查的结果经过整理后,都在下一轮调查时向所有被调查者公布,以便他们了解其他专家的意见,以及自己的看法与大多数专家意见的异同。这种调查法最早用于技术开发预测,已被广泛应用于政治、经济、文化和社会发展等许多领域问题的研究。

本方法的工作程序主要包括:①确定主持人,组织专门小组。②拟定调查提纲。所提问题要明确具体,选择得当,数量不宜过多,并提供必要的背景材料。③选择调查对象。所选的专家要有广泛的代表性,要熟悉业务,有特长、一定的声望、较强的判断和洞察能力。选定的专家人数不宜太少也不宜太多。④轮番征询意见。通常要经过三轮:第一轮是提出问题,要求专家们在规定的时间内把调查表格填完寄回;第二轮是修改问题,请专家根据整理的不同意见修改自己所提问题,即让调查对象了解其他见解后,再一次征求他本人的意见;第三轮是最后判定。把专家们最后重新考虑的意见收集上来,加以整理。有时根据实际需要,还可进行更多几轮的征询活动。⑤整理调查结果,提出调查报告。对征询所得的意见进行统计处理,一般采用中位数法,把处于中位数的专家意见作为调查结论,并进行文字归纳,写成报告。从上述工作程序可以看出,专家调查法能否取得理想的结果,关键在于调查对象的人选及其对所调查问题掌握资料的多少和熟悉的程度,调查主持人的水平和经验也是一个很重要的因素。

4.1.2 灌区工程运行期风险源分类

明确风险源是大型灌区风险分析和安全评价的前提。大型灌区建筑物点多面广、老化病害各异,其安全评价工作的关键在于采用有效的手段和方法进行风险识别,同时对病害特征进行记录和量化。常见的灌区风险可归纳为五类:①工程风险;②设施设备风险;③社会因素风险;④自然环境风险;⑤管理因素风险。

4.1.2.1 工程风险

工程风险是由工程本身质量出现缺陷而导致的,主要可将其分为渠道工程风险和建筑物工程风险。渠道工程风险主要包括渠坡滑坡、渠顶损毁、渠基渗漏破坏、坡面保护措施损坏等。渠道作为灌区主要输水结构,渠坡稳定是首要安全问题,导致渠坡出现失稳的原因主要有地质缺陷导致的坡体质量差、坡面超负荷加载、坡面保护措施破损等。建筑物工程风险主要包括建筑物结构安全与失稳、进出口岸坡破坏、接触渗漏、老化侵蚀等。一些病险除与建筑物自身结构有关外,还长时间地受到环境因素等外部运行条件影响,比如超期服役建筑物的老化失修。

4.1.2.2 设施设备风险

灌区建筑物内金属结构和机电设备的异常运行和失效会严重影响输水。配置的监测设备一旦出现故障不能及时发现隐患或险情,可能会影响灌区工程安全运行。除此之外,相关警示标志和通信设备的损坏亦可能给灌区管理、防汛抢险等方面带来不利后果。

4.1.2.3 社会因素风险

社会因素风险一般是由个人或者团体的不当行为造成的,往往会造成工程损失或其他方面的不良影响,如若不及时采取相应措施进行管控,很可能造成连锁反应,引发群体破坏事件。比如,大规模在渠道投放垃圾或污水影响水质安全、灌区内工程设施的人为破坏等。还有灌区内大型或大量的牲畜活动,亦可能对灌区正常运行带来一定的风险隐患。

4.1.2.4 自然环境风险

暴雨洪水、冰冻和地震等自然灾害往往会对工程造成伤害,尤其是遇到罕见极端自然条件,更易对灌区建筑物安全产生重大影响和破坏作用。针对灌区而言,长时间的强降雨会对渠道和建筑物产生明显的渗流和冲刷作用,可能导致渠道或建筑物渗透破坏或失稳破坏,甚至出现暴雨漫浸、洪水泛滥等现象。位处山区地带的灌区还面临着山体滑坡形成泥石流所造成的渠道淤积风险。寒冷地区的冰冻灾害也会对混凝土材料性能产生劣化作用,尤其是冻融循环更是容易引发混凝土局部裂缝,影响建筑物的整体安全。地震灾害则可能造成建筑物倒塌、输水外泄、机电设备故障等严重破坏。

4.1.2.5 管理因素风险

管理问题在大型灌区工程中尤为显著,灌区内任何一个节点的隐患都可能影响整个系统的正常运行,比如总渠节制闸的长期失修或人为操作失误可能引起干渠、支渠无法正常供水。管理问题常表现为专业维护缺乏、监测设施布置不到位、管理制度不健全、险情处置不及时等。

4.1.3 灌区工程风险清单及风险识别

4.1.3.1 灌区运行期风险清单

赵口引黄灌区二期工程共布置建筑物1 035座,其中新建247座、重建765座、改建2座、维修利用21座。按类型划分,控制工程567座、河渠交叉建筑物工程9座、路渠交叉建筑物工程455座、渠道暗渠工程4座。控制工程中,干支渠节制闸50座、拦蓄河(沟)道用于灌溉的河道节制闸54座、干支渠分水闸49座、斗门388座、退水闸26座;河渠交叉工程中跨(穿)河的渠道渡槽1座、渠道倒虹吸3座以及排水倒虹吸5座;路渠交叉建筑物中跨渠桥梁413座、路涵41座、跨路渠道倒虹吸1座;渠道暗渠4座。

参照《水利水电工程(水库、水闸)运行危险源辨识与风险评价导则(试行)》和《水利水电工程(堤防、淤地坝)运行危险源辨识与风险评价导则(试行)》,依托赵口引黄灌区工程,将大型灌区风险源分为渠道工程、建筑物工程(水闸、渡槽、倒虹吸、箱涵)、设施设备、社会因素、自然环境、管理因素六大类,具体风险清单见表4.1-1~表4.1-9。

表 4.1-1　渠道工程风险清单

序号	类别	危险源	事故诱因	可能导致的后果
1	渠道工程	渠道顶部	水毁、车辆碰撞	漫顶、渠顶结构变形、交通中断
2		渠道坡体	坡体内部存在质量缺陷、浸润线抬升、超载、迎流顶冲、水位骤降	渠坡滑坡、崩岸、失稳
3		渠道底部	渠坡滑坡、泥石流、高含沙量渠水	渠底淤积、水流不畅
4		地基	承载力不足、压缩性大、上部荷载大	不均匀沉陷、局部塌陷

续表

序号	类别	危险源	事故诱因	可能导致的后果
5		渗漏破坏	防渗措施不完善、接触冲刷、细颗粒流失	管涌、流土、严重漏水、失稳破坏
6	渠道工程	衬砌破损	水流冲刷、承受荷载过大、温差大	衬砌开裂破损、变形、失稳
7		断面状况	断面不符合设计或运行要求	表面剥蚀、冲刷严重、存在滑移隐患
8		水力条件	水位与设计值不相符、流态不平稳	渠水出现漩涡或回流、输水能力下降

表 4.1-2　建筑物工程（水闸）风险清单

序号	类别	重大危险源	事故诱因	可能导致的后果
1		建筑物抗滑稳定	结构设计不合理、超设计标准运行	建筑物抗滑失稳
2		建筑物抗倾稳定	结构设计不合理、超设计标准运行	建筑物抗倾失稳
3		建筑物抗浮稳定	结构设计不合理、超设计标准运行	建筑物抗浮失稳
4		地基	局部土质不均匀、上部荷载差异	地基不均匀沉降
5		底板、闸墩、胸墙结构表面	水流冲刷	结构破坏、开裂
6		底板、闸墩渗流	防渗设施不完善	位移、沉降
7	建筑物工程（水闸）	消力池、海漫、防冲墙、铺盖、护坡、护底结构表面	水流冲刷	设施破坏
8		消力池、海漫、防冲墙、铺盖、护坡、护底渗漏	水流冲刷	位移、失稳、结构破坏
9		消力池、海漫、防冲墙、铺盖、护坡、护底排水	排水设施失效	变形、滑塌
10		建筑物混凝土结构	混凝土受损、劣化	混凝土开裂、剥蚀、碳化、疏松
11		岸、翼墙排水	接缝破损、止水失效	位移、失稳
12		岸、翼墙结构表面	水流冲刷	结构破坏、裂缝、剥蚀、变形

表 4.1-3　建筑物工程（渡槽）风险清单

序号	类别	重大危险源	事故诱因	可能导致的后果
1		建筑物抗滑稳定	结构设计不合理、超设计标准运行	建筑物抗滑失稳
2		建筑物抗倾稳定	结构设计不合理、超设计标准运行	建筑物抗倾失稳
3		拱上结构	荷载过大、风化侵蚀	错动、开裂
4	建筑物工程（渡槽）	主拱圈	荷载过大、风化侵蚀	混凝土剥落
5		槽墩台	水流冲刷	局部渗水、脱缝
6		排架柱	结构强度不满足要求	倒塌、失稳
7		地基	地基强度和基础稳定性不满足要求	倒塌、失稳、沉降变形过大

表 4.1-4　建筑物工程(倒虹吸)风险清单

序号	类别	重大危险源	事故诱因	可能导致的后果
1	建筑物工程(倒虹吸)	建筑物抗滑稳定	结构设计不合理、超设计标准运行	建筑物抗滑失稳
2		建筑物抗浮稳定	结构设计不合理、超设计标准运行	建筑物抗浮失稳
3		进出口段挡墙	地基沉陷变形、荷载过大	进出口段挡墙失稳
4		沿管线坡体	坡体内部存在工程地质缺陷、荷载过大	坡体失稳
5		主体结构	荷载过大	结构开裂、破损
6		裂缝	荷载大、温差大、不均匀变形	局部出现裂缝、输水受阻
7		止水结构	止水材料老化、接头脱节导致止水拉裂	漏水
8		镇墩	基础沉陷、滑坡、冲刷掏空	镇墩断裂或失稳

表 4.1-5　建筑物工程(箱涵)风险清单

序号	类别	重大危险源	事故诱因	可能导致的后果
1	建筑物工程(箱涵)	建筑物抗滑稳定	结构设计不合理、超设计标准运行	建筑物抗滑失稳
2		建筑物抗浮稳定	结构设计不合理、超设计标准运行	建筑物抗浮失稳
3		主体结构	荷载过大	箱涵破坏、开裂
4		箱涵与周围土体接合部	压实度未达标	不均匀沉降
5		局部破损	温度变化大、自收缩	出现裂缝、渗水、漏水
6		渗漏破坏	结构缝、施工缝导致的裂缝通道	接触冲刷、地基土流失
7		顶板和底板	荷载过大	贯穿性裂缝

表 4.1-6　设施设备风险清单

序号	类别	重大危险源	事故诱因	可能导致的后果
1	设施设备	闸门	闸门卡阻、锈蚀、变形	闸门无法启闭或启闭不到位,严重影响输水
2		启闭机械	启闭机无法正常运行	
3		闸门启闭控制设备	控制功能失效	闸门无法启闭或启闭不到位,严重影响输水
4		变配电设备	设备失效	
5		观测设施	损坏	影响工程调度运行
6		安全监测系统	功能失效	不能及时发现工程隐患或险情
7		警示标志	损坏	影响工程安全运行和人员安全
8		通信及预警设施	设施损坏、丢失	影响工程防汛抢险

表 4.1-7　社会因素风险清单

序号	类别	重大危险源	事故诱因	可能导致的后果
1	社会因素	渠顶车辆行驶	车辆超载、超速、碰撞	路面损坏、防护措施损坏、渠顶结构变形或破坏
2		渠道	大规模在渠道投放垃圾	影响水质安全
3		工程设施	人为破坏设施	影响工程安全、造成安全隐患
4		牲畜	大型或大量的牲畜活动	影响工程安全运行
5		水事纠纷	水资源配置不合理、用水冲突	影响工程安全运行

表 4.1-8　自然环境风险清单

序号	类别	重大危险源	事故诱因	可能导致的后果
1	自然环境	暴雨洪水	恶劣气候	消能破坏、洪水冲刷、暴雨漫浸
2		地震灾害	极端自然条件	建筑物震损、地基液化
3		冰冻灾害	极端自然条件	渠道冰冻阻塞、结构冻融开裂
4		侵(溶)蚀	侵(溶)蚀性物质	建筑物结构损坏
5		水生生物	吸附闸门、门槽	影响闸门正常启闭

表 4.1-9　管理因素风险清单

序号	类别	重大危险源	事故诱因	可能导致的后果
1	管理因素	机构组成与人员配备	未明确安全管理机构及人员	影响工程运行管理
2		安全管理规章制度与操作规程制定	制度、规程不健全	影响工程运行管理
3		防汛抢险人员、物料准备	人员、物料准备不足	影响工程防汛抢险
4		维修养护物资准备	物资准备不足	影响工程运行安全
5		人员基本支出和工程维修养护经费落实	经费未落实	影响工程运行管理
6		管理、作业人员教育培训	培训不到位	影响工程运行安全、人员作业安全
7		观测与监测	未按规定开展	影响工程运行安全
8		安全检查制度执行	未按规定开展或检查不到位	影响工程运行安全
9		管理和保护范围划定	范围不明确	影响工程运行安全
10		应急预案编制、报批、演练	未编制、报批或演练	影响工程防汛抢险
11		调度规程编制	未编制、报批	影响工程调度
12		维修养护计划制定	未制定	不能及时消除工程隐患
13		警示、警告标识设置	设置不足	影响工程安全运行、人员安全

4.1.3.2　风险识别的风险矩阵法(LS 法)

风险矩阵法(LS 法)的数学表达式为:

$$R=L\times S \qquad (4.1-1)$$

式中,R 为风险值,L 为风险事件发生的可能性,S 为风险事件后果的严重性。

L 值应由管理单位三个管理层级(分管负责人、部门负责人、运行管理人员)、多个相关部门(运管、安全或有关部门)人员按照以下过程和标准共同确定。

第一步:由每位评价人员根据实际情况,初步选取事故发生的严重性数值,严重性数值共分为 5 等级,按照严重性从小到大分别为 1、2、3、4 和 5。

第二步:分别计算出三个管理层级中,每一层级内所有人员所取 L 值的算术平均数 L_{j1}、L_{j2}、L_{j3}。其中,$j1$ 代表分管负责人层级,$j2$ 代表部门负责人层级,$j3$ 代表管理人员层级。

第三步:按照下式计算得出 L 的最终值。

$$L=0.3\times L_{j1}+0.5\times L_{j2}+0.2\times L_{j3} \qquad (4.1-2)$$

在分析工程运行事故所造成危害的可能性时,同样将风险事件的可能性分为 5 等级。使用风险矩阵法对风险因素进行计算时,根据计算所得风险结果可分为以下等级:低风险($R=L\times S=[1\sim4]$);一般风险($R=L\times S=(4\sim9)$);较大风险($R=L\times S=(9\sim16)$);重大风险($R=L\times S=(16\sim25)$)。风险事件等级标准见表 4.1-10。

表 4.1-10 风险事件等级标准

风险等级	I	II	III	IV
风险量值	$1\leqslant R\leqslant4$	$4<R\leqslant9$	$9<R\leqslant16$	$16<R\leqslant25$
风险描述	低风险	一般风险	较大风险	重大风险
	可接受风险	可容忍风险	不可接受风险	不可容忍风险
风险对策	关注	监控	采取措施	采取紧急措施

风险源的风险评价分为四级,由高到低依次为重大风险、较大风险、一般风险和低风险,分别用红、橙、黄、蓝四种颜色标示。其中:

I 级风险为低风险,属于可接受风险,对策措施为关注,维持正常的监测频次和日常巡视。

II 级风险为一般风险,属于可容忍风险,对策措施为监控,加强监测和日常巡视,必要时需采取措施进行风险控制。当风险处理资金有限时,应根据风险因子重要性排序,确保主要风险因子得以处理。

III 级风险为较大风险,属于不可接受风险,对策措施为采取措施,针对各主要风险因子分别采取预防、消除、规避、减免风险事故发生的措施,使风险等级降至可容忍或可接受的水平。

Ⅳ级风险为重大风险,属于不可容忍风险,对策措施为采取紧急措施,减免风险,同时准备好应急预案,一旦发生险情,及时开展修复、补救等抢险措施。

4.2　灌区工程运行期风险演化

4.2.1　传统风险分析方法

4.2.1.1　贝叶斯网络

贝叶斯网络(Bayesian Network,BN)又称信念网络,是一个表示变量间依赖关系的有向无环图(Directed Acyclic Graph,DAG)。在贝叶斯网络中被箭头指向的节点是子节点,箭尾节点是父节点。特别地,根节点没有父节点,叶节点没有子节点。每个节点事件发生与否都存在一个概率函数,此概率函数通过一个条件概率表示。贝叶斯网络中子节点都有基于其父节点状态组合的条件概率,该条件概率可以根据历史数据统计获得,也可以根据专家经验获得。

在已知贝叶斯网络全部节点的条件概率和根节点的先验概率情况下,根据贝叶斯定理可以计算出相应子节点的先验概率。设贝叶斯网络为 $U=(X_1,\cdots,X_n)$,其中 $X_1,\cdots,$ X_n 为 n 个离散型变量,每个变量表示相应节点的事件。已知贝叶斯网络结构中包含了条件独立性假设,即在父节点已知的条件下,每个节点与不是它后代节点的节点是相互独立的。用 $Pa(X_i)$ 表示 X_i 的父节点,$P(Pa(X_i))$ 为父节点所代表的事件发生的概率,$A(X_i)$ 为不是 X_i 后代的所有节点,则条件独立性假设为

$$P(X_i \mid Pa(X_i),A(X_i))=P(X_i \mid Pa(X_i)) \tag{4.2-1}$$

令 $P(X_i)$ 表示节点代表事件的发生概率,即表示节点代表的事件在贝叶斯网络运行中可能发生的概率。$P(\overline{X_i})$、$P(\overline{Pa(X_i)})$ 为相应事件的对立事件发生的概率。

当 X_i 的父节点只有一个时,$P(X_i)$ 计算公式为

$$
\begin{aligned}
P(X_i) &= P(X_i \mid Pa(X_i)) \cdot P(Pa(X_i)) \\
&+ P(X_i \mid \overline{Pa(X_i)}) \cdot P(\overline{Pa(X_i)})
\end{aligned} \tag{4.2-2}
$$

由于 X_i 是二值事件,故计算 X_i 不发生的概率相当于计算 $P(\overline{X_i})$,计算公式为

$$P(\overline{X_i})=1-P(X_i) \tag{4.2-3}$$

4.2.1.2 事件树分析法

事件树分析法(Event Tree Analysis,ETA)是安全系统工程中常用的一种归纳推理分析方法,起源于决策树分析(Decision Tree Analysis,DTA),它是一种按事故发展的时间顺序由初始事件开始推论可能的后果,从而进行危险源辨识的方法。这种方法将系统可能发生的某种事故与导致事故发生的各种原因之间的逻辑关系用一种称为事件树的树形图表示,通过对事件树的定性与定量分析,找出事故发生的主要原因,为确定安全对策提供可靠依据,以达到猜测与预防事故发生的目的。

（1）确定初始事件

事件树分析是一种系统地研究作为危险源的初始事件如何与后续事件形成时序逻辑关系而最终导致事故的方法。正确选择初始事件十分重要。初始事件是事故在未发生时,其发展过程中的危害事件或危险事件,如机器故障、设备损坏、能量外逸或失控、人的误操作等。

（2）判定安全功能

系统中包含许多安全功能,在初始事件发生时消除或减轻其影响以维持系统的安全运行。

（3）绘制事件树

从初始事件开始,按事件发展过程自左向右绘制事件树,用树枝代表事件发展途径。首先考察初始事件一旦发生时最先起作用的安全功能,把可以发挥功能的状态置于上面的分枝,不能发挥功能的状态置于下面的分枝。然后依次考察各种安全功能的两种可能状态,把发挥功能的状态(又称成功状态)置于上面的分枝,把不能发挥功能的状态(又称失败状态)置于下面的分枝,直到到达系统故障或事故为止。

（4）简化事件树

在绘制事件树的过程中,可能会遇到一些与初始事件或与事故无关的安全功能,或者其功能关系相互矛盾、不协调的情况,需用工程知识和系统设计的知识予以辨别,然后从树枝中去掉,即构成简化的事件树。

在绘制事件树时,要在每个树枝上标识事件状态,树枝横线上标明事件过程内容特征,横线下面注明成功或失败的状况说明。

4.2.2 建筑物失效形式与动态风险因子

灌区建筑物风险与多种因素有关,这些因素之间存在复杂的相互作用,基于联系和动态的观点,建立灌区建筑物风险演化模型。首先识别灌区动态风险因子,针对水闸、倒虹吸和渡槽这3类灌区内的关键性控制工程,结合事件树分析法、专家调查法等相关风险分析方法,分别对其进行失效模式分析,构建统一的失效模式。水闸的主要失效形式有接触渗漏、失稳和结构开裂等。倒虹吸的失效形式主要有挡墙失稳、管线坡体失稳、管身裂缝、止水破坏和渗漏、镇墩断裂和失稳、表层混凝土破坏和钢筋锈蚀等。渡槽的主要结构为钢筋混凝土,失效形式主要包括整体倒塌、结构裂缝、渗漏、混凝土剥蚀和钢筋锈蚀。以上3种不同类型的灌区建筑物虽然存在着各自的特点,但是它们的失效形式都可以归为3种模式:整体性破坏、渗漏和裂缝。

结构的整体性破坏往往是由于极端事件,比如洪水、地震等导致的。渗漏主要是由于结构裂缝、止水破坏、材料老化引起的防渗功能退化导致。结构裂缝是混凝土建筑物中最为常见的一种问题,考虑到混凝土的特性,裂缝几乎是不可避免的。有些裂缝的危害性较小,有些会加速钢筋的锈蚀,有些会影响混凝土结构抵抗冻融和环境有害离子的能力。上述3种失效形式之间相互联系,相互影响,需要同时处置才能有效地防止结构的失效。

根据失效形式分析,影响建筑物失效的风险因素主要包括暴雨洪水、地质状态、低温冻融和运行状态,由于这4种因素在建筑物实际运行中不断变化,对应的指标也应该是不断变化的,因此将洪峰流量、冲刷深度、冻融开裂、局部破坏这4种风险动态因子作为风险因素的评价指标。动态风险因子作为直接影响建筑物的外界因素,是导致建筑物失效的主要推动力,除此之外,静态风险指标一并作为灌区建筑物风险演化模型的评价指标。灌区建筑物的失效形式分析见图4.2-1。

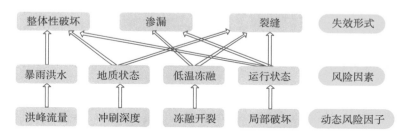

图 4.2-1　灌区建筑物失效形式分析

4.2.3　灌区建筑物风险演化模型

4.2.3.1　动态风险因子量化

洪峰流量、冻融开裂、冲刷深度、局部破坏本身具有不同的量值,因此将4种风险动态因子标准化,表4.2-1为4种风险动态因子的量化标准。

表 4.2-1　4 种风险动态因子的量化标准

指标类型	暴雨洪水	冰冻灾害	地质状态	运行状态
指标	洪峰流量	冻融开裂	冲刷深度	局部破坏
量化值	α_1	α_2	α_3	α_4
变化范围	$[0,1]$	$[0.5,1]$	$[0,1]$	$[0,1]$

（1）洪峰流量影响

根据不同峰值洪水出现的概率及其量值,并进一步分析不同气候条件下洪水频率的变化规律,给出对于原有设计标准的建筑物发生超标准洪水的情况,作为 α_1 的取值标准。

$$\alpha_1 = \begin{cases} 0.5Q/Q_{设计} & Q < Q_{设计} \\ 0.5\left(\dfrac{Q-Q_{设计}}{Q_{校核}-Q_{设计}}+1.0\right) & , Q_{设计} \leqslant Q < Q_{校核} \\ 1.0 & Q \geqslant Q_{校核} \end{cases} \tag{4.2-4}$$

式中,Q 为实时洪峰流量;$Q_{设计}$ 和 $Q_{校核}$ 分别为建筑物设计和校核洪水时的流量。

（2）冻融开裂影响

赵口引黄灌区二期工程处于长江以北的季节性冻土区,冻土深度一般在 0.5 m 以下,冻胀作用产生的影响较小,一般无开裂情况下 α_2 可取值为 0.5。

$$\alpha_2 = \begin{cases} 0.5 & 无开裂 \\ 1.0 & 开裂 \end{cases} \tag{4.2-5}$$

（3）冲刷深度影响

地基应至少在冲刷线以下 1.0～1.2 m,因此根据冲刷深度可以计算出地基距离冲刷线的深度 h,当 h 大于 1.5 时,α_3 取 0,当 h 小于 1.0 时,α_3 取 1.0,当 h 介于 1 和 1.5 之间时,认为其危险系数和地基距离冲刷线的深度成反比,$\alpha_3 = 3-2h$,以此代入动态风险公式中计算:

$$\alpha_3 = \begin{cases} 0 & h \geqslant 1.5 \\ 3-2h, & 1.0 \leqslant h < 1.5 \\ 1.0 & h < 1.0 \end{cases} \tag{4.2-6}$$

式中,h 为地基距离冲刷面的深度,m。

（4）局部破坏影响

结构在运行过程中主要可能的局部破坏原因为强度不满足,如拉应力超标,根据水工混凝土结构设计规范中关于结构正常使用极限状态的规定,跨(穿)河建筑物满足的抗裂标准为"一般要求不出现裂缝的构件,应按荷载效应标准组合验算,构件受拉边缘混凝土的拉应力不超过混凝土轴心抗拉强度标准值的 0.7 倍"。因此,根据计算得到的应力值和混凝土轴心抗拉强度标准值的比值 C,当 $C \leqslant 0$ 时 α_4 取 0,当 $C \geqslant 0.7$ 时取 1.0,当 C 介于 0 和 0.7 之间时,认为和 C 成正比,以此代入动态风险公式中计算:

$$\alpha_4 = \begin{cases} C/0.7, & 0 \leqslant C < 0.7 \\ 1.0, & C \geqslant 0.7 \end{cases} \tag{4.2-7}$$

式中,C 为拉应力系数,表示混凝土拉应力计算值和混凝土轴心抗拉强度标准值的比值。

4.2.3.2 风险演化模型

综合考虑静态风险 p_s 和动态风险 p_d,对于动态风险的计算,假设动态风险因子作为一种随机变量出现的概率是服从正态分布的,给出动态风险评分 p_d:

$$p_d = (1 - p_s) \mathrm{erf} \left(2.0 \times \sum_{i=1}^{4} \lambda_i \alpha_i \right) \tag{4.2-8}$$

$$\mathrm{erf}(x) = \frac{2}{\sqrt{\pi}} \int_0^x \mathrm{e}^{-t^2} \mathrm{d}t \tag{4.2-9}$$

式中,函数 $\mathrm{erf}(x)$ 为误差函数;λ_i 为 4 种风险因子的相对权重。

参考专家意见,将洪峰流量、冻融开裂、冲刷深度和局部破坏 4 种因素分别赋以综合权重,不同的权重值体现了不同动态风险因子对建筑物的综合影响程度。

$$\text{水闸:} \begin{cases} \lambda_1 = 0.346, \\ \lambda_2 = 0.089, \\ \lambda_3 = 0.302, \\ \lambda_4 = 0.263, \end{cases} \sum_{i=1}^{4} \lambda_i = 1 \tag{4.2-10}$$

$$\text{倒虹吸:} \begin{cases} \lambda_1 = 0.362, \\ \lambda_2 = 0.098, \\ \lambda_3 = 0.313, \\ \lambda_4 = 0.227, \end{cases} \sum_{i=1}^{4} \lambda_i = 1 \tag{4.2-11}$$

$$\text{渡槽:} \begin{cases} \lambda_1 = 0.354, \\ \lambda_2 = 0.103, \\ \lambda_3 = 0.252, \\ \lambda_4 = 0.291, \end{cases} \sum_{i=1}^{4} \lambda_i = 1 \tag{4.2-12}$$

最终建立基于静态风险和动态风险相融合的风险演化模型,实现灌区运行期建筑物的风险动态识别,具体函数模型如下:

$$p = \beta_k \left[p_s + (1 - p_s) \text{erf}(2.0 \times \sum_{i=1}^{4} \lambda_i \alpha_i) \right] \qquad (4.2\text{-}13)$$

式中，$\beta_k(k=1,2,3$ 分别对应水闸、倒虹吸、渡槽)为影响系数，其取值表征了动态风险因子对建筑物的影响程度以及考虑其他未知因素的影响，$\beta_k(k=1,2,3)$ 取值为 0.70。

4.3 灌区工程运行期风险评估

4.3.1 传统评价方法

传统的评价指标量化方法包括专家评定方法、类比分析法、层次分析法和模糊综合评价法等。其中，专家评价法作为一种较为广泛应用的评价方法，该方法最大优点在于量化评价问题时并不十分依赖统计数据和原始资料，实施简单。然而，专家评价法较多地依赖专家经验，方法自身的理论系统并不完备，在处理建筑物种类繁多的大型灌区安全评价这类复杂问题时具有过强的主观性，无法较好地反映灌区的真实安全状况。采用类比分析法进行大型灌区安全评价时，主要通过分析老化严重的建筑物特点，与标准建筑物进行对比，量化建筑物的老化程度，方法在操作上较为方便但工作量大。层次分析法是通过建立目标、准则、指标层的决策因素，并结合定性和定量分析进行评价，该方法能够反映决策者的思维模式，同时依据了严格的逻辑推理，但在实际应用中容易出现判断矩阵一致性检验困难的问题。模糊综合评价法是根据模糊数学理论进行综合评价，通过隶属度进行定性到定量之间的不确定性转换，该方法结果较为清晰，能够直观反映评价结果，但在具体运用时，隶属函数的建立并没有统一的方法，具有较强随意性，因此其准确性有待商榷。

4.3.2 基于组合赋权的改进云模型评价方法

4.3.2.1 云模型评价法

云模型是李德毅院士提出的一种处理定性概念与定量描述的不确定转换模型，已成功应用于各类综合评价研究。设 U 是一个用数值表示的定量论域，C 是 U 上的定性概念，若定量数值 $x \in U$ 是定性概念 C 的一次随机实现，x 对 C 的确定度 $\mu(x) \in [0,1]$ 是有稳定倾向的随机数，即

$$\mu : U \rightarrow [0,1], \forall x \in U, x \in \mu(x) \qquad (4.3\text{-}1)$$

则 x 在论域 U 上的分布称为云模型，记作 $C(x)$；每一个 x 称为一个云滴。

云模型包含期望 Ex、熵 En、超熵 He 这 3 个云数字特征，具体见图 4.3-1。其中，期

望 Ex 是云滴在论域空间分布的中心值,用于反映评价对象安全状态的预期;熵 En 是定性概念随机性的度量,反映了能够代表这一定性概念的云滴的离散程度,是对评价结果可信度的一种描述;超熵 He 是熵的不确定性度量,即熵的熵,由熵的随机性和模糊性共同决定,是对不确定性评价结果稳定性的一种描述,超熵越大,云滴越厚,离散程度越大。期望 Ex 值越大,表明评价对象越安全。熵 En 越小,表明评价结果的可信度越高。超熵 He 越小,表明评价结果的稳定性越高。

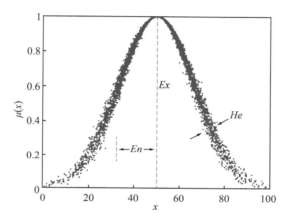

图 4.3-1 云模型数字特征示意图

云模型发生器作为云的生成算法,其作用是实现定量数值与定性概念之间的相互变换。云模型发生器可分为两种:其一是正向云发生器,该发生器可以实现从定性到定量的映射,即由云的数字特征实现对云滴定量值的计算;其二是逆向云发生器,该发生器可以实现从定量到定性的映射,即由服从正态分布的云滴实现对云的数字特征的计算。

4.3.2.2 毕达哥拉斯模糊集

在风险评价过程中,往往存在着对评价指标认识不全面、决策偏颇和结论不明确等问题,为了更加有效地处理复杂的模糊性问题,本次引入毕达哥拉斯模糊集(Pythagorean Fuzzy Sets,PFS)的概念。毕达哥拉斯模糊集由 Yager 于 2014 年提出,在直觉模糊集(Intuitionistic Fuzzy Sets,IFS)的基础上改进而来,避免了直觉模糊集中隶属度和非隶属度之和必须小于等于 1 的局限性,可以有效地处理不确定性和模糊性,具体见图 4.3-2。毕达哥拉斯模糊集扩大了隶属度和非隶属度的范围,直观展示了毕达哥拉斯模糊集在直觉模糊集的基础上所做的改进。

毕达哥拉斯模糊集的定义如下:

$$P = \{\langle x, P(\mu_P(x), v_P(x)) \mid x \in X \rangle\} \tag{4.3-2}$$

式中，$\mu_P(x)$ 和 $\upsilon_P(x)$ 分别为隶属度和非隶属度，满足 $(\mu_P(x))^2 + (\upsilon_P(x))^2 \leqslant 1$；$\Pi_P(x)$ 为论域 P 中属于 x 的不确定性，即 $\Pi_P(x) = \sqrt{1 - \mu_P(x)^2 - \upsilon_P(x)^2}$ 是毕达哥拉斯模糊数的犹豫度。

序对 $P = (\mu_P(x), \upsilon_P(x))$ 称为毕达哥拉斯模糊数（Pythagorean Fuzzy Number，PFN）。在实际运用中，往往通过指标间的隶属度、非隶属度以及不确定度对评价对象进行评价。

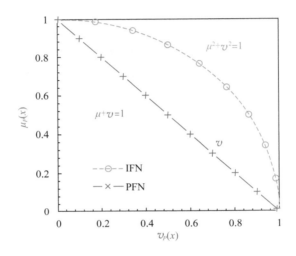

图 4.3-2　直觉模糊数（IFN）和毕达哥拉斯模糊数（PFN）的值域对比图

4.3.2.3　遗传降维赋权法

遗传降维客观赋权方法的核心思想是：综合投影寻踪法的降维处理和加速遗传算法的优化处理，从而获得评价指标重要性客观权重，其中投影寻踪法是通过对评价指标中的高维数据低维投影处理，寻找能反映高维数据结构或特征的投影，从而实现对评价指标重要性的客观赋权。

（1）标准化处理评价指标

假设在某个评价指标体系中有 n 个评价指标，且每个评价指标有 m 个原始数据，则可用初始矩阵 $\boldsymbol{X} = (x_{ij})_{n \times m}$ 来表示，对初始矩阵标准化可得矩阵 $\boldsymbol{Y} = (y_{ij})_{n \times m}$。

（2）构造目标函数

投影寻踪法在确定评价指标的重要性时，首先应该对其降维处理，将标准化后的第 i 个评价指标按照 $P = \{p_1, p_2, \cdots, p_m\}$ 方向投影，可得第 i 个评价指标投影值 $G(i)$

$$G(i) = \sum_{j=1}^{m} p_j y_{ij} \ , \ i = 1, 2, \cdots, n \tag{4.3-3}$$

式中，p_j 表示单位向量。

由式(4.3-3)可知，评价指标投影值 $G(i)$ 的大小由投影方向来决定，在此构建由投影值表示的投影目标函数 $H(p)$

$$H(p) = S_G \cdot Q_G \qquad (4.3-4)$$

$$S_G = \left[\sum_{i=1}^{n} (G(i) - \overline{g}(i))^2 / (n-1) \right]^{0.5} \qquad (4.3-5)$$

$$Q_G = \sum_{i=1}^{n} \sum_{j=1}^{n} (R - r_{ij}) \cdot f(R - r_{ij}) \qquad (4.3-6)$$

式中，S_G 表示评价指标投影值的散开度，即评价指标投影值 $G(i)$ 的标准差；Q_G 表示一维数据点在沿 p 方向上的局部密度；$\overline{g}(i)$ 表示评价指标投影值 $\{G(i), i=1,2,\cdots,n\}$ 的均值；R 表示局部密度的窗口半径，该值在选取时既不能过小以防包含窗口内的投影点个数偏少，从而导致滑动偏差值较大，也不能使其随着 n 的增大而增大过大；r_{ij} 表示投影值 $G(i)$ 和 $G(j)$ 之间的距离，$r_{ij} = |G(i) - G(j)|$；$f(t)$ 表示单位阶跃函数，当 $t \geqslant 0$ 时，则 $f(t) = 1$，当 $t < 0$ 时，则 $f(t) = 0$。

(3) 优化目标函数

在已知评价指标的初始矩阵情况下，通过改变投影方向 P，从而使得评价指标特征不同，其中最佳投影方向最大程度上包含了评价指标的某种特征，因此可通过求解在约束条件下的投影目标函数最大化问题对最佳投影方向进行估计，其投影目标函数为：

$$\text{Max}: H(p) = S_G \cdot Q_G$$
$$\text{s.t.} \quad \sum_{j=1}^{m} p_j^2 = 1 \qquad (4.3-7)$$

式中，m 表示每个评价指标中原始数据个数。

求得评价指标的最佳投影方向 P^* 代入式(4.3-8)，得到各评价指标的最佳投影值 $G^*(i)$，据此得到各个评价指标的权重 ω_i

$$\omega_i = \frac{G^*(i)}{\sum\limits_{j=1}^{n} G^*(j)}, \quad i = 1, 2, \cdots, n \qquad (4.3-8)$$

式中，ω_i 是第 i 个评价指标的权重；$G^*(i)$ 是第 i 个评价指标的最优投影值。

投影寻踪法能在一定程度上处理众多评价指标间的相对重要程度的非线性问题，从而确定各评价指标重要性客观权重，但当评价指标维度较高、指标数据序列较长时，海量评价指标的拓扑结构十分复杂，使用该方法寻找最佳投影方向具有较大的难度。加速遗传算法是一种基于遗传算法的改进算法,通过选择、杂交、变异操作并列进行,从而加快循环操作步骤,且不需要解码操作,具有收敛速度快的优点。采用加速遗传算法搜索投影寻踪法的最佳投影方向和对应的最优投影值,进而确定指标的重要性客观权重。

4.3.2.4　基于博弈论的组合赋权

博弈论理论的核心思想是根据所选取的多种主客观赋权方法,确定各个评价指标的重要程度,在寻求多种赋权方法评价指标权重一致性的同时,将各个指标的组合权重与各赋权方法下的单一权重间偏差最小化。具体实现步骤如下:

建立评价对象风险评价指标的基本权重组合如下:

$$D = \{w_{t1}, w_{t2}, \cdots, w_{ts}\}, t = 1, 2, \cdots, l \tag{4.3-9}$$

式中,D 为 l 种主客观赋权方法的权重集合;$w_{ts}(t = 1, 2, \cdots, l;\ s = 1, 2, \cdots, m)$ 为第 t 种赋权方式下第 s 个评价对象风险评价指标的权重。

建立指标的组合权重如下:

$$\omega = \sum_{t=1}^{l} \alpha_t w_t \tag{4.3-10}$$

式中,ω 为评价对象风险评价指标的组合权重;$\alpha_t(t = 1, 2, \cdots, l)$ 为不同赋权方法的权重因子。

由博弈论理论可知,博弈论中的最优方案为使组合权重 ω 和 $w_t(t = 1, 2, \cdots, l)$ 的离差最小,其等价方程组可表示如下:

$$\begin{bmatrix} w_1 w_1^{\mathrm{T}} & w_1 w_2^{\mathrm{T}} & \cdots & w_1 w_l^{\mathrm{T}} \\ w_2 w_1^{\mathrm{T}} & w_2 w_2^{\mathrm{T}} & \cdots & w_2 w_l^{\mathrm{T}} \\ \vdots & \vdots & \cdots & \vdots \\ w_l w_1^{\mathrm{T}} & w_l w_2^{\mathrm{T}} & \cdots & w_l w_l^{\mathrm{T}} \end{bmatrix} \begin{bmatrix} \alpha_1 \\ \alpha_2 \\ \vdots \\ \alpha_l \end{bmatrix} = \begin{bmatrix} w_1 w_1^{\mathrm{T}} \\ w_2 w_2^{\mathrm{T}} \\ \vdots \\ w_l w_l^{\mathrm{T}} \end{bmatrix} \tag{4.3-11}$$

由上式求出 $(\alpha_1, \alpha_2, \cdots, \alpha_l)$ 后,通过归一化后的权重因子 α_t^* 最终计算得到基于博弈论的组合权重 ω^*:

$$\omega^* = \sum_{t=1}^{l} \alpha_t^* w_t, t = 1, 2, \cdots, l \tag{4.3-12}$$

4.3.2.5　毕达哥拉斯模糊云模型评价方法

云模型具有将定量数值转化为定性描述的功能,采用云数字特征可以处理评价过程中的不确定性,直观展示评价结果。但是实际评价过程中,部分指标可能由于 En 和 He

过大导致云滴过于离散化,使得云模型出现"雾化"现象。毕达哥拉斯模糊数$(\mu_P(x),v_P(x))$中$\mu_P(x)$和$v_P(x)$表示某一指标与风险程度间的隶属度和非隶属度,能够有效地处理评价指标模糊性。为了充分结合两种评价方法的优势,将两种方法结合起来,提出运用于大型灌区风险评价的毕达哥拉斯模糊云模型(Integrated Pythagorean Fuzzy Cloud,IPFC)。

该评价方法的核心思想是:评价对象的云数字特征中的云期望值Ex,表示正态云模型的分布中心,将毕达哥拉斯模糊数$(\mu_P(x),v_P(x))$引入云数字特征中,则云模型中的Ex可以表示为毕达哥拉斯模糊数$\langle Ex,\mu_P(x),v_P(x)\rangle$,毕达哥拉斯模糊数(PFC)可定义为$C(\langle Ex,\mu_P(x),v_P(x)\rangle,En,He)$,则任一指标下的毕达哥拉斯模糊云(IPFC)即可表示为$C_i(\langle Ex_i,\mu_{Pi}(x),v_{Pi}(x)\rangle,En_i,He_i)(i=1,2,\cdots,m)$。

将毕达哥拉斯模糊云模型中的Ex定义为指标的风险评分,用于表征大型灌区各项评价指标的安全情况,指标评价范围定义为$[0,100]$,值越大则说明该指标的安全状况越好。

在采用毕达哥拉斯模糊云模型对灌区进行风险评价过程中,根据云期望值大小判断评价指标具体的安全情况,确定所属的风险等级区间。因为不同评价指标的云滴并不仅仅分布在固定的风险等级范围内,不同评价指标与各个风险等级间存在着一定的关联性,云相似度可以对评价指标与不同风险等级间的关联性进行描述,指标的风险等级归属云相似度最高的风险等级。

毕达哥拉斯模糊云模型可以确定评价指标的安全值,通过目标对象安全值与各个风险等级的云相似度判断评价指标所属的风险等级。结合 TOPSIS 法,对评价指标的综合评价指数 CI 进行排序,不仅可以确定评价目标的风险等级,还可以判断评价指标间的相对重要性,对存在隐患的部分可以采取措施,提高其安全性。图 4.3-3 为毕达哥拉斯模糊云模型评价流程图。

4.3.3 风险评价不等区间与指标体系

将大型灌区风险评价体系中的评价等级划分为四级,采用不等区间对灌区风险程度进行划分,对应的评价等级可以表示为$V=\{V_1,V_2,V_3,V_4\}=\{$重大风险、较大风险、一般风险、低风险$\}$;计算相应风险等级的毕达哥拉斯模糊云模型中的云数字特征及拟定相应等级下的毕达哥拉斯模糊数,对应的计算公式如下:

$$Ex=\frac{c_{\max}+c_{\min}}{2} \tag{4.3-13}$$

$$En=\frac{c_{\max}-c_{\min}}{6} \tag{4.3-14}$$

$$He=s \tag{4.3-15}$$

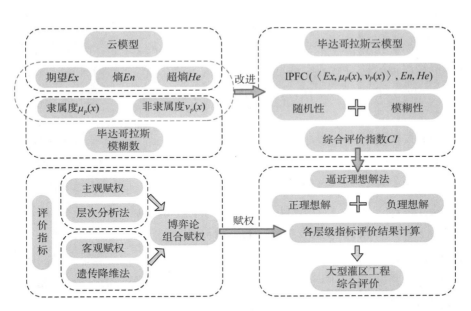

图 4.3-3 毕达哥拉斯模糊云模型评价流程图

式中，c_{max} 和 c_{min} 分别代表对应等级属性的上下限；s 为常数。

根据评价指标的模糊性及随机性确定，表 4.3-1 为根据毕达哥拉斯模糊云所划分的风险等级区间。

表 4.3-1 毕达哥拉斯模糊云风险等级划分

风险评价等级	评价区间	云数字特征		IPFC		
		Ex	En	He	μ	υ
重大风险	(0, 60]	30	5	0.33	0.20	0.90
较大风险	(60, 70]	65	1.67	0.25	0.40	0.83
一般风险	(70, 85]	77.5	2.5	0.25	0.60	0.70
低风险	(85, 100]	92.5	2.5	0.17	0.80	0.46

通过实地调研、现场检测、计算分析以及相关资料梳理，对灌区运行期主要运行模式进行深入分析，归纳总结影响灌区安全的风险因子，并建立大型灌区风险评价指标体系。首先针对灌区建筑物本身进行考察，以渠道为例，作为灌区主要输水结构，渠道常见的工程风险主要有渠坡失稳倒塌、衬砌开裂脱空、局部土体掏空、渠顶损毁、渗漏破坏等。对于灌区内其他建筑物，如节制闸、分水闸、倒虹吸、渡槽等，虽然存在各自的结构特点和运行条件，但其主要安全问题可以归纳为结构失稳、开裂破坏、局部渗漏、沉降变形等。此外还可能遭遇暴雨洪水、地震、冰冻灾害等极端事件。除工程自身安全外，灌区的运行管理也可能引起灌区工程安全风险。因此，根据灌区运行模式，综合考虑影响灌区建筑物安全的风险因子，建立灌区风险评价指标体系。灌区风险评价体系包含渠道工程风险

B1、建筑物工程风险 B2、设施设备风险 B3、社会因素风险 B4、自然环境风险 B5、管理因素风险 B6 这 6 个 2 级评价指标,以及渠坡滑坡、主体失稳等 26 个 3 级评价指标。

第一层为大型灌区安全评价体系的目标层 A,表征了大型灌区的整体安全情况。

第二层为大型灌区安全评价体系的准则层 B,包含渠道工程 B1、建筑物工程 B2、设施设备 B3、社会因素 B4、自然环境 B5、管理因素 B6 这 6 个 2 级评价指标。

第三层为大型灌区安全评价体系的指标层 C,包含 26 个 3 级评价指标,隶属于准则层 B。渠道工程风险 B1 可进一步划分为渠坡滑坡 C1、渠顶损毁 C2、渠底淤积 C3、渗漏破坏 C4、衬砌开裂破损 C5。建筑物工程风险 B2 可进一步划分为主体失稳 C6、进出口段破坏 C7、不均匀沉降 C8、接触渗漏 C9、老化剥蚀 C10。设施设备风险 B3 可进一步划分为闸门 C11、启闭设备 C12、变配电设备 C13、安全监测设备 C14。社会因素风险 B4 可进一步划分为交通事故 C15、人为破坏 C16、牲畜活动 C17、水事纠纷 C18。自然环境风险 B5 可进一步划分为暴雨洪水 C19、地震灾害 C20、冰冻灾害 C21、结构侵蚀 C22。管理因素风险 B6 可进一步划分为日常巡查 C23、运行维护 C24、规章制度 C25、人员管理 C26。

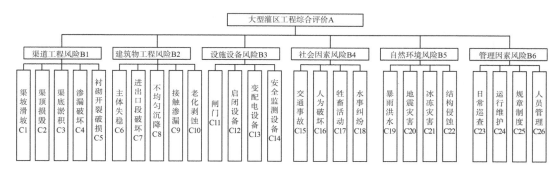

图 4.3-4　灌区风险评价指标体系

4.4　灌区工程运行期风险分级预警

4.4.1　基于 LSTM 神经网络的自然风险预警模型

4.4.1.1　长短期记忆网络

长短期记忆(Long Short-Term Memory,LSTM)网络是在循环神经网络的基础上引入了三种门结构和细胞状态,克服了参数膨胀和梯度消失等问题,目前已经成功应用于大坝变形预测、航船运动仿真等各类研究。图 4.4-1 展示了 LSTM 的内部结构。

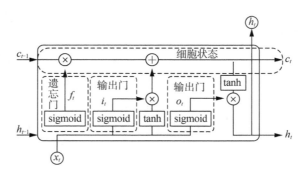

图 4.4-1　LSTM 内部结构

LSTM 算法的具体计算公式如下：

$$\begin{cases} f_t = \sigma(\omega_f [h_{t-1}, x_t] + b_f) \\ i_t = \sigma(\omega_i [h_{t-1}, x_t] + b_i) \\ c'_t = \tanh(\omega_c [h_{t-1}, x_t] + b_c) \\ c_t = f_t c_{t-1} + i_t c'_t \\ o_t = \sigma(\omega_o [h_{t-1}, x_t] + b_o) \\ h_t = o_t \times \tanh(c_t) \end{cases} \tag{4.4-1}$$

式中，f_t 为遗忘门的输出；i_t 为输入门的输出；c'_t 为前一时刻细胞状态；c_t 为当前时刻细胞状态；o_t 为输出门的输出；h_t 为 t 时刻单元输出；x_t 为 t 时刻的输入；σ 为 sigmoid 函数；ω_f、ω_i、ω_c、ω_o 分别为遗忘门、输入门、细胞状态、输出门的权值；b_f、b_i、b_c、b_o 分别为遗忘门、输入门、细胞状态、输出门的偏移值。

4.4.1.2　人工电场算法

人工电场算法（Artificial Electric Field Algorithm，AEFA）受到库仑定律的启发，即带电粒子在静电力的作用下相互吸引或排斥，通过模拟粒子在静电场中受其他粒子的作用力而移动，从而将其转化为随机搜索最优解的过程。AEFA 算法忽略带电粒子的排斥力，只考虑带电粒子的静电引力，因此在静电场中电荷量越大的带电粒子对其他粒子的吸引力越大。在整个搜索空间中，每一个带电粒子表示一个可行解，具有最大电荷量的带电粒子吸引其他所有电荷相对较低的粒子，其他带电粒子都向该粒子靠近，使算法向最优解收敛。AEFA 算法的具体实现过程如下：

设带电粒子的初始种群数量为 N，在 d 维搜索空间中，第 i 个粒子的位置为：

$$X_i = \{x_1^d, x_2^d, \cdots, x_i^d\}, i = 1, 2, \cdots, N \tag{4.4-2}$$

式中，x_i^d 为第 i 个带电粒子在第 d 维的位置。

在 d 维搜索空间中，t 时刻第 i 个带电粒子的最佳适应度值对应的空间位置根据下式确定：

$$p_i^d(t+1)=\begin{cases}p_i^d(t) & \text{if } f(P_i(t))<f(X_i(t+1))\\ x_i^d(t+1) & \text{if } f(X_i(t+1))\leqslant f(P_i(t))\end{cases} \tag{4.4-3}$$

式中，p_i^d、x_i^d 为第 d 维搜索空间的第 i 个带电粒子；$f(P_i)$ 和 $f(X_i)$ 为适应度值。

在 t 时刻，第 j 个带电粒子受到第 i 个带电粒子的库仑力 $F_{ij}^d(t)$ 为：

$$F_{ij}^d(t)=K(t)\frac{Q_i(t)\times Q_j(t)(p_j^d(t)-X_i^t(t))}{R_{ij}(t)+\varepsilon} \tag{4.4-4}$$

式中，Q_i 和 Q_j 分别为作用带电粒子 i 和被作用带电粒子 j 的电荷量；ε 表示一个极小的常量；$K(t)$ 是 t 时刻的库仑常数；$R_{ij}(t)$ 为 t 时刻带电粒子 i 和带电粒子 j 的欧式距离。

4.4.1.3　自然风险预警模型

图 4.4-2 为基于 LSTM 神经网络的自然风险预警模型流程，其中神经网络模型参数优化采用人工电场算法。

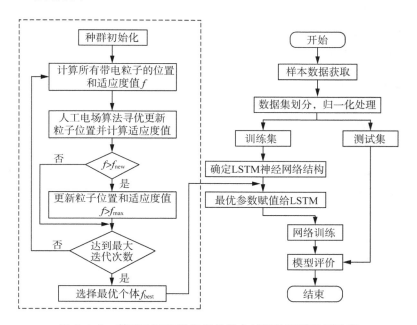

图 4.4-2　基于 LSTM 神经网络的自然风险预警模型流程

自然风险预警模型具体流程：首先选取自然风险数据进行标准化处理，采取 min-max 标准化对原数据序列 $\{y_1,y_2,\cdots,y_n\}$ 进行变换，将原始值通过标准化映射成在区间 $[0,1]$ 中的标准化值，具体计算公式如下：

$$y_i^* = \frac{y_i - \min_{1 \leqslant j \leqslant n}\{y_j\}}{\max_{1 \leqslant j \leqslant n}\{y_j\} - \min_{1 \leqslant j \leqslant n}\{y_j\}} \tag{4.4-5}$$

式中，y_i^* 为标准化处理后的数据值，新序列$\{y_1^*, y_2^*, \cdots, y_n^*\} \in [0,1]$且无量纲。

按照一定的比例将样本划分为训练集和测试集，确定 LSTM 模型的结构后，将预测结果的均方误差 MSE 最小值作为人工电场算法寻优的目标函数，对模型参数（神经元个数 m 和学习率 lr）进行迭代寻优。根据实测自然风险数据和最终预测结果计算平均绝对误差 MAE、均方误差 MSE、均方根误差 RMSE 评价 AEFA-LSTM 模型的预测效果。最终根据预警数据判断风险等级，启动相应风险等级的处置预案。不同风险等级的风险管控与处置具体如下。

重大风险：极其危险，由管理单位主要负责人组织管控，上级主管部门重点监督检查。必要时，管理单位应报请上级主管部门并与当地应急管理部门沟通，协调相关单位共同管控。

较大风险：高度危险，由管理单位分管运管或有关部门的领导组织管控，分管安全管理部门的领导协助主要负责人监督。

一般风险：中度危险，由管理单位运管或有关部门负责人组织管控，安全管理部门负责人协助其分管领导监督。

低风险：轻度危险，由管理单位有关部门或班组自行管控。

4.4.2 基于 VMD-GRU 的自然风险预警模型

4.4.2.1 变分模态分解

变分模态分解（Variational Mode Decomposition，VMD）是 Dragomiretskiy 等提出的一种新型自适应信号分解方法，对处理非平稳、非线性的信号较为有效。变分模态分解能够将非平稳的时间序列分解成多个不同变化规律的 IMF 分量，同时避免了经验模态分解、小波分解等信号分解方法出现的模态混叠现象，从而更好地提取干旱信息。各分量变分约束模型为：

$$\min_{u_k, \omega_k} \sum_{k=1}^{K} \left| \partial_t \left[\left(\delta(t) + \frac{j}{\pi t} \right) \times u_k(t) \right] e^{(-j\omega_k t)} \right| \tag{4.4-6}$$

$$\text{s.t.} \sum_{k=1}^{K} u_k(t) = f(t) \tag{4.4-7}$$

式中，u_k 为分解的第 k 个模态；ω_k 为模态的第 k 个中心频率；K 表示信号分解出的模态数量；∂_t 为函数对 t 求偏导；$\delta(t)$ 为 Dirac 分布函数；$*$ 为卷积运算；$f(t)$ 为初始信号。

变分模态分解的具体实现步骤为：

（1）通过希尔伯特变换对各模态函数 u_k 进行计算，求解出单边频率谱；

（2）在交替更新过程中，各模态函数都围绕各自估计的中心频率，引入指数项对中心频率进行调整，将每个模态的频谱都移动到基带上。从 1 到 K 持续更新 u_k^{n+1} 和 ω_k^{n+1}；

（3）对变分约束模型进行判断，如果满足收敛条件，将 K 个模态分量输出。

4.4.2.2　门控循环单元网络

门控循环单元网络（Gated Recurrent Unit，GRU）是一类深度学习算法，常用于信号识别、时间序列预测等领域，具有超参数少、迭代收敛快、泛化能力强等特点。相较于标准的递归神经网络，门控循环单元网络在计算求解时增加了更新门和重置门，使得算法在预测不同变化规律的时间序列时能够有效解决梯度消失和爆炸问题，具体计算公式如下：

更新门 z_t：

$$z_t = \sigma(i_t W_{iz} + h_{t-1} W_{hz} + b_z) \tag{4.4-8}$$

重置门 r_t：

$$r_t = \sigma(i_t W_{ir} + h_{t-1} W_{hr} + b_r) \tag{4.4-9}$$

更新的隐含层细胞状态 $\tilde{h}_t$：

$$\tilde{h}_t = \tanh(i_t W_{ih} + r_t \odot h_{t-1} W_{hh} + b_h) \tag{4.4-10}$$

当前的隐含层细胞状态 h_t：

$$h_t = z_t \odot h_{t-1} + (1 - z_t)\tilde{h}_t \tag{4.4-11}$$

式中，σ 为 sigmoid 函数；h_{t-1} 为上一时刻隐含层细胞状态；W_{iz}、W_{ir}、W_{ih} 分别为更新门、重置门、细胞状态的权值；b_z、b_r、b_h 分别为更新门、重置门、细胞状态的偏移值；i_t 为 t 时刻的输入；$\odot$ 为内积运算。

4.4.2.3　自然风险预警模型

采用变分模态分解 VMD 对自然风险数据进行分解，对各分量划分训练集和测试集。基于训练集中的模型参数，将各分量分别代入门控循环单元网络 GRU 进行预测，并根据常用的预测模型评价指标（平均绝对误差 MAE、均方误差 MSE、均方根误差 RMSE）进行模型评价，具体计算流程如图 4.4-3 所示。

平均绝对误差 MAE、均方误差 MSE、均方根误差 RMSE 的计算公式如下：

$$MAE = \frac{1}{N} \sum_{i=1}^{N} |y_i - y'_i| \qquad (4.4-12)$$

$$MSE = \frac{1}{N} \sum_{i=1}^{N} (y_i - y'_i)^2 \qquad (4.4-13)$$

$$RMSE = \sqrt{\frac{1}{N} \sum_{i=1}^{N} (y_i - y'_i)^2} \qquad (4.4-14)$$

式中，y_i 和 y'_i 分别为实测值和预测值；N 为样本数量。

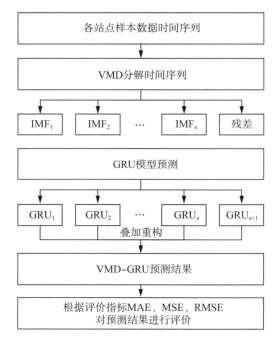

图 4.4-3　VMD-GRU 组合模型预测流程

最终根据预警数据判断风险等级，启动相应风险等级的处置预案。不同风险等级的风险管控与处置具体如下。

重大风险：极其危险，由管理单位主要负责人组织管控，上级主管部门重点监督检查。必要时，管理单位应报请上级主管部门并与当地应急管理部门沟通，协调相关单位共同管控。

较大风险：高度危险，由管理单位分管运管或有关部门的领导组织管控，分管安全管理部门的领导协助主要负责人监督。

一般风险：中度危险，由管理单位运管或有关部门负责人组织管控，安全管理部门负责人协助其分管领导监督。

低风险:轻度危险,由管理单位有关部门或班组自行管控。

4.4.3　基于 BP 神经网络的工程风险预警

根据赵口引黄灌区工程特点,在灌区运行期风险源识别和相应风险评价指标体系建立的基础上,给出了大型灌区工程风险预警的基本流程。

(1)灌区内不同的建筑物存在相应的预警指标,将建筑物的预警指标与专家评分之间建立相关映射关系。

(2)基于机器学习算法获取预警指标和专家评分之间的映射关系,针对低风险、一般风险、较大风险、重大风险四个风险确定不同等级的风险阈值。

(3)对预警指标进行数据收集并对机器学习算法进行训练和调试,建立大型灌区运行期风险预警模型。

(4)将预警指标数据输入到所建立的大型灌区运行期工程风险预警模型中,得到建筑物的风险等级,并启动相应风险等级的处置预案,及时规避风险。

BP 神经网络是根据误差逆向传播算法进行训练的多层前馈网络,在理论方面,该方法可以贴近任何函数,成为目前应用最为广泛的神经网络。BP 神经网络的构架主要包括以下三层:输入层,隐藏层和输出层。核心思想是通过梯度降落,利用梯度搜索技术来最小化网络的真实和预期输出值之间的偏差的均方偏差。一般来讲,假设输入向量为 $X=(x_1,x_2,\cdots,x_n)^\mathrm{T}$,隐含层输出向量为 $Y=(y_1,y_2,\cdots,y_m)^\mathrm{T}$,输出层输出向量为 $O=(o_1,o_2,\cdots,o_l)^\mathrm{T}$,期望输出向量为 $\overline{d}=(d_1,d_2,\cdots,d_l)^\mathrm{T}$。$\omega_{ij}$ 表示输入层与隐含层神经元之间连接的权重值,v_{jk} 表示隐含层与输出层神经元之间的连接权重值,其含义为每个输入信号对输出信号值的影响作用大小的反应值。b 表示偏差,每个神经元输入与输出值之间的函数关系可以表达为以下式子:

$$net_j = \sum_{i=1}^{n} w_{ij}x_i + b \qquad (4.4\text{-}15)$$

$$Y_j = f(net_j) \qquad (4.4\text{-}16)$$

如果将偏差 b 看作输出值的输入权重时,可以将上式进行简化,得到以下式子:

$$net_j = \sum_{i=1}^{n} w_{ij}x_i \qquad (4.4\text{-}17)$$

若 W 表示权重因子向量,$W=(\omega_1,\omega_2,\cdots,\omega_n)^\mathrm{T}$,则神经元输出的向量表达式如下:

$$net_j = XW \qquad (4.4\text{-}18)$$

$$Y_j = f(net_j) = f(XW) \qquad (4.4\text{-}19)$$

神经网络中进行反向传递子过程其目的是为了反复修正权值和偏差,使各个输出信号的权重值更逼近实际,使得输入信号与输出信号之间的函数表达更为精准,缩小预期输出信号与实际输出之间的误差,通过沿着相对误差平方和的最快下降方向,最终使得误差函数式最小。

BP 神经网络的结构图如图 4.4-4 所示:

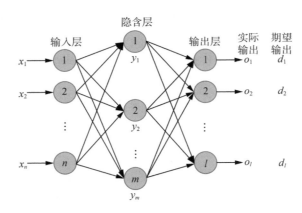

图 4.4-4　BP 神经网络结构图

第一层:输入层。输入层是网络与外部之间的接口,外部信号以某种形式作用于输入层神经元,随后输入层将信号传递给与其相连接的隐含层的每个神经元。

第二层:隐含层。隐含层是神经网络的内核,其主要作用为实现外部输入、输出的神经网络的模式转换。

第三层:输出层。输出层是网络将信号输出给外部的端口。

4.5　工程应用

4.5.1　运行期风险源识别

4.5.1.1　工程风险

(1)渠道风险

采用风险矩阵法对赵口引黄灌区二期工程内典型渠道进行风险分析,邀请分管负责人、部门负责人、代表管理人员依据渠道工程风险清单对各风险源进行打分。渠道风险计算结果见表 4.5-1,风险源序号对应的实际风险参见 4.1.3 节中的渠道工程风险清单表 4.1-1。

表 4.5-1　渠道风险计算结果

风险源序号	分管负责人层级 L_{j1}	部门负责人层级 L_{j2}	管理人员层级 L_{j3}	L 值	S 值	R 值	风险等级
A1	3	4	3	3.5	3	10.5	较大风险
A2	3	3	3	3	4	12	较大风险
A3	1	2	2	1.7	2	3.4	低风险
A4	2	3	3	2.7	3	8.1	一般风险
A5	3	4	4	3.7	4	14.8	较大风险
A6	4	3	3	3.3	4	13.2	较大风险
A7	2	1	2	1.5	3	4.5	一般风险
A8	2	2	2	2	2	4	低风险

注:表中风险源序号 A1~A8 对应风险清单表 4.1-1 中的序号 1~8,下同。

由表 4.5-1 可知,渠道风险中有 4 项较大风险、2 项一般风险和 2 项低风险。渠道顶部 A1、渠道坡体 A2、渗漏破坏 A5、衬砌破损 A6 为较大风险,风险值 R 分别为 10.5、12、14.8、13.2。地基 A4 和断面状况 A7 为一般风险,风险值 R 分别为 8.1 和 4.5。渠道底部 A3 和水力条件 A8 为低风险,风险值 R 分别为 3.4 和 4。

（2）水闸风险

采用风险矩阵法对赵口引黄灌区二期工程内典型水闸进行风险分析,邀请分管负责人、部门负责人、代表管理人员依据水闸风险清单对各风险源进行打分。水闸风险计算结果见表 4.5-2,风险源序号对应的实际风险参见 4.1.3 节中的建筑物工程（水闸）风险清单表 4.1-2。

表 4.5-2　水闸风险计算结果

风险源序号	分管负责人层级 L_{j1}	部门负责人层级 L_{j2}	管理人员层级 L_{j3}	L 值	S 值	R 值	风险等级
A1	5	4	4	4.3	3	12.9	较大风险
A2	4	4	5	4.2	2	8.4	一般风险
A3	2	3	3	2.7	2	5.4	一般风险
A4	4	4	3	3.8	3	11.4	较大风险
A5	3	4	3	3.5	3	10.5	较大风险
A6	3	2	3	2.5	4	10	较大风险
A7	2	3	2	2.5	3	7.5	一般风险
A8	2	3	2	2.5	3	7.5	一般风险
A9	2	2	1	1.8	2	3.6	低风险
A10	4	4	5	4.2	2	8.4	一般风险

风险源序号	分管负责人层级 L_{j1}	部门负责人层级 L_{j2}	管理人员层级 L_{j3}	L 值	S 值	R 值	风险等级
A11	4	3	3	3.3	2	6.6	一般风险
A12	2	2	3	2.2	3	6.6	一般风险

由表 4.5-2 可知,水闸风险中有 4 项较大风险、7 项一般风险和 1 项低风险。建筑物抗滑稳定 A1、地基 A4、底板和闸墩及胸墙结构表面 A5、闸墩渗流 A6 为较大风险,风险值 R 分别为 12.9、11.4、10.5、10。建筑物抗倾稳定 A2,建筑物抗浮稳定 A3,消力池、海漫、防冲墙、铺盖、护坡、护底结构表面 A7,消力池、海漫、防冲墙、铺盖、护坡、护底渗漏 A8,建筑物混凝土结构 A10,岸、翼墙排水 A11,岸、翼墙结构表面 A12 为一般风险,风险值 R 分别为 8.4、5.4、7.5、7.5、8.4、6.6、6.6。消力池、海漫、防冲墙、铺盖、护坡、护底排水 A9 为低风险,风险值 R 为 3.6。

（3）渡槽风险

采用风险矩阵法对赵口引黄灌区二期工程内渡槽进行风险分析,邀请分管负责人、部门负责人、代表管理人员依据渡槽风险清单对各风险源进行打分。灌区内有渡槽 1 座,为总干渠跨运粮河渡槽,确定风险矩阵法中的 S 值为 15,渡槽风险计算结果见表 4.5-3,风险源序号对应的实际风险参见 4.1.3 节中的建筑物工程（渡槽）风险清单表 4.1-3。

表 4.5-3　渡槽风险计算结果

风险源序号	分管负责人层级 L_{j1}	部门负责人层级 L_{j2}	管理人员层级 L_{j3}	L 值	S 值	R 值	风险等级
A1	4	4	4	4	2	8	一般风险
A2	3	4	4	3.7	2	7.4	一般风险
A3	3	4	3	3.5	3	10.5	较大风险
A4	3	3	3	3	3	9	一般风险
A5	3	3	4	3.2	4	12.8	较大风险
A6	3	3	3	3	3	9	一般风险
A7	4	4	5	4.2	4	16.8	重大风险

由表 4.5-3 可知,总干渠跨运粮河渡槽风险中有 1 项重大风险、2 项较大风险和 4 项一般风险。地基 A7 为重大风险,风险值 R 为 16.8。拱上结构 A3 和槽墩台 A5 为较大风险,风险值 R 分别为 10.5 和 12.8。建筑物抗滑稳定 A1、建筑物抗倾稳定 A2、主拱圈 A4、排架柱 A6 为一般风险,风险值 R 分别为 8、7.4、9、9。

（4）倒虹吸风险

采用风险矩阵法对赵口引黄灌区二期工程的一座典型倒虹吸进行风险分析,邀请分管负责人、部门负责人、代表管理人员依据倒虹吸风险清单对各风险源进行打分。倒虹吸风险计算结果见表 4.5-4,风险源序号对应的实际风险参见 4.1.3 节中的建筑物工程（倒虹吸）风险清单表 4.1-4。

表 4.5-4　倒虹吸风险计算结果

风险源序号	分管负责人层级 $L_{j}1$	部门负责人层级 $L_{j}2$	管理人员层级 $L_{j}3$	L 值	S 值	R 值	风险等级
A1	4	3	4	3.5	3	10.5	较大风险
A2	4	4	3	3.8	3	11.4	较大风险
A3	2	3	3	2.7	2	5.4	一般风险
A4	4	3	3	2.8	4	11.2	较大风险
A5	4	3	3	3.3	2	6.6	一般风险
A6	4	3	3	2.7	4	10.8	较大风险
A7	3	2	3	2.5	4	10	较大风险
A8	3	2	2	2.3	2	4.6	一般风险

由表 4.5-4 可知,倒虹吸风险中有 5 项较大风险和 3 项一般风险。建筑物抗滑稳定 A1、建筑物抗浮稳定 A2、沿管线坡体 A4、裂缝 A6、止水结构 A7 为较大风险,风险值 R 分别为 10.5、11.4、11.2、10.8、10。进口段挡墙 A3、主体结构 A5、镇墩 A8 为一般风险,风险值 R 分别为 5.4、6.6、4.6。

（5）箱涵风险

采用风险矩阵法对赵口引黄灌区二期工程内箱涵进行风险分析,邀请分管负责人、部门负责人、代表管理人员依据箱涵风险清单对各风险源进行打分。箱涵风险计算结果见表 4.5-5,风险源序号对应的实际风险参见 4.1.3 节中的建筑物工程（箱涵）风险清单表 4.1-5。

表 4.5-5　箱涵风险计算结果

风险源序号	分管负责人层级 L_{j1}	部门负责人层级 L_{j2}	管理人员层级 L_{j3}	L 值	S 值	R 值	风险等级
A1	4	4	3	3.8	2	7.6	一般风险
A2	3	4	4	3.7	2	7.4	一般风险
A3	4	5	4	4.5	3	13.5	较大风险
A4	2	3	3	2.7	3	8.1	一般风险
A5	3	3	3	3	3	9	一般风险
A6	3	4	3	3.5	2	7	一般风险
A7	3	3	4	3.2	3	9.6	较大风险

由表 4.5-5 可知,箱涵风险中有 2 项较大风险和 5 项一般风险。主体结构 A3 及顶板和底板 A7 为较大风险,风险值 R 分别为 13.5 和 9.6。建筑物抗滑稳定 A1、建筑物抗

浮稳定 A2、箱涵与周围土体接合部 A4、局部破损 A5、渗漏破坏 A6 为一般风险,风险值 R 分别为 7.6、7.4、8.1、9、7。

4.5.1.2 设施设备风险

采用风险矩阵法进行风险分析,邀请分管负责人、部门负责人、代表管理人员依据设施设备风险清单对各风险源进行打分,设施设备风险计算结果见表 4.5-6,风险源序号对应的实际风险参见 4.1.3 节中的设施设备风险清单表 4.1-6。

表 4.5-6　设施设备风险计算结果

风险源序号	分管负责人层级 L_{j1}	部门负责人层级 L_{j2}	管理人员层级 L_{j3}	L 值	S 值	R 值	风险等级
A1	3	4	3	3.5	2	7	一般风险
A2	3	3	4	3.2	1	3.2	低风险
A3	3	3	3	3	1	3	低风险
A4	3	3	3	3	2	6	一般风险
A5	2	2	2	2	3	6	一般风险
A6	3	3	3	3	3	9	一般风险
A7	3	2	3	2.5	3	7.5	一般风险
A8	2	2	2	2	4	8	一般风险

由表 4.5-6 可知,设施设备风险中有 6 项一般风险和 2 项低风险。闸门 A1、变配电设备 A4、观测设施 A5、安全监测系统 A6、警示标志 A7、通信及预警设施 A8 为一般风险,风险值 R 分别为 7、6、6、9、7.5、8。启闭机械 A2 和闸门启闭控制设备 A3 为低风险,风险值 R 分别为 3.2 和 3。

4.5.1.3 社会因素风险

采用风险矩阵法进行风险分析,邀请分管负责人、部门负责人、代表管理人员依据社会因素风险清单对各风险源进行打分。社会因素风险计算结果见表 4.5-7,风险源序号对应的实际风险参见 4.1.3 节中的社会因素风险清单表 4.1-7。

表 4.5-7　社会因素风险计算结果

风险源序号	分管负责人层级 L_{j1}	部门负责人层级 L_{j2}	管理人员层级 L_{j3}	L 值	S 值	R 值	风险等级
A1	4	4	4	4	2	8	一般风险
A2	2	2	2	2	1	2	低风险
A3	3	3	2	2.8	1	2.8	低风险

续表

风险源序号	分管负责人层级 L_{j1}	部门负责人层级 L_{j2}	管理人员层级 L_{j3}	L 值	S 值	R 值	风险等级
A4	2	2	2	2	2	4	低风险
A5	4	3	3	3.3	3	9.9	较大风险

由表 4.5-7 可知,社会因素风险中有 1 项较大风险、1 项一般风险和 3 项低风险。水事纠纷 A5 为较大风险,风险值 R 为 9.9。渠顶车辆行驶 A1 为一般风险,风险值 R 为 8。渠道 A2、工程设施 A3、牲畜 A4 为低风险,风险值 R 为 2、2.8、4。

4.5.1.4 自然环境风险

采用风险矩阵法进行风险分析,邀请分管负责人、部门负责人、代表管理人员依据自然环境风险清单对各风险源进行打分。自然环境风险计算结果见表 4.5-8,风险源序号对应的实际风险参见 4.1.3 节中的自然环境风险清单表 4.1-8。

表 4.5-8 自然环境风险计算结果

风险源序号	分管负责人层级 L_{j1}	部门负责人层级 L_{j2}	管理人员层级 L_{j3}	L 值	S 值	R 值	风险等级
A1	4	4	4	4	4	16	较大风险
A2	5	5	4	4.8	2	9.6	较大风险
A3	4	3	3	3.3	3	9.9	较大风险
A4	3	4	3	3.5	2	7	一般风险
A5	2	2	2	2	2	4	低风险

由表 4.5-8 可知,自然环境风险中有 3 项较大风险、1 项一般风险和 1 项低风险。暴雨洪水 A1、地震灾害 A2、冰冻灾害 A3 为较大风险,风险值 R 分别为 16、9.6、9.9。结构侵(溶)蚀 A4 为一般风险,风险值 R 为 7。水生生物 A5 为低风险,风险值 R 为 4。

4.5.1.5 管理因素风险

采用风险矩阵法进行风险分析,邀请分管负责人、部门负责人、代表管理人员依据管理因素风险清单对各风险源进行打分。管理因素风险计算结果见表 4.5-9,风险源序号对应的实际风险参见 4.1.3 节中的管理因素风险清单表 4.1-9。

表 4.5-9 管理因素风险计算结果

风险源序号	分管负责人层级 L_{j1}	部门负责人层级 L_{j2}	管理人员层级 L_{j3}	L 值	S 值	R 值	风险等级
A1	2	2	3	2.2	2	4.4	一般风险

风险源序号	分管负责人 层级 L_{j1}	部门负责人 层级 L_{j2}	管理人员 层级 L_{j3}	L 值	S 值	R 值	风险等级
A2	2	2	2	2	3	6	一般风险
A3	3	3	4	3.2	2	6.4	一般风险
A4	3	3	3	3	3	9	一般风险
A5	3	2	3	2.5	2	5	一般风险
A6	3	3	3	3	4	12	较大风险
A7	3	3	3	3	3	9	一般风险
A8	3	3	2	2.8	4	11.2	较大风险
A9	2	2	3	2.2	3	6.6	一般风险
A10	2	3	3	2.7	3	8.1	一般风险
A11	2	3	2	2.5	1	2.5	低风险
A12	3	4	3	3.5	2	7	一般风险
A13	3	3	3	3	3	9	一般风险

由表 4.5-9 可知,管理因素风险中有 2 项较大风险、10 项一般风险和 1 项低风险。作业人员教育培训 A6 和安全检查制度执行 A8 为较大风险,风险值 R 分别为 12 和 11.2。机构组成与人员配备 A1、安全管理规章制度与操作规程制定 A2、防汛抢险人员和物料准备 A3、维修养护物资准备 A4、人员基本支出和工程维修养护经费落实 A5、观测与监测 A7、管理和保护范围划定 A9、应急预案编制和报批及演练 A10、维修养护计划制定 A12、警告标识设置 A13 为一般风险,风险值 R 分别为 4.4、6、6.4、9、5、9、6.6、8.1、7、9。调度规程编制 A11 为低风险,风险值 R 为 2.5。

4.5.2 运行期风险演化

4.5.2.1 灌区建筑物综合风险指数

赵口引黄灌区二期工程内建筑物数量庞大,结合工程实际情况选取 3 个典型建筑物,收集了洪水流量、冻融开裂等相关资料和数据,对灌区建筑物的综合风险指数进行计算,具体计算结果如下。

将黄岗支渠退水闸作为研究对象,根据洪水流量计算结果,以百年一遇洪水计算数据为例,可以求得 $\alpha_1 = 0.5$。根据冲刷深度计算结果,地基到冲刷面的距离 h 应大于 1.5 m,于是 $\alpha_3 = 0$。根据结构应力计算结果,将最大拉应力和设计拉应力进行比较,计算得到 $\alpha_4 = 0.390$。另外考虑无冻融开裂情况,$\alpha_2 = 0.5$。最终计算得到此时黄岗支渠退水闸综合风险指数为 0.57。

将陈留分干杨庄排水倒虹吸作为研究对象,根据洪水流量计算结果,以百年一遇洪水计算数据为例,可以求得 $\alpha_1 = 0.5$。根据冲刷深度的计算结果地基到冲刷面的距离 h 应大于 $1.5\,\mathrm{m}$,于是 $\alpha_3 = 0$。根据结构应力计算结果,将最大拉应力和设计拉应力进行比较,计算得到 $\alpha_4 = 0.310$。另外考虑无冻融开裂情况,$\alpha_2 = 0.5$。最终计算得到此时陈留分干杨庄排水倒虹吸综合风险指数为 0.56。

将总干渠跨运粮河渡槽作为研究对象,根据洪水流量计算结果,以百年一遇洪水计算数据为例,可以求得参数 $\alpha_1 = 0.5$。根据冲刷深度的计算结果地基到冲刷面的距离 h 应大于 $1.5\,\mathrm{m}$,于是 $\alpha_3 = 0$。根据结构应力计算结果,将槽身最大拉应力和设计拉应力进行比较,计算得到 $\alpha_4 = 0.607$。另外考虑无冻融开裂情况,$\alpha_2 = 0.5$。最终计算得到此时总干渠跨运粮河渡槽综合风险指数为 0.59。

此外,整理了赵口引黄灌区二期工程内 7 个关键性控制建筑物的相关资料,计算各建筑物的静态风险指标,同时结合各工程的洪水流量、冻融开裂情况等进行综合风险指数计算。表 4.5-10 给出了灌区关键性控制工程的风险指标值,表 4.5-11 为各建筑物对应的风险值。

表 4.5-10　关键性控制建筑物动态量化指标值

序号	枣林拦河闸	袁庄拦河闸	马头拦河闸	贺庄拦河闸	百亩岗倒虹吸	香坊倒虹吸	冯羊倒虹吸
α_1	0.3	0.3	0.3	0.3	0.3	0.3	0.3
α_2	1.0	0.5	1.0	0.5	0.5	0.5	1.0
α_3	0.3	0.4	0.2	0.1	0.1	0.2	0.1
α_4	0.2	0.7	0.5	0.2	0.5	0.4	0.6

表 4.5-11　关键性控制建筑物风险计算值

工程建筑物	枣林拦河闸	袁庄拦河闸	马头拦河闸	贺庄拦河闸	百亩岗倒虹吸	香坊倒虹吸	冯羊倒虹吸
静态风险值	0.42	0.6	0.55	0.47	0.48	0.52	0.5
动态风险值	0.38	0.32	0.33	0.26	0.31	0.30	0.36
综合风险指数	0.56	0.64	0.61	0.51	0.56	0.57	0.60

4.5.2.2　动态风险因子敏感性分析

在实际工程应用中,动态指标是需要实时监测与控制的数值,因此有效分析不同动态指标的影响程度对工程应用具有指导意义。针对不同的洪峰流量、冲刷深度和结构应力状态以及观测得到的冻融开裂情况,可以给出不同动态指标对应的风险预测值,通过不同指标的敏感性分析进一步明确高风险因子及其对建筑物的影响程度。

（1）洪峰流量敏感性分析

假设工程基本情况：无冻融开裂、冲刷深度为 1.4 m、拉应力计算值和混凝土轴心抗拉强度标准值的比值为 0.21，对应 α_i（$i=2,3,4$）分别取值为 0.5、0.2、0.3，静态风险 p_s 取值 0.4，根据式（4.2-13）计算得到的综合风险指数如下

$$p_1 = 0.7[0.4 + 0.6\mathrm{erf}(0.692\alpha_1 + 0.367)] \tag{4.5-1}$$

$$p_2 = 0.7[0.4 + 0.6\mathrm{erf}(0.724\alpha_1 + 0.359)] \tag{4.5-2}$$

$$p_3 = 0.7[0.4 + 0.6\mathrm{erf}(0.708\alpha_1 + 0.378)] \tag{4.5-3}$$

式中，p_1、p_2、p_3 分别为水闸、倒虹吸、渡槽的综合风险指数。

洪峰流量对风险值的影响见图 4.5-1，图中 $Q/Q_{设计}$ 为洪峰流量与设计洪水流量的比值。在无冻融、冲刷深度和拉应力均较小的情况下，风险指数随洪峰流量的增加而增大。

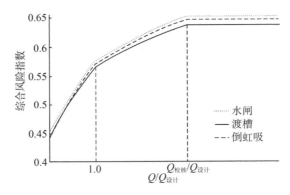

图 4.5-1　洪峰流量对风险值的影响

（2）冻融开裂敏感性分析

假设工程基本情况：洪峰流量与设计洪水流量比值为 0.6、冲刷深度为 1.4 m、拉应力计算值和混凝土轴心抗拉强度标准值的比值为 0.21，对应 α_i（$i=1,3,4$）分别取值为 0.3、0.2、0.3，静态风险 p_s 取值 0.4，根据式（4.2-13）计算得到的综合风险指数如下

$$p_1 = 0.7[0.4 + 0.6\mathrm{erf}(0.178\alpha_2 + 0.486)] \tag{4.5-4}$$

$$p_2 = 0.7[0.4 + 0.6\mathrm{erf}(0.196\alpha_2 + 0.478)] \tag{4.5-5}$$

$$p_3 = 0.7[0.4 + 0.6\mathrm{erf}(0.206\alpha_2 + 0.487)] \tag{4.5-6}$$

式中，p_1、p_2、p_3 分别为水闸、渡槽、倒虹吸的综合风险指数。

冻融开裂对风险值的影响见图 4.5-2，在洪峰流量、冲刷深度、拉应力均较小的情况下，有冻融开裂的风险指数会比无开裂的风险指数有所提升，针对水闸、渡槽、倒虹吸而

言,分别提高了 0.029、0.033、0.031。

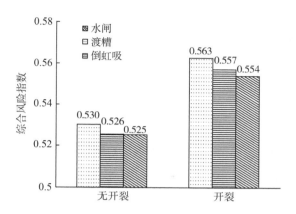

图 4.5-2　冻融开裂对风险值的影响

（3）冲刷深度敏感性分析

假设工程基本情况:洪峰流量在设计洪水流量和校核洪水流量之间、无冻融开裂、拉应力计算值和混凝土轴心抗拉强度标准值的比值为 0.35,对应 $\alpha_i(i=1,2,4)$ 分别取值为 0.3、0.5、0.5,静态风险 p_s 取值 0.4,根据式(4.2-13)计算得到的综合风险指数如下

$$p_1=0.7[0.4+0.6\mathrm{erf}(0.604\alpha_3+0.559)] \tag{4.5-7}$$

$$p_2=0.7[0.4+0.6\mathrm{erf}(0.626\alpha_3+0.542)] \tag{4.5-8}$$

$$p_3=0.7[0.4+0.6\mathrm{erf}(0.504\alpha_3+0.606)] \tag{4.5-9}$$

式中,p_1、p_2、p_3 分别为水闸、渡槽、倒虹吸的综合风险指数。

冲刷深度对风险值的影响见图 4.5-3,在洪峰流量较小、无冻融开裂以及拉应力中等的情况下,地基距离冲刷面深度越小,风险指数越大,当小于 1.5 m 时,风险指数快速上升。

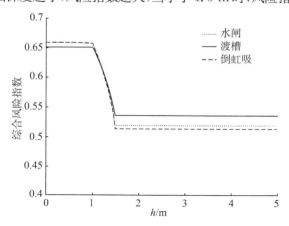

图 4.5-3　冲刷深度对风险值的影响

（4）局部破坏敏感性分析

假设工程基本情况：洪峰流量与设计洪水流量比值为 0.6，无冻融开裂，冲刷深度为 1.45 m，对应 α_i（$i=1,2,3$）分别取值为 0.3、0.5、0.1，静态风险 p_s 取值 0.4，根据式（4.2-13）计算得到的综合风险指数如下

$$p_1 = 0.7[0.4 + 0.6\mathrm{erf}(0.526\alpha_4 + 0.357)] \tag{4.5-10}$$

$$p_2 = 0.7[0.4 + 0.6\mathrm{erf}(0.454\alpha_4 + 0.378)] \tag{4.5-11}$$

$$p_3 = 0.7[0.4 + 0.6\mathrm{erf}(0.582\alpha_4 + 0.365)] \tag{4.5-12}$$

式中，p_1、p_2、p_3 分别为水闸、渡槽、倒虹吸的综合风险指数。

拉应力对风险值的影响见图 4.5-4，图中 C 为拉应力系数，表示混凝土拉应力计算值和混凝土轴心抗拉强度标准值的比值。在洪峰流量和冲刷深度较小、无冻融开裂的情况下，风险指数随拉应力增加而增大。

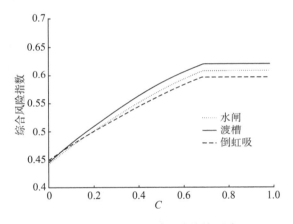

图 4.5-4 拉应力对风险值的影响

4.5.3 运行期灌区风险评价

4.5.3.1 灌区评价指标权重确定

邀请 5 位行业权威专家对灌区评价体系中的各评价指标进行两两重要性判断，计算得到各专家评价下的 6 个准则层判断矩阵。

根据 5 个专家评价下的准则层判断矩阵，计算准则层评价指标的主观权重，具体计算结果见表 4.5-12～表 4.5-16。

表 4.5-12 专家 1 评价下准则层主观权重计算汇总表

判断矩阵	排序权值					一致性检验函数
	ω_1	ω_2	ω_3	ω_4	ω_5	
B_1	0.419	0.062	0.097	0.263	0.160	1.681×10^{-5}
B_2	0.419	0.263	0.160	0.097	0.062	1.682×10^{-5}
B_3	0.508	0.324	0.103	0.066		0.022
B_4	0.573	0.225	0.112	0.090		0.051
B_5	0.308	0.509	0.064	0.119		0.008
B_6	0.277	0.467	0.160	0.095		0.011

表 4.5-13 专家 2 评价下准则层主观权重计算汇总表

判断矩阵	排序权值					一致性检验函数
	ω_1	ω_2	ω_3	ω_4	ω_5	
B_1	0.491	0.044	0.092	0.229	0.144	3.395×10^{-5}
B_2	0.467	0.273	0.128	0.082	0.050	1.888×10^{-5}
B_3	0.550	0.290	0.101	0.059		0.006
B_4	0.504	0.267	0.126	0.103		0.049
B_5	0.265	0.547	0.070	0.118		0.032
B_6	0.272	0.483	0.157	0.088		0.005

表 4.5-14 专家 3 评价下准则层主观权重计算汇总表

判断矩阵	排序权值					一致性检验函数
	ω_1	ω_2	ω_3	ω_4	ω_5	
B_1	0.452	0.053	0.082	0.271	0.141	1.773×10^{-5}
B_2	0.516	0.219	0.147	0.072	0.046	3.922×10^{-5}
B_3	0.504	0.301	0.123	0.073		0.011
B_4	0.548	0.250	0.110	0.092		0.055
B_5	0.297	0.445	0.082	0.176		0.018
B_6	0.306	0.492	0.125	0.078		0.018

表 4.5-15 专家 4 评价下准则层主观权重计算汇总表

判断矩阵	排序权值					一致性检验函数
	ω_1	ω_2	ω_3	ω_4	ω_5	
B_1	0.304	0.066	0.092	0.357	0.180	3.343×10^{-5}
B_2	0.422	0.257	0.166	0.104	0.051	2.832×10^{-5}
B_3	0.402	0.337	0.164	0.097		0.011

判断矩阵	排序权值					一致性检验函数
	ω_1	ω_2	ω_3	ω_4	ω_5	
B_4	0.538	0.280	0.096	0.085		0.098
B_5	0.290	0.558	0.056	0.095		0.044
B_6	0.310	0.495	0.134	0.061		0.029

表 4.5-16　专家 5 评价下准则层主观权重计算汇总表

判断矩阵	排序权值					一致性检验函数
	ω_1	ω_2	ω_3	ω_4	ω_5	
B_1	0.513	0.041	0.063	0.243	0.139	3.919×10^{-5}
B_2	0.550	0.230	0.109	0.067	0.044	3.965×10^{-5}
B_3	0.562	0.285	0.105	0.049		0.054
B_4	0.538	0.280	0.096	0.085		0.057
B_5	0.324	0.528	0.047	0.101		0.031
B_6	0.319	0.518	0.101	0.062		0.016

邀请 5 位行业权威专家对灌区评价体系中的各评价指标进行两两重要性判断,计算得到各专家评价下的目标层判断矩阵。

根据 5 个专家评价下的目标层判断矩阵,计算目标层评价指标的主观权重,具体计算结果见表 4.5-17。

表 4.5-17　各专家评价下目标层主观权重计算汇总表

专家	排序权值					一致性检验函数
	ω_1	ω_2	ω_3	ω_4	ω_5	
1	0.397	0.267	0.053	0.036	0.122	0.125
2	0.453	0.217	0.060	0.034	0.119	0.117
3	0.428	0.268	0.051	0.031	0.113	0.109
4	0.410	0.250	0.059	0.034	0.126	0.121
5	0.439	0.265	0.058	0.031	0.101	0.105

根据各专家准则层和目标层评价指标的主观权重,计算指标层评价指标的主观权重,具体计算结果见表 4.5-18。

表 4.5-18　各专家评价下指标层主观权重计算汇总表

序号	评价指标	专家 1	专家 2	专家 3	专家 4	专家 5	综合权重
1	C_1	0.166	0.222	0.193	0.125	0.225	0.186

续表

序号	评价指标	专家1	专家2	专家3	专家4	专家5	综合权重
2	C_2	0.025	0.02	0.023	0.027	0.018	0.022
3	C_3	0.039	0.042	0.035	0.038	0.028	0.036
4	C_4	0.104	0.104	0.116	0.147	0.107	0.116
5	C_5	0.063	0.065	0.06	0.074	0.061	0.065
6	C_6	0.112	0.101	0.138	0.105	0.146	0.121
7	C_7	0.07	0.059	0.059	0.064	0.061	0.063
8	C_8	0.043	0.028	0.039	0.041	0.029	0.036
9	C_9	0.026	0.018	0.019	0.026	0.018	0.021
10	C_{10}	0.016	0.011	0.012	0.013	0.012	0.013
11	C_{11}	0.027	0.033	0.026	0.024	0.033	0.028
12	C_{12}	0.017	0.017	0.015	0.020	0.017	0.017
13	C_{13}	0.005	0.006	0.006	0.010	0.006	0.007
14	C_{14}	0.003	0.004	0.004	0.006	0.003	0.004
15	C_{15}	0.021	0.018	0.017	0.018	0.017	0.018
16	C_{16}	0.008	0.009	0.008	0.009	0.009	0.009
17	C_{17}	0.004	0.004	0.003	0.003	0.003	0.004
18	C_{18}	0.003	0.004	0.003	0.003	0.003	0.003
19	C_{19}	0.038	0.032	0.034	0.036	0.033	0.034
20	C_{20}	0.063	0.065	0.050	0.070	0.053	0.060
21	C_{21}	0.008	0.008	0.009	0.007	0.005	0.007
22	C_{22}	0.014	0.014	0.02	0.012	0.01	0.014
23	C_{23}	0.035	0.032	0.033	0.038	0.034	0.034
24	C_{24}	0.058	0.056	0.056	0.060	0.052	0.057
25	C_{25}	0.020	0.018	0.014	0.016	0.011	0.016
26	C_{26}	0.012	0.010	0.008	0.007	0.006	0.009

采用遗传降维客观赋权方法计算得到各专家评价下指标层客观权重,结合由层次分析法得到的评价指标主观权重,通过博弈论对各评价指标进行组合赋权,计算得到主观权重和客观权重的权重因子 α_i^* 分别为 0.55 和 0.45,具体计算结果见表4.5-19。

表 4.5-19 指标层组合权重计算汇总表

序号	评价指标	主观权重	客观权重	组合权重
1	C_1	0.186	0.204	0.194
2	C_2	0.022	0.017	0.020
3	C_3	0.036	0.037	0.036
4	C_4	0.116	0.108	0.113
5	C_5	0.065	0.044	0.056
6	C_6	0.121	0.116	0.119
7	C_7	0.063	0.048	0.056
8	C_8	0.036	0.036	0.036
9	C_9	0.021	0.021	0.021
10	C_{10}	0.013	0.010	0.012
11	C_{11}	0.028	0.020	0.024
12	C_{12}	0.017	0.021	0.019
13	C_{13}	0.007	0.012	0.009
14	C_{14}	0.004	0.020	0.011
15	C_{15}	0.018	0.014	0.016
16	C_{16}	0.009	0.013	0.011
17	C_{17}	0.004	0.021	0.011
18	C_{18}	0.003	0.019	0.010
19	C_{19}	0.034	0.033	0.034
20	C_{20}	0.060	0.066	0.063
21	C_{21}	0.007	0.017	0.011
22	C_{22}	0.014	0.009	0.012
23	C_{23}	0.034	0.024	0.029
24	C_{24}	0.057	0.034	0.047
25	C_{25}	0.016	0.022	0.019
26	C_{26}	0.009	0.015	0.012

4.5.3.2 灌区建筑物应力和稳定分析

1) 渠道工程

赵口引黄灌区二期工程建设渠道 31 条,总长约 373.98 km,其中包括总干渠 1 条,长

23.62 km;干渠 9 条,总长 158.84 km;分干渠 6 条,总长 120.28 km;支渠 15 条,总长 71.24 km。选取总干渠的三个典型断面进行边坡抗滑计算,根据《灌溉与排水工程设计标准》(GB 50288—2018)及《灌溉与排水渠系建筑物设计规范》(SL 482—2011),总干渠工程级别为 2 级,位于中牟县和祥符区境内,渠首闸建在黄河南岸。渠道途经黄委会农场、岳庄、秫米店、大胖村,全长 25.575 km。图 4.5-5 和图 4.5-6 分别为渠首闸实景图和总干渠实景图。

图 4.5-5 渠首闸实景图

图 4.5-6 总干渠实景图

构成渠身的土壤为砂壤土及粉细砂,透水性较强。渠基勘探深度范围内的地层为第四系全新统冲积物,岩性主要为砂壤土、粉砂、粉细砂及中、重粉质壤土。

边坡稳定计算工况和对应抗滑稳定最小安全系数见表 4.5-20,各土体单元的物理、力学性指标建议值见表 4.5-21 和表 4.5-22。

表 4.5-20 边坡稳定计算工况及抗滑稳定最小安全系数

工况		荷载				安全系数		
		土重	水重	孔隙压力	汽车荷载	地震压力	2 级边坡	3 级边坡	4 级边坡
正常情况		√	√	√	—	—	1.20~1.25	1.15~1.20	1.10~1.15
校核情况	I	√	√	√	—	—	1.15~1.20	1.10~1.15	1.05~1.10
	II	√	√	√	—	√	1.05~1.10	1.05~1.10	1.00~1.05

表 4.5-21 总干渠各土体单元物理性指标建议值表

土体单元序号	土名	天然含水量(W)	天然干密度(ρ_d)	天然孔隙比(e)	比重(Gs)
		%	g/cm³	—	—
①-1	砂壤土(Q^al_4)	12.0	1.40	0.921	2.69
①-2	中(粉质)壤土(Q^al_4)	25.5	1.44	0.875	2.70
①	粉砂	13	1.60	0.920	2.65
②	轻粉质壤土(Q^al_4)	23.5	1.45	0.862	2.70

土体单元序号	土名	天然含水量(W)	天然干密度(ρ_d)	天然孔隙比(e)	比重(Gs)
		%	g/cm³	—	—
③	中、重粉质壤土（$Q^a l_4$）	25.6	1.48	0.838	2.72
④	粉细砂	19	1.60	0.920	2.65

表 4.5-22 总干渠各土体单元力学性指标建议值表

土体单元序号	土名	力学指标						渗透系数	承载力标准值
		压缩		饱快		饱固快			
		压缩系数	压缩模量	黏聚力	内摩擦角	黏聚力	内摩擦角		
		a_{1-2}	Es	c	φ	c	φ	K	f_{ak}
		MPa⁻¹	MPa	kPa	(°)	kPa	(°)	cm/s	kPa
①-1	砂壤土（$Q^a l_4$）	0.51	3.8	8	15	6	17	3.50×10^{-4}	90
①-2	中（粉质）壤土（$Q^a l_4$）	0.40	5.0	13	14	11	16	2.50×10^{-5}	90
①	粉砂			水上25 水下23				5.00×10^{-3}	140
②	轻粉质壤土（$Q^a l_4$）	0.36	5.9	11	17	12	18	8.00×10^{-5}	100
③	中、重粉质壤土（$Q^a l_4$）	0.38	5.5	17	13	19	12	1.50×10^{-5}	110
④	粉细砂			水上26 水下24				5.00×10^{-3}	140

各断面边坡稳定计算成果见表 4.5-23，由计算结果可知各断面均满足边坡稳定要求。计算成果图见图 4.5-7~图 4.5-9。

表 4.5-23 总干渠典型断面边坡抗滑稳定计算成果表

代表断面桩号		计算边坡		边坡计算安全系数		
		内坡	外坡	正常工况	校核工况 I	校核工况 II
总干渠	4+500	2.5		3.02	2.278	2.68
	12+725	2.5		2.95	2.098	2.647
	26+990		2	1.473	2.182	1.359

2）水闸工程

控制工程中，干支渠节制闸 54 座、拦蓄河（沟）道用于灌溉的河道节制闸 88 座、干支渠分水闸 57 座、斗门 388 座、退水闸 27 座。从中选取 1 座水闸（斗厢支渠节制闸）进行相关计算分析。斗厢支渠节制闸位于斗厢支渠桩号 5+292.0~5+352.5 处，建筑物级别为 5 级。全长 60.5 m，由进口段、闸室段、出口段组成。斗厢支渠节制闸为开敞式宽顶堰

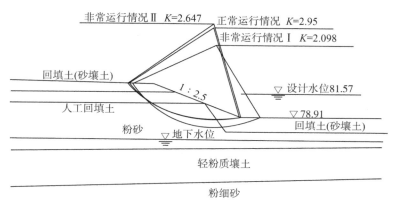

图 4.5-7   总干渠 4＋500 内坡断面计算成果图

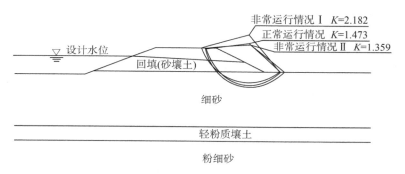

图 4.5-8   总干渠 12＋725 内坡断面计算成果图

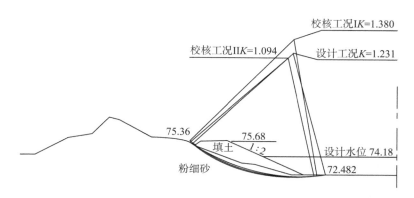

图 4.5-9   总干渠 26＋990 外坡断面计算成果图

型式,闸室为 C30 钢筋混凝土整体结构,闸门尺寸为 1.5 m×1.5 m 平面铸铁闸门,采用手电两用螺杆启闭机,一孔一门一机。上部设有交通桥、工作桥和闸房,闸房一侧设封闭式楼梯间。闸室段上游设圆弧墙及混凝土护砌段,下游设消力池、圆弧墙及混凝土护砌段,上下游护砌段均与渠道设计断面平顺连接。

根据现场原位测试、室内试验成果及邻近工程资料,经工程类比、分析后,提出各土体单元的物理、力学性指标建议值见表 4.5-24 和表 4.5-25。

闸室稳定计算包括基底应力计算、基底压力不均匀系数验算、抗滑稳定计算。场区地震动峰值加速度为 $0.1\,g$,相当于地震基本烈度Ⅶ度,需进行地震设防,计算结果见表 4.5-26。

表 4.5-24　斗厢支渠节制闸各土体物理性指标建议值表

土体单元序号	土名	天然干密度(ρ_d)	天然孔隙比(e)
		g/cm^3	—
①	砂壤土	1.40	0.921
②	砂壤土	1.44	0.875
③	重粉质壤土	1.45	0.862
④	中粉质壤土	1.48	0.838
⑤	粉细砂	1.60	0.920

表 4.5-25　斗厢支渠节制闸各土体力学性指标建议值表

土层编号	土名	力学指标				压缩系数(MPa^{-1})	压缩模量(MPa)	渗透系数(cm/s)
		饱快		饱固快				
		黏聚力 c(kPa)	内摩擦角 φ(°)	黏聚力 c(kPa)	内摩擦角 φ(°)			
①	砂壤土	7	18	9	16	0.5	5	7.50×10^{-4}
②	砂壤土	8	17	9	16	0.42	5.2	3.00×10^{-3}
③	重粉质壤土	19	14	22	13	0.38	5.5	1.50×10^{-5}
④	中粉质壤土	15	16	17	15	0.35	6.18	5.00×10^{-5}
⑤	粉细砂							7.50×10^{-2}

表 4.5-26　闸室稳定计算成果表

计算工况		抗滑稳定安全系数		基底应力			基底压力不均匀系数	
				最大	最小	平均		
				压应力	压应力	压应力		
		K_c	$[K_c]$	(kPa)	(kPa)	(kPa)	η	$[\eta]$
基本工况	完建期		1.25	108.86	69.85	89.36	1.56	2
	闸室过设计流量水位	35.0	1.25	101.12	55.49	78.30	1.82	2
	正常运行,挡水设计水位	5.32	1.10	108.22	66.47	87.35	1.63	2

计算工况		抗滑稳定安全系数		基底应力			基底压力不均匀系数	
				最大	最小	平均		
				压应力	压应力	压应力		
		K_c	$[K_c]$	（kPa）	（kPa）	（kPa）	η	$[\eta]$
特殊工况	闸室过加大流量	33.2	1.25	100.55	54.85	77.68	1.83	2
	闸门挡水（上游设计水位）	4.93	1.10	108.47	67.26	87.86	1.61	2.5
	地震	1.83	1.05	128.76	80.34	104.55	1.97	2.5

由表 4.5-26 可知，各工况抗滑安全系数、基底压力不均匀系数均满足规范要求，承载力标准值 $f_k＝80～110$ kPa，满足承载力的要求。

挡土墙稳定计算，选择铺盖段两岸挡墙断面作为典型断面进行稳定分析。挡土墙根据地形、地质条件进行布置，采用半重力式挡墙结构，挡墙高度为 4.6 m。计算参数：混凝土与地基综合摩擦系数 $f＝0.3$，地基承载力标准值 90 kPa，回填土容重为 19 kN/m³，$c＝0$ kPa，$\varphi＝26°$。挡土墙稳定计算成果见表 4.5-27。由计算结果可以看出，最大地基压应力均小于允许承载力 90 kPa，地基承载力满足设计要求，不需进行地基处理。

表 4.5-27　挡土墙稳定计算成果表

部位	工况	抗滑	地基反力		
			σ_{max}（kPa）	σ_{min}（kPa）	不均匀系数
出口圆弧墙	完建期	1.26	83	51.3	1.62
	水位突降	1.27	75.8	51	1.48
	校核水位	1.29	74.8	51	1.15

3）渡槽工程

本工程共维修渡槽一座，为总干渠跨运粮河渡槽。总干渠跨运粮河渡槽净宽 18 m，净高 2.53 m。进口渠底高程 76.93 m，出口渠底高程 76.92 m。渡槽边墙厚 0.2 m，底板厚 0.22 m，渡槽底板顶面高程 76.70 m。图 4.5-10 为总干渠跨运粮河渡槽实景图。图 4.5-11 为总干渠跨运粮河渡槽漏筋实景图。

主要维修内容包括上部栏杆修复及更换、止水更换、槽身内侧碳化混凝土修补、槽身内侧防渗处理。

（1）上部栏杆修复

对原立柱能够利用的，对其进行维修利用，对已损坏立柱，利用原栏杆立柱的预留槽在原立柱位置重建立柱，立柱结构型式采用与原立柱相同，立柱断面尺寸为 150 mm×150 mm，高 1 200 mm。图 4.5-12 为总干渠跨运粮河渡槽栏杆实景图。

图 4.5-10　总干渠跨运粮河渡槽实景图

图 4.5-11　总干渠跨运粮河渡槽漏筋实景图

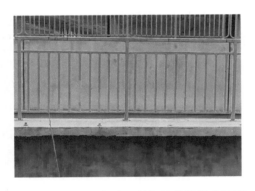

图 4.5-12　总干渠跨运粮河渡槽栏杆实景图

（2）渡槽止水处理

结合工程实际情况，参考已建工程的运行情况，运粮河渡槽的止水采用橡胶止水带及钢板相结合的方法进行处理。橡胶止水带采用遇水膨胀橡胶止水带，宽度 350 mm，厚度 8 mm，橡胶止水带外侧设 6 mm 厚钢板保护，钢板用直径 φ12 的螺栓锚固，螺栓间距 200 mm，钢板外侧浇筑环氧砂浆。环氧砂浆材料技术指标为：抗压强度不小于 30 MPa；抗拉强度不小于 4.5 MPa；与水泥基层胶泥黏结强度不小于 1.2 MPa；抗渗等级不小于 1.5 MPa；吸水率不大于 5.5%。

（3）渡槽碳化混凝土修补

采用环氧砂浆材料处理渡槽内侧露筋、裂缝、碳化等破损部位，厚度一般不超过 3 cm。环氧树脂材料技术指标为：抗压强度不小于 50 MPa；与水泥基层胶泥黏结强度不小于 2.0 MPa；收缩率不大于 0.2%。

（4）迎水面防渗处理

渡槽碳化混凝土修补处理后，对槽身内侧迎水面进行全断面采用水泥基渗透结晶型防渗涂料处理，要求涂料厚度不小于 0.8 mm。水泥基渗透结晶型防渗涂料技术指标为：抗折强度 7 天时不小于 2.8 MPa、28 天时不小于 3.5 MPa；潮湿基面黏结强度不小于

1.0 MPa;抗渗压力(28 天)不小于 1.2 MPa;第二次抗渗压力(56 天)不小于 0.8 MPa;渗透压力比(28 天)不小于 250%。

4) 倒虹吸工程

灌区共 3 座穿河沟渠道倒虹吸,其中新建 1 座、重建 2 座,选取冯羊支渠下穿韦政岗沟许墩渠道倒虹吸进行分析。

渠道倒虹吸工程起点设计桩号 2+056,终点设计桩号 2+167.5,总长度 111.5 m。倒虹吸进口起点渠底高程 67.55 m,出口终点渠底高程 67.45 m,总水头 0.1 m,设计流量 0.89 m³/s。渠道倒虹吸工程由进口段、管身段、出口段等部分组成。各部分主要情况如下:进口段采用 C25 混凝土护砌,长 5 m,衬砌厚 0.2 m,边坡坡比 1:1.5。后接 77 m 长的斜坡段,坡比 1:5.0,为 C25 钢筋混凝土矩形槽。矩形槽底板厚 0.4 m,宽 1~1.5 m。底板高程由 67.55 m 降为 66.15 m。斜坡后接矩形槽,净高 2.7 m,底板厚 0.4 m,与管身进口连接。倒虹吸管身段水平投影长 77.5 m,由进口斜管段、水平管段和出口斜管段三部分组成。进口斜管段为三节,水平投影长 26.5 m,坡比 1:5.0,出口斜管段为三节,水平投影长 26 m,坡比 1:5.0,水平管段总长 25 m,共 2 节。管身每两节之间设 2 cm 宽沉陷缝,以适应地基不均匀沉陷及温度变化等引起的管身伸缩。倒虹吸管身为单孔箱形钢筋混凝土结构,孔径 1.5 m×1.8 m,顶板和侧墙均为 0.3 m 厚,底板厚 0.35 m,倒虹吸管身段混凝土强度等级为 C25W6F150。出口连接段采用 C25 混凝土矩形槽,长 5 m,后接斜坡段,坡比 1:5.0,高程由 66.05 m 变为 67.45 m,底板厚 0.4 m,底宽 1~1.5 m,长 7 m。出口护砌段长 5 m,衬砌厚度 0.2 m,两侧坡比 1:1.5,底宽 1 m。

倒虹吸稳定计算包括:斜管段抗滑稳定、管身抗浮稳定、进出口挡土墙稳定等。

斜管段抗滑稳定计算工况:

工况 1:完建期。

工况 2:河道设计水位,渠道设计水位。

工况 3:河道设计水位,渠道无水。

工况 4:河道无水,渠道设计水位+地震。

平管段抗浮稳定计算工况:

工况 1:倒虹吸过设计流量,渠道无水。

工况 2:倒虹吸无水,渠道无水,考虑地下水位。

基底应力计算:

工况 1:完建期。

工况 2:倒虹吸过水,渠道设计水位,考虑地下水作用。

工况 3:倒虹吸无水,渠道设计水位,不考虑地下水,考虑地震。

倒虹吸斜管段、平管段稳定计算工况荷载组合见表 4.5-28 和表 4.5-29,倒虹吸基底应力计算荷载组合见表 4.5-30。

表 4.5-28　斜管段抗滑稳定计算工况荷载组合表

计算工况	自重	水重	扬压力	土重	地震荷载
工况 1	√			√	
工况 2	√	√	√	√	
工况 3	√	√	√	√	
工况 4	√	√	√	√	√

表 4.5-29　平管段抗浮稳定计算工况荷载组合表

计算工况	自重	水重	扬压力	土重
工况 1	√	√		√
工况 2	√		√	√

表 4.5-30　倒虹吸基底应力计算荷载组合表

计算工况	自重	水重	扬压力	土重	地震荷载
工况 1	√			√	
工况 2	√	√		√	
工况 3	√	√	√	√	
工况 4	√	√		√	√

计算成果见表 4.5-31～表 4.5-33。各工况下,抗滑、抗浮稳定安全系数满足规范要求。斜管段基底平均应力大于地基承载力允许值,且最大应力大于地基承载力允许值的 1.2 倍,应进行地基处理。

表 4.5-31　排水倒虹吸斜管段抗滑稳定计算成果表

计算工况	斜管段抗滑稳定安全系数 Kc	抗滑稳定安全系数允许值
工况 1	2.34	1.25
工况 2	1.61	1.25
工况 3	1.60	1.25
工况 4	2.14	1.0

表 4.5-32　排水倒虹吸平管段抗浮稳定计算成果表

计算工况	平管段抗浮稳定安全系数 Kc	抗浮稳定安全系数允许值
工况 1	2.12	1.1
工况 2	6.46	1.1

表 4.5-33　排水倒虹吸基底应力计算成果表

计算工况	斜管段						平管段	
	最大基底应力 σ_{max} (kPa)	最小基底应力 σ_{min} (kPa)	不均匀系数 η	不均匀系数允许值 $[\eta]$	平均基底应力 σ(kPa)	基底应力允许值(kPa)	基底应力 σ (kPa)	地基承载力允许值(kPa)
工况 1	96.48	78.57	1.23	2	87.52	90	58.63	90
工况 2	114.85	91.95	1.25	2	103.4	90	83.12	90
工况 3	99	76.94	1.29	2.5	87.97	90	88.43	90
工况 4	96.48	78.57	1.23	2	87.52	90	58.63	90

5）箱涵工程

本工程共规划穿路箱涵 41 座，各涵洞结构型式相同，结构尺寸差别不大，选择开封市东一干渠 1# 涵洞做典型进行分析。开封市祥符区东一干渠百亩岗支渠 1# 涵洞位于渠道设计桩号 1+277.60 处，东一干渠百亩岗 1# 涵洞设计流量为 0.89 m³/s，涵洞设计水位 72.19 m，渠底高程 71.45 m，沟底宽 1.0 m，沟道比降为 1/8 000，边坡坡比为 1∶1.5，左、右岸地面高程均为 72.90 m。详见图 4.5-13。

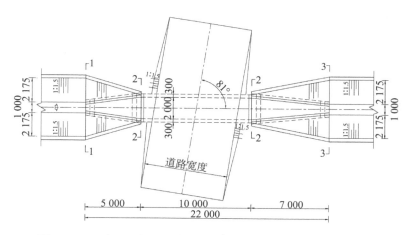

图 4.5-13　东一干渠百亩岗支渠 1# 涵洞平面布置图（单位：mm）

东一干渠百亩岗支渠 1# 涵洞洞顶覆土厚度为 0.50 m，涵洞两侧回填土的湿容重取 19.6 kN/m³，浮容重取 9.6 kN/m³，涵洞地基的承载力根据勘探资料 $[\sigma]=100$ kPa，最不利工况为洞内设计水位、地下水位最低。洞身段建基面地基应力根据力学的基本原理可按下式计算：

$$\sigma_{min}^{max}=\frac{N}{F}\pm\frac{6M}{B^2}=\frac{N}{F}\left(1\pm\frac{6e_0}{B}\right) \tag{4.5-13}$$

式中：σ_{max}、σ_{min} 分别为最大和最小基底应力，kPa；N 为单位长洞段上全部作用力合力垂直分量，kN；M 为合力 N 对横向中心点的弯矩，kN·m；B 为涵洞洞身横向底宽，m；F 为洞段基底面积；e_0 为合力 N 的偏心距，m。

荷载的计算按照《水工建筑物荷载设计规范》(SL 744—2016)进行，洞身水平向受力对称，仅计算垂直向荷载即可。取 1 m 洞长进行计算，钢筋混凝土容重 25 kN/m^3。经计算，最大基底应力为 68.82 kPa，小于持力层轻粉质壤土的承载力标准值，满足地基承载力要求。

涵洞洞身抗浮稳定计算的最不利工况为洞内无水，地下水位平沟底，抗浮稳定按下式计算：

$$K_w = \frac{G + G_E + G_W}{W} \geqslant [K_w] \tag{4.5-14}$$

式中：K_w 为抗浮安全系数；$[K_w]$ 为容许抗浮安全系数；G 为洞身结构自重，kN；G_E 为洞身上方回填土石料及砌体重量，水下部分用浮容重，kN；G_W 为洞内水重，kN；W 为洞身浮托力，kN。

经计算，$K_w = 8.55 > [K_w]$，涵洞抗浮稳定满足要求。

挡土墙位于涵洞出口段，为平顺涵洞与上下游沟道的连接而设置，根据工程布置，东一干渠百亩岗支渠 1$^\#$ 涵洞挡土墙最大净高度为 1.75 m，所受荷载主要有自重、水压力、土压力及地震力等。稳定计算内容包括墙体抗滑、地基压应力计算等，分为 3 种工况。设计工况：建成无水。校核工况 1：墙前无水，墙后水位为 1/3 墙高。校核工况 2：墙前墙后无水，地震。

计算结果见表 4.5-34，均满足设计要求。

表 4.5-34 挡土墙稳定计算成果表

计算工况	抗滑稳定		地基承载力			地基应力不均匀系数	
	计算安全系数	允许安全系数	最大地基应力(kPa)	最小地基应力(kPa)	允许地基承载力(kPa)	地基应力不均匀系数计算值	地基应力不均匀系数允许值
设计工况	1.45	1.2	83.21	52.77	130	1.58	2
校核工况 1	1.14	1.05	81.92	36.86	130	2.3	2.5
校核工况 2	1.26	1	88.21	47.77	130	1.85	2.5

4.5.3.3 灌区风险评价

依据赵口引黄灌区二期工程的实地调研、现场检测、计算分析以及相关资料梳理，采用专家打分法给出 26 个评价指标的评价值，具体结果见表 4.5-35。

表 4.5-35 评价指标打分结果汇总表

序号	评价指标	专家1	专家2	专家3	专家4	专家5	综合评分
1	C_1	90	85.5	88.5	88	89.5	88.3
2	C_2	86.5	83.5	82.5	81.5	85	83.8
3	C_3	85	82.5	80.5	79.5	80.5	81.6
4	C_4	81.5	80.5	75.5	78.5	77.5	78.7
5	C_5	87	84	85	84	82.5	84.5
6	C_6	83.5	82	82.5	78	85	82.2
7	C_7	80.5	78.5	76.5	73.5	75.5	76.9
8	C_8	79	80.5	81.5	85.5	83.5	82
9	C_9	78	81.5	83	80	78.5	80.2
10	C_{10}	79.5	83.5	82.5	81.5	76.5	80.7
11	C_{11}	90	89	87	89	92.5	89.5
12	C_{12}	96.5	91.5	88.5	92.5	93.5	92.5
13	C_{13}	92.5	91.5	88	92.5	92.5	91.4
14	C_{14}	89.5	88	87.5	86	88	87.8
15	C_{15}	92	90	93.5	91	92	91.7
16	C_{16}	90	93	88	91	82	88.8
17	C_{17}	88	86	87.5	86	89	87.3
18	C_{18}	92	90	93	88	87	90
19	C_{19}	93	92.5	89	93.5	93.5	92.3
20	C_{20}	89.5	91.5	86.5	84.5	87.5	87.9
21	C_{21}	90	88	87	85	91	88.2
22	C_{22}	78.5	76.5	75.5	77.5	74.5	76.5
23	C_{23}	88.5	86.5	89.5	84.5	86.5	87.1
24	C_{24}	90	92	96	92	94	92.8
25	C_{25}	94	86.5	88	89	90.5	89.6
26	C_{26}	88.5	85.5	91.5	89.5	87	88.4

根据毕达哥拉斯模糊云模型计算得到指标层 26 个评价指标的毕达哥拉斯模糊云参数,具体计算结果见表 4.5-36。

表 4.5-36　灌区评价指标毕达哥拉斯模糊云参数

指标层	毕达哥拉斯模糊云	指标层	毕达哥拉斯模糊云
C_1	$(\langle 88.3, 0.66, 0.52 \rangle, 1.554, 0.812)$	C_{14}	$(\langle 87.8, 0.61, 0.52 \rangle, 1.053, 0.683)$
C_2	$(\langle 83.8, 0.61, 0.52 \rangle, 1.955, 0.357)$	C_{15}	$(\langle 91.7, 0.66, 0.49 \rangle, 1.203, 0.502)$
C_3	$(\langle 81.6, 0.59, 0.51 \rangle, 2.156, 0.391)$	C_{16}	$(\langle 88.8, 0.61, 0.52 \rangle, 3.810, 1.784)$
C_4	$(\langle 78.7, 0.62, 0.48 \rangle, 2.306, 0.618)$	C_{17}	$(\langle 87.3, 0.62, 0.49 \rangle, 1.303, 0.032)$
C_5	$(\langle 84.5, 0.62, 0.49 \rangle, 1.504, 0.699)$	C_{18}	$(\langle 90.0, 0.52, 0.58 \rangle, 2.507, 0.466)$
C_6	$(\langle 82.2, 0.68, 0.51 \rangle, 2.206, 1.400)$	C_{19}	$(\langle 92.3, 0.55, 0.59 \rangle, 1.654, 0.915)$
C_7	$(\langle 76.9, 0.57, 0.48 \rangle, 2.607, 0.710)$	C_{20}	$(\langle 87.9, 0.55, 0.48 \rangle, 2.607, 0.710)$
C_8	$(\langle 82.0, 0.69, 0.45 \rangle, 2.507, 0.466)$	C_{21}	$(\langle 88.2, 0.62, 0.49 \rangle, 2.306, 0.618)$
C_9	$(\langle 80.2, 0.55, 0.48 \rangle, 2.055, 0.317)$	C_{22}	$(\langle 76.5, 0.57, 0.48 \rangle, 1.504, 0.488)$
C_{10}	$(\langle 80.7, 0.61, 0.50 \rangle, 2.707, 0.609)$	C_{23}	$(\langle 87.1, 0.59, 0.51 \rangle, 1.905, 0.413)$
C_{11}	$(\langle 89.5, 0.52, 0.56 \rangle, 1.755, 0.960)$	C_{24}	$(\langle 92.8, 0.55, 0.52 \rangle, 2.206, 0.578)$
C_{12}	$(\langle 92.5, 0.58, 0.52 \rangle, 2.507, 1.489)$	C_{25}	$(\langle 89.6, 0.56, 0.48 \rangle, 2.657, 1.056)$
C_{13}	$(\langle 91.4, 0.64, 0.51 \rangle, 1.705, 0.946)$	C_{26}	$(\langle 88.4, 0.52, 0.46 \rangle, 2.156, 0.808)$

由表 4.5-36 可知,26 个评价指标中,除渗漏破坏 C_4、进出口段破坏 C_7、结构侵蚀 C_{22} 之外,其余指标的期望 Ex 均大于 80,结构侵蚀 C_{22} 的期望 Ex 最小(76.5),运行维护 C_{24} 的期望 Ex 最大(92.8)。毕达哥拉斯模糊云参数中,水事纠纷 C_{18} 的隶属度 $u(0.52)$ 小于非隶属度 $v(0.58)$,闸门 C_{11} 的隶属度 $u(0.52)$ 小于非隶属度 $v(0.56)$,其余 24 个评价指标均满足隶属度大于非隶属度,表明水事纠纷 C_{18} 和闸门 C_{11} 在评价过程中存在较大的模糊性。进出口段破坏 C_7、老化剥蚀 C_{10}、人为破坏 C_{16}、地震灾害 C_{20} 等的超熵 He 较高,反映了这些评价指标容易受到不确定性的影响。

结合指标层和准则层的权重以及指标层毕达哥拉斯模糊云参数,计算得到准则层的毕达哥拉斯模糊云参数,图 4.5-14～图 4.5-19 为准则层的毕达哥拉斯模糊云图。

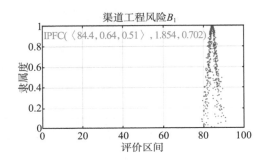

图 4.5-14　准则层 B_1 毕达哥拉斯模糊云图

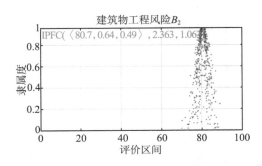

图 4.5-15　准则层 B_2 毕达哥拉斯模糊云图

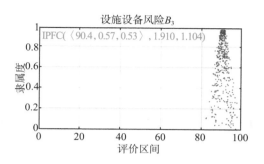

图 4.5-16　准则层 B_3 毕达哥拉斯模糊云图　　　图 4.5-17　准则层 B_4 毕达哥拉斯模糊云图

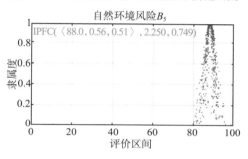
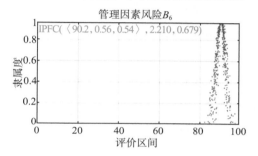

图 4.5-18　准则层 B_5 毕达哥拉斯模糊云图　　　图 4.5-19　准则层 B_6 毕达哥拉斯模糊云图

由图 4.5-14～图 4.5-19 可知,准则层中,期望 Ex 大小排序为:设施设备风险 B_3＞管理因素风险 B_6＞社会因素风险 B_4＞自然环境风险 B_5＞渠道工程风险 B_1＞建筑物工程风险 B_2,设施设备风险 B_3 的评分最高(90.4),建筑物工程风险 B_2 的评分最低(80.7)。

计算出综合评价指数 CI:低风险(0.835)、一般风险(0.652)、较大风险(0.592)、重大风险(0.135)。最终求出灌区工程风险评价目标层 A 的毕达哥拉斯模糊云参数($\langle 85.1,0.70,0.51\rangle$,2.101,0.870)和综合评价指数 $CI=0.865$,并计算出评价体系指标层和准则层的综合评价指数 CI。图 4.5-20 和图 4.5-21 分别是指标层和准则层对应的综合评价指数 CI。

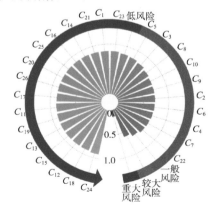
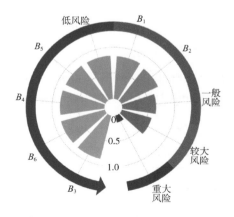

图 4.5-20　指标层综合评价指数 CI　　　　图 4.5-21　准则层综合评价指数 CI

由图 4.5-20 和图 4.5-21 可知,指标层中,渠顶损毁 C_2、渠底淤积 C_3、渗漏破坏 C_4、衬砌开裂破损 C_5、主体失稳 C_6、进出口段破坏 C_7、不均匀沉降 C_8、接触渗漏 C_9、老化剥蚀 C_{10}、结构侵蚀 C_{22} 这 10 个评价指标为一般风险,综合评价指数 CI 排序为:$C_{22} < C_7 < C_4 < C_6 < C_2 < C_9 < C_{10} < C_8 < C_3 < C_5$,其余 16 个指标均为低风险。26 个评价指标中,综合评价指数 CI 最高的是运行维护 C_{24},综合评价指数 CI 最低的是结构侵蚀 C_{22}。准则层中,渠道工程风险 B_1 和建筑物工程风险 B_2 处于一般风险,建筑物工程风险 B_2 的综合评价指数最低,其余 4 个指标均为低风险,6 个指标的综合评价指数 CI 排序为:建筑物工程风险 $B_2 <$ 渠道工程风险 $B_1 <$ 自然环境风险 $B_5 <$ 社会因素风险 $B_4 <$ 管理因素风险 $B_6 <$ 设施设备风险 B_3。灌区工程风险评价目标层 A 的毕达哥拉斯模糊云参数为 $(\langle 85.1, 0.70, 0.51 \rangle, 2.101, 0.870)$,其中熵 En 和超熵 He 均较小,表明灌区风险评价结果的可行性和稳定性均较高,最终计算得到的目标层综合评价指数 $CI = 0.865$,落在安全范围内,结合灌区评价期望 Ex 值为 85.1,可以判断该引黄灌区二期工程的风险等级属于低风险,评价结果与灌区的实际情况较为相符。

4.5.4　运行期灌区风险预警

4.5.4.1　自然风险预警

（1）灌区径流预测

赵口引黄灌区内干旱、洪涝、风沙、雹霜等自然灾害时有发生,其中尤以旱灾和涝灾最为严重。中华人民共和国成立初期,背河洼地及低洼地带仍有盐碱灾害。中华人民共和国成立以来共发生旱灾 17 次,尤以 1988 年、1994 年、1997 年、2009 年灾情面积大,受灾严重。旱灾以初夏出现机会最多,春旱次之,秋旱和伏旱也有出现,往往出现先旱后涝,涝后又旱,旱涝交错局面。涝灾,共发生 12 次,涝灾来势迅猛且危害严重。对此,将 4.4.1 节建立的自然风险预警模型应用于赵口引黄灌区径流预警。

涡河玄武水文站作为赵口引黄灌区二期工程的代表水文站,控制流域面积 4 014 km²,该水文站的观测精度较高,水文气象资料已经过复核,符合国家标准和精度要求。选取 1983 年—2018 年共计 36 年的实测年径流量作为样本数据,具体样本数据见表 4.5-37。

表 4.5-37　涡河玄武水文站实测年径流量[单位:$(\times 10^8 \text{m}^3)$]

序号	系列年	实测年径流量	序号	系列年	实测年径流量
1	1983	2.51	19	2001	3.24
2	1984	3.76	20	2002	1.92
3	1985	3.01	21	2003	1.79

序号	系列年	实测年径流量	序号	系列年	实测年径流量
4	1986	1.01	22	2004	3.35
5	1987	2.41	23	2005	1.94
6	1988	1.20	24	2006	3.17
7	1989	7.50	25	2007	2.79
8	1990	2.55	26	2008	1.84
9	1991	2.43	27	2009	3.57
10	1992	2.61	28	2010	3.02
11	1993	2.22	29	2011	3.21
12	1994	0.90	30	2012	2.60
13	1995	1.41	31	2013	4.05
14	1996	3.16	32	2014	3.56
15	1997	1.80	33	2015	2.78
16	1998	2.10	34	2016	4.23
17	1999	1.72	35	2017	3.75
18	2000	1.37	36	2018	2.96

对涡河玄武水文站实测年径流量时间序列数据进行归一化处理,将原始值通过标准化映射成在区间[0,1]中的标准化值。对样本数据进行划分,将前28年的样本数据作为训练集,后8年的样本数据作为测试集。

设置人工电场算法(AEFA)的最大迭代次数 $maxiter=100$,粒子种群规模为 $N=30$,神经元个数 m 的寻优区间为[1,30],学习率 lr 的寻优区间为[0.0001,0.01]。通过 AEFA 算法对神经元个数 m 和学习率 lr 进行迭代寻优,并将均方误差(MSE)作为算法寻优的目标函数。为了验证人工电场算法优化的径流预测模型的可行性和准确性,选取遗传算法 GA 和粒子群算法 PSO 与其相比较。通过逐步试算法确定验证的 3 个模型(AEFA-LSTM、GA-LSTM、PSO-LSTM)的 LSTM 三层架构为 1-10-1。

利用 MATLAB 建立 LSTM 模型,分别采用人工电场算法 AEFA、遗传算法 GA、粒子群算法 PSO 对 LSTM 模型进行迭代寻优,得到各算法优化下的径流量预测结果和对应的相对误差见图 4.5-22。

由图 4.5-22 可知,3 种预测模型的整体波动趋势大体上与实测数据一致,AEFA-LSTM 模型预测结果波动特征与实测值波动特征的吻合度明显高于 GA-LSTM 模型和 PSO-LSTM 模型,其预测结果的相对误差较为稳定,相对误差的最大值为 5.82%,出现在 2011 年,其余序列年的相对误差均小于 5%,相对误差的最小值为 2.71%。GA-LSTM 模型预测结果相对误差的波动性较大,在 2014 年、2015 年、2016 年连续年份的相对误差出现了明显的起伏,相对误差最大值达到 17.64%,出现在 2015 年。PSO-LSTM

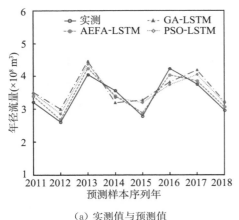

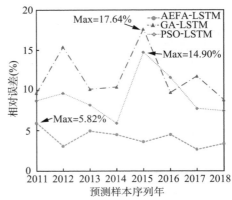

（a）实测值与预测值　　　　　　（b）3种模型相对误差

图 4.5-22　各算法预测结果对比

模型预测结果相对误差的波动性也较大，尤其是在 2014 年到 2015 年，相对误差由不到6％变为整个序列年的最大值14.90％。由图 4.5-22（b）可知，AEFA-LSTM 模型预测结果的相对误差明显小于 GA-LSTM 模型和 PSO-LSTM 模型，除个别序列年外（2016 年）PSO-LSTM 模型各序列年的相对误差小于 GA-LSTM 模型。计算得到AEFA-LSTM 模型、GA-LSTM 模型、PSO-LSTM 模型的平均相对误差分别为4.06％、11.65％和9.28％，平均相对误差大小排序：AEFA-LSTM 模型＜PSO-LSTM模型＜GA-LSTM 模型。

　　计算得到 3 种模型的平均绝对误差 MAE、均方误差 MSE、均方根误差 RMSE 见表4.5-38，整体而言，AEFA-LSTM 模型的预测精度高于 GA-LSTM 模型和 PSO-LSTM 模型的预测精度，能够更准确地预测序列的变化规律，降低预测误差，保障预测结果的精度。

表 4.5-38　3 种模型预测精度对比

模型	MAE(mm)	MSE(mm²)	RMSE(mm)
AEFA-LSTM	0.140	0.022	0.148
GA-LSTM	0.386	0.154	0.392
PSO-LSTM	0.310	0.104	0.323

　　图 4.5-23 为 3 种模型预测结果相较于实测年径流量数据的泰勒图。

　　图 4.5-23 包含 3 种预测模型的相关系数、均方根误差和标准差。图中蓝色点划线为相关系数轴线，黑色实线为标准差轴线，绿色虚线为均方根误差轴线。图中的红色圆点为参考点（即为实测点），剩余 3 个标记点分别代表 3 种模型。坐标原点到所建模型对应标记点之间的距离表示标记点与参考点的标准差之比，其值越接近 1，说明预测效果越

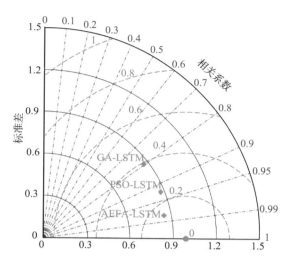

图 4.5-23　3 种模型预测结果泰勒图

好;标记点与参考点之间的距离为均方根误差,标记点越靠近参考点,说明均方根误差越小;相关系数则根据标记点的方位角位置来确定,标记点越靠近横轴,说明预测结果序列与实测值序列具有越强的相关性。由图 4.5-23 可知,AEFA-LSTM 模型的相关系数最高,标准差和均方根误差最小。

（2）灌区干旱灾害风险预测

将 4.4.2 节建立的自然风险预警模型应用于赵口引黄灌区干旱预警。

国内外研究中一般采用干旱评价指标对干旱进行监测和判别,常见的干旱评价指标包括帕默尔干旱指数、标准化降水指数、降水距平百分比等。标准化降水指数（Standardized Precipitation Index,SPI）能对不同时间和空间尺度下的干旱事件进行比较,且计算简单、稳定性较好。研究采用 3 个月的时间尺度计算标准化降水指数 SPI 进行干旱事件识别和等级划分,表 4.5-39 是根据标准化降水指数所划分的干旱等级标准。

表 4.5-39　干旱等级标准

干旱等级	SPI 值
无旱	$(-0.5, +\infty)$
轻旱	$(-1.0, -0.5]$
中旱	$(-1.5, -1.0]$
重旱	$(-2.0, -1.5]$
特旱	$(-\infty, -2.0]$

游程理论是识别干旱、洪涝等自然灾害事件最常用的方法之一,通过对标准化降水指数 SPI 时间序列进行计算分析,给定干旱阈值将 SPI 时间序列划分为不同时间长度,当 SPI 值小于干旱阈值,判定该月干旱。干旱特征参数主要包括干旱历时和干旱强度,其中干旱历时代表一次干旱事件的持续时间,干旱强度为一次干旱事件 SPI 的累计值,见图 4.5-24。上述参数可以根据游程理论从标准化降水指数 SPI 计算得到。

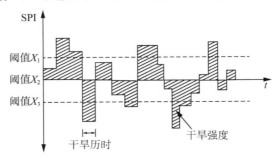

图 4.5-24　干旱判别示意图

　　采用灌区内开封气象站、郑州气象站、许昌气象站、商丘气象站 4 个气象站点 1981—2017 年间的气象数据集,资料来源于中国气象数据网。图 4.5-25 和图 4.5-26 分别是4 个气象站点 1981—2017 年间逐月和逐年的降水数据。将 1981—2007 年的逐月时间序列划分为训练集,2008—2017 年的逐月时间序列划分为测试集。

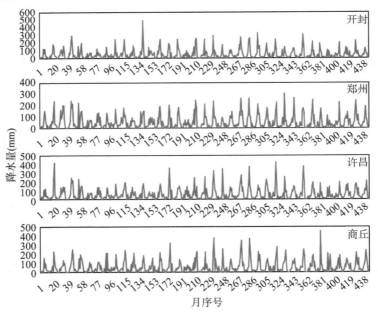

图 4.5-25　4 个气象站点逐月降水数据

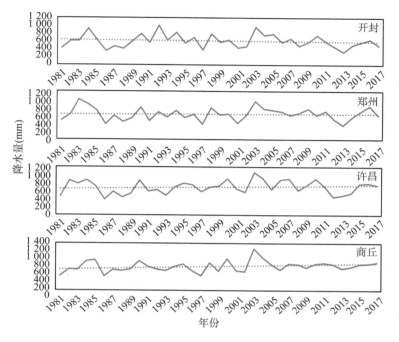

图 4.5-26　4 个气象站点逐年降水数据

根据 4 个气象站点 1981—2017 年逐月降水数据计算各月的标准化降水指数 SPI 值，依据游程理论识别干旱事件，得到 1981—2017 年逐年干旱历时和干旱强度。以开封气象站为例，其逐年干旱历时和干旱强度见表 4.5-40。

表 4.5-40　开封气象站逐年干旱历时和干旱强度

年份	干旱历时/月	干旱强度	年份	干旱历时/月	干旱强度
1981	4	2.22	2000	3	1.52
1982	0	0	2001	6	2.97
1983	2	0.68	2002	4	0.99
1984	4	1.64	2003	0	0
1985	0	0	2004	3	1.53
1986	8	2.40	2005	3	1.04
1987	3	1.03	2006	4	1.45
1988	6	0.83	2007	3	0.94
1989	2	0.95	2008	0	0
1990	2	0.62	2009	4	0.92
1991	3	0.78	2010	4	1.46
1992	0	0	2011	8	4.52

续表

年份	干旱历时/月	干旱强度	年份	干旱历时/月	干旱强度
1993	4	0.74	2012	5	1.90
1994	2	1.04	2013	7	2.43
1995	4	0.89	2014	2	1.91
1996	0	0	2015	2	0.94
1997	5	1.28	2016	0	0
1998	0	0	2017	2	0.69
1999	4	2.32	多年平均	3	1.15

由表 4.5-40 可知,1981—2017 年间开封气象站共有 29 年出现干旱事件,累计干旱历时 113 个月,单年干旱历时最长出现在 1986 年,为 8 个月,最大干旱强度出现在 2011 年,其值为 4.52。多年平均的干旱历时和干旱强度分别为 3 个月和 1.15,年间干旱历时和干旱强度变化较为显著(相邻年份的干旱历时和干旱强度变化最大值为 8 个月和 3.06),该现象与灌区所属气候区的年际降水有明显变化密切相关。

为了检验变分模态分解 VMD 得到的各分量能否表征原时间序列的物理意义,对其进行显著性检验,具体结果如图 4.5-27 所示,图中的横坐标为 IMF 分量对应周期的自然对数,纵坐标为 IMF 分量对应能量谱密度的自然对数,图中 3 条线分别为 95%、90%、80%的置信线。由图 4.5-27 可知,4 个气象站点各 IMF 分量均落在 80%～95%的置信区间内,能够真实反映原时间序列的物理意义,较好地提取了干旱信息。

采用变分模态分解 VMD 对 4 个气象站点的逐月 SPI 时间序列进行分解,将分解后的各分量代入门控循环单元网络进行预测,按照不同站点对各分量的预测结果进行组合叠加重构,得到 4 个气象站点 2008—2017 年的逐月 SPI 预测结果,见图 4.5-28。

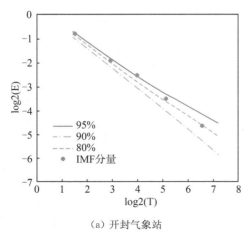

(a) 开封气象站

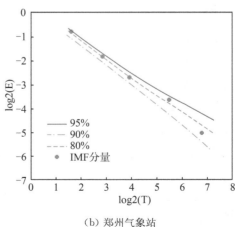

(b) 郑州气象站

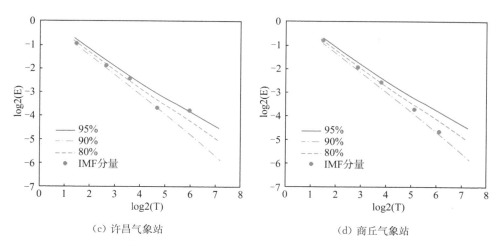

（c）许昌气象站　　　　　　　　　　（d）商丘气象站

图 4.5-27　4 个气象站点 IMF 分量显著性验证

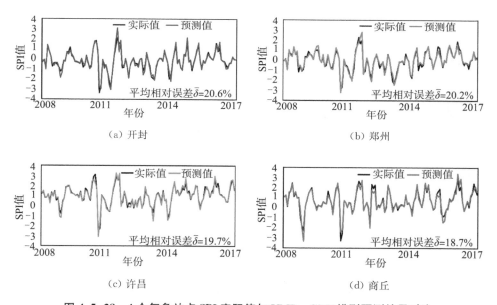

（a）开封　　　　　　　　　　　　　　（b）郑州

（c）许昌　　　　　　　　　　　　　　（d）商丘

图 4.5-28　4 个气象站点 SPI 实际值与 VMD-GRU 模型预测结果对比

由图 4.5-28 可知，开封、郑州、许昌、商丘 4 个气象站点中，预测结果的整体波动趋势大体上与实际数据一致，表明模型具有较好的预测精度。开封气象站 SPI 值预测结果的平均相对误差最大，为 20.6%，商丘气象站 SPI 值预测结果的平均相对误差最小，为 18.7%，4 个气象站点预测结果的平均相对误差较为稳定，平均相对误差大小排序：开封气象站＞郑州气象站＞许昌气象站＞商丘气象站。

为了进一步评价 VMD-GRU 模型的预测效果，分别采用 GRU 模型、BP 神经网络模型、LSTM 神经网络模型对 4 个气象站点的 SPI 时间序列进行预测，表 4.5-41 为开封

气象站 4 种预测模型 2008—2017 年的平均相对误差。

表 4.5-41　开封气象站 4 种预测模型 2008—2017 年各年份的平均相对误差

预测系列年	VMD-GRU 模型	GRU 模型	BP 模型	LSTM 模型
2008	24.4%	29.1%	33.4%	25.1%
2009	18.1%	36.9%	29.6%	29.5%
2010	16.9%	34.0%	29.4%	31.7%
2011	24.0%	16.2%	44.4%	29.5%
2012	21.2%	17.7%	18.9%	22.1%
2013	29.4%	29.6%	29.7%	30.8%
2014	19.8%	23.3%	30.9%	22.5%
2015	18.0%	24.8%	34.2%	41.9%
2016	15.3%	24.2%	32.5%	16.3%
2017	18.5%	17.5%	27.6%	35.1%

由表 4.5-41 可知，开封气象站 VMD-GRU 模型预测结果的各年份平均相对误差在 15.3%～29.4%之间，其他 3 个模型（GRU、BP、LSTM）预测结果的平均相对误差分别为 16.2%～36.9%、18.9%～44.4%、16.3%～41.9%。LSTM 模型预测结果的各年份平均相对误差波动性最大（平均相对误差差值最大值为 25.6%），VMD-GRU 模型预测结果的各年份平均相对误差波动性最小，较 LSTM 模型减少了 11.5%。除 2011 年、2017 年和 2012 年外，其余年份中 VMD-GRU 模型预测结果的各年份平均相对误差均小于其他 3 个模型。

计算 VMD-GRU 模型、GRU 模型、BP 神经网络模型、LSTM 神经网络模型的平均绝对误差 MAE、均方误差 MSE、均方根误差 RMSE，具体计算结果见表 4.5-42～表 4.5-45。

表 4.5-42　开封气象站 4 种模型预测精度对比

模型	MAE(mm)	MSE(mm²)	RMSE(mm)
VMD-GRU	0.140	0.084	0.290
GRU	0.165	0.116	0.341
BP	0.228	0.136	0.369
LSTM	0.185	0.086	0.293

表 4.5-43　郑州气象站 4 种模型预测精度对比

模型	MAE(mm)	MSE(mm²)	RMSE(mm)
VMD-GRU	0.145	0.091	0.302

模型	MAE(mm)	MSE(mm^2)	RMSE(mm)
GRU	0.212	0.153	0.391
BP	0.221	0.126	0.355
LSTM	0.215	0.152	0.390

表 4.5-44　许昌气象站 4 种模型预测精度对比

模型	MAE(mm)	MSE(mm^2)	RMSE(mm)
VMD-GRU	0.136	0.091	0.301
GRU	0.146	0.135	0.367
BP	0.219	0.189	0.434
LSTM	0.197	0.120	0.347

表 4.5-45　商丘气象站 4 种模型预测精度对比

模型	MAE(mm)	MSE(mm^2)	RMSE(mm)
VMD-GRU	0.142	0.101	0.318
GRU	0.145	0.135	0.367
BP	0.238	0.151	0.389
LSTM	0.184	0.147	0.383

由表 4.5-42～表 4.5-45 可知,4 个气象站点 VMD-GRU 模型的平均绝对误差 MAE、均方误差 MSE、均方根误差 RMSE 均为最小。以许昌气象站为例,平均绝对误差 MAE 大小排序:VMD-GRU 模型<GRU 模型<LSTM 模型<BP 模型。均方误差 MSE 和均方根误差 RMSE 大小排序:VMD-GRU 模型<LSTM 模型<GRU 模型< BP 模型。采用平均绝对误差 MAE 进行评价时,相较于另外 3 个模型,VMD-GRU 模型的预测性能分别提升 7.5%、61.0%、44.9%。VMD-GRU 模型 4 个气象站点的平均绝对误差 MAE、均方误差 MSE、均方根误差 RMSE 为 0.136～0.145 mm、0.084～0.101 mm^2、0.290～0.318 mm,不同气象站点的 3 个评价指标值均分别接近,说明所建 VMD-GRU 干旱预测模型不存在过拟合或者欠拟合问题。整体而言,VMD-GRU 模型的预测精度明显高于另外 3 个模型的预测精度,能够更准确地预测标准降水指数 SPI 的变化规律,降低预测误差。

根据 VMD-GRU 模型的 SPI 值预测结果并结合游程理论,计算灌区内 4 个气象站点的干旱历时和干旱强度,开封气象站 1981—2017 年实际和预测的干旱历时和干旱强度如图 4.5-29 所示。

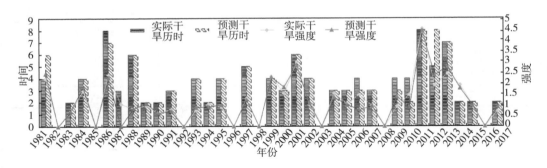

图 4.5-29　开封气象站 1981—2017 年实际和预测的干旱历时和干旱强度对比

由图 4.5-29 可知,对于大部分年份而言,开封气象站实际干旱历时与 VMD-GRU 模型的预测干旱历时相一致,1981—2017 年这 37 年间,30 年的实际和预测干旱历时完全一致,仅有 7 个年份(1981 年、1986 年、1987 年、2006 年、2009 年、2010 年、2012 年)预测结果存在一定偏差,预测准确率达到 81.1%。除 2012 年实际干旱历时与预测干旱历时相差 3 个月外,其他存在预测偏差的年份,误差均在 2 个月以内。1981—2017 年间,开封气象站实际干旱强度的整体波动趋势与预测干旱强度大体一致,计算得到实际干旱强度序列和预测干旱强度序列的皮尔逊相关系数达到 0.961,由此可见,VMD-GRU 干旱预测模型能够实现大型灌区干旱的有效预测。

图 4.5-30 为 4 种模型预测结果的泰勒图,涉及预测模型的相关系数、均方根误差和标准差。图中蓝色点划线为相关系数轴线,黑色实线为标准差轴线,绿色虚线为均方根误差轴线。图中红色圆圈为实测点,剩余 4 个标记点分别代表 4 种模型。

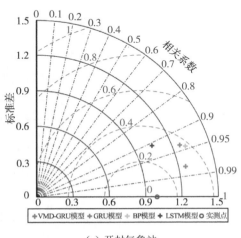

（a）开封气象站

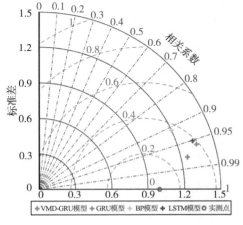

（b）郑州气象站

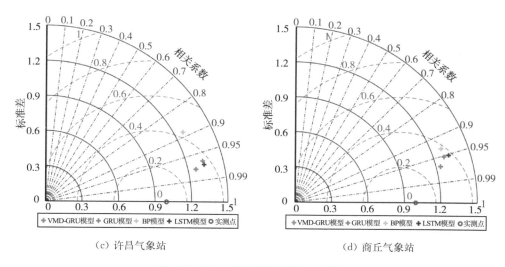

（c）许昌气象站　　　　　　　　（d）商丘气象站

图 4.5-30　4 种模型预测结果泰勒图

坐标原点到所建模型对应标记点之间的距离表示标记点与实测点的标准差之比，其值越接近 1，说明预测效果越好；标记点与实测点之间的距离为均方根误差，标记点越靠近实测点，说明 VMD-GRU 模型在灌区干旱预警方面具有优越性。

4.5.4.2　工程风险预警

（1）渠道

以总干渠为研究对象，通过实地调研、现场检测、计算分析以及相关资料梳理，将渠道变形、渗漏破坏、边坡稳定、流量、水位等预警指标数据代入 BP 神经网络建立大型灌区运行期渠道风险预警模型。

图 4.5-31 为 BP 神经网络迭代误差（渠道），图 4.5-32 为对应的 BP 神经网络回归结果。

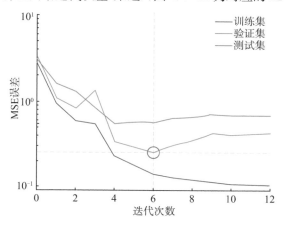

图 4.5-31　BP 神经网络迭代误差（渠道）

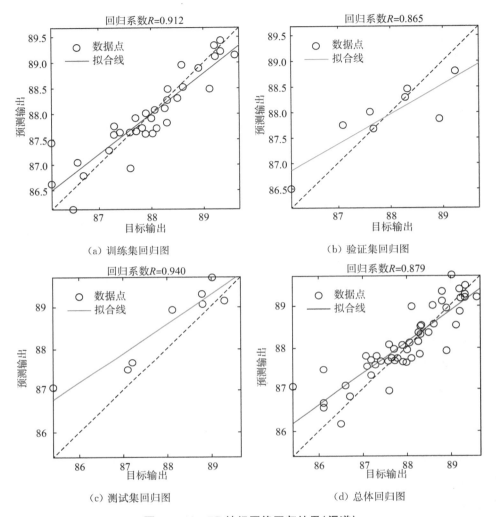

（a）训练集回归图 （b）验证集回归图

（c）测试集回归图 （d）总体回归图

图 4.5-32 BP 神经网络回归结果（渠道）

由图 4.5-31 和图 4.5-32 可知，迭代次数达到 6 次时达到模型最优解。模型训练集、测试集、验证集的回归系数均较大，所构建的赵口引黄灌区二期工程渠道风险预警模型可信度较高。根据 BP 神经网络风险预警模型得到渠道评分为 87.5，风险等级为安全。

（2）水闸

以斗厢支渠节制闸为研究对象，通过实地调研、现场检测、计算分析以及相关资料梳理，将结构变形、渗漏破坏、抗滑稳定、基底应力、基础沉降、结构侵蚀等预警指标代入 BP 神经网络，建立大型灌区运行期水闸风险预警模型。

图 4.5-33 为 BP 神经网络迭代误差（水闸），图 4.5-34 为对应的 BP 神经网络回归结果。

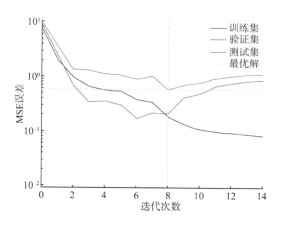

图 4.5-33 BP 神经网络迭代误差(水闸)

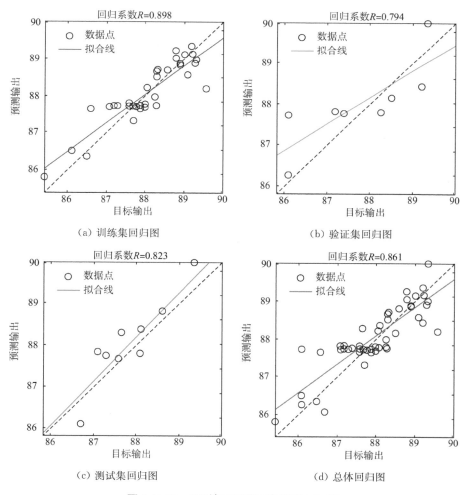

(a) 训练集回归图

(b) 验证集回归图

(c) 测试集回归图

(d) 总体回归图

图 4.5-34 BP 神经网络回归结果(水闸)

由图 4.5-33 和图 4.5-34 可知,迭代次数达到 8 次时达到模型最优解。模型训练集、测试集、验证集的回归系数均较大,所构建的赵口引黄灌区二期工程水闸风险预警模型可信度较高。根据 BP 神经网络风险预警模型得到水闸评分为 87,风险等级为安全。

(3)渡槽

以总干渠跨运粮河渡槽为研究对象,通过实地调研、现场检测、计算分析以及相关资料梳理,将结构变形、渗漏破坏、抗滑稳定、基底应力、基础沉降、结构侵蚀等预警指标代入 BP 神经网络,建立大型灌区运行期渡槽风险预警模型。

图 4.5-35 为 BP 神经网络迭代误差(渡槽),图 4.5-36 为对应的 BP 神经网络回归结果。

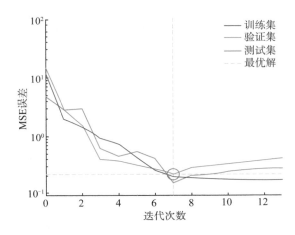

图 4.5-35　BP 神经网络迭代误差(渡槽)

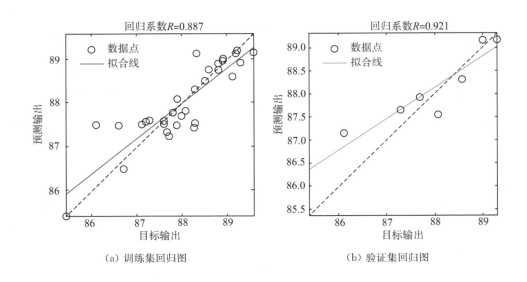

(a)训练集回归图　　　　　　　　(b)验证集回归图

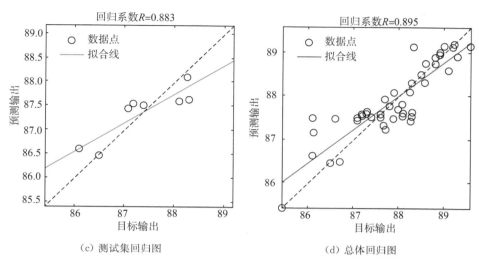

（c）测试集回归图　　　　　　（d）总体回归图

图 4.5-36　BP 神经网络回归结果（渡槽）

由图 4.5-35 和图 4.5-36 可知，迭代次数达到 7 次时达到模型最优解。模型训练集、测试集、验证集的回归系数均较大，所构建的赵口引黄灌区二期工程渡槽风险预警模型可信度较高。根据 BP 神经网络风险预警模型得到渡槽评分为 86，风险等级为安全。

（4）倒虹吸

以冯羊支渠下穿韦政岗沟许墩渠道倒虹吸为研究对象，通过实地调研、现场检测、计算分析以及相关资料梳理，将结构变形、渗漏破坏、抗滑稳定、基底应力、基础沉降、结构侵蚀等预警指标代入 BP 神经网络，建立大型灌区运行期倒虹吸风险预警模型。

图 4.5-37 为 BP 神经网络迭代误差（倒虹吸），图 4.5-38 为对应的 BP 神经网络回归结果。

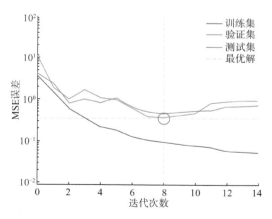

图 4.5-37　BP 神经网络迭代误差（倒虹吸）

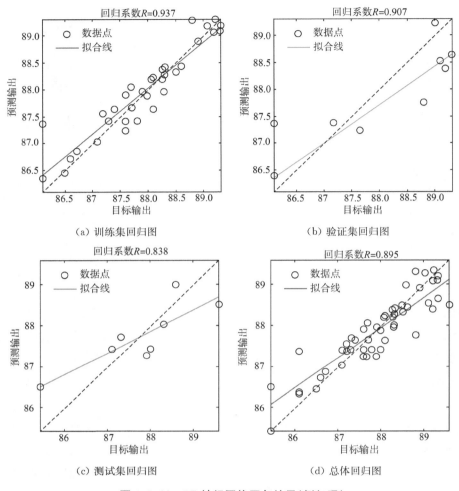

图 4.5-38　BP 神经网络回归结果(倒虹吸)

由图 4.5-37 和图 4.5-38 可知,迭代次数达到 8 次时达到模型最优解。模型训练集、测试集、验证集的回归系数均较大,所构建的赵口引黄灌区二期工程倒虹吸风险预警模型可信度较高。根据 BP 神经网络风险预警模型得到倒虹吸评分为 88.5,风险等级为安全。

(5) 箱涵

以开封市东一干渠 1# 涵洞为研究对象,通过实地调研、现场检测、计算分析以及相关资料梳理,将结构变形、渗漏破坏、抗滑稳定、基底应力、基础沉降、结构侵蚀等预警指标代入 BP 神经网络,建立大型灌区运行期箱涵风险预警模型。

图 4.5-39 为 BP 神经网络迭代误差(箱涵),图 4.5-40 为对应的 BP 神经网络回归结果。

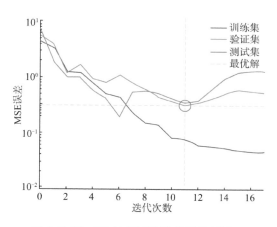

图 4.5-39   BP 神经网络迭代误差(箱涵)

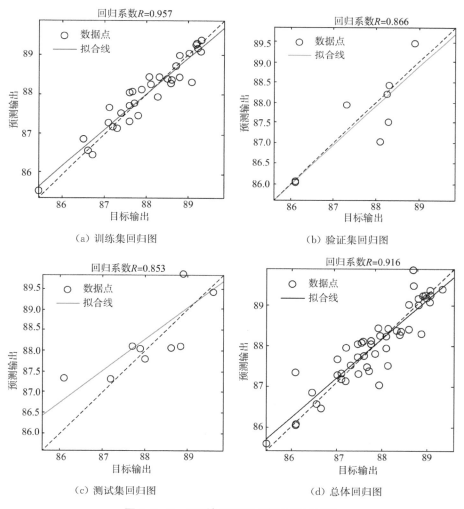

(a)训练集回归图

(b)验证集回归图

(c)测试集回归图

(d)总体回归图

图 4.5-40   BP 神经网络回归结果(箱涵)

由图 4.5-39 和图 4.5-40 可知,迭代次数达到 11 次时达到模型最优解。模型训练集、测试集、验证集的回归系数均较大,所构建的赵口引黄灌区二期工程箱涵风险预警模型可信度较高。根据 BP 神经网络风险预警模型得到赵口引黄灌区二期工程箱涵评分为87,风险等级为安全。

第五章
大型灌区工程长效运营风险综合评估与管控

大型灌区工程系统渠道线路长，各类建筑物众多，长效服役不可避免地存在风险事故发生的可能性，工程中任何一个节点的失效都可能影响到整个或局部灌区系统的安全和正常运行。根据大型灌区工程的系统特点，对涉及工程长效安全运行的风险事件进行集成重构，提出大型灌区工程风险综合评估、性能融合诊断方法及长效管控模式，以支撑大型灌区安全运行。

5.1 大型灌区工程长效服役风险事件重构与综合评估体系

5.1.1 大型灌区工程风险事件集成重构

依据大型灌区工程的调度运行方式，在渠道及相关渠系建筑物风险源分析的基础上，根据灌区工程风险传导模式进一步系统梳理大型灌区工程长效服役的风险事件类别并集成重构。

5.1.1.1 工程长效服役风险源分类

基于第2~4章灌区工程建设及运行期风险源分类划分，针对大型灌区工程长效服役特点，进一步归纳和梳理风险源种类为自然因素、工程因素、人为因素、管理因素等四大类。主要风险源清单如表5.1-1所示。

表 5.1-1　大型灌区工程长效服役主要风险源清单

分类	序号	作用对象	风险源
自然因素	1	灌区工程	暴雨洪水
	2		地震灾害
	3		冰冻灾害
	4		结构侵蚀、腐蚀
	5		水生生物破坏
工程因素	1	渠道建筑物	渠道顶部、渠道坡体、渠道底部破坏
	2		渠道渗透破坏
	3		渠道断面状态不符合运行要求
	4		水力条件不符合运行要求
	5	水闸建筑物	水闸建筑物抗倾、抗滑、抗浮不稳定
	6		冲刷破坏
	7		闸门及附属设施破坏
	8		水闸其他结构破坏
	9	渡槽建筑物	渡槽边坡失稳
	10		槽墩冲刷
	11		渡槽其他结构破坏
	12	倒虹吸建筑物	建筑物自身失稳
	13		洪水漫堤
	14		倒虹吸其他部分结构破坏
	15	箱涵建筑物	建筑物自身失稳
	16		渗透破坏
	17		箱涵其他结构破坏
人为因素	1	灌区工程	渠顶车辆通行影响
	2		工程周边排放污染物污染渠道
	3		工程周边工业、畜牧业等人类经济活动影响
	4		人为破坏工程设施
	5		水事纠纷影响工程运行
管理因素	1	灌区工程	管理人员配备不到位
	2		管理人员缺乏培训
	3		管理制度的制定不足及执行不到位
	4		管理经费不足
	5		应急预案管理不到位
	6		抢险物资储备不足
	7		安全检查与安全监测的方式和频率不满足要求
	8		维修养护不足

5.1.1.2 灌区风险传导分析

由于大型灌区是复杂的大型交错枝叶形系统,重点部位和控制建筑物(渡槽、倒虹吸、涵洞、暗渠等)之间还存在关联关系,传导性是该类工程长效服役风险的主要特征,明晰灌区工程风险源到风险事件的传导关系是进行风险事件重构与评估的基础,从风险源导致的灌区工程安全和供水安全两大风险后果进行分析。

1)风险传导机理

风险传导由风险源、传导载体、节点建筑物及风险受体组成。当自然环境、工程、设施设备、社会、管理等因素在总干渠某点形成风险源后,将以总干渠为传导载体,向总干渠的上游和下游传导,并可能通过干渠渠首向干渠传导扩散,再由干渠向分干渠和支渠传导扩散,对各渠段工程造成影响。若风险源在其他渠级形成,将以所在渠道为传导载体,向渠道的上游和下游传导,再由控制节点向所连接的沟渠传播,从而传导扩散作用于沟渠及其他建筑物。

对于交错的枝叶形工程系统,总干渠、干渠上的控制建筑物及闸站作为连接不同沟渠的重要建筑物,是重要的控制节点之一,在风险事件发生时可以通过对控制节点的控制,放任或阻止风险的传导、扩散或迁移,扩大或缩小风险事件的影响范围,从而放大或减小风险事件后果的严重性。

2)风险传导模式

单一灾难或重大突发事件的扩散将引发连锁响应,造成更加严重的危害。根据重大突发事件的演化方式和评估实际,大型灌区工程的风险传导可分为以下三类:

(1)辐射式

辐射式传导是指由某一风险突发事件的发生,同时引起多种、多起突发事件发生的传导方式,是重大突发事件在多个维度上的发散和叠加。如渠道上方跨渠桥梁发生危化品运输车辆坠渠事件,将会同时引起渠道损毁或阻水及水质污染事件。

(2)连锁式

连锁式传导是指两起或多起突发事件因先后次序关系接连发生的传导方式,即先发事件是次生事件的诱发因素。连锁式传导存在于重大突发事件传导的整个过程中,是重大突发事件传导最普遍的方式之一。从整体来看,重大突发事件的任何次生事件是连锁式传导中的一环。如灌区原有河道遭遇洪水沿河道泄洪,遭遇交叉河道断面过流能力不足,导致交叉建筑物出现风险等。

(3)迁移式

迁移式传导指部分次生事件通过媒介的位移,在其他地区引发新的重大突发事件的传导方式。对于大型灌区渠道,水质的风险为典型的迁移式传导风险,污染物质随着灌区内水流传播与扩散,在其他地区形成新的污染水体。

3）工程安全的风险传导

工程安全的风险传导主要考虑暴雨洪水、地震、冰冻等导致的工程安全风险,以及穿跨邻接工程安全风险传导等模式。

（1）暴雨洪水导致的工程安全风险

暴雨洪水下的风险传导路径包括:①暴雨洪水在标准内,但由于河势变化、河道碍洪等问题,导致渠系河道内的流速、水位等超过设计值,造成工程建筑物冲刷破坏以及洪水漫堤风险;②渠道沿线汇水区经济建设活动导致微地形变化较大,引起排水系统排水量增大或者提高水面线;排水系统出口下垫面条件发生变化,引起排水建筑物或交叉河道水进出口水面线抬高,导致渠道顶不满足防洪要求;③超标准暴雨洪水导致河道洪水超过工程防洪标准,加上部分河道行洪不畅、流态紊乱,部分防洪堤、渠堤或裹头防护高度和范围不足,造成漫渠或冲刷风险。洪水风险传导线路图如图 5.1-1 所示,图中工程结

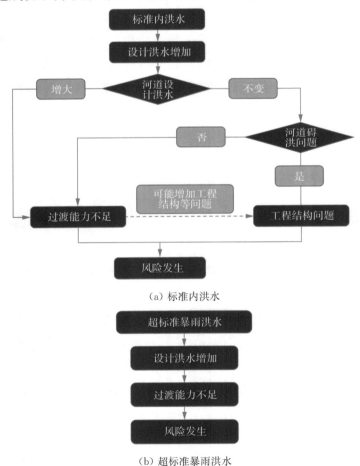

（a）标准内洪水

（b）超标准暴雨洪水

图 5.1-1　暴雨洪水下风险传导路径

构和防洪安全问题包括渠顶高程不足、渠系建筑物基础埋深不足、防护措施不足、过流能力不足等,风险事件包括结构冲刷破坏与失稳类风险。

在暴雨洪水风险传导路径中,暴雨洪水沿河道演进时,区间汇水区下垫面变化以及河道河势变化问题,会促使洪水风险进一步演化。可见,风险在传导过程中,存在叠加和放大效应。原本标准内洪水是可承受的风险,但经过多个环节的不断叠加和放大,标准内洪水足以造成严重的工程安全风险。而超标准暴雨洪水已存在较大危害,经过汇水区下垫面变化以及河道河势变化与碍洪等因素放大后,超标准暴雨洪水风险的危害将进一步增大。

（2）地震导致的工程安全风险

地震的风险传导路径包括:①地震造成渠道或渠系建筑物基础液化,结构失稳滑坡或倒塌,输水外泄等风险;②地震造成闸门、启闭机等金属结构及机电设备故障,无法正常运行进而影响输水和结构安全等风险。地震风险传导线路图如图5.1-2所示,图中工程结构安全问题为渠道及渠系建筑物基础与结构抗震能力不足,风险事件包括基础液化失稳、结构失稳及金属结构和机电设备故障类风险。

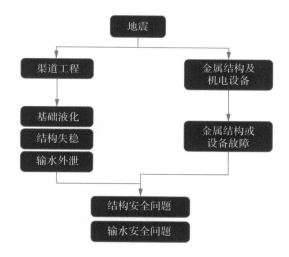

图 5.1-2　地震影响的风险传导路径

（3）冰冻导致的工程安全风险

冰冻的风险传导路径主要为:冰冻或冻融循环对混凝土材料产生劣化作用,引起混凝土表面剥蚀、裂缝,进而影响结构强度和整体安全。

（4）交叉建筑物工程安全风险传导

交叉建筑物主要指灌区工程管理和保护范围内穿越、跨越、邻接渠道工程的桥梁、公路、铁路、管道、取水、排水等工程设施。该类工程出现风险后,也会传递给所处在的灌区工程,风险传递路径如图 5.1-3 所示。

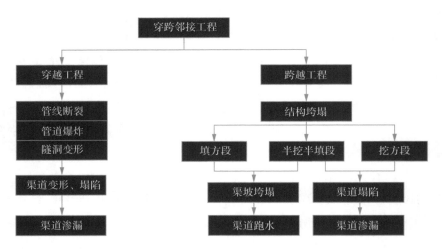

图 5.1-3　交叉建筑物造成风险的传导路径

在其他类工程安全风险的传导路径上,风险事件也存在孕育和演化过程,各风险事件存在一个临界点,受多方因素刺激后风险演化至临界点时造成相应的风险后果向下一目标传递,如给排水管线逐渐老化以及运行过程因淤堵可能造成内部压力逐渐增大,在管线材料性能刚开始弱化或最初的淤堵刚形成时风险已经出现并开始演化,达到临界值时实现风险传导。

4) 供水安全的风险传导

狭义上的供水安全指灌区工程输水能力不足风险,广义上的供水安全指综合考虑工程、水质、调度及输水能力的安全,本节风险传导分析的为广义上的供水安全。

对于工程安全风险造成的供水安全风险,建筑物、渠道结构发生破坏的风险事件类型、规模以及采取的何种处理措施会造成的不同的供水安全风险。小规模工程安全风险对供水安全影响较小,大规模工程安全风险需要停水维护时涉及调度运行风险,如调度运行操作不当,则可能引发上、下游渠道的工程风险。

工程控制与调度系统风险事件可能造成闸门异常动作,以及其他调度系统风险导致局部渠段调度难以开展,由此引发供水安全风险,须采取应急调度措施,如调度不及时或操作不当,则可能导致上游渠段水位上涨过快,下游渠段水位降幅过大,进而引发上游渠道漫溢和下游渠坡失稳的工程风险,影响供水。

供水安全总体风险事件传导路径如图 5.1-4 所示。在供水风险传导路径上,由工程安全风险、水质安全风险导致的供水安全风险实际上就是风险演化,在其他类工程安全风险的传导路径上风险孕育演化相似,只有在工程安全风险、水质安全风险足够大时,才能演化为供水安全风险。考虑灌区工程主要用于灌溉,对水质安全的要求及可能存在的水质安全风险较小,不再单独分析,并入供水安全中一并考虑。

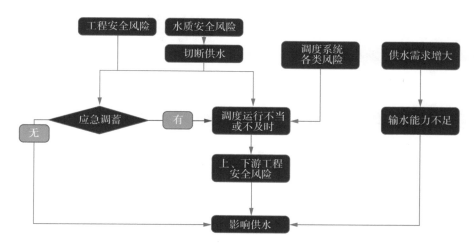

图 5.1-4　供水风险的传导路径

5.1.1.3　风险事件分类重构

依托大型灌区工程特点,以灌区工程自身作为风险的受体,识别对应的风险源,将直接发生在灌区工程的风险事件作为影响灌区工程安全运行的风险事件。针对工程特点,以工程安全和供水安全为目标,归纳梳理和重构风险事件类别。

1) 工程安全风险事件

涉及灌区工程安全风险的各类建筑物主要有渠道、水闸、渡槽、倒虹吸、箱涵等,各类建筑物遭受风险事件如下:

(1) 以渠道为风险受体,主要风险事件有渠顶漫流、渠堤冲刷、渠道塌陷与渗漏(含交叉建筑物出险导致);

(2) 以水闸为风险受体,主要风险事件有建筑物结构失稳、地基沉降、结构开裂破坏、冲刷破坏等;

(3) 以倒虹吸为风险受体,主要风险事件有洪水漫堤、管身冲刷、裹头岸坡冲刷;

(4) 以渠道渡槽为风险受体,主要风险事件有槽身挡水、槽墩冲刷、裹头边坡失稳;

(5) 以箱涵为风险受体,主要风险事件为结构破坏;

(6) 以退水闸为风险受体,主要风险事件有退水渠冲刷破坏、退水漫渠(退水渠)冲刷、无法退水。

除此之外,工程防洪调度业务支撑能力不足风险也属于工程安全风险,风险受体直接为灌区工程。各类风险事件统计结果见表 5.1-2。

表 5.1-2 灌区工程安全性风险事件

序号	建筑物	风险事件
1	渠道	洪水漫堤
2		防洪堤冲刷
3		渠道塌陷、渗漏(含交叉建筑物风险导致)
4	水闸	结构开裂破坏
5		结构失稳
6		冲刷破坏
7	倒虹吸	洪水漫堤
8		管身冲刷
9		裹头岸坡冲刷
10	渠道渡槽	槽身挡水
11		槽墩冲刷
12		裹头边坡失稳
13	箱涵	结构破坏
14	退水闸	退水渠冲刷破坏
15		退水漫渠(退水渠)冲刷
16		退水渠无法退水
17	灌区工程	调度系统工程防洪调度业务支撑能力不足

2）供水安全风险事件

本次风险评估中,影响灌区工程供水安全的风险主要有输水能力不足风险、应急调蓄能力不足风险、调度系统运行风险等。

3）风险事件的集成重构

风险评估是在现有工况和过去发生风险的认识上开展的,各类风险事件并非同一时间点出现,考虑灌区工程的运用具有年际特征,风险综合评估的时间点(即时域)主要指年内,如导致工程安全风险的暴雨洪水是年内汛期等。风险综合评估对各类风险事件进行重构,将时域内可能出现且在各评估渠段均会出现的风险进行集成。

对于工程安全风险集成,主要考虑工程标准内可能出现的各类风险事件集成。交叉建筑物、渠道防洪堤与排水系统风险评估等均需参与风险集成,人为因素导致的公共安全风险事件也应参与集成。部分风险如工程管理和保护范围划定不明确等仅可能出现在特定区域,该部分风险参与渠段集成后会造成各渠段基础条件(评估标准)不一致,难以进行相互之间风险大小对比评判,因此此类风险可不参与集成。

供水安全风险集成主要针对渠道输水能力不足风险。输水能力不足风险可利用近3年输水期间积累的实时观测数据,定量分析各渠段在常态化及应急工况下的输水能力和风险等级,风险集成时的输水能力风险评估针对的是常态化及应急输水时的输水能力不足问题。调度系统安全也涉及供水安全,应予以集成。除此之外,从宏观角度看,工程安全风险发生后也对供水安全产生影响,该情况的供水安全风险属于演化风险,供水安全风险集成时也应考虑工程安全的影响。

5.1.2 大型灌区工程服役风险综合评估体系

5.1.2.1 风险评估单元划分

大型灌区工程通常是由渠道和不同类型的渠系建筑物串联和交叉而成的交错的枝叶形系统,由于工程系统庞大,空间分布广,各建筑物的修建时间、运行环境、管理养护不同,长期服役过程中渠道及建筑物老化病害部位、程度、发展速度和寿命均可能存在较大的差异。为了正确反映工程的运行状态,准确评估工程安全风险,应当统筹兼顾、重点突出,具体分析可按照总干渠、干渠和主要控制渠系建筑物、一般渠系建筑物的顺序进行分析。

大型灌区综合评估需要充分考虑多方面因素,风险评估单元划分也遵循"统筹兼顾、重点突出"的划分原则,统筹考虑现状运行存在风险、工程运行中出现过险情的建筑物,并突出重点部位和控制建筑物。依据大型灌区的调度运行方式,可将渠段按总干渠和干渠工程划分主要评估单元,分析和梳理渠道及相关建筑物的风险源,系统梳理和分析大型灌区工程运行期风险所包含的风险事件,在此基础上,对风险事件进行耦合和重构,进而构建层次分析模型,综合评估大型灌区长效服役运行风险。

赵口引黄灌区二期工程主要包括渠道工程、排水工程、建筑物工程,有31条渠道、28条河(沟)道、1 035座建筑物。建设渠道31条,总长大约373.98 km,其中总干渠1条,长23.62 km;干渠9条,总长158.84 km;分干渠6条,总长120.28 km;支渠15条,总长71.24 km。总干渠及干渠上的控制建筑物及闸站作为控制节点之一,可以放大或减小风险事件后果严重性。因此,依据赵口引黄灌区的调度运行方式,风险综合评估与管控针对工程特点,将渠段按总干渠1条和干渠9条共划分为10个评估单元,如表5.1-3所示。

表 5.1-3　赵口引黄灌区二期工程风险评估单元划分

序号	风险管控单元	渠道名称	建设性质	设计桩号	设计渠长（km）
1	总干渠	渠首～已衬砌末端	利用现状	0+000～8+596	8.6
		已衬砌末端～朱固枢纽	改建	8+596～15+333	6.74
		朱固枢纽～东一干渠	改建	15+333～31+117.1	15.78
		东一干渠～渠末	改建	31+117.1～32+219.3	1.1
2	东一干渠	渠首～百庙岗支渠口	改建＋新建	0+000～13+217.5	13.21
		百庙岗支渠口～渠末	改建	13+217.5～22+903.9	9.69
3	东二干渠	渠首～朱仙镇分干	改建	0+000～9+018.5	9.02
		朱仙镇分干～陈留分干	改建	9+018.5～15+149.6	6.03
		陈留分干～渠末	改建	15+049.6～32+254.6	17.21
4	杞县跃进干渠	渠首～常寨倒虹吸	改建	0+000～12+540	12.54
		常寨倒虹吸～渠尾	改建	12+540～18+362	5.82
5	杞县幸福干渠	杞县幸福干渠	改建	0+000～10+151	10.15
6	杞县东风干渠	渠首～东风二干渠	改建	0+000～0+465	0.47
		东风二干渠～渠尾	改建	0+465～22+496	22.03
7	太康幸福干渠	渠首～大新沟	改建	0+000～9+230	9.23
		大新沟～渠尾	改建	9+230～21+979	12.75
8	团结干渠	渠首～大新沟	改建	0+000～7+998	8
		大新沟～渠尾	改建	7+998～14+216.4	6.22
9	太康东风干渠	太康东风干渠	改建	0+000～7+740	7.74
10	宋庄干渠	渠首～红泥沟	改建	0+000～3+625	3.63
		红泥沟～渠尾	改建	3+625～8+742	5.12

5.1.2.2　灌区工程安全的风险评估方法

1) 灌区工程安全的风险评估指标体系

基于指标调查方法研究、检测方法完善以及安全复核方法改进，进行大型灌区工程安全的风险评估指标体系的建立原则、建立方法和指标筛选准则的研究；同时，进行渠道和建筑物运行期风险评估的影响因素挖掘；再结合 5.1.1 节的风险事件重构，从工程运行的安全性、适用性和耐久性三个维度进行灌区工程安全的风险评估指标体系建立。

基于评价指标体系的建立原则、建立步骤、筛选准则，同时考虑不同层次和不同级别建筑物对灌区安全运行的影响差异，根据系统工程原理和层次分析方法，把复杂的灌区渠道和建筑物联结网络一一分解，对建筑物和渠道进行逐个逐条的评价分级，从而构建出能从整体上涵盖灌区渠道和渠系建筑物服役风险的各类影响因素的风险评估指标体系。

（1）指标筛选准则

符合大型灌区特点的灌区工程安全风险评估指标筛选准则包括代表性准则、独立性准则、协调性准则以及定性定量相结合准则等，具体如下：①代表性准则。各评估指标应具有代表性，能够准确地反映总目标某个方面的本质，对于那些对总目标影响很小的指标，在指标体系完善过程中应予以删除；②独立性准则。对于总目标的某一方面，往往存在多个可选择的评估指标，而这些指标之间可能存在内涵、评估标准上的重复。在建立指标体系时，应尽量避免这些指标同时出现，保证各指标之间具有独立性；③协调性准则。建立指标体系的目的在于对总目标进行评估，这就要求体系中各评估指标的目的相一致，它们之间不能存在矛盾关系。因此，在保证评估指标体系完备性的基础上，筛选指标时应保持各指标关系的协调一致；④定性定量相结合准则。在灌区工程安全的风险评估中，指标主要有两类：一类是定量指标，即可以根据建筑物原型观测资料的数据，得出该指标的实测或计算值；另一类是定性指标，该类指标无法或难以量化，只能通过专家判断，并将专家判断的结果定量化来进行评估，这一类指标往往又是不可缺少的。只有将定性与定量指标结合起来统筹考虑，才有可能达到科学评价的目的，才能取得可信的结果。

（2）影响因素挖掘

灌区工程安全重点关注结构可靠性，即结构在规定的时间内、规定条件下，完成预定功能（结构的安全性、适用性和耐久性）的能力。结构能否完成预定的功能具体是以功能极限状态作为判别条件的，可分为承载力极限状态和正常使用极限状态，分别对应结构的安全性和适用性功能。目前对可靠性重要组成部分的耐久性考虑还不是很全面，失效准则强调的是极端荷载作用下结构的安全性和适用性。而结构长期使用过程中由于荷载、环境等作用引起材料性能劣化的影响，则被置于比较次要和从属的地位。应当看到，耐久性是当前困扰水利基础设施工程的普遍问题，工程中许多结构的提前失效和破坏都是由于耐久性问题考虑不足而导致的。

水利工程领域相关的安全评价导则主要有《水库大坝安全评价导则》（SL 258—2017）、《水闸安全评价导则》（SL 214—2015）、《泵站安全鉴定规程》（SL 316—2015）、《堤防工程安全评价导则》（SL/Z 679—2015）和《渡槽安全评价导则》（T/CHES 22—2018），此类导则基本涵盖了各类水工建筑物安全评价的各个方面。与之相比，大型灌区工程安全的风险不仅涉及对灌区各类建筑的健康诊断，还包括对灌区各级渠系的健康形态诊断。灌区各类建筑健康诊断的影响因素选取基本可参照前述导则进行。而灌区渠道健康形态诊断的相关因素拟定则可以从渗流安全、工程质量、结构安全、运行管理和以流量、水位、流态构成的水力影响因素等方面切入。

同时，不同层次、不同级别的渠系和建筑物对灌区工程安全风险的影响是有差别的。渠系和建筑物的工程安全风险评估应该与其各自的级别、重要性联系起来，对灌区影响重大的主要渠系、建筑物应适当加大权重。此外，灌区工程安全风险的评估除考虑整个灌区内的建筑物损坏程度外，还涉及管理水平、技术水平等诸方面。且灌溉技术、管理水平的不足、服役环境等多因素耦合作用如极端干旱和强降雨带来渠坡土体的干湿循环影响渠坡和建筑物基础安全等，也应属于工程安全风险的评估范畴。最后，随着服役年代增长，加之管理不善，维修、更新资金不足，工程老化加速，实际功能状况与设计不符，"未老先衰"现象十分严重，评估因素也应该综合考虑材料劣化的影响。

（3）工程安全的风险评估指标体系

基于上述分析，灌区工程安全的风险评估指标体系共分为四层：第一层为总目标层；第二层为各功能影响因素层，包括安全性、适用性和耐久性三个分目标；第三层为组成灌区的总干渠、分干渠、各主要建筑物、一般建筑物和运行管理等主要风险事件层；第四层为风险基础指标层，为评估指标体系中不再进一步分解的具体指标。大型灌区工程安全的风险评估指标体系见图 5.1-5。

为提高灌区工程安全风险评估指标体系的适用性，在实际应用中，图 5.1-5 应根据灌区具体情况进行指标筛选，以适应被评估灌区的特点。同时，评估范围上，既可以用指标体系进行灌区全部渠系和建筑物的工程安全风险综合评估，又可以选取灌区的部分建筑物、不同级别渠系或者某一片区灌区渠系和建筑物进行单独评估。此外，影响渠系和渠系建筑物服役风险的因素十分复杂，若某些灌区的特殊风险事件和风险因子在该指标体系中未有体现也应合理添加相应指标。总之，具体应用时应根据灌区工程情况对风险事件和风险因子进行合理调整。

（4）风险基础指标的调查方法与属性

各风险基础指标的相应调查手段与属性如表 5.1-4 所示。

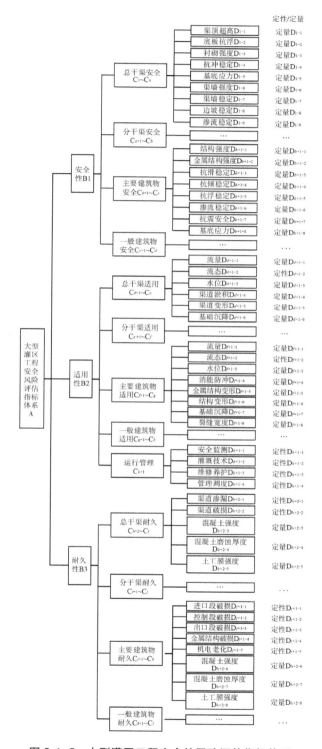

图 5.1-5　大型灌区工程安全的风险评估指标体系

表 5.1-4 风险因子的调查方法与基础属性

分目标	风险事件	风险基础指标	调查方法	属性
安全性 B1	渠道安全 $C_1 \sim C_b$	渠顶超高 D_{1_1}	计算复核	定量
		底板抗浮 D_{1_2}	资料分析、计算复核、安全检测	定量
		衬砌强度 D_{1_3}	资料分析、计算复核、安全检测	定量
		抗冲稳定 D_{1_4}	资料分析、计算复核、安全检测	定量
		基底应力 D_{1_5}	资料分析、安全检测、计算复核	定量
		渠墙强度 D_{1_6}	资料分析、安全检测、计算复核	定量
		渠墙稳定 D_{1_7}	资料分析、计算复核	定量
		边坡稳定 D_{1_8}	资料分析、计算复核	定量
		渗流稳定 D_{1_9}	资料分析、安全检测、计算复核	定量
	建筑物安全 $C_{b+1} \sim C_d$	结构强度 D_{b+1_1}	资料分析、安全检测、计算复核	定量
		金属结构强度 D_{b+1_2}	资料分析、安全检测、计算复核	定量
		抗滑稳定 D_{b+1_3}	资料分析、计算复核	定量
		抗倾稳定 D_{b+1_4}	资料分析、计算复核	定量
		抗浮稳定 D_{b+1_5}	资料分析、计算复核	定量
		渗流稳定 D_{b+1_6}	资料分析、安全检测、计算复核	定量
		抗震安全 D_{b+1_7}	资料分析、计算复核	定量
		基底应力 D_{b+1_8}	资料分析、安全检测、计算复核	定量
适用性 B2	渠道适用 $C_{d+1} \sim C_f$	流量 D_{d+1_1}	现场观察、资料分析、计算复核	定量
		流态 D_{d+1_2}	资料分析、现场观察	定量
		水位 D_{d+1_3}	资料分析、现场观察	定量
		渠道淤积 D_{d+1_4}	资料分析、现场观察、安全检测	定量
		渠道变形 D_{d+1_5}	资料分析、现场观察、安全检测	定量
		基础沉降 D_{d+1_6}	资料分析、现场观察、计算复核	定量
	建筑物适用 $C_{f+1} \sim C_h$	流量 D_{f+1_1}	资料分析、计算复核	定量
		流态 D_{f+1_2}	资料分析、现场观察	定性
		水位 D_{f+1_3}	资料分析、现场观察	定量
		消能防冲 D_{f+1_4}	资料分析、现象观察、计算复核	定量
		金属结构变形 D_{f+1_5}	资料分析、现场观察、安全检测	定量
		结构变形 D_{f+1_6}	资料分析、现场观察、安全检测	定量
		基础沉降 D_{f+1_7}	资料分析、现场观察、计算复核	定量
		裂缝宽度 D_{f+1_8}	现场观察、安全检测、计算复核	定量
	运行管理 C_{h+1}	安全监测 D_{h+1_1}	资料分析、现场检查	定性
		灌溉技术 D_{h+1_2}	资料分析、现场检查	定性
		维修养护 D_{h+1_3}	资料分析、现场检查	定性
		管理调度 D_{h+1_4}	资料分析、现场检查	定性

续表

分目标	风险事件	风险基础指标	调查方法	属性
耐久性 B3	渠道耐久 $C_{h+2} \sim C_j$	渠道渗漏 D_{h+2_1}	现场观察、安全检测	定性
		渠道破损 D_{h+2_2}	现场观察、安全检测	定性
		混凝土强度 D_{h+2_3}	安全检测、计算复核	定量
		混凝土磨蚀厚度 D_{h+2_4}	计算复核	定量
		土工膜强度 D_{h+2_5}	安全检测、计算复核	定量
	建筑物耐久 $C_{j+1} \sim C_l$	进口段破损 D_{j+1_1}	现场观察、安全检测	定性
		控制段破损 D_{j+1_2}	现场观察、安全检测	定性
		出口段破损 D_{j+1_3}	现场观察、安全检测	定性
		金属结构破损 D_{j+1_4}	资料分析、现场观察、安全检测	定性
		机电老化 D_{j+1_5}	资料分析、现场观察、安全检测	定性
		混凝土强度 D_{j+1_6}	安全检测、计算复核	定量
		混凝土磨蚀厚度 D_{j+1_7}	计算复核	定量
		土工膜强度 D_{j+1_8}	安全检测、计算复核	定量

2）风险等级划分

灌区工程安全的风险综合评估采用矩阵分析法的结构确定风险等级。这种分级方法是在进行风险评价时，将潜在危害事件后果的严重性相对地定性，并分为若干级，同时将潜在危害事件发生的可能性相对地定性，并分为若干级，然后以严重性为表列，以可能性为表行，制成表格，在行列的焦点上给出定性的加权指数，所有的加权指数构成一个矩阵，而每一个指数代表了一个风险等级。风险事件等级根据风险事件风险量值大小确定，风险量值指风险事件发生的可能性及后果的严重性相乘得到的量值，用于表述风险事件的风险大小，根据风险矩阵确定风险等级。

$$R = L \times S \tag{5.1-1}$$

式中，R 为风险事件的风险量值，(0，25]；L 为风险事件发生的可能性；S 为风险事件后果的严重性。

根据灌区工程的特点，将事件后果的严重性与事件发生的可能性分为五档，由此组成的风险等级分为四级，即低风险、一般风险、较大风险和重大风险。使用风险矩阵法对风险因素进行评价时，风险矩阵见表5.1-5。

表 5.1-5　风险矩阵表

可能性	严重性				
	1	2	3	4	5
1	1	2	3	4	5
2	2	4	6	8	10
3	3	6	9	12	15
4	4	8	12	16	20
5	5	10	15	20	25

3）灌区工程安全的风险评估方法

以大型灌区工程安全的风险评估指标体系为基础，充分考虑渠系和建筑物的功能、重要性及风险等级，并注重成果的实用性，对指标量化方法、评价指标权重求取方法等问题进行研究。结合层次分析法、风险矩阵法、概率论、模拟退火算法、模糊优选法等方法，系统构建大型灌区工程安全的风险评估模型。灌区安全的风险评价模型采用从下到上逐级计算，从作为基础指标的风险因子向总目标逐级计算，最终得到灌区工程安全的风险评估级别。

（1）风险基础指标量化方法

基础指标可以分为定性指标和定量指标。定性指标具有模糊性和非定量化的特点，很难直接用精确的数值来表示；定量指标虽可以用数值表示，但各指标数值的量纲存在差异，相互之间不能用统一的标准进行评判，需要对定量指标数值做进一步处理。因此，需要根据各基础指标的特点，对其进行量化处理以得到其评价值。这里均采用专家打分法进行指标量化。

①专家打分法量化

先分别确定专家权重和各专家给出的指标评价值，然后综合计算各指标的评估值。从渠系和渠系建筑物风险评估的实际情况出发，基于准确、简捷、可行的原则，同时为方便专家评分，制定如表 5.1-6～表 5.1-10 所示的各指标的专家打分评分表，明确对各指标进行评分时的具体评价内容，方便专家评分工作的进行，并将各专家的意见统一在一个合理范围内。

表 5.1-6　适用性——渠道指标评分表

评价指标	评价内容	满分	得分
流量 D_{d+1_1}	过流能力满足设计要求不扣分。小于设计值 30% 以内，每小于 1% 扣 0.1 分，小于 30% 以上不得分	5	
流态 D_{d+1_2}	沿程流态平稳，无漩涡和回流不扣分。若沿程流态不平稳，可根据漩涡出现次数扣分，比如每出现一次明显漩涡或回流扣 0.1 分	5	

续表

评价指标	评价内容	满分	得分
水位 D_{d+1_3}	正常运行水位符合设计水位不扣分。若水位与设计值不相符,按照与设计值相差百分比进行相应等值的扣分	5	
渠道淤积 D_{d+1_4}	淤积厚度;淤积出现的不同位置数量和淤积出现频率;淤积物堆放是否合理;同时,结合淤积原因判断淤积问题的严重程度	5	
渠道变形 D_{d+1_5}	口宽、底宽、边坡和渠深满足设计尺寸不扣分。口宽、底宽和渠深小于设计尺寸20%以内,每相差1%扣0.1分,相差20%以上不得分。边坡的坡度每小于设计值0.05扣0.5分,小于设计值0.3以上不得分	5	
基础沉降 D_{d+1_6}	基础沉降值是否在规范允许范围内,沉降速率是否合理,由于不均匀沉降所引起的渠道结构开裂问题是否严重	5	

表 5.1-7　适用性——建筑物指标评分表

评价指标	评价内容	满分	得分
流量 D_{f+1_1}	过流能力满足设计要求不扣分。过流能力计算复核采用现场观测的方法,通过监测得到的水位、流速等资料反演糙率。小于设计值30%以内,每小于1%扣0.1分,小于30%以上不得分	5	
流态 D_{f+1_2}	沿程流态平稳,无漩涡和回流不扣分。若沿程流态不平稳,可根据漩涡出现次数扣分,比如每出现一次明显漩涡或回流扣0.1分	5	
水位 D_{f+1_3}	正常运行水位符合设计水位不扣分。若水位与设计值不相符,按照与设计值相差百分比进行相应等值的扣分	5	
消能防冲 D_{f+1_4}	满足标准要求不扣分。若不满足标准要求,则视冲刷对邻近建筑物的安全影响程度进行扣分	5	
金属结构变形 D_{f+1_5}	闸门、拦污栅等的布置、选型、运用条件能否满足需要;闸门与埋件、拦污栅等的制造与安装质量是否符合设计与标准;闸门锁定等装置、检修门配置是否能满足需要;启闭机选型、运用条件能否满足工程需要;启闭机制造与安装的质量是否符合设计与标准的要求;启闭机的安全保护装置与环境防护措施是否完备	5	
结构变形 D_{f+1_6}	供配电设备、电动机等设备的选型、运用条件能否满足工程需要;机电设备的制造与安装质量是否符合设计与标准的要求;监控设备和辅助设备是否符合设计与标准的要求;机电设备接地电阻等是否满足要求	5	
基础沉降 D_{f+1_7}	基础沉降值是否在规范允许范围内,沉降速率是否合理,由于不均匀沉降所引起的建筑物开裂问题是否严重	5	
裂缝宽度 D_{f+1_8}	裂缝宽度是否在规范允许范围内,裂缝扩展是否为失稳扩展	5	

表 5.1-8　适用性——运行管理指标评分表

评价指标	评价内容	满分	得分
安全监测 D_{h+1_1}	安全监测设施是否具备有效性,即监测项目的完备性、监测设施的完好性、监测资料的可靠性;如有防雷要求,其防雷系统性能是否良好	5	
灌溉技术 D_{h+1_2}	按现行国内先进灌溉技术水平评估,灌区中比较落后的灌溉技术所灌溉的面积占总面积的比例。此定义的落后灌溉技术指灌区内使用相应于作物的喷灌、滴灌和雾灌等较先进的节水灌溉技术	5	

续表

评价指标	评价内容	满分	得分
维修养护 D_{h+1_3}	对渠道、河道护岸、渠系建筑物、金属结构、机电设备、监测设施、防汛交通和通信设施、备用电源等进行的检查、测试及养护和修理是否满足要求,以及对影响渠系和建筑物安全的生物破坏进行的防治是否到位	5	
管理调度 D_{h+1_4}	管理体制是否顺畅,供水及收费机制是否合理,引调水管理是否精细,管理机构和管理制度是否健全,管理人员职责是否明晰;管理设施是否完善;调度规程和应急预案是否制定并报批,能否按审批的调度规程合理调度运用;运行大事记、技术档案等工作是否到位	5	

表 5.1-9　耐久性——渠道指标评分表

评价指标	评价内容	满分	得分
渠道渗漏 D_{h+2_1}	渗漏损失满足设计值不扣分,大于设计值60%以内,每小于1%扣0.1分,大于设计值60%以上不得分	5	
渠道破损 D_{h+2_2}	砖石结构基础的沉陷、裂缝、变形、砂浆剥蚀、石料风化、结构破损等问题的严重程度;现浇混凝土基础的沉陷、裂缝、表面剥蚀、变形和结构破损等问题的严重程度;混凝土衬砌面板有无老化黑斑、断裂、错台、塌陷、隆起、缺失、冻融破坏等	5	
混凝土强度 D_{h+2_3}	采用本书建立的混凝土强度实时风险预测模型确定混凝土强度	5	
混凝土磨蚀厚度 D_{h+2_4}	采用本书建立的冻融-冲磨耦合作用下磨蚀厚度计算方法确定混凝土磨蚀厚度	5	
土工膜强度 D_{h+2_5}	根据本书建立的双曲线型或者指数型确定随时间变化后的土工膜强度	5	

表 5.1-10　耐久性——建筑物指标评分表

评价指标	评价内容	满分	得分
进口段破损 D_{j+1_1}	混凝土结构外观质量和内部缺陷(裂缝和碳化深度)状况如何;钢筋保护层厚度是否满足要求(钢筋锈蚀程度);伸缩缝、止水缝是否有损坏和错位	5	
控制段破损 D_{j+1_2}	钢筋混凝土结构是否存在裂缝、碳化、冲磨、冻融、渗漏溶蚀、风化剥蚀、冲磨气蚀等问题;水下部位有无淤积、接缝破损(特别是止水失效)、结构断裂、钢筋锈蚀、地基土或回填土流失	5	
出口段破损 D_{j+1_3}	混凝土结构是否存在外观质量和内部缺陷问题,如缺损、蜂窝、剥落、剥蚀、裂缝、变形、渗漏和露筋等	5	
金属结构破损 D_{j+1_4}	涂层厚度与蚀余厚度如何;主要金属结构的锈蚀分布、锈蚀面积及锈蚀部位情况;锈蚀程度如何?轻微锈蚀、一般锈蚀、较重锈蚀还是严重锈蚀	5	
机电老化 D_{j+1_5}	电气设备绝缘性能是否良好;设施是否陈旧;照明和给排水系统完好程度;自动化系统稳定性和数据交互共享能否实现调度优化	5	
混凝土强度 D_{j+1_6}	采用本书建立的混凝土强度实时风险预测模型确定混凝土强度	5	
混凝土磨蚀厚度 D_{j+1_7}	采用本书建立的冻融-冲磨耦合作用下磨蚀厚度计算方法确定混凝土磨蚀厚度	5	

②效益型与成本型定量指标的量化

对于有规范或标准可循的定量指标,也可分为两类,一类是效益型指标(越大越优),

这类指标的实际值越大,其安全程度评分越高;另一类是成本型指标(越小越优),这类指标的实际值越小,其安全程度评分越高。

a. 效益型指标

效益型指标安全程度评分按式(5.1-2)计算。

$$x=\begin{cases} \dfrac{1}{\alpha_1}\left(\dfrac{t}{t_0}\right) & \dfrac{t}{t_0}\leqslant\alpha_1 \\[2ex] \dfrac{1}{\alpha_2-\alpha_1}\left(\dfrac{t}{t_0}\right)-\dfrac{\alpha_1}{\alpha_2-\alpha_1}+1 & \alpha_1<\dfrac{t}{t_0}\leqslant\alpha_2 \\[2ex] \dfrac{1}{1-\alpha_2}\left(\dfrac{t}{t_0}\right)-\dfrac{\alpha_2}{1-\alpha_2}+2 & \alpha_2<\dfrac{t}{t_0}\leqslant1 \\[2ex] \dfrac{1}{\alpha_3-1}\left(\dfrac{t}{t_0}\right)-\dfrac{1}{\alpha_3-1}+3 & 1<\dfrac{t}{t_0}\leqslant\alpha_3 \\[2ex] \dfrac{1}{\alpha_4-\alpha_3}\left(\dfrac{t}{t_0}\right)-\dfrac{\alpha_3}{\alpha_4-\alpha_3}+4 & \alpha_3<\dfrac{t}{t_0}<\alpha_4 \\[2ex] 5 & \dfrac{t}{t_0}\geqslant\alpha_4 \end{cases}$$

(5.1-2)

式中,x 为指标的安全程度评分;t 为安全参数;t_0 为安全参数 t 对应的规范值;$\alpha_1\sim\alpha_4$ 为常数,且 $\alpha_1<\alpha_2<1<\alpha_3<\alpha_4$,建议取 $\alpha_1=0.2$、$\alpha_2=0.6$、$\alpha_3=1.4$、$\alpha_4=1.8$,可根据工程的实际情况适当调整。

b. 成本型指标

成本型指标安全程度评分按式(5.1-3)计算。

$$x=\begin{cases} 5 & \dfrac{t}{t_0}\leqslant\alpha_1 \\[2ex] 5-\dfrac{1}{\alpha_2-\alpha_1}\left(\dfrac{t}{t_0}\right)+\dfrac{\alpha_1}{\alpha_2-\alpha_1} & \alpha_1<\dfrac{t}{t_0}\leqslant\alpha_2 \\[2ex] 4-\dfrac{1}{1-\alpha_2}\left(\dfrac{t}{t_0}\right)+\dfrac{\alpha_2}{1-\alpha_2} & \alpha_2<\dfrac{t}{t_0}\leqslant1 \\[2ex] 3-\dfrac{1}{\alpha_3-1}\left(\dfrac{t}{t_0}\right)+\dfrac{1}{\alpha_3-1} & 1<\dfrac{t}{t_0}\leqslant\alpha_3 \\[2ex] 2-\dfrac{1}{\alpha_4-\alpha_3}\left(\dfrac{t}{t_0}\right)+\dfrac{\alpha_3}{\alpha_4-\alpha_3} & \alpha_3<\dfrac{t}{t_0}\leqslant\alpha_4 \\[2ex] 1-\dfrac{1}{\alpha_5-\alpha_4}\left(\dfrac{t}{t_0}\right)+\dfrac{\alpha_4}{\alpha_5-\alpha_4} & \alpha_4<\dfrac{t}{t_0}<\alpha_5 \\[2ex] 0 & \dfrac{t}{t_0}\geqslant\alpha_5 \end{cases}$$

(5.1-3)

式中，x 为指标的安全程度评分；t 为指标的安全参数；t_0 为安全参数 t 对应的规范值；$\alpha_1 \sim \alpha_5$ 为常数，且 $\alpha_1 < \alpha_2 < 1 < \alpha_3 < \alpha_4 < \alpha_5$，建议取 $\alpha_1 = 0.2$、$\alpha_2 = 0.6$、$\alpha_3 = 1.4$、$\alpha_4 = 1.8$、$\alpha_5 = 2.2$，可根据工程的实际情况适当调整。

式（5.1-2）和式（5.1-3）给出了效益型指标和成本型指标安全程度评分的一般计算公式，若规范中有更加明确的规定，可根据规范要求直接确定各安全等级间的临界值，而无需通过选取 $\alpha_1 \sim \alpha_5$ 来确定计算公式。

（2）指标权重求取方法

前已述及，由于大型灌区工程的复杂性，专家在指标评估值的确定过程中具有非常重要的作用。基于相同的原因，在确定指标权重的过程中，专家的作用依然不可忽视。为此，指标权重的确定方法为：先确定专家权重和指标主观权重，然后计算两者的组合权重。此处的主观权重是指根据专家意见计算得到的指标权重。

①专家权重

结合系统工程相关知识建立灌区工程安全风险评估中的专家权威性测定指标结构，具体如图 5.1-6 所示。

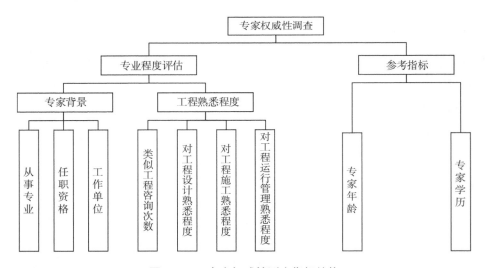

图 5.1-6　专家权威性测定指标结构

专家权重测评的指标诊断值采用百分制，分值越大表明专家在该方面对于权威的隶属度越高。各指标所涉及的数据，可视具体情况由组织鉴定部门根据专家本人的情况确定或由专家填写。之后，根据已设定的测评标准，计算出各专家的各指标相应得分。由于每个具体灌区工程的实际情况各不相同，对专家权威性的测定标准也不同，同时针对某特定工程而言，只需确定各专家的相对权威性，故本书不再制定专家权威性测定指标评分标准，仅制定了专家权威性调查表，见表 5.1-11。

表 5.1-11　专家权威性调查表

专家权威性测定指标			评估值（0~5）
专业程度	专家背景	从事专业	
		任职资格	
		工作单位	
	工程熟悉程度	类似工程咨询次数	
		对工程设计熟悉程度	
		对工程施工熟悉程度	
		对工程运行管理熟悉程度	
参考指标		专家年龄	
		专家学历	

　　基于以上分析，采用模糊优选法来衡量各专家的权威性，以确定各专家相应的权重。专家权重的计算流程如图 5.1-7 所示。

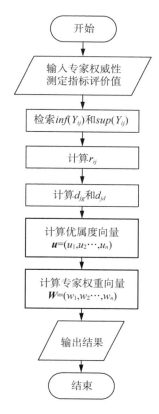

图 5.1-7　专家权重计算流程图

②指标主观权重

灌区工程安全的基础指标众多，判断矩阵维数较大，判断矩阵一致性检验过程运算量很大。且由于计算得出的评价指标权重是后续诊断的重要数据基础，要求尽量精确。为此，本书把判断矩阵的一致性问题归结为非线性组合优化问题，运用模拟退火算法（Simulated Annealing，SA）检验判断矩阵的一致性并同时计算层次中各指标排序的权重。这里将利用模拟退火算法来检验判断矩阵一致性的层次分析法称为退火层次分析法（SA - AHP），其计算步骤包括：构造判断矩阵；层次各要素单排序及其一致性检验；层次总排序及其一致性检验；确定指标的主观权重。退火层次分析法（SA - AHP）的计算流程如图 5.1-8 所示。

③指标组合权重

确定各指标的组合权重，即是将专家权重与指标主观权重综合，得到用于综合诊断的指标权重，方法如下：

a. 确定 n 位专家的权重向量 $\boldsymbol{W} = (w_1, w_2, \cdots, w_n)$。

b. 对于每一位专家给出的判断矩阵，分别进行一致性检验并确定指标的权重，用 ω_{ij}^s 表示专家 s 意见下第 i 准则层下第 j 个指标的权重，其中 s 用罗马序号表示，即 ω_{ij}^{i} 表示专家 1 意见下某评价指标的权重，$\omega_{ij}^{\mathrm{ii}}$ 表示专家 2 意见下某评价指标的权重，以此类推。

c. 则第 i 准则层下第 j 个指标的组合权重

$$\omega'_{ij} = \sum_{s=1}^{n} w_s \omega_{ij}^s \tag{5.1-4}$$

由此，即可确定最终用于灌区工程安全风险评估的各指标的组合权重。

（3）风险事件量值

风险事件的风险等级分析主要采用风险矩阵法，包括风险可能性和风险严重性两部分内容。对各类风险因子，分析其发生可能性及对各风险事件影响程度的重要性，并由此对导致风险事件的发生可能性及发生事故后产生的后果影响进行分析。将风险可能性指数和风险严重性等级相乘，得出风险量值，对照风险矩阵表，得到风险事件等级。

a. 可能性等级标准

可能性采用退火层次分析法基于风险因子量值和单层次排序权值得出风险事件复核值，基于此采用专家打分法确定风险可能性指数。

根据风险因子指标量值及风险因子指标的单层次排序权值，计算各风险事件的复核值。例如，记风险事件指标 E 的复核值为 X_E，其各风险因子的评分集（评价值）为

$$\boldsymbol{X} = \{x_1, x_2, \cdots, x_p, \cdots, x_m\} \tag{5.1-5}$$

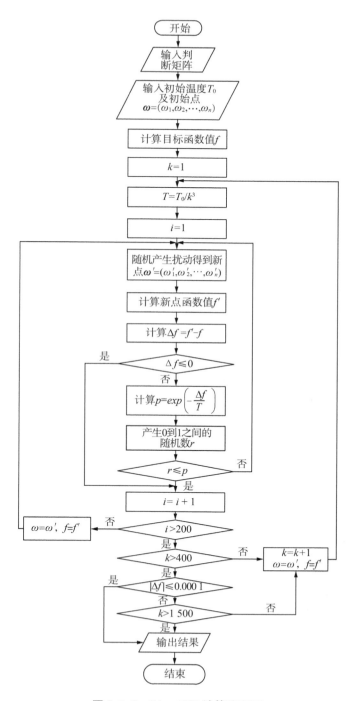

图 5.1-8　SA-AHP 计算流程图

式中，m 为风险事件指标 E 的风险因子总数；x_p 为第 p 个风险因子的复核值，其中，$p=1,2,\cdots,m$。

各风险因子对指标 E 的权重集为

$$\boldsymbol{\omega}=\{\omega_1,\omega_2,\cdots,\omega_p,\cdots,\omega_m\} \tag{5.1-6}$$

式中，m 为指标 E 的子指标总数；ω_p 为第 p 个子指标对指标 E 的权重，其中，$p=1,2,\cdots,m$。

则风险事件指标 E 的复核值计算公式为

$$X_E=\boldsymbol{X}\cdot\boldsymbol{\omega}^{\mathrm{T}}=x_1\cdot\omega_1+x_2\cdot\omega_2+\cdots+x_p\cdot\omega_p+\cdots+x_m\cdot\omega_m \tag{5.1-7}$$

式中，X_E 为风险事件指标 E 的复核值；$\boldsymbol{X}$ 为指标 E 各子指标的评分集；$\boldsymbol{\omega}$ 为各子指标对指标 E 的权重集；其他符号意义同前。

b. 严重性等级标准

从工程影响、生态和环境影响和社会影响等三个方面分析风险事件的严重性，严重性等级划分为 5 级（表 5.1-12）。严重性指数采用专家打分法，专家基于实地调研、风险排查和资料分析综合确定。

表 5.1-12　风险事件后果严重性等级标准

等级	工程影响	生态与环境影响	社会影响
1	工程完好，不影响正常使用	极小；周边生态与环境受到极小影响或者没有影响	没有公众反映
2	建筑物局部破坏未影响输水	小；周边生态与环境受到一定影响	公众对事件有反映，但是没有表示关注
3	建筑物结构破坏未影响输水	大；周边生态与环境受到较大影响	一些当地公众表示关注，管理受到一些指责；一些媒体有报道和舆论上的重视
4	建筑物破坏影响输水	重大；周边生态与环境受到重大影响，生态功能部分丧失	引起区域性公众的关注；大量的指责，当地媒体大量的报道；国内媒体批评报道
5	建筑物垮塌，填方渠段内水外溢	巨大；周边生态与环境受到巨大影响，生态功能丧失	引起国内公众的普遍反映；持续不断的指责，国家级媒体的大量批评报道

（4）分目标层风险等级

采用退火层次分析法基于风险事件指标量值和单层次排序权值（组合权重）得出分目标指标的风险量值，对照风险矩阵表，得出分目标风险等级。

（5）总目标层风险等级

采用退火层次分析法基于分目标层指标量值和单层次排序权值（组合权重）得出风险量值，对照风险矩阵表，得出总目标风险等级。

5.1.2.3 灌区供水安全的风险综合评估方法

（1）交叉风险影响矩阵构建

由风险传导分析可知,灌区工程供水风险不仅与该区域的渠道及渠系建筑物安全有关,上游渠道及渠系建筑物、交叉建筑物等也对下游供水安全存在复杂的相互作用。可以用一个矩阵 W_{ij} 来表示某一建筑物受其交叉建筑物影响大小,其大小可以定义为扰动与单位扰动所造成的影响的乘积,根据定义给出 W_{ij} 的一般表达式如下：

$$[\boldsymbol{W}]=\{l\}^{\mathrm{T}}[\boldsymbol{K}]_{mn} \tag{5.1-8}$$

式中, $[\boldsymbol{K}]$ 表示单位扰动下结构所受影响大小, l 为扰动作用的大小, $[\boldsymbol{W}]$ 表示整体影响矩阵,用以表示单位影响作用下对于像渠系建筑物影响的大小矩阵。矩阵中元素 $\boldsymbol{k}$ 则可以表示为单元影响矩阵,通过上一节对结构安全状况进行评价,参考运行期风险源演化模型方法初步建立某一单元内部供水功能失效所造成的其他单元建筑物失效影响矩阵,即：

$$\boldsymbol{K}_{ij}=\begin{bmatrix} \lambda_{11} & \cdots & \lambda_{1Q} \\ \cdots & \lambda_{pq} & \cdots \\ \lambda_{P1} & \cdots & \lambda_{PQ} \end{bmatrix}\begin{bmatrix} k_{11} & \cdots & k_{1N} \\ \cdots & k_{mn} & \cdots \\ k_{M1} & \cdots & k_{MN} \end{bmatrix} \tag{5.1-9}$$

对于 k_{mn} 而言, m 表示外力影响,包括水位变化、外力荷载等, n 表示交叉建筑物如闸门, k_{mn} 表示其互相作用的影响效果大小, λ_{pq} 表示受某一因素影响下各建筑物损失效果的权重,其性质满足同一行元素之和为1,即 $\sum_{p=i,q=1}^{q=Q}\lambda_{pq}=1$ 。将所有 w 组合起来构成矩阵即为 W_{ij} ,针对灌区工程可以做出一定简化,即：

$$K_{ij}=\begin{bmatrix} \lambda_{11} & \cdots & \lambda_{1Q} \\ \cdots & \lambda_{pq} & \cdots \\ \lambda_{P1} & \ldots & \lambda_{PQ} \end{bmatrix}\begin{bmatrix} k_{11} & \cdots & k_{1N} \\ \cdots & k_{mn} & \cdots \\ k_{M1} & \cdots & k_{MN} \end{bmatrix}(i=j) \tag{5.1-10}$$

$$K_{ij}=\lambda_q k_m(i\neq j)$$

式中, m 表示水位变化对所有建筑物的影响, q 表示与之相对应的权重函数,据此影响矩阵 $\boldsymbol{W}_{ij}$ 可以建立起来。

（2）交叉风险因素量化

渠系交叉建筑物运行过程中供水功能失效后果可以分为直接和间接：第一个层次是由于工程失效造成直接渠道水量损失,用 L_1 表示,第二个层次是由于建筑物功能失效造成的输水中断或达不到输水量所造成长期间接影响,用 L_2 表示。交叉建筑物供水功能

失效的后果可以用这两个层次之和表示

$$L = L_1 + L_2 \tag{5.1-11}$$

直接经济损失 L_1 就是交叉建筑物失效后修理所花费的费用 E 和失效时渠道损失的总水量价值 W 的和，两者都受破坏程度 s 影响。其中 $W = Q \times B$，Q 为水量，取失效建筑物上下游影响区间 l 中所有供水量之和，B 为水价取值参考 2.2.3 节的灌区水价分担机制。

$$L_1 = E(s) + W_1(s, l) \tag{5.1-12}$$

间接经济损失 L_2 是由于输水中断或达不到水量供给量的持续损失，失效时间越长，受水区的水量缺口越大，造成经济损失越大，因此 L_2 是基于从失效开始到修复结束所经历时间 t 的函数，

$$L_2 = W_2(s, l, t) \tag{5.1-13}$$

对于失效后果则可以建立起如下关于破坏度 s，影响区间 l 和修复时间 t 的函数：

$$L = L_1 + L_2 = E(s) + W_1(s, l) + W_2(s, l, t) \tag{5.1-14}$$

该函数应当具备如下性质，L 是一个关于 s, l, t 三个变量的增函数，s, l, t 取值越大，L 也应当越大，某一个交叉建筑物失效后对于上下游建筑物都有可能带来影响，但其影响仅仅是通过水位变化来表达，可以将上式转化为：

$$L = \sum_{i=1, j=1}^{n} (L_1^{ij} + L_2^{ij}) = nE(s) + W_1^{ij}(s, l) + W_2^{ij}(s, l, t) + \sum_{i=1, j=1}^{n} (W_1^{ij}(\Delta h) + W_2^{ij}(\Delta h))$$

$$\tag{5.1-15}$$

式中，W_1^{ij} 表示第 i 个建筑物失效对第 j 个建筑物的影响，当 $i = j$ 时即表示单独失效时的损失函数，Δh 表示水位变化。可以用一个矩阵 $[W]$ 来表示水价损失函数，上式用矩阵的形式来进行表达：$L = nE(s) + N_{pq}W_{ij}$，其中 N 为选择矩阵，用于筛选出某一建筑物供水功能失效后可能受影响的其余建筑物，W 为影响结果矩阵。

（3）失效影响区域确定

对于选择矩阵 N_{pq}，其需要表达的即是扰动 δ 所作用的范围，对于一个确定的扰动 δ，其影响结果是固定不变且容易确定的；但对于工程实际而言，破坏往往可能产生连续破坏，对于连续破坏而言，不能仅仅将不同破坏的扰动 δ 相叠加。但由于灌区的特殊性，其对其他水工建筑物的影响可以简单算作水位变化影响的叠加，那么出于最不利情况考虑，可以给出 N_{pq} 的简单表达式：

$$N_{pq} = \sum_{\delta} N_{ij} \tag{5.1-16}$$

式中，N_{ij} 表示单位矩阵，其是判断两个相关水工建筑物影响是否存在的矩阵，如果存在其值为 1，不存在则为 0，δ 表示所有直接破坏区域。

5.1.2.4　灌区工程风险综合调控模型

1）目标函数建立

对工程整体风险程度进行量化评价，则可以将评分作为工程供水功能失效后风险源演化过程的评价标准。通过渠道和渠系建筑物服役风险综合评估指标体系所给出的失效后交叉建筑物影响模型来建立典型风险源与评估指标之间的关系，从而给出灌区工程的控制方程，即目标函数：

$$E = \max(A) \tag{5.1-17}$$

式中，A 为风险严重程度评分。

2）控制方程与几何模型

将灌区抽象为一个个节点共同组成的网络，利用上节所建立的影响方程可以将灌区交叉建筑物失效后影响效果用一个二级二维的表来存储不同时间点上建筑物的评分（表 5.1-13）。

表 5.1-13　交叉建筑物影响表

节点	1	⋯	i	⋯	N
时间	$X_0,\cdots,X_j,\cdots,X_p$	⋯	$X_0,\cdots,X_j,\cdots,X_p$	⋯	$X_0,\cdots,X_j,\cdots,X_p$
0	$X_{00}(1),\cdots,X_{0j}(1),\cdots,X_{0p}(1)$	⋯	$X_{01}(i),\cdots,X_{0j}(i),\cdots,X_{1p}(i)$	⋯	$X_{01}(N),\cdots,X_{0j}(N),\cdots,X_{0p}(N)$
1	$X_{11}(1),\cdots,X_{1j}(1),\cdots,X_{0p}(1)$	⋯	$X_{11}(i),\cdots,X_{1j}(i),\cdots,X_{1p}(i)$	⋯	$X_{11}(N),\cdots,X_{1j}(N),\cdots,X_{1p}(N)$
⋯	⋯	⋯	⋯	⋯	⋯
t	$X_{t1}(1),\cdots,X_{tj}(1),\cdots,X_{tp}(1)$	⋯	$X_{t1}(i),\cdots,X_{tj}(i),\cdots,X_{tp}(i)$	⋯	$X_{t1}(N),\cdots,X_{tj}(N),\cdots,X_{tp}(N)$
⋯	⋯	⋯	⋯	⋯	⋯
T	$X_{T1}(1),\cdots,X_{Tj}(1),\cdots,X_{Tp}(1)$	⋯	$X_{T1}(i),\cdots,X_{Tj}(i),\cdots,X_{Tp}(i)$	⋯	$X_{T1}(N),\cdots,X_{Tj}(N),\cdots,X_{Tp}(N)$

其中 $X_{tj}(i)$ 表示第 i 个节点的第 j 个指标在时间 t 的评分结果。当 $t=0$ 时认为建筑物还未发生失效，此时评价标准按 5.1.2.2 节所给出的评价标准取值；定义 $i=0$ 时，

$$X_{t0}(0) = \sum_{j=1}^{p} \omega X_{tj}(i) = A \ 。$$

同样该表能够在空间坐标系上用一系列离散的点来表示，可以将控制方程在空间上表现出来（图 5.1-9）。

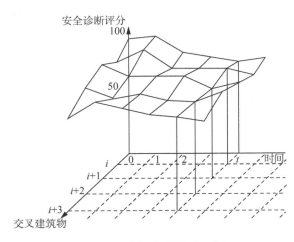

图 5.1-9 空间离散模型示意图

3）基于蚁群算法的风险演化推演

采用蚁群算法推断灌区工程单个节点发生风险事件的演化路径。蚁群算法是模拟自然界中蚂蚁在没有任何初始信息指引下从巢穴出发寻找食物过程中发现最短路径的行为。在此过程中蚂蚁会在经过的路径上释放信息素，经过的蚁群能够感知到这种物质的存在并大概率重复前面蚂蚁所走过的路径，甚至找到更短路径，渐渐地较短路径上的信息素浓度会随之升高，以此形成一个正反馈的过程，最终导致整个蚁群就会沿着信息素浓度高的路径（最短路径）找到食物。因此当大量蚂蚁组成的蚁群集体行为就表现出两种现象：信息正反馈和随机搜索。信息正反馈使某一路径上走过的蚂蚁越多时该路径累积的信息素强度不断增大，后来者选择该路径的概率也越大。通过这种正反馈寻找更好的路径。蚂蚁个体选择路径时的随机搜索使搜索过程不易过早陷入局部最优路径。正是蚂蚁群体的这种集体行为表现出的群集智能保证了蚁群算法的有效性和先进性。

蚁群算法最早被用在解决商旅问题上，优点主要表现在对初始路线的选择要求不高，而且每一只蚂蚁选择的搜索路径相互独立，初始参数数目少、计算时间短、可靠性高、具有较强的全局搜索能力。

（1）根据前面叙述的优化调控的数学模型，目标函数是基于数个影响因子 δ_i 的安全健康诊断评分保持整体最大问题。其评分在交叉建筑物失效过程中主要由 5.1.2.2 节所定义的影响结果所表示，则问题转化为求影响结果矩阵最小问题。将渠道离散为数个连续的水工建筑物，定义人工蚂蚁在时间 t 内走过的每条路径代表一个可行解，初始化 m 个人工蚂蚁及其初始路径 s，每只人工蚂蚁任何时刻总是位于一路径 s 上，称路径 s 为该蚂蚁的当前路径，τ_{ij} 表示状态 i 到 j 的信息素浓度，初始阶段每个路径上信息素浓度相等.

（2）设置迭代次数或终止条件，开始循环迭代，当状态 i 的蚂蚁 k 选择下一个节点 j 按照信息素浓度状态转移概率选择最优路径。

$$P_{ij}^k(t) = \frac{[\tau_{ij}(t)]^\alpha \cdot [\eta_{ij}(t)]^\beta}{\sum\limits_{s \in j_k(i)} [\tau_{ij}(t)]^\alpha \cdot [\eta_{ij}(t)]^\beta}(j \in J_k(i))$$

$$P_{ij}^k(t) = 0[j \notin J_k(i)]$$

(5.1-18)

式中，P 表示 t 时刻蚂蚁 k 从状态 i 转移到状态 j 的状态转移概率，α 为信息素启发因子；τ 表示 t 时刻在路径 (i, j) 上残留的信息素量，η 表示为 t 时刻选择状态下 i 到 j 的期望值，β 为期望启发因子，表示启发函数在转移过程中起的作用越大，即蚂蚁倾向于去往较近的城市。

（3）计算每个蚂蚁经过的路径长度 L，记录目前的最短路径，同时更新路径上的信息素。避免残留信息素过多造成期望值失效、收敛于同一路径及蚂蚁经过的路径上信息素量会逐渐减少等问题出现，从状态 i 移动到 j 时，都要进行信息素的更新：

$$\tau_{ij}(t+n) = (1-\rho)\tau_{ij}(t) + \Delta\tau_{ij}(t)$$

$$\tau_{ij}(t) = \sum_{k=1}^m \tau_{ij}^k(t)$$

(5.1-19)

式中，ρ 表示信息素的挥发系数，τ 表示留在路径 (i, j) 上的信息素量，$\Delta\tau$ 表示路径上的信息素增量，若没有则为 0，有 $\Delta\tau_{ij}^k = \dfrac{Q}{L_k}$，$Q$ 表示一只蚂蚁在迭代过程中路径上释放的信息素总量，L 表示走过的总路程。

（4）判断是否终止，满足最大循环条件后终止程序。

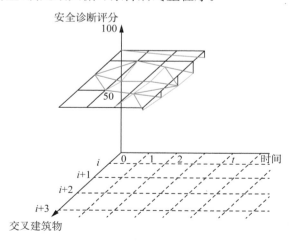

图 5.1-10 单扰动蚁群算法示意图

其中红色连成的线即为蚂蚁可能走过的路径,蓝色线则表示计算风险严重程度评分的一组数据,绿色线则表示总体评分的变化。在 $t=0$ 截面的点上可任意选取一点作为初始扰动, $t=1$ 时认为该点初始扰动已经完成,时间间隔为该扰动作用完成所需要的时间,一般按一次检查时间计算。该扰动以概率的形式向与其相关的建筑物所代表的点移动,在 $t=2$ 时开始造成其余相关建筑物评分下降,依次类推不停地以相互影响大小为概率造成不同灌区建筑物风险值评分下降,从而推断风险演化路径,并给出最优的建筑物调控建议。

对于多扰动而言,只需要将不同扰动所造成的影响相叠加即可,一般建议最多取三个初始扰动来计算。

5.2　大型灌区工程结构劣化识别与服役风险评估及预测

大型灌区工程长效服役面临多重因素带来的风险,其中服役环境对渠道及渠系建筑物的影响具有明显时效性,即灌区工程风险综合评估指标体系中的耐久性指标是随时间不断变化的,对其变化规律及劣化影响进行分析是灌区工程多因素风险耦合作用评估中需要关注的重点。

由前述分析,服役环境因素风险源主要包括暴雨洪水、地震灾害、冰冻灾害、结构侵蚀及腐蚀、水生生物破坏等。对于赵口引黄灌区工程而言,其位于河南省豫东平原区,极端干旱与强降雨会带来渠坡土体的干湿循环进而影响土体渗流、力学特性,地下水位的上升及下降也可能导致渠坡土体及建筑物基础的强度降低,由此降低结构的安全性;灌区位于黄河流域,引黄河水含沙量较高,对渠道及建筑物将产生冲刷和磨蚀,加之冬季低温带来的冻融破坏等,会导致混凝土等材料的逐渐劣化,从而影响工程建筑物的安全运行和服役寿命。可见,针对赵口引黄灌区这类大型灌区工程风险的多因素耦合分析,重点需要关注的时效风险事件为渠坡土体受干旱的不利影响、地下水位变化对渠道边坡及建筑物等结构稳定的影响、长效服役混凝土及土工膜等材料劣化对结构安全的影响等。

5.2.1　工程结构性能多途径综合检测

5.2.1.1　多途径检测探测手段

灌区工程的结构耐久性等时效影响评估离不开现场安全检测。随着检测仪器及技术的研发,检测探测手段不断完善并提升,工程地质雷达、红外热成像、三维激光扫描、无人机航测等技术均逐渐应用于水利工程巡检与探测,丰富了灌区工程结构耐久性评估与性能诊断方式。

1）工程地质雷达

地质雷达是目前广泛应用于工程检测方面的一种高效的检测仪器。由于不同的介质电性及几何的差异不仅会引起电磁波的反射，而且还会使电磁波发生衰减和相位等特征变化，因此借助对这些信息的分析、处理与解释，可对地下介质的结构进行描述，从而达到对目标体的探测和工程评价的目的。

用地质雷达检测渠道混凝土衬砌与渠坡土体之间脱空情况时，主要根据反射电磁波走时、波形波幅、频率、能量衰减情况以及同相轴的形态和连续性来判断脱空的位置和规模，当衬砌与土体之间存在脱空时，脱空体与混凝土之间的电性差异大，这就为地质雷达的探测提供了良好的地球物理条件。

地质雷达检测混凝土衬砌脱空为半定量检测，通过脱空异常在雷达图像上的表现特征判断其脱空程度，可分为胶结紧密、接触不密实、轻微脱空、脱空等情况。各种脱空程度在雷达图像上表现特征见表 5.2-1。

表 5.2-1 混凝土衬砌脱空在雷达图像上的表现特征表

接触情况	定义	图像变形特征
胶结紧密	混凝土衬砌与渠坡胶结紧密	反射能量弱，同相轴连续，波幅变化小
接触不密实	脱空高度≤3 cm	反射能量稍强，同相轴连续性较差，波幅变化稍大，无明显的多次反射
轻微脱空	3 cm<脱空高度≤5 cm	反射能量较强，同相轴连续性较差，波幅变化较大，轻微多次反射
脱空	脱空高度>5 cm	反射能量强，同相轴连续且多呈双曲线形状，波幅变化大，多次反射明显

表 5.2-1 中，胶结紧密的典型雷达图像如图 5.2-1(a) 所示，表现为波形均匀，无杂乱反射；脱空的典型雷达图像如图 5.2-1(b) 所示，表现为界面反射信号强，呈带状长条形或三角形分布，三振相明显，通常有多次反射信号；而接触不密实和轻微脱空介于胶结密实与脱空之间。

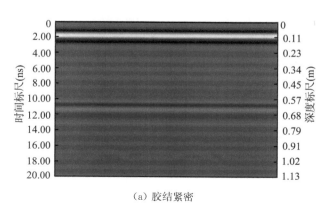

（a）胶结紧密

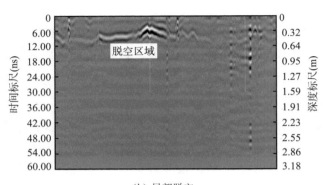

（b）局部脱空

图 5.2-1 典型雷达图像

2）红外热成像

红外热成像检测就是利用红外辐射原理对物体或材料进行检测，把来自目标的红外热辐射转变成可见热图像，通过直观分析物体表面温度分布，推定物体结构状态和内部缺陷。

一般而言，混凝土材料的热导率最高，其次为垫层料或渠坡土体，而空气的热导率最小，且远远小于之前两种介质。同时，由于混凝土衬砌厚度不大（大坝混凝土面板一般厚30～70 cm，渠道衬砌一般厚 10～20 cm），且面板热导率相对较高，因此衬砌表面的温度变化可以影响到下一层介质。当混凝土面板或衬砌与其下介质之间存在脱空时，由于脱空部位存在空气充填，混凝土材料与其下介质之间存在相对隔热性结构缺陷，热传导受阻，混凝土热量不能及时向内部传递。当阳光照射充足，外界温度相对较高时，表面混凝土材料会吸收来自阳光的辐射热量，存在脱空的区域由于对应部位热传导受阻而使得温度快速升高，而非脱空区域由于热量易向垫层料或土体传导而升温较慢，因此脱空区域在红外热像上表现为局部"热斑"。

3）三维激光

三维激光扫描技术主要利用激光测距原理，通过向被测物体发射激光获取物体表面大量的坐标信息、纹理、反射率等，可快速复建被测物体的三维模型。不同于传统方法的单点采集三维坐标方法，三维激光扫描可以密集地大量获取目标物体的数据点，这些三维坐标数据被称为"点云"，因此三维扫描技术也被称为从单点测量到面测量的技术革命。

现场扫描获取三维点云数据的基本流程如图 5.2-2 所示。

图 5.2-2 三维点云数据获取流程

（1）现场勘探：在采集被测物体三维点云的工作中，第一步就是对被测物体进行现场勘察。现场勘察工作主要包括对扫描范围、扫描环境以及被测物体周边树木等遮挡物的了解。基于以上现场勘查信息，可以对扫描进行总体规划。

（2）架设扫描仪：综合考虑扫描范围、树木等遮挡物的情况后需要进行扫描仪的站点选定，选站点的主要依据是能尽可能地获取完整的被测物体表面点云。

（3）设置扫描标靶：站点选好后，需要根据站点的位置确定标靶的位置。

（4）设置扫描参数：以上工作都完成后，需要确定扫描仪此次扫描的几个重要参数如扫描角度、采样点间距、相机参数和标靶识别等。

4）无人机正射影像

无人机航测技术主要是通过利用无人机采集到的图像进行处理、图像配准校正等获得工程所需要的信息。本书无人机图像的处理选取 PIX4D 软件，该软件可同时处理无人机数据和航空影像数据，且具有处理速度快、精度高的特点。使用软件对数据进行处理前，首先要确认航拍以及处理的数据的坐标系，同时确认数据的完整性，检查数据中是否有质量不合格的图像文件并进行剔除；对提出后的文件进行滤波、镜头畸变校正等预处理，然后通过控制点进行几何校正等图像配准工作，选用点云和纹理处理，提高结果的精度，最后生成 DSM 和正射影像信息，处理流程如图 5.2-3 所示。

图 5.2-3 无人机影像处理流程

对于已经获得的工程正射影像信息，采用 Global Mapper 软件，对图像进行后续处理，选取所要关注的部分进行裁剪，提取工程信息。

5.2.1.2 多途径检测模式

根据 5.1.2.2 节"灌区工程安全的风险评估方法"中图 5.1-5（大型灌区工程安全的风险评估指标体系）和表 5.1-4（风险因子的调查方法与基础属性），安全性 B1 中渠道衬砌强度（D_{1_3}）和建筑物结构强度（D_{b+1_1}）可采用常规回弹法获得，并可通过工程雷达探测内部是否存在空洞等隐患；适用性 B2 中渠道变形（D_{d+1_5}）和建筑物结构变形（D_{f+1_6}）可采用三维激光扫描方式获得;同时,耐久性 B3 中渠道渗漏(D_{h+2_1})主要由于衬砌脱空破损等引起,可采用工程雷达和红外热成像的方式获得。

此外,根据 5.1.1.1 节"工程长效服役风险源分类"中的表 5.1-1"大型灌区工程长效服役主要风险源清单",灌区工程受自然因素中暴雨洪水等影响,因此检测获得工程周边地形地貌对于防洪风险具有重要意义;此外,根据 5.1.2.2 节"灌区工程安全的风险评估方法"中图 5.1-5(大型灌区工程安全的风险评估指标体系)和表 5.1-4(风险因子的调查方法与基础属性),适用性 B2 中渠道淤积(D_{d+1_4})和基础沉降(D_{d+1_6})也与高程有关,以上皆可通过无人机正射影像的手段检测获得。

综合上述分析,建立针对渠道及渠系建筑物部分风险因子的调查与检测模式如图 5.2-4 所示。

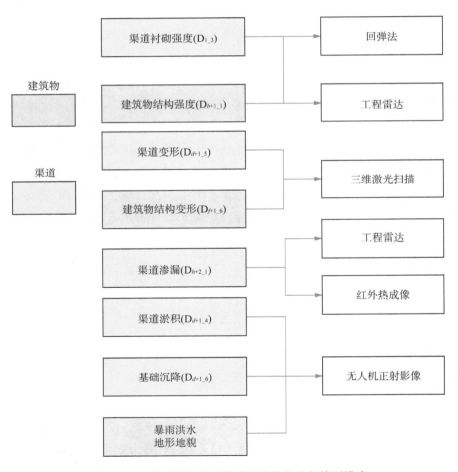

图 5.2-4　针对风险因子的灌区结构多途径检测模式

5.2.1.3　渠道工程结构性能综合检测

选取赵口灌区二期工程东一干渠为例对渠道工程结构性能综合检测方法进行分析。在东一干渠分水闸下游 100 m 位置处对东一干渠道进行检测。检测内容包括混凝土强度检测、工程雷达探测、红外热成像脱空检测、无人机环境地形检测及三维激光扫描等，渠道现状及现场检测情况如图 5.2-5 所示。

（a）东一干渠道现状　　　　　　　　　　（b）混凝土强度检测

（c）工程雷达检测　　　　　　　　　　　（d）红外热成像检测

图 5.2-5　东一干现场安全检测

采用回弹法进行强度检测，该处渠道底板及衬砌混凝土强度检测结果如表 5.2-2 所示。可以看出，东一干渠道衬砌和底板混凝土强度推定值分别为 47.4 MPa 和 40.6 MPa，满足设计强度指标。

表 5.2-2　东一干渠道衬砌混凝土强度检测结果（单位：MPa）

位置	平均值	最小值	标准差	推定值	设计强度
渠道衬砌	51.7	47.0	2.61	47.4	C25
渠道底板	46.2	38.5	3.43	40.6	

为对耐久性 B3 中渠道渗漏指标（D_{h+2_1}）进行评价，通过工程雷达和红外热成像仪对

混凝土衬砌质量及与其下土体间脱空程度进行检测,检测结果见图5.2-6～图5.2-8。由检测结果可以看出,东一干渠分水闸下游100 m位置渠道衬砌混凝土质量良好,未见空洞等明显缺陷,且与下部土体接触程度良好,未见脱空等现象。

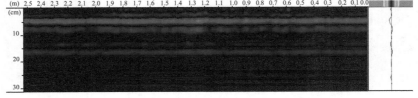

图5.2-6 东一干渠道衬砌雷达检测结果(上:水平;下:竖直)

图5.2-7 东一干渠道底板雷达检测结果

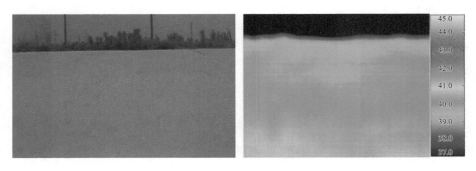

图5.2-8 东一干渠道衬砌红外热成像检测结果

为对渠道变形($D_{d+1.5}$)进行评价,对东一干渠道进行三维激光扫描,扫描结果见图5.2-9,可用于复核渠道尺寸等。

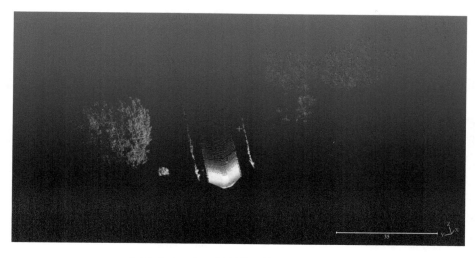

图 5.2-9 东一干渠道三维激光扫描结果

为对渠道淤积(D_{d+1_4})、基础沉降(D_{d+1_6})及周边地形地貌进行评价,对东一干渠下游渠道周边范围内进行无人机摄影,并生成正射影像以反映周边环境以及地形变化趋势,如图 5.2-10 所示。由检测结果可以看出,东一干渠下游渠道周边主要以平原为主,周边地形起伏相对较小。

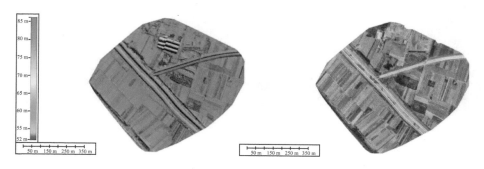

图 5.2-10 东一干渠分水闸周边正射影像

5.2.1.4 渠系建筑物结构性能综合检测

选取赵口灌区二期工程刘元寨枢纽为例对渠系建筑物结构性能综合检测方法进行分析。刘元寨枢纽位于东二干桩号 DEG15+049.6 位置,由刘元寨排水倒虹吸、陈留分干分水闸、东二干渠分水闸、刘元寨退水闸及两座斗门组成。其中刘元寨倒虹吸、陈留分干分水闸、两座斗门为拆除重建,其余建筑物为维修利用。

为对周边地形地貌进行评价,刘元寨枢纽周边无人机摄影生成正射影像见图 5.2-11。由检测结果可以看出,枢纽周边主要以平原为主,周边地形起伏相对较小。

图 5.2-11　刘元寨枢纽周边正射影像

（1）刘元寨倒虹吸

刘元寨倒虹吸下穿东二干渠与陈留分干渠交汇处，倒虹吸由进口段、管身段、出口段组成，其中管身段长 64.57 m、5 孔，单孔尺寸宽 3.5 m×高 3.0 m，C30 钢筋混凝土，主要负责担负马家沟行洪、输水任务，为二期工程拆除重建项目。现场安全检测情况如图 5.2-12 所示。

（a）倒虹吸进口段　　　　　　　　　　（b）三维激光扫描

图 5.2-12　刘元寨倒虹吸现场安全检测

对刘元寨倒虹吸内部混凝土进行混凝土强度检测，结果见表 5.2-3。可以看出，刘元寨倒虹吸混凝土强度推定值为 45.5 MPa，满足设计强度指标要求。

表 5.2-3　刘元寨倒虹吸混凝土强度检测结果（单位：MPa）

位置	平均值	最小值	标准差	推定值	设计指标
倒虹吸	51.0	45.5	3.34	45.5	C30

通过工程雷达对倒虹吸混凝土质量进行检测，检测结果见图 5.2-13 和图 5.2-14。由检测结果可以看出，刘元寨倒虹吸混凝土质量良好，未见空洞等明显缺陷，其内钢筋排列紧密。

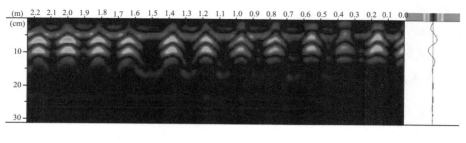

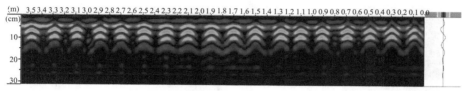

图 5.2-13 倒虹吸边墙工程雷达检测结果(上:竖直;下:水平)

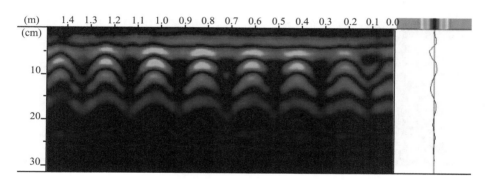

图 5.2-14 倒虹吸底板工程雷达检测结果

对刘元寨倒虹吸进行三维激光扫描,可确定其实际尺寸及是否存在异常变形等,扫描结果见图 5.2-15。

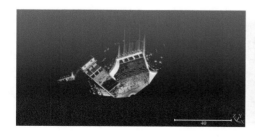

图 5.2-15 刘元寨倒虹吸三维激光扫描结果

(2)陈留分干分水闸

陈留分干分水闸位于陈留分干桩号 0+046.8 处,由上游铺盖段、闸室段和下游出口段三部分组成,总长 40 m。闸室为开敞式平底板宽顶堰结构,单孔尺寸 3.5 m×2.5 m (宽×高),C30 钢筋混凝土整体现浇,担负向杞县、惠济河输水,为二期工程拆除重建项目。现场检测照片如图 5.2-16 所示。由检测结果可以看出,陈留分干分水闸整体结构完好,混凝土未见开裂、剥落等病害;闸门为平板钢闸门,闸门涂层、止水完好。

(a) 三维激光扫描

(b) 闸门

(c) 混凝土强度检测

(d) 工程雷达检测

图 5.2-16　陈留分干分水闸现场安全检测

对陈留分干分水闸混凝土进行强度检测,结果见表 5.2-4。可以看出,陈留分干分水闸中墩和边墩的混凝土强度推定值分别为 37.1 MPa 和 40.2 MPa,满足设计强度指标要求。

表 5.2-4　陈留分干分水闸混凝土强度检测结果(单位:MPa)

位置	平均值	最小值	标准差	推定值	设计指标
中墩	45.6	40.0	5.17	37.1	C30
边墩	46.3	40.5	3.60	40.2	

通过工程雷达对陈留分干分水闸的混凝土质量进行检测,检测结果见图 5.2-17 和图 5.2-18。由检测结果可以看出,陈留分干分水闸闸墩混凝土质量良好,未见空洞等明显缺陷,其内钢筋排列紧密。

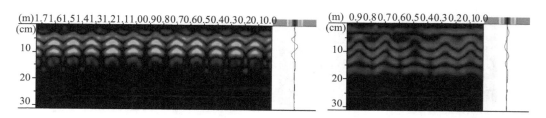

图 5.2-17　中墩工程雷达检测结果(左:水平;右:竖直)

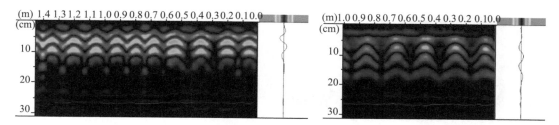

图 5.2-18　边墩工程雷达检测结果(左:水平;右:竖直)

对陈留分干分水闸进行三维激光扫描,可确定其实际尺寸及是否存在异常变形等,扫描结果见图 5.2-19。

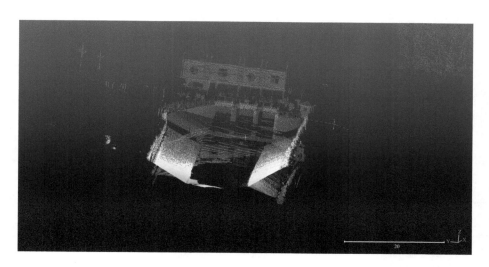

图 5.2-19　刘元寨倒虹吸三维激光扫描结果

(3)东二干渠分水闸

东二干渠分水闸为三孔闸,为二期工程维修利用项目。现场检测照片如图 5.2-20 所示。由监测结果可以看出,东二干渠分水闸整体结构完好,混凝土未见开裂、剥落等病害;闸门为平板钢闸门,闸门存在局部锈蚀。

（a）分水闸上游侧

（b）分水闸下游侧

（c）三维激光扫描

（d）工程雷达检测

图 5.2-20 东二干渠分水闸现场安全检测

对东二干渠分水闸混凝土进行强度检测，结果见表 5.2-5。可以看出，东二干渠分水闸中墩和边墩的混凝土强度推定值分别为 37.7 MPa 和 31.9 MPa。

表 5.2-5 东二干渠分水闸混凝土强度检测结果（单位：MPa）

位置	平均值	最小值	标准差	推定值
中墩	44.6	35.0	4.17	37.7
边墩	37.6	30.9	3.57	31.9

通过工程雷达对东二干渠分水闸的混凝土质量进行检测，检测结果见图 5.2-21 和图 5.2-22。由检测结果可以看出，东二干渠分水闸闸墩混凝土质量良好，未见空洞等明显缺陷，其内钢筋排列紧密。

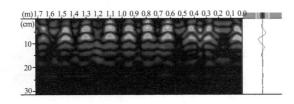

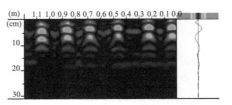

图 5.2-21 中墩工程雷达检测结果（左：水平；右：竖直）

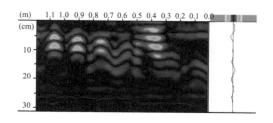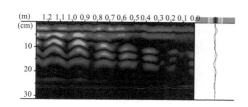

图 5.2-22 边墩工程雷达检测结果(左:水平;右:竖直)

对东二干渠分水闸进行三维激光扫描,可确定其实际尺寸及是否存在异常变形等,扫描结果见图 5.2-23。

图 5.2-23 东二干渠分水闸三维激光扫描结果

5.2.2 地下水位变化影响下的结构长期稳定性风险评估

渠坡地下水变化主要受区域降雨及渠道水位影响,因此分析地下水位变动影响渠坡稳定主要考虑降雨与渠道水位变化影响。宏观意义上的地下水位变动主要是区域地下水,地下水位受区域降雨影响,短期内不会产生较大波动。对于填筑方式不同的渠段(挖方与填方),受地下水影响情况不同,挖方渠段可能存在地下水位高于渠道水位的情况,而填方渠段一般不会出现。

5.2.2.1 降雨入渗分析

入渗过程可分为降雨初期的雨水入渗,与降雨后期的积水入渗,这两个渗流过程的渗透方式不同,对应的渗流理论也会有一定的差异。

1) 降雨入渗理论

降雨入渗是指水分浸入土壤的过程,入渗实质上是水分在土壤包气带中的运动,是一个涉及两相流的过程,即水在下渗过程中驱逐空气。雨水落至地表即开始入渗过程,遭遇干旱后的地表裂缝发展加剧了这一过程。雨水入渗可分为两种类型:一是降雨从地表垂直向下浸入土壤的垂直入渗;二是由于地表水向周围土体的侧向入渗。

根据前人试验,Colaman 和 Bodmam 基于干土在积水条件下的垂直一维入渗试验,将含水量剖面分为 4 个区:饱和区、含水量明显降落的过渡区、含水量变化不大的传导区和含水量迅速减少至初始值的湿润区,如图 5.2-24 所示。

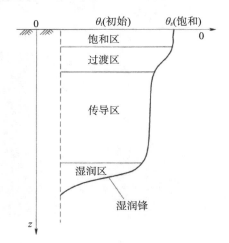

图 5.2-24　降雨入渗时含水量的分布和分区

降雨渗入土中的水量一般用累计入渗量 $I(t)$ 和入渗率 $i(t)$ 来进行度量,两者均为随着时间变化的物理量。累计入渗量是入渗开始后一定时间内,通过地表单位面积入渗到土中的总水量,一般用水深表示,即:

$$I(t) = \int_0^L \left[\theta(z,t) - \theta(z,0) \right] \mathrm{d}z \tag{5.2-1}$$

式中,L 为土层厚度,m;$\theta(z,0)$ 为土层中初始含水量的分布,%。

入渗的快慢可以用入渗率衡量,入渗率的定义为单位时间内通过地表单位面积渗入土壤中的水量,单位为 m/s。任一时刻 t 的入渗率 $i(t)$ 与此时刻地表处的土壤水分运动通量 $q(0,t)$ 相等,即:

$$i(t)=q(0,t)=\left[D(\theta)\frac{\partial\theta}{\partial z}+k_w(\theta_w)\right]_{z=0} \tag{5.2-2}$$

式中，$k_w(\theta_w)$ 为非饱和土的渗透系数，m/s；$D(\theta)$ 为非饱和土的扩散率，$D(\theta)=k_w(\theta_w)/C(\theta)$，即非饱和渗透系数与容水度 C（土中所能容纳的最大水的体积与土体积之比）的比值。

累计入渗量 $I(t)$ 与入渗率 $i(t)$ 之间的关系为：

$$i(t)=\frac{\mathrm{d}I(t)}{\mathrm{d}t} \tag{5.2-3}$$

结合图 5.2-24 可以看出，在入渗开始阶段，地表处的含水量梯度 $\partial\theta/\partial z$ 的绝对值很大，入渗率 $i(t)$ 很高；随着入渗的进行，$\partial\theta/\partial z$ 的绝对值不断减小，入渗率 $i(t)$ 也随之逐渐减低，到达一定时间段时，$\partial\theta/\partial z \rightarrow 0$，此时 $i(t)\rightarrow k(\theta_0)$，即入渗率趋于一稳定值，该值相当于地表含水量 θ_0 渗透系数 $k(\theta_0)$。

对于非饱和土体，降雨入渗实际上受到供水强度和土壤入渗率的共同控制。一般情况下，将降雨或者喷洒的强度称为供水强度，定义为 $R(t)$，通常分析中认为供水强度为一常数。在入渗初期（$t<t_p'$），土壤含水率较低，供水强度小于土壤的入渗率，因此实际发生的入渗率即为供水强度 R_0，如图 5.2-25 中 ab' 所示。当 $t=t_p'$ 以后，供水强度大于土壤的入渗率，即 $R_0>i(t)$，此时土壤在积水条件下的入渗率即为 $i(t)$，如图 5.2-25 中 $b'c'$ 所示，超过入渗率的供水形成积水。一般可以将降雨入渗过程分为两个阶段，第一阶段称为供水控制阶段，主要为无压渗流或自由渗流；第二阶段称为入渗能力控制阶段，主要表现为积水或有压渗流。两阶段的交点称为积水点，如图 5.2-25 中所示。但是，在降雨及喷洒条件下，t_p' 以前时段未达到积水入渗条件，因此 t_p' 以后时段的入渗率不是 $i(t)$，入渗曲线不是 $b'c'$，而是 bc，实际整体入渗过程为 abc。

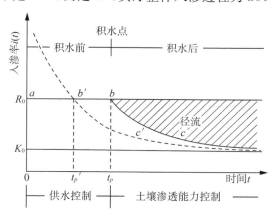

图 5.2-25   水流入渗与含水量的分布与分区

假设一坝坡坡面如图 5.2-26 所示,坡面的外法线方向为 $\boldsymbol{n}(n_x, n_y, n_z)$,降雨强度为 $R(t)$,降雨在坡面法线方向的分量为:

$$q_n(t) = R(t)n_z \tag{5.2-4}$$

根据达西定律得到坡面各个方向的最大入渗能力为:

$$R_j(t) = -k_j(h_w)\frac{\partial(h_w + z)}{\partial x_j} \tag{5.2-5}$$

式中,h_w 为压力水头(对于非饱和土是基质势),m; z 为坐标取向上为正,m。

将其转化为法线方向的入渗率为:

$$R_n(t) = R_j(t)n_j \tag{5.2-6}$$

对于坝坡而言,实际入渗量为 $q_s(t)$,认为垂直于坝坡方向,根据分析可得降雨强度与实际入渗量的关系为:

$$当 R_n(t) \geqslant q_n(t) , q_s(t) = q_n(t)$$
$$当 R_n(t) < q_n(t) , q_s(t) = R_n(t) \tag{5.2-7}$$

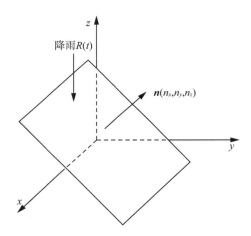

图 5.2-26　边坡降雨示意图

2) 积水入渗理论

(1) 稳定流水头分布

①水平入渗

饱和与非饱和稳定流的本质区别在于,饱和稳定流的水头分布是线性的,而非饱和稳定流的水头分布是非线性的。对于一维的饱和流,水流范围内任意位置处的水力梯度均相等,相应的单位距离水头损失等于流速除以渗透系数。但该法则对于非饱和渗流是无效的,因为渗透系数取决于驱动水头的绝对值。

首先研究饱和稳定流。一维饱和稳定流动系统的控制方程为达西定律:

$$q = -k_s \frac{\partial h}{\partial x} \tag{5.2-8}$$

式中,q 为单宽渗流量,m^2/s;k_s 为饱和渗透系数,m/s;h 为水头,m;x 为水平距离,m。

对方程进行积分,并利用边界条件 $x=0$,$h=0$,可得到水头 h 与位置 x 沿水平方向的一个解析解:

$$h = -\frac{q}{k_s} x \tag{5.2-9}$$

模拟非饱和渗透系数函数时,采用 Gardner 单参数模型:

$$k = k_s \exp(\beta h_m) \tag{5.2-10}$$

式中,β 为土的孔径分布参数,其单位为吸力水头的倒数,m^{-1};h_m 为吸力水头,m。

相应的达西定律可表示为:

$$q = -k_s \exp(\beta h_m) \frac{\partial h}{\partial x} \tag{5.2-11}$$

重力为 0 时,$h_m = h$,对其进行积分,并运用与饱和渗流相同的边界条件,可得水头分布函数为:

$$h = \frac{1}{\beta} \ln\left(1 - \frac{q\beta x}{k_s}\right) \tag{5.2-12}$$

在常见渗流问题 $-1.0 < q\beta x \leqslant 1.0$ 范围对上式采用泰勒级数展开:

$$h = -\frac{1}{\beta}\left[\frac{q\beta x}{k_s} - \frac{1}{2}\left(\frac{q\beta x}{k_s}\right)^2 + \frac{1}{3}\left(\frac{q\beta x}{k_s}\right)^3 - \cdots\right] = \sum_{n=1}^{\infty}(-1)^n \frac{\beta^{n-1}}{n}\left(\frac{qx}{k_s}\right)^n \tag{5.2-13}$$

从泰勒展开式可以看出第一项即为饱和流动时的水头分布表达式,其余表示为水头分布的线性特征。整个表达式的含义为:随着吸力水头的逐渐增长,非饱和渗透系数越来越小,相应地,在相同流速下,水头损失越来越大。

②垂直入渗

重力对水流垂直入渗提供了额外驱动力,对总水头空间分布产生了重要影响。一维垂直入渗的控制方程为:

$$q = -k \frac{\partial h_t}{\partial z} \tag{5.2-14}$$

式中，$h_t = h_m + z$ 为总水头，m。

非饱和土中液体流动由总水头梯度（非基质吸力梯度）来驱动。利用总水头的概念，可将渗流控制方程表示为基质吸力水头与位置水头的形式：

$$q = -k(\frac{\partial h_m}{\partial z} + 1) \tag{5.2-15}$$

对上式进行积分，利用边界条件 $z = 0, h_m = 0$ 和 $z = Z, h_m = h$ 可得：

$$z = -\int_0^h \frac{\mathrm{d}h_m(\theta)}{1 + q/k(\theta)} \tag{5.2-16}$$

欲求解出该积分，还需知道土的渗透系数方程以及获悉基质吸力的土水特征曲线方程，这两个方程均可以通过试验数据的离散点拟合获得。

（2）瞬态流渗流控制方程

非饱和土中的液体流动和含水量随时间和空间的改变而变化，导致其变化的两个基本机制为：①周围环境随时间变化而变化；②土体储水能力。为了研究水的渗流情况，常常用区域周边环境的变化对土的边界条件进行限定。

运用质量守恒定律可得到等温条件下土中瞬态水流的控制方程。质量守恒原理的含义是：对于一个给定的土体单元，水的损失或补给率是守恒的，损失水量等于水流入与流出土单元的净流量。图 5.2-27 所示为一个具有孔隙率 n 和体积含水量 θ 的土单元中沿着坐标正方向流入的总水流量为：

$$q_\lambda = \rho(q_x \Delta y \Delta z + q_y \Delta x \Delta z + q_z \Delta x \Delta y) \tag{5.2-17}$$

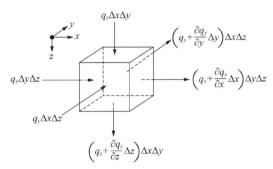

图 5.2-27　土单元体积与水流动连续性原理示意图

流出土体的总水流量为：

$$q_{出} = \rho\left[(q_x + \frac{\partial q_x}{\partial x}\Delta x)\Delta y \Delta z + (q_y + \frac{\partial q_y}{\partial y}\Delta y)\Delta x \Delta z + (q_z + \frac{\partial q_z}{\partial z}\Delta z)\Delta x \Delta y\right]$$

$$\tag{5.2-18}$$

式中，ρ 为水的密度，kg/m^3；q_x、q_y 和 q_z 分别为 x、y 和 z 方向的流量，m^2/s。

土单元在瞬态流动过程中，水量损失或补给率可表示为：

$$\frac{\partial(\rho\theta)}{\partial t}\Delta x\Delta y\Delta z \tag{5.2-19}$$

根据质量守恒定律，建立等式：

$$-\rho\left(\frac{\partial q_x}{\partial x}+\frac{\partial q_y}{\partial y}+\frac{\partial q_z}{\partial x}\right)=\frac{\partial(\rho\theta)}{\partial t} \tag{5.2-20}$$

该式即为瞬态流的控制方程。

5.2.2.2　地下水位变动对渠坡稳定的风险影响

（1）无降雨工况渠坡抗滑稳定分析

赵口引黄灌区工程区属华北平原分区的豫东小区，构造上属华北坳陷带，地貌上属黄淮冲积平原区，第四系以来本区处于下沉状态，故第四系遍布全区，钻孔揭露厚度多在 $100\sim500$ m，各统发育良好。本工程涉及的地层为第四系（Q）全新统、上更新统和中更新统土层，以砂土、粉土为主，结合各条干渠的填挖情况及地层情况，选取总干渠、东二干渠及团结渠作为典型渠道进行边坡稳定计算。

总干渠位于中牟县和祥符区境内，渠首闸建在黄河南岸。渠道途经黄委会农场、岳庄、秫米店、大胖村，全长 25.575 km。构成渠身的土壤为砂壤土及粉细砂，透水性较强。渠基勘探深度范围内的地层为第四系全新统冲积物，岩性主要为砂壤土、粉砂、粉细砂及中、重粉质壤土。

回填土采用沿河两侧地层岩性多的砂壤土，左、右岸土料重塑土试验统计成果表确定，计算参数取表中偏于安全值，具体参数见表 5.2-6。根据初步设计内容，各断面边坡稳定计算成果见表 5.2-7。

表 5.2-6　总干渠左、右岸土料重塑土试验统计成果表

土料场编号	层序土名	控制含水量	控制干密度	统计方法	最大干密度	最优含水量	击实后抗剪强度				压缩		渗透系数
							饱和快剪		饱和固结快剪		压缩系数	压缩模量	
							黏聚力	内摩擦角	黏聚力	内摩擦角			
		%	g/cm³		g/cm³	%	kPa	°	kPa	°	MPa⁻¹	MPa	cm/s
II	砂壤土	12.8	1.72	组数	2	2	2	2	2	2	2	2	2
				范围值	1.76～1.77	12.4～13.6	10.0～24.0	28.6～33.6	10.0～11.0	33.0～33.3	0.087～0.090	17.32～17.82	(2.4～7.2)×10⁻⁵
				平均值	1.77	13.0	17.0	31.1	10.5	33.2	0.089	17.57	4.8×10⁻⁵

续表

土料场编号	层序土名	控制含水量	控制干密度	统计方法	最大干密度	最优含水量	击实后抗剪强度				压缩		渗透系数
							饱和快剪		饱和固结快剪		压缩系数	压缩模量	
							黏聚力	内摩擦角	黏聚力	内摩擦角			
		%	g/cm³		g/cm³	%	kPa	°	kPa	°	MPa⁻¹	MPa	cm/s
Ⅲ	砂壤土	14.1	1.67	组数	4	4	4	4	4	4	4	4	4
				范围值	1.66~1.72	14.3~17.6	19.0~31.0	28.9~29.7	15.0~26.0	30.0~30.9	0.077~0.119	13.51~20.81	$(1.3\sim5.0)\times10^{-5}$
				平均值	1.69	15.8	25.0	29.5	21.3	30.5	0.096	17.20	3.28×10^{-5}

表 5.2-7　渠道典型断面边坡抗滑稳定计算成果表

代表断面桩号		计算边坡		边坡计算安全系数		
		内坡	外坡	正常工况	校核工况Ⅰ	校核工况Ⅱ
总干渠	4+500	2.5		3.02	2.278	2.68
	12+725	2.5		2.95	2.098	2.647
	26+990		2	1.473	2.182	1.359
东二干渠	2+782	2.5		1.231	1.380	1.094
	12+782	2.5		1.437	1.595	1.289
	6+782		1.5	1.716	2.271	1.589
团结干渠	2+600	2		2.618	2.922	—
	8+030.5	2		3.695	3.316	—
	13+400	2		2.475	2.675	—

（2）降雨工况渠坡抗滑稳定分析

在降雨工况下，渠坡土体含水率增大，对填方段与挖方段分别进行渠坡抗滑稳定计算。

填方渠段渠坡内水位主要受渠道水位影响，考虑降雨影响下的渠坡抗滑稳定主要为降雨入渗。挖方渠段内坡一侧有渠道水压作用，内坡抗滑稳定安全系数较高，重点针对外坡进行分析。以总干渠 12+725 断面为例，在正常渠道内水外渗情况下，渠坡稳定计算结果如图 5.2-28 所示；考虑渠道内水外渗影响后，渠坡抗滑稳定安全系数为 1.421，低于原设计 1.473。

根据降雨入渗机理，当降雨强度小于土体渗透性时，降雨强度决定降雨入渗速率，反之为土体渗透性控制。据此，进行降雨工况下填方渠段渠坡抗滑稳定计算，计算结果如图 5.2-29 所示。在降雨工况下，渠坡抗滑稳定安全系数为 1.357，相较原设计进一步降低。

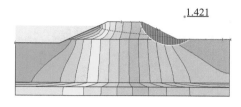

图 5.2-28　填方渠段考虑渠坡渗流时稳定计算　　图 5.2-29　填方渠段考虑降雨入渗时稳定计算

　　挖方渠段受降雨影响主要表现降雨入渗以及区域降雨导致的地下水位抬升。首先分析单纯降雨入渗影响,分析思路与填方渠段类似,考虑短历时降雨与长期降雨影响,以团结干渠 13＋400 断面为例,计算结果如图 5.2-30 所示,渠坡抗滑稳定安全系数为1.677。

　　考虑降雨量较小,雨水入渗过程中渠坡抗滑稳定性,计算结果如图 5.2-31 所示,抗滑稳定安全系数为 1.673。随着降雨量增大,降雨时长增加,抗滑稳定安全系数降至1.635,如图 5.2-32 所示。当降雨强度达到渠坡土体最大渗透性时,渠坡抗滑稳定安全系数降至 1.356,如图 5.2-33 所示。

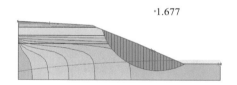 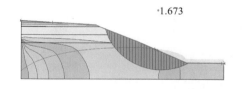

图 5.2-30　挖方渠段考虑渠坡渗流时稳定计算　　图 5.2-31　挖方渠段降雨初期渠坡抗滑稳定计算

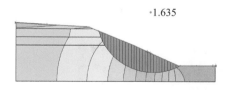 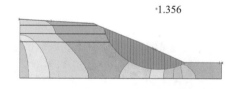

图 5.2-32　挖方渠段降雨强度增大　　　　图 5.2-33　挖方渠段降雨强度增大至土体渗透性
　　　　　时渠坡抗滑稳定计算　　　　　　　　　　　　　时渠坡抗滑稳定计算

　　长期降雨影响下区域地下水位会不断抬高,考虑该工况下的降雨影响,计算分析结果如下:挖方渠段稳定地下水位低于渠道水位,渠坡抗滑稳定安全系数为 1.736,如图5.2-34 所示;持续降雨情况下,区域地下水位抬升,渠坡地下水位高出渠道水位 1 m,此时渠坡抗滑稳定安全系数为 1.635,计算结果如图 5.2-35 所示。

　　当地下水位高出渠道水位 2 m,此时渠坡抗滑稳定安全系数为 1.610,计算结果如图5.2-36 所示。渠坡地下水位较高,同时考虑渠坡降雨入渗为最不利工况,地下水位高出渠道水位 2 m,此时渠坡抗滑稳定安全系数为 1.509,计算结果如图 5.2-37 所示。

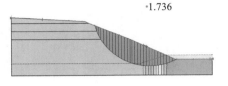

图 5.2-34　挖方渠段稳定地下水工况
下渠坡抗滑稳定计算

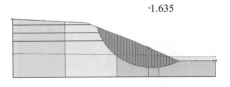

图 5.2-35　挖方渠段地下水位抬升后
渠坡抗滑稳定计算

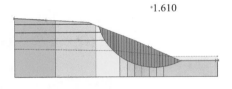

图 5.2-36　挖方渠段地下水位高出渠道水位 2 m
时渠坡抗滑稳定计算

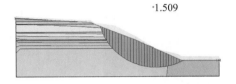

图 5.2-37　挖方渠段极端最不利工况
下渠坡抗滑稳定计算

从上述计算分析可以看出,降雨工况下的雨水入渗及地下水位抬升对渠坡抗滑稳定影响显著,特别是持续性降雨过程中渠坡土体饱和土层厚度较大,且地下水位抬升高出渠道水位,渠坡地下水向渠内渗流,属于渠坡稳定最不利工况。

5.2.2.3　地下水位变动对渠系建筑物的风险影响

地下水位变动时,渠道左右两岸地下水位基本一致,作用在水闸两侧的水压力相互抵消,因此地下水变动对闸室渗流稳定基本无影响,对结构稳定影响也较小。但地下水位变动影响挡土墙基底扬压力及墙后水压力,以斗厢支渠节制闸为例(图 5.2-38),计算不同地下水位状态时挡土墙结构稳定性。挡土墙受力情况如图 5.2-39 所示。

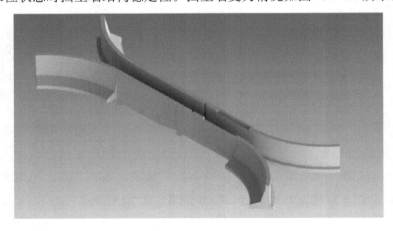

图 5.2-38　斗厢支渠节制闸三维立体图

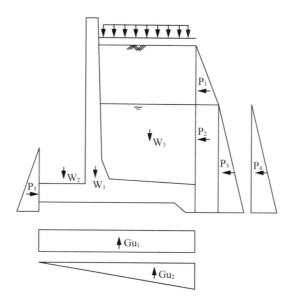

图 5.2-39　挡土墙受力示意图

工程区地下水类型主要为第四系松散层孔隙水。勘察期间测得地下水埋深 5.3～5.6 m，水位高程 63.53～63.9 m。挡土墙完建期、水位突降及校核水位工况下稳定计算成果见表 5.2-8。

表 5.2-8　斗厢支渠节制闸挡土墙稳定计算成果

部位	工况	抗滑	地基反力		
			σ_{max}(kPa)	σ_{min}(kPa)	不均匀系数
出口圆弧墙	完建期	1.26	85.3	52.1	1.64
	水位突降	1.27	77.1	48.3	1.60
	校核水位	1.29	72.2	54.3	1.33

地下水位变化主要影响图 5.2-39 中 W_3、P_4，地下水位抬高后各个力均会增大，当渠道水位高于地下水位时，地下水位抬高后 Gu_2 减小，反之增大。考虑地下水位抬升后，水位高程增长至 65 m 后，各工况下挡土墙稳定计算成果见表 5.2-9。相比较地下水位抬升之前的结果，可以看出，地下水位变动对该挡土墙稳定性影响不大。

表 5.2-9　水位抬升后斗厢支渠节制闸挡土墙稳定计算成果

部位	工况	抗滑	地基反力		
			σ_{max}(kPa)	σ_{min}(kPa)	不均匀系数
出口圆弧墙	完建期	1.21	83.0	51.3	1.62
	水位突降	1.22	75.8	51.0	1.48
	校核水位	1.24	74.2	51.0	1.15

5.2.3 长效服役结构劣化影响风险预测

5.2.3.1 混凝土结构劣化影响风险预测方法

赵口引黄灌区工程位于河南省豫东平原区,气候温度周期交替幅度较大,由温度变化导致的冻融循环现象使得混凝土结构长期遭受冻融破坏的影响。且赵口引黄灌区工程从黄河引水,而黄河泥沙含量较多,其过水建筑物在引水期间必然会受到沙、石的冲刷磨蚀,造成混凝土表面凹凸不平或者破坏。在冻融循环与水流冲刷磨蚀的共同作用下,混凝土结构的性能劣化会导致工程安全风险与供水安全风险增加,因此有必要对混凝土结构的劣化影响进行风险预测。

（1）冻融循环

混凝土毛细孔中的自由水遇冷结冰时体积将膨胀9%,在孔隙内产生很大的冰胀压力,使毛细孔壁受到拉应力作用,造成混凝土表面剥落和内部产生微裂纹,融化后的混凝土重新吸水饱和,温度再次降低时,水又会结冰膨胀,如此往复便形成了冻融循环。冻融交替具有累积作用,且损伤不可逆,经反复冻融后,混凝土内部微裂缝不断产生和发展,导致混凝土结构性能逐渐劣化。

动弹性模量是测量混凝土内部冻融损伤常用的一种无损测试方法,可以表征混凝土冻融前后内部结构的损伤程度。混凝土的相对动弹性模量可由下式确定:

$$\Delta E_n = \frac{E_n}{E_0} \times 100 \qquad (5.2-21)$$

式中,ΔE_n 为 n 次冻融循环后混凝土试件的相对动弹性模量(%);E_n 为 n 次冻融循环后的动弹性模量(GPa);E_0 为冻融循环试验前的混凝土的动弹性模量(GPa)。

赵口引黄灌区工程中所采用的典型混凝土强度等级为C25,个别重要部位采用C30等级,抗冻标号F150,抗渗标号W6。在最新混凝土配合比报告中,推荐了水胶比0.45,标号为C25W6F150的混凝土,在此配合比下,混凝土28 d立方体抗压强度为33.5 MPa。根据抗冻融试验得到的混凝土质量损失与相对动弹性模量变化如表5.2-10。可以看出,混凝土的质量损失随冻融次数的增加而增加,相对动弹性模量随冻融次数的增加而减少。

表 5.2-10 混凝土抗冻融试验结果表

冻融次数	25	50	75	100	125	150
质量损失(%)	0.0	0.2	0.4	0.7	1.3	1.6
相对动弹性模量(%)	99.0	97.8	96.2	93.4	85.5	82.4

通常,为了表征混凝土在冻融环境下的损伤程度,定义冻融循环 n 次后混凝土的损伤度为:

$$D^n = \left(1 - \frac{E_n}{E_0}\right) \times 100\% \tag{5.2-22}$$

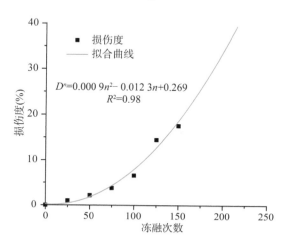

图 5.2-40 损伤度与冻融次数的关系

如图 5.2-40 所示,通过对相对动弹性模量损伤度进行拟合,得出其损伤度与冻融循环次数符合二次函数关系。根据已有文献,混凝土在冻融循环下室内与室外的关系一般在 1:12 左右,华北地区的年均冻融次数为 84 次。故赵口引黄灌区工程中可选取室内试验与自然条件下的比例为 1:12,年冻融次数为 84 次,进而将实验室条件下与自然条件下的冻融次数相对应,建立混凝土强度的实时风险预测模型。

(2)水流冲刷磨蚀

当水流为清水时,混凝土表面基本不会发生磨损。混凝土冲刷磨蚀破坏主要发生在含有固体悬浮颗粒的水流中,由于水流流动使得悬浮颗粒具有一定的动能,与混凝土表面发生碰撞后产生冲磨破坏。混凝土材料的表面磨损率与水流流速(沙速)、泥沙粒径、冲磨时间、含沙率等因素均密切相关,根据已有文献,将混凝土冲磨破坏主要影响因素总结如下。

沙速:由 J. H. Nelson、A. Gilehirst 和乔生祥等所提出的公式可知,磨损率与沙速的二次方呈正比关系。

泥沙粒径:泥沙粒径对磨损率有重要的影响,随着沙石粒径的增大,磨损率显著增加。当泥沙颗粒的粒径小于某一临界值时,材料几乎不会受到泥沙磨损的影响,此临界值成为有效磨损粒径。

冲磨时间:随着泥沙等冲刷时间的增加,混凝土的单位磨损率会逐渐减小并趋近于稳定。出现这种现象的原因是,在冲刷初期砂浆层会受到冲磨作用而脱落,而骨料裸露后会增强其抗冲刷性能。

含沙率:水流中的泥沙含量越高,混凝土受到的磨损越严重,其表面磨损率与水流含沙率呈正比关系。

(3)冻融-冲磨耦合作用下磨蚀厚度计算

在冻融循环与水流冲刷磨蚀共同作用下,冻融作用主要对混凝土强度产生影响,水流中泥沙冲刷主要对混凝土表面造成磨损破坏,而冲刷磨蚀速率与混凝土强度密切相关。在冻融作用下随着混凝土强度的降低,将导致混凝土冲刷磨蚀速率会不断增加,即冻融循环对于含沙水流磨损混凝土是一种促进作用。

可利用相对动弹性模量的变化来反映混凝土磨蚀率的变化,鉴于相对动弹性模量的变化类似抛物线,本研究直接采用冻融次数 n 的二次函数来计算混凝土的磨蚀率。综上,混凝土在冻融-冲刷耦合作用下的磨蚀率可以表示为:

$$E_r = Kv^2 md/f(n) \tag{5.2-23}$$

$$f(n) = k_1 n^2 + k_2 n + k_3 \tag{5.2-24}$$

式中,K 为系数;E_r 为磨损率,mm;m 为含沙率,kg/m^3;v 为沙速,m/s;n 为冻融次数,$f(n)$用来表示混凝土强度和时间对磨蚀率的影响;d 为泥沙粒径,mm;k_1、k_2、k_3 均为拟合参数,可以根据实测数据进行调整。

含沙量的选取:赵口引黄灌区工程设有七座沉沙池,赵口引黄灌区规划引黄沉沙方式为集中沉沙,但沉沙池实际未使用,故至今引黄泥沙一直是分散沉积在各级输水线路上,管理单位根据情况安排清淤。因此分别对分散沉沙和集中沉沙两种方式进行计算,在小浪底水库拦沙期内,采用短系列泥沙资料;在小浪底水库正常运用期,采用长系列泥沙资料,集中沉沙计算成果见表5.2-11。分散沉沙计算方法采用一维非恒定流水沙演进数学模型,计算成果汇总见表5.2-12。

表 5.2-11 集中沉沙计算成果表

引水时段	引水流量 (m^3/s)	引黄水量 (万 m^3)	短系列		长系列		沉沙效率
			进口含沙量 (kg/m^3)	出口含沙量 (kg/m^3)	进口含沙量 (kg/m^3)	出口含沙量 (kg/m^3)	
7月11日～7月22日	46.0	4 773	8.98	0.92	21.87	2.48	100%
11月11日～11月23日	82.2	9 231	0.63	0.118	4.19	0.707 35	100%
3月11日～3月23日	123.1	13 743	1.28	0.39	4.4	2.108 79	82.90%
4月11日～4月15日	47.7	2 061	1.05	0.068	3.23	0.479 84	100%

续表

引水时段	引水流量（m³/s）	引黄水量（万 m³）	短系列		长系列		沉沙效率
			进口含沙量（kg/m³）	出口含沙量（kg/m³）	进口含沙量（kg/m³）	出口含沙量（kg/m³）	
4 月 21 日～4 月 25 日	48.3	2 088	1.05	0.068	3.23	0.490 44	100%
5 月 11 日～5 月 20 日	123.1	10 636	0.78	0.243	2.51	1.206 91	100%

表 5.2-12　分散沉沙引黄退水入河含沙量

项目		总干渠退水入运粮河	石岗分干渠退入小清河	陈留分干渠退入惠济河	朱仙镇分干渠退入孙城河	东二干尾渠退入涡河
入河含沙量（kg/m³）	短系列	0.42～7.56	0.18～4.94	0.19～4.14	0.37～1.23	0.20～5.64
	长系列	1.51～16.95	1.09～11.36	0.98～8.97	1.05～5.92	1.13～12.01

集中沉沙磨蚀厚度计算：根据计算成果，混凝土冲刷磨蚀厚度计算选取总干渠段作为典型渠段，水流流速取设计流速 1.32 m/s。采用集中沉沙方式计算时，过流时长取设计总引水时段 58 天；各引水时段含沙量取相应时段计算的出口含沙量；由于沉沙池沉沙效率高，出池颗粒小于 0.05 mm，泥沙颗粒粒径取 0.03 mm。

分散沉沙磨蚀厚度计算：根据计算成果，混凝土冲刷磨蚀厚度计算选取总干渠段作为典型渠段，水流流速取设计流速 1.32 m/s。采用分散沉沙方式计算时，过流时长取设计总引水时段 58 天；计算出的含沙量范围在 0.42～16.954 kg/m³ 之间，因此选取 4 个典型含沙量（0.5 kg/m³、5 kg/m³、10 kg/m³、15 kg/m³）进行计算；花园口水文站是距离赵口引黄灌区工程总干渠最近的水文站，泥沙颗粒取花园口水文站在小浪底建成运行后的实测数据（见表 5.2-13），平均粒径取 0.1 mm。

表 5.2-13　黄河泥沙颗粒级配表（调水调沙后）

粒径级（mm）	0.002	0.004	0.008	0.016	0.031	0.062	0.125	0.25	0.5	1
百分数（%）	5	5.6	7.3	10.3	12.6	20.86	23.94	11.9	0.8	1.7

假设每年有 120 天为冻融期，根据上述含沙量等参数的选取，计算可得集中沉沙和分散沉沙两种方式下总干渠每年的磨蚀率及磨蚀厚度，绘制于图 5.2-41～图 5.2-43，并得出以下结论。

在集中沉沙方式下，年均磨蚀速率和总磨蚀厚度最小，在运行 20 年后，使用短系列泥沙资料得出的磨蚀厚度为 0.131 mm，年均磨蚀速率为 0.007 mm/年；使用长系列泥沙资料得出的磨蚀厚度为 0.524 mm，年均磨蚀速率为 0.026 mm/年。可以看出混凝土的磨蚀速率始终处于一个很低的状态，受到冲刷磨蚀的影响非常小。

在分散沉沙方式下，分别计算了四种典型泥沙含量的磨蚀厚度。当泥沙含量为

0.5 kg/m³ 时,年均磨蚀速率和总磨蚀厚度也比较小,运行 20 年时的磨蚀厚度为 0.609 mm,年均磨蚀速率为 0.03 mm/年,略大于采用集中沉沙和长系列泥沙资料下的计算值。

当泥沙含量为 5 kg/m³ 时,年均磨蚀速率和总磨蚀厚度较小,5 年时的年均磨蚀率为 0.186 mm/年,磨蚀厚度为 0.931 mm;10 年时的年均磨蚀率为 0.206 mm/年,磨蚀厚度为 2.064 mm;20 年时的年均磨蚀率为 0.304 mm/年,磨蚀厚度为 6.085 mm。

当泥沙含量为 10 kg/m³ 时,年均磨蚀速率和总磨蚀厚度较大,5 年时的年均磨蚀率为 0.372 mm/年,磨蚀厚度为 1.862 mm;10 年时的年均磨蚀率为 0.413 mm/年,磨蚀厚度为 4.127 mm;20 年时的年均磨蚀率为 0.609 mm/年,磨蚀厚度为 12.171 mm。

当泥沙含量为 15 kg/m³ 时,年均磨蚀速率和总磨蚀厚度最大,5 年时的年均磨蚀率为 0.558 mm/年,磨蚀厚度为 2.792 mm;10 年时的年均磨蚀率为 0.619 mm/年,磨蚀厚度为 6.191 mm;20 年时的年均磨蚀率为 0.913 mm/年,磨蚀厚度为 18.256 mm。

根据集中沉沙和分散沉沙两种方式计算的磨蚀厚度,可以看出,采用沉沙池集中沉沙对于渠道的保护作用最强,混凝土受泥沙磨蚀的速率一直处于很低的水平,对于渠道的正常运行基本无影响。采用分散沉沙方式进行沉沙处理时,泥沙分布在各个渠道中,渠道中的泥沙含量取决于引水进口的含沙量,取四种典型的含沙量(0.5 kg/m³、5 kg/m³、10 kg/m³、15 kg/m³)进行计算,可以看出,当泥沙含量为 0.5 kg/m³ 时,混凝土磨蚀速率与集中沉沙方式下的计算结果基本一致,随着泥沙含量的增加,混凝土磨蚀速率也在不断地加快,当泥沙含量增加到 10 kg/m³ 或者 15 kg/m³ 时,混凝土磨蚀速率较大,混凝土结构劣化造成的风险也较大。

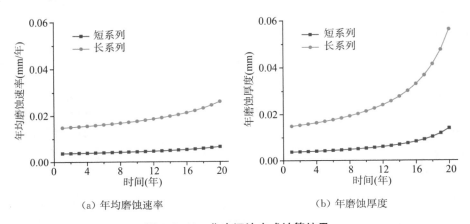

（a）年均磨蚀速率　　　　　　　　（b）年磨蚀厚度

图 5.2-41　集中沉沙方式计算结果

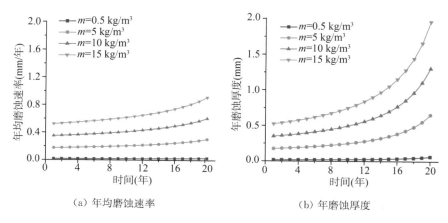

（a）年均磨蚀速率　　　　　　　　（b）年磨蚀厚度

图 5.2-42　分散沉沙方式计算结果

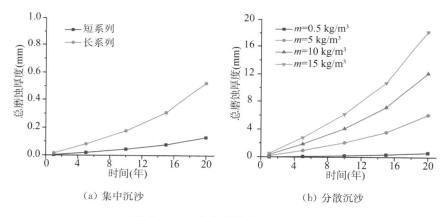

（a）集中沉沙　　　　　　　　（b）分散沉沙

图 5.2-43　磨蚀厚度随时间的变化

（4）过流能力评价方法

在冻融循环与含沙水流的耦合作用下，混凝土表层的砂浆层会出现不同程度的破坏甚至露出骨料，而混凝土衬砌的修复工作很难持续进行，这必然会造成渠道的糙率增加，导致供水能力不足等风险。根据《渠道防渗工程技术规范》（GB/T 50600—2010），现浇混凝土的糙率为 0.015，混凝土预制板的糙率为 0.016～0.018。在赵口引黄灌区二期工程中，混凝土衬砌板为现浇混凝土衬砌板，糙率取 0.015，但随着工程的运行，外部环境等因素（尤其是冲刷磨蚀、冻融循环等）将对混凝土表面造成破坏，使得渠道糙率增加。为了在运行管理中准确地掌握渠道混凝土的糙率，建议采用现场观测的方法，通过监测得到的水位、流速等资料反演得出糙率，进而分析和预测混凝土衬砌糙率导致的风险。

在糙率反演中，现场观测内容有：流量观测和水面线观测。在观测中应尽量避免测量误差，尽量采取多组平均值来增加测量的可靠性。在进行观测时，首先选取多组典型断面,然后测量断面流量 Q 和水位 h,就可以通过计算得出水力半径 R、过水断面面积 A。根据水力学中伯努利方程、明渠恒定均匀流等公式,可以反演得出渠道衬砌的糙率:

$$n = \frac{AR^{2/3}i^{1/2}}{Q} \tag{5.2-25}$$

式中,n 为渠道糙率;A 为过水断面面积,m^2;R 为水力半径,m;i 为渠道纵坡。

以总干渠 X0+333.0 为例,其设计流速为 123.1 m/s,渠道纵比降为 1/6 600,渠底宽 33 m,内坡边坡系数为 2.5。当糙率发生变化时,设计水位下流量的变化如图 5.2-44 所示。因此,可以通过反演复核得出渠道衬砌的糙率,进行实现对供水安全风险的实时预测。

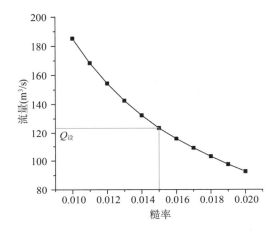

图 5.2-44　设计水位下流量与糙率的关系

根据所构建混凝土材料强度、磨蚀厚度、渠道糙率预测模型,可以实时获取混凝土结构的性能参数。根据工程实际情况,可进一步以混凝土材料强度、磨蚀厚度、渠道糙率等为评价指标。

5.2.3.2　土工膜材料劣化影响风险预测方法

在赵口引黄灌区工程中,土工膜在渠道防渗中得到了广泛使用,其性能劣化会导致工程安全风险与供水安全风险增加,因此有必要研究土工膜材料劣化影响风险预测方法。土工合成材料的劣化本质是高分子聚合物的老化反应过程,在正常使用过程中,环境中的光照(紫外线)、湿度、温度、氧气等均会促进这些高分子聚合物的降解和老化。在已有的土工膜老化试验研究中,大多数学者较为关注的是温度、光照(紫外线)以及应力等方面。而在赵口引黄灌区工程中,由于渠道混凝土衬砌保护层的存在,避免了复合土工膜直接受到紫外线的照射。因此,光照(紫外线)对于赵口引黄灌区工程的土工膜并不会有决定性的影响,温度和湿度的耦合作用则会对土工膜的老化起到关键作用。

1)土工膜材料性能评价指标

土工膜的主要作用是渠道防渗,但相较于渗透系数,土工膜的力学参数随服役时间的变化更加显著,因此在评价土工膜材料服役性能时,其力学参数通常可以作为材料老化程度判定的重要依据。复合土工膜的力学参数主要有抗拉强度、延伸率以及撕裂强度等,Hsuan 等提出可以采用土工膜拉伸强度的降低幅度作为评价材料性能的评价指标。因此,通过建立起复合土工膜在温-湿度耦合作用下的拉伸强度劣化模型,就能得出任意时间下土工膜材料的拉伸强度,进而预测得出土工膜在自然条件下的运行风险。

2)土工膜材料拉伸强度衰减规律

已有文献对规格为 $150(g/m^2)/0.3\ mm/150(g/m^2)$ 土工膜进行了现场老化试验和室内加速老化试验,试验结果如图 5.2-45 所示。可以看出,自然条件下,土工膜材料的拉伸强度随着使用时间的增加而降低;干燥条件下,土工膜材料纵向拉伸强度的劣化速

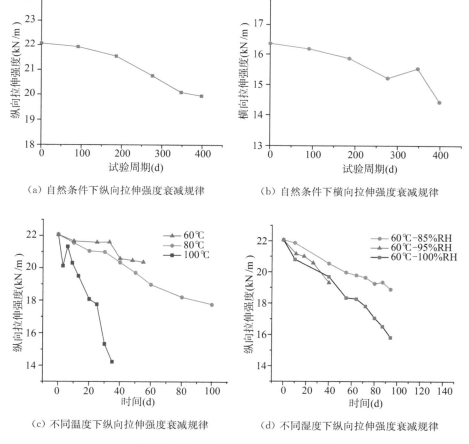

(a)自然条件下纵向拉伸强度衰减规律   (b)自然条件下横向拉伸强度衰减规律

(c)不同温度下纵向拉伸强度衰减规律   (d)不同湿度下纵向拉伸强度衰减规律

图 5.2-45 土工膜拉伸强度衰减规律

率随着环境温度的升高而增加;温度一定时,土工膜纵向拉伸强度的劣化速率随着环境湿度的增加而增加。即提高环境温度和湿度对土工膜拉伸强度老化均为促进作用。

3) 土工膜材料拉伸强度模型建立

(1) "老化度"的引入

在混凝土固化过程中,通常采用"成熟度"的概念来预测混凝土的性能发展,成熟度方法中认为,当不同混凝土试件的成熟度达到一致时,那么混凝土的性能也一致。因此,类比混凝土成熟度的方法,仅考虑温度和湿度对土工膜的老化促进作用,引入复合土工膜"老化度"的概念,即如果复合土工膜在不同环境下达到了相同的老化度,就认为它们的劣化程度相同。

文献证明了对于高分子材料,当温度每升高 $10℃$,劣化速率将会增加为原来的 2 倍。土工膜的老化也是一种化学反应,随着温度的升高,其反应速率会有规律地呈指数型增长。结合图 5.2-45(c) 可以看出,土工膜的劣化速率随着养护温度的增加而急剧增加。因此,在仅考虑温度的影响下,将土工膜的老化度 D 表示为指数形式,如下式所示:

$$D = \sum_{i=1}^{n} k_1^{\left(\frac{T_i - T_0}{\Delta T}\right)} \cdot \Delta t_i \qquad (5.2\text{-}26)$$

式中,k_1 表示温度每升高 ΔT 后,土工膜的老化速率增加倍数,可以通过试验或者实测数据拟合得出,建议 ΔT 取 $10℃$。

在参考温度下的等效时间表示为:

$$t_e = \sum_{i=1}^{n} k_1^{\left(\frac{T_i - T_r}{\Delta T}\right)} \cdot \Delta t_i \qquad (5.2\text{-}27)$$

式中,T_r 为参考温度,此处取 $20℃$。

由图 5.2-45(d) 可知,在相同的温度条件下,土工膜的纵向拉伸强度劣化速率随着湿度的增加而升高。湿度对土工膜的劣化速率随湿度的增加也呈指数型增长,因此,干燥条件下在等效时间的基础上,进一步考虑湿度后的老化度和等效时间可以表示为:

$$D = \sum_{i=1}^{n} k_1^{\left(\frac{T_i - T_0}{\Delta T}\right) + k_2(H_i - H_0)} \cdot \Delta t_i \qquad (5.2\text{-}28)$$

$$t_e = \sum_{i=1}^{n} k_1^{\left(\frac{T_i - T_r}{\Delta T}\right) + k_2(H_i - H_r)} \cdot \Delta t_i \qquad (5.2\text{-}29)$$

式中,k_2 为常数,可以通过不同湿度下试验或实测数据拟合得出;H_0 为基准湿度;H_r 为参考湿度。

在构建好老化度的表达式后,还需要选取合适的土工膜性能参数——老化度的关系式。随着使用时间的增加,土工膜材料性能不断劣化,但劣化速率会逐渐变小。因此,土工膜材料性能与时间的关系可以表示为双曲线型或者指数型。

双曲线型:
$$P = \frac{P_0}{1 + \beta(t - t_0)} \tag{5.2-30}$$

指数型:
$$P = P_0 \exp(-\beta t) \tag{5.2-31}$$

式中,t 为时间;t_0 为常数,此处取 $t_0 = 0$;β 为拟合参数;P_0 为性能参数初始值;P 为对应时间 t 下的性能参数。

(2)参数拟合方法

根据土工膜老化的性质,在确定好老化度的表达式以及土工膜材料性能与老化度关系式后,合理地选择 k_1、k_2 和 β 是准确预测土工膜耐久性能的前提。为了准确得出 k_1、k_2 和 β 的值,建立了一种拟合的方法来解决问题。具体步骤如下:

步骤一:获取实测或者试验数据,建议分别选取 3~4 种温度下土工膜材料的性能参数。

步骤二:根据式(5.2-29)计算参考温度下的等效时间 t_e。根据文献,温度每增加 10℃,化学反应速率增加 2 倍左右,因此首先确定 k_1 的取值范围为 1~3,然后选取合适步长逐渐调整 k_1 的取值,如 $\Delta k_1 = 0.001 \sim 0.01$。

步骤三:将步骤二中得到的等效时间 t_e 代入土工膜性能参数与老化度的关系式中,采用试验数据拟合得出 β 的值,然后计算在不同时间下土工膜的性能参数,进而计算实测值与表达式之间的回归系数。

步骤四:重复步骤二和三,直到 k_1 与 β 的取值使回归系数最大。

步骤五:将得到的 k_1 与 β 作为已知参数代入表达式(5.2-29),通过逐渐调整 k_2 的取值,计算考虑湿度条件下的等效时间,并代入土工膜性能参数与老化度的关系式中,得到在不同时间下土工膜的性能参数,进而计算实测值与表达式的相关系数。找出使回归系数最大时的 k_2 值。

步骤六:利用确定好的 k_1、k_2 和 β 的值,预测现场的土工膜性能参数,验证模型的准确性。

4)土工膜材料拉伸强度模型验证与预测

根据上述方法,对图 5.2-45(c)和(d)中的纵向拉伸强度进行了拟合,分别得到了在双曲线型和指数型方程下的最佳拟合参数,如表 5.2-14 所示。可以看出,无论是双曲线型方程还是指数型方程,得到的 k_1 和 k_2 的值非常接近,说明了老化度概念的准确性与可靠性。

表 5.2-14　双曲线型和指数型方程下的最佳拟合参数

参数	k_1	k_2	β
双曲线型方程	2.14	1.1	2.75×10^{-5}
指数型方程	2.12	1.1	2.64×10^{-5}

根据计算好的 k_1、k_2 和 β，代入方程式（5.2-29）和（5.2-30），即可得到纵向拉伸强度的计算值。图 5.2-46 和图 5.2-47 分别是采用双曲线型和指数型方程的计算值与实测值对比，可以看出，由两种方程得出的数据点均在 45°线附近，所有计算值与实测值的误差均在 ±5% 误差限以内。说明土工膜纵向拉伸强度计算值与实测值相差很小，可以采用本书建立的模型来预测土工膜的纵向拉伸强度。

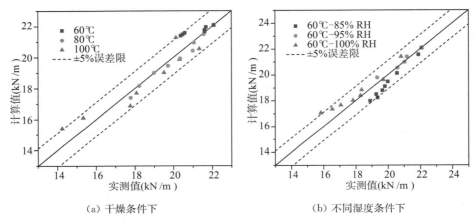

（a）干燥条件下　　　　　　　（b）不同湿度条件下

图 5.2-46　双曲线型方程计算结果与实测值比较

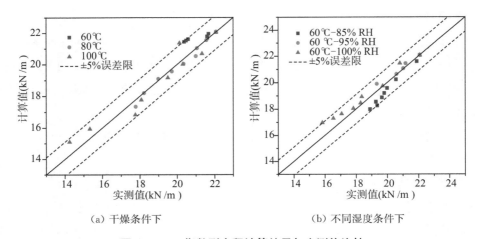

（a）干燥条件下　　　　　　　（b）不同湿度条件下

图 5.2-47　指数型方程计算结果与实测值比较

为了验证所建立模型的合理性，分别选取南水北调中线工程土工膜现场试验数据、西霞院反调节水库中土工膜 5 年、10 年试验区的测试数据来证明模型的准确性。两项工程均位于河南省境内,外界环境多年平均气温为 14.1℃,多年平均湿度为 60%RH。将自然环境下温度参数和湿度代入所建立的模型中,即可得到纵向拉伸强度的预测值,与相应实测值的比较如表 5.2-15 所示。可以看出,在四组数据中,两种方程预测误差均在10% 以内,但双曲线型函数的预测结果相对误差值均小于指数型函数。在双曲线型函数的预测结果中,纵向拉伸强度预测值与试验值之间的最大相对误差为 8.8%,最小相对误差仅为 1.4%。说明本书所建立的预测模型可以准确地预测出土工膜性能参数随时间的演化过程。

表 5.2-15　不同模型对应的预测结果

预测指标	P_0 (kN/m)	时间	$P_测$ (kN/m)	双曲线型		指数型	
				$P_预$(kN/m)	误差	$P_预$(kN/m)	误差
纵向拉伸强度	22.08	347 天	20.10	21.71	8.0%	21.73	8.1%
	22.08	398 天	19.95	21.66	8.6%	21.68	8.7%
	47.60	5 年	40.20	43.76	8.8%	43.79	8.9%
	56.40	10 年	48.68	47.99	−1.4%	47.73	−2.0%

在验证模型的准确性后,发现式(5.2-30)和式(5.2-31)均能很好地预测和模拟土工膜的性能参数演化规律。综合考虑模型的精度和简洁性后,采用式(5.2-30)所建立的模型对赵口引黄灌区工程土工膜强度进行预测,得出赵口引黄灌区工程土工膜纵向拉伸强度随时间的变化如图 5.2-48 所示。

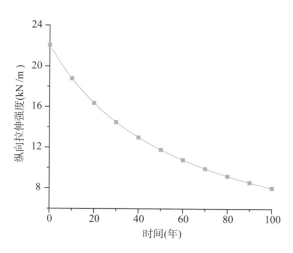

图 5.2-48　自然条件下土工膜纵向拉伸强度预测

根据所构建土工膜材料强度预测模型，可以实时预测土工膜材料的性能参数。根据工程实际情况，可进一步以土工膜材料强度为评价指标。

5.3　大型灌区工程长效服役风险综合管控体系

在对大型灌区工程进行建设期与运行期风险评估的基础上，提前发现潜在的各类风险并进行风险管理对于保障大型灌区工程的可持续发展具有重要作用。在对风险因素整体评价之后，必须采取相应措施应对可能的风险，才能有效地管控风险。

5.3.1　灌区工程风险管控原则与标准

5.3.1.1　风险管控原则与策略

1）风险管控原则

风险识别分析、风险评估是风险管理的基础，风险管控才是风险管理的最终目的。风险管控就是要在现有技术和管理水平上以最少的消耗达到最优的安全水平。其具体控制目标包括降低事故发生频率、减少事故的严重程度和事故造成的经济损失程度。

风险管控技术有宏观控制技术和微观控制技术两大类。宏观控制技术以整个研究系统为控制对象，运用系统工程原理对风险进行有效控制。采用的技术手段主要有：法制手段（政策、法令、规章）、经济手段（奖、罚、惩、补）和教育手段（长期的、短期的、学校的和社会的）。微观控制技术以具体的危险源为控制对象，以系统工程原理为指导，对风险进行控制。所采用的手段主要是工程技术措施和管理措施，随着研究对象的不同，方法措施也完全不同。宏观控制与微观控制互相依存，互为补充，互相制约，缺一不可。

为了管控系统存在的风险，必须遵循以下基本原则：

（1）闭环控制原则。系统应包括输入、输出、通道信息反馈进行决策并控制输入这样一个完整的闭环控制过程。显然，只有闭环控制才能达到系统优化的目的。搞好闭环控制，最重要的是必须要有信息反馈和控制措施。

（2）动态控制原则。充分认识系统的运动变化规律，适时正确地进行控制，才能收到预期的效果。

（3）分级控制原则。根据系统的组织结构和危险的分类规律，采取分级控制的原则，使得目标分解，责任分明，最终实现系统总控制。

（4）多层次控制原则。多层次控制可以增加系统的可靠程度。通常包括 6 个层次：根本的预防性控制、补充性控制、防止事故扩大的预防性控制、维护性能的控制、经常性控制以及紧急性控制。各层次控制采用的具体内容随事故危险性质不同而不同。在实际应用中,是否采取 6 个层次以及究竟采用哪几个层次,则视具体危险的程度和严重性而定。

2)风险管控的策略性方法

风险管控是对风险实施风险管理计划中预定的规避措施。风险管控的依据包括风险管理计划、实际发生了的风险事件和随时进行的风险识别结果。风险管控的手段除了风险管理计划中预定的规避措施外,还应有根据实际情况确定的权变措施。

(1)减轻风险。该措施就是降低风险发生的可能性或减少后的不利影响。对于已知风险,在很大程度上我们可以动用现有资源加以控制,对于可预测或不可预测风险。我们必须进行深入细致的调查研究,减少其不确定性,并采取迂回策略。

(2)预防风险。包括:①工程技术法、教育法和程序法;②增加可供选用的行动方案。

(3)转移风险。借用合同或协议,在风险事故一旦发生时将损失的一部分转移到第三方身上。转移风险的主要方式有:出售、发包、开脱责任合同、保险与担保。其中保险是单位和个人转移事故风险损失的重要手段和最常用的一种方法,是补偿事故经济损失的主要方式。无论是商业保险还是社会保险,与工程的安全问题都有千丝万缕的联系。保险的介入对于控制事故经济损失,保证企业的生存发展,促进企业防灾防损工作和事故统计、分析乃至管理决策过程的科学化、规范化都是相当重要的。

(4)回避风险。回避是指当风险潜在威胁发生可能性太大,不利后果也太严重,又无其他规避策略可用,甚至保险公司亦认为风险太大而拒绝承保时,主动放弃或终止项目或活动,或改变目标的行动方案,从而规避风险的一种策略。

避免风险是一种最彻底的控制风险的方法,但与此同时企业也失去了从风险源中获利的可能性,所以回避风险只有在企业对风险事件的存在与发生、对损失的严重性完全有把握的基础上才具有积极意义。

(5)自留风险。即把风险事件的不利后果自愿接受下来,如在风险管理规划阶段,对一些风险制定风险发生时的应急计划,或风险事件造成的损失数额不大、不影响大局而将损失列为一种费用。自留风险是最省事的风险规避方法,在许多情况下也是最经济的。当采取其他风险规避方法的费用超过风险事件造成的损失数额时,可采取自留风险的方法。

(6)后备措施。有些风险要求事先制定后备措施,一旦项目或活动的实际进展情况与计划不同,就动用后备措施,主要有费用、进度和技术后备措施。

针对上述风险管控原则与策略方法,结合大型灌区工程建设期与运行期风险特点,主要采取预防风险发生以及减轻风险后果的方法进行风险管控,即从风险源角度进行风险预防,从风险影响角度减轻风险后果严重性。

5.3.1.2 综合风险管控标准

大型灌区工程风险评估是管理风险、应对风险的重要组成前提,目的是整体判断风险是否需要采取控制手段以及采取怎样的措施。2001 年,英国健康和安全委员会提出 ALARP(As Low As Reasonably Practicable)原则即"在合理、可行前提下使风险尽可能低原则,是判断是否需要降低可容忍风险的基本原则。具有两层含义,一是当无法降低风险,或降低风险的费用与取得的效益严重失衡时,无需降低风险;二是当无法进一步降低风险,或需采取的措施与风险的降低在时间、难度和付出的努力上严重失衡时,剩余风险无需降低"。更进一步解释,风险管理的最终目的就是要以最经济、最合理的投入获得最大的风险防控效益。ALARP 原则正是对这一目的的体现。这一原则首先要求使风险降低到或者维持在可接受水平,其次达到这一目标的手段是经济的或在正常的管理措施下可以实现的。

风险评估的目的是建立达到可容忍风险的经济合理的管控体系,按照 ALARP 原则进行风险管控。基于风险可容忍性框架,将大型灌区工程建设期与运行期风险划分为三个标志性区域,有风险可接受区、可容忍风险区以及风险不可接受区,模型呈现倒三角形状。如图 5.3-1(a)所示。

①风险可接受区(Acceptable Risk):位于倒三角形模型底部,指风险可以被完全控制的,后续也不需要措施减轻风险。

②可容忍风险区(Tolerable Risk):位于倒三角形中间部分,指在工程效益和利润的支持下能够忍受的风险。在合理可控的情况下,应使用恰当的措施减轻风险,避免风险的扩大。

③风险不可接受区(Intolerable Risk):位于倒三角形的顶部区域,指风险绝对不能接受,需要马上采用强有力的措施改善工程风险,将风险控制在可容忍风险区或风险可接受区。

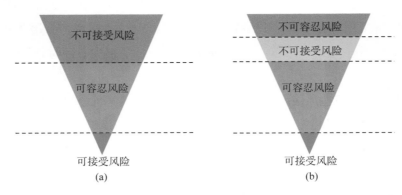

图 5.3-1 ALARP 风险接受准则

大型灌区工程包含建筑物种类、数量众多，其建设与运行受到多方面的影响，风险客观存在且伴随工程的整个建设期与运行期，虽然风险不能彻底消除或避免，但可以利用各种措施来减轻风险，将大型灌区工程的建设期与运行期风险控制在可容忍范围内，该风险尺度即为综合风险管控标准。考虑到工程建设运行中可容忍风险与不可接受风险之间差异性较大，通过将不可接受风险再分为两个级别，使两个层级之间过渡更为平缓，如图 5.3-1(b)所示。考虑到灌区工程为一串联工程，故根据建筑物失效严重性的描述，建立其风险管控标准如表 5.3-1 所示。

表 5.3-1　大型灌区工程风险管控标准

风险尺度	建筑物失效严重性表述	风险定性表述
不可容忍风险	系统完全失效，有可能造成人员的伤亡；输水中断，需较长时间才可恢复；造成严重的社会不利影响	重大风险
不可接受风险	系统功能受到严重影响；输水中断，且短期内不能恢复；社会不利影响较大	较大风险
可容忍风险	系统功能受到影响；输水可能短期中断或达不到设计要求；社会不利影响较小	一般风险
可接受风险	系统功能受到较小影响，输水不会中断，正常养护修复，其经济社会影响可以忽略	低风险

根据大型灌区工程建设期、运行期风险事件是否紧急和造成的影响，风险事件或险情信息可以按风险等级分级。风险等级可分为重大风险、较大风险、一般风险、低风险四个级别，每个级别下的风险管控措施各不相同。

在提出风险管控措施时，以可能发生的风险事件为中心，从导致事件发生的原因和事件可能造成的后果两个方面分别提出主动管控措施和被动管控措施。主动管控措施从杜绝事件发生的原因出发，针对自然、工程、管理、人为因素等方面风险因子分别提出防范、消除、规避、减免事件发生的措施。被动管控措施对从缓解风险事件造成的经济损失、生态环境、社会等方面的影响出发，提出修复、补救、补偿、减免等措施。措施原则和分类如图 5.3-2 所示。

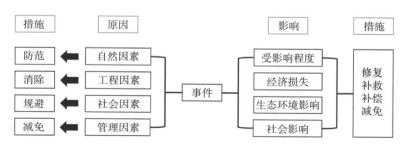

图 5.3-2　风险管控措施原则和分类图

　　根据风险评估等级,开展风险分级防范管理。由于风险防范需要付出相当大的成本,因此对可接受范围内的,不会引起太大损失的风险,不一定需要采取规避措施,而是把有限的资源使用到其他更重要的风险上去。

　　可接受风险对策措施是关注,对该风险等级的建筑物维持正常的监测频次和日常巡视即可。

　　可容忍风险对策措施为监控,对该风险等级的建筑物需增加监测频次和日常巡视次数,必要时需采取措施进行风险管控。

　　不可接受风险必须给予充分重视,对该风险等级的建筑物应针对各主要风险因子,分别采取预防、消除、规避风险事故发生的措施。

　　不可容忍风险必须给予高度重视,需果断采取紧急预防措施规避风险,同时准备好应急预案,一旦发生险情,及时开展补救、减免等抢险措施。

　　根据前述章节内容分析可以看出,大型灌区工程在建设期与运行期风险差异性较大,通过对各类风险事件的重构,将风险分为影响工程安全风险和影响供水安全风险,相应地,风险管控措施也分为工程安全风险管控措施与供水安全风险管控措施。由于灌区工程跨度较大,沿线风险源多样化,对于工程安全风险与供水安全风险,从内部与外部角度提出风险管控措施。

5.3.2　灌区工程综合风险管控措施

　　涉及灌区工程安全风险的各类建筑物主要有渠道、水闸、渡槽、倒虹吸、暗渠等,以建筑物为风险受体制定风险管控措施。

5.3.2.1　工程安全风险管控措施

（1）内部措施

工程安全风险管控内部措施见表 5.3-2、表 5.3-3。

表 5.3-2　工程安全风险管控内部工程措施

管控对象	工程措施
渠道	1. 提高部分防洪堤防洪能力,防洪堤顶高程不满足要求的进行加高加固处理; 2. 堤身单薄的以及低洼地区的防洪堤,进行堤身加高加固; 3. 防洪堤上的水闸,加高闸顶高程不低于防洪堤顶高程; 4. 跨渠交通桥引道处的防洪堤、防护堤均需防洪封闭; 5. 渠道边坡坡面排水系统优化
倒虹吸/暗渠	1. 连接渠段加高加固; 2. 河渠交叉建筑物连接段及河床进行冲刷防护; 3. 连接段防护顶高程不满足复核后洪水位时,采取加高加固处理; 4. 建筑物河床段防冲措施不满足抗冲要求时,采取防护加固措施

续表

管控对象	工程措施
渡槽	1. 对边坡护脚、槽墩基础进行冲刷防护； 2. 增设防汛应急抢险道路； 3. 渡槽槽身挡水超过标准要求的，进行结构复核或论证并采取加固措施； 4. 对于经复核或原设计中可能存在槽身挡水或槽下净空不满足要求的梁式渡槽，立即采取对槽底进行防护、改善交叉建筑物附近水流条件、增加交叉断面过水能力等措施
交叉建筑物	1. 对跨渠桥梁进行维修养护； 2. 对跨渠涵洞进行防冲刷加固处理

表 5.3-3　工程安全风险管控内部非工程措施

管控对象	非工程措施
渠道	1. 定期进行风险排查； 2. 对明显改变保护区内地形、地貌和地物的经济建设活动，专项评估其对防洪安全影响； 3. 对保护区地形地物明显变化的单元，复核排水倒虹吸及排水河道的排水能力
倒虹吸/暗渠/渡槽	1. 加强建筑物的日常检查维护； 2. 加强与地方协调联动； 3. 加强汇水流域内风险隐患工程的排查，建立动态的风险台账； 4. 加强暴雨洪水的预报预警工作，构建流域化、动态化的洪水预测预报模型库； 5. 制定完善防洪应急预案，做好应对超标准洪水的应急抢险准备和演练。重视避险转移，预先制定避险转移方案
交叉建筑物	加强交叉建筑物工程特点分析及其对灌区工程的影响论证

（2）外部措施

工程安全风险外部管控措施见表 5.3-4、表 5.3-5。

表 5.3-4　工程安全风险管控外部工程措施

管控对象	工程措施
交叉河道	1. 进行河道治理工程建设，防止管身冲刷或洪水对冲护岸； 2. 对排水倒虹吸、排水河道的下游排水通道进行扩宽处理，同时进行清淤疏浚处理，增强排水能力； 3. 沿线城镇和乡村排水设施应统筹规划设计，建设专用排水通道
交叉建筑物	1. 较大风险的跨渠桥梁、涵洞应安装超载监控设施； 2. 存在显著沉降变形的桥梁、涵洞应进行安全专项分析，并采取处理措施； 3. 对危化品运输频繁的跨渠桥梁、涵洞进行现有防撞装置改造，实施双层防撞护栏

表 5.3-5　工程安全风险管控外部非工程措施

管控对象	非工程措施
交叉河道	1. 落实属地防汛主体责任，汛期重点关注交叉河道水情，完善针对灌区工程河道防洪的应急预案编制； 2. 加强暴雨洪水的预报预警工作，考虑针对灌区工程交叉河道建立流动水文站，并加强汛期水文监测，积累基础资料； 3. 建立洪水预报系统，提升洪水预报能力

续表

管控对象	非工程措施
渠道	1. 穿越乡镇的渠道,地方政府要做好排水规划; 2. 清理交叉河道、沟道下游阻水建筑物
交叉建筑物	1. 加强对保护范围内有关经济活动的关注、沟通和交涉; 2. 建立河(沟)道治理和汇流区地表水系改造管理制度; 3. 工程建设期,建管单位应联合灌区管理单位建立联合巡视检查制度和应急预案; 4. 工程运行期,推动签订监管协议,建立工程备案和信息更新机制,建管单位联合灌区管理单位、地方政府,制定和完善联合巡查检查制度、处置方案和应急预案; 5. 建设阶段,建管单位联合灌区管理单位、地方政府,制定和完善联合巡查检查制度、处置方案和应急预案; 6. 提高县道以下公路桥梁的养护检查等级; 7. 跨渠建筑物工程管理单位与灌区工程管理单位建立沟通机制,进行信息共享

5.3.2.2 供水安全风险管控措施

影响大型灌区工程供水安全的风险主要为输水能力不足风险,对应措施为内部措施。输水能力内部风险管控措施见表 5.3-6、表 5.3-7。

表 5.3-6 输水能力风险管控内部工程措施

管控对象	工程措施
输水能力	1. 修复隆起、破损的衬砌板,清除临时压重措施; 2. 清理建筑物、输水河道内淤积; 3. 对输水建筑物进出口结构体型,尤其是出口闸墩的形状进行试点改造; 4. 桥墩阻水总宽较大渠道的工作跨渠桥梁加装导流罩改善流态,减少局部水头损失; 5. 对建筑物进出口水流流态较差的部位进行流态优化改造; 6. 运行过程中,持续监测各渠段的水位流量变化,分析渠段的综合糙率大小; 7. 在保持现有渡槽结构情况下,进行适当改造;根据渡槽现有结构型式,进行深度改扩建,整体抬升现有渡槽槽身,控制槽内水深;如无法改造情况,维持原设计条件,并另行增设输水通道

表 5.3-7 输水能力风险管控内部非工程措施

管控对象	管控措施
输水能力	1. 研发灌区工程适用的各类清淤技术; 2. 增设自动检测设备,提高灌区工程的智慧感知水平和精准调控能力; 3. 在暴雨、洪水和地质灾害发生时段,加强日常巡视

5.3.3 大型灌区工程风险防御体系

基于本次风险评估结果,从风险管理的目标要求出发初步构建大型灌区工程安全风险防御体系。风险防御体系从体制机制、组织体系、预警体系、响应体系、保障体系等多方面入手,全面提升大型灌区工程的风险防御能力,尽量避免或减少各类风险造成的损失。风险防御体系框架见图 5.3-3。

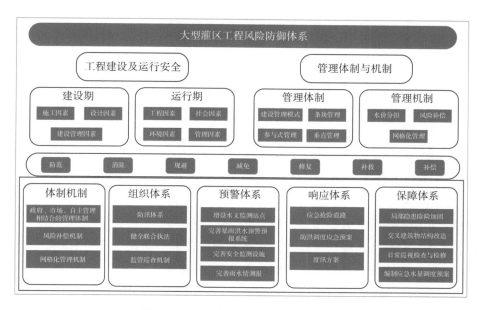

图 5.3-3　大型灌区工程风险防御体系

（1）体制机制

针对灌区工程特点，研究制定政府、市场、自主管理相结合的管理体制，董事会、供水公司、用水户协会、用水户相结合的管理体制，灌区管理局、灌区管理处、用水户协会相结合的管理体制；研究确定灌区水价分担及风险补偿机制，构建工程网格化管理机制。

（2）组织体系

根据实际情况，研究部署灌区工程重大事项、协调解决重大问题，清理整治工程管理范围内突出问题；将灌区工程管理单位纳入属地政府的防汛体系中，协调工程汛期防洪所需应急抢险物资、抢险力量的调配；组织建立健全联合执法、日常监管巡查，严厉打击影响工程安全的违法行为。

（3）预警体系

建立健全多方面的预警预报监测系统，没有水文监测站点的河道须增设水文监测站点，完善雨水情测报、暴雨洪水预警预报系统。完善工程信息化、工程安全监测监控能力，提升灌区工程防控风险的预警预报能力。

（4）响应体系

以可能发生的风险事件为中心，从导致事件发生的原因和事件可能造成的后果等方面采取风险防控措施。对渠道工程完善防洪体系，提高防洪能力，如增设防汛应急抢险道路等；完善度汛方案防洪调度应急预案等规章制度，当灌区工程发生险情时及时组织人员进行应急处置,消除或减小险情带来的损失。

（5）保障体系

具体根据风险评估的成果,减小外部风险对灌区工程的冲击及灌区工程本身所存在的风险,对风险事件采取工程措施进行管控,以提升灌区工程防洪和供水安全保障能力。遭遇风险事件时,根据风险调度预案进行风险处置,风险调度预案编制如下:

①基本原则

a. 统一领导,分级负责。灌区工程各有关部门、有关单位负责制定应急预案,按照分级管理、分级响应的要求,落实应急处置的责任制。

b. 依靠科学,依法规范。充分发挥专家作用,实行科学民主决策,尽可能采取先进的预测、预警、预防和应急处置技术,提高科技含量。

c. 加强协调配合,确保快速反应。灌区工程管理部门与地方政府主动配合、密切协同、形成合力,保证突发事件信息的及时准确传递、快速有效反应。

②应急预案分级

根据可能的事故后果的影响范围、地点及应急方式,将应急预案分为 4 个等级:

Ⅰ级（乡镇级）:事故涉及的影响扩大到公共区,但可被该乡镇的力量所控制。

Ⅱ级（县级）:事故影响范围大,后果严重,发生在两个县管辖区边界上。

Ⅲ级（地区、市级）:事故范围影响很大,事故发生的地区没有特殊设备进行处理,需要动用市级力量控制。

Ⅳ级（省级）:事故后果超出地区、市的边界。

③工程风险应急响应机制

a. 预防预警信息

按照早发现、早报告、早处置的原则,明确影响范围,信息渠道、审批程序、监督和管理、责任机制建设等。

b. 分级响应程序

制定科学事件等级标准,明确预案启动级别和条件以及各级别指挥机构的工作职责。

c. 确定应急救援组织机构

成立应急预案领导小组。需多部门配合的,在政府同意领导下,及时与指挥中心保持密切联系,与安全监管、公共、卫生、消防、民政等有关部门及时沟通、密切合作,共同开展应急救援工作。

d. 赶赴现场

按照制定路线组织有关专家、监测和维修应急人员和车辆赶赴现场,明确途中联络方式,果断处置途中各种突发情况,确保按时到达应急地区。

e. 应急处置

根据工程风险发生的危害程度和范围、地形气象、工程地质等情况，进行现场实施应急。尽快弄清工程事故发生的地点、故障类型和已造成的损失等第一手资料，经了解综合情况后，向领导小组提出处置方法，经审批后迅速根据分工，按照有关处置程序和规范组织实施。及时将处理过程、情况及处理措施报告指挥部。

工程风险调度预案流程见图 5.3-4。

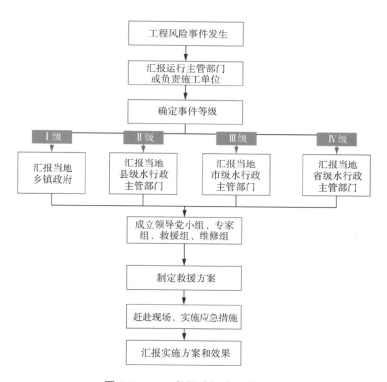

图 5.3-4　工程风险调度预案流程

5.4　工程应用

5.4.1　赵口引黄灌区二期工程服役风险综合评估

5.4.1.1　总干渠工程安全的风险综合评估

选取总干渠及其主要建筑物（图 5.4-1）的工程服役风险进行综合评估。总干渠渠首 8.6 km 为现状利用，剩余渠段 23.62 km 利用现状渠道改建，主要是进行渠道全断面混凝土衬砌，沿线布置主要建筑物 13 座，其中维修朱固枢纽 1 座、渡槽 1 座；

改建桥梁 2 座,重建桥梁 5 座,新建桥梁 1 座,重建节制闸 1 座,新建节制闸 1 座,新建退水闸 1 座。

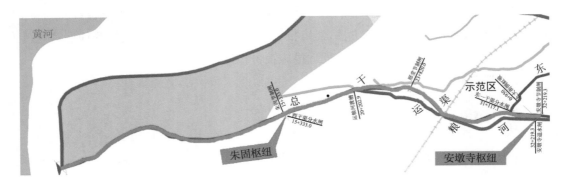

图 5.4-1　总干渠及主要建筑物平面布置示意图

1) 总干渠工程安全的风险评估指标体系

针对赵口引黄灌区二期工程总干渠及其主要建筑物朱固节制闸(维修)、西干渠分水闸、运粮河渡槽(维修)、邢堂节制闸、东一干分水闸、安墩寺节制闸、安墩寺退水闸,从 5.1.2 节的大型灌区工程安全的风险评估指标体系中剔除评价未涉及的指标,建立赵口引黄二期灌区总干渠工程安全的风险综合评估指标体系如图 5.4-2 所示(篇幅所限,图中仅列出了总干渠和邢堂节制闸的基础指标)。

2) 基础指标评价值确定

(1) 专家权重的确定

邀请 5 位权威专家根据 5.1.2 节所述方法确定指标的专家权重。根据各专家的实际情况对各权威性测定指标进行评分,专家权重计算成果如表 5.4-1 所示。

表 5.4-1　专家权威性调查汇总表

指标			专家一	专家二	专家三	专家四	专家五
专业程度调查	专家背景	从事专业	4.5	5	4.8	4	4.5
		任职资格	5	4	4.5	4.5	5
		工作单位	4	4.5	4	5	4.2
	工程熟悉程度	类似工程咨询次数	5	4.8	4.3	4.6	4
		对工程设计熟悉程度	4	5	4.5	4	4.2
		对工程施工熟悉程度	5	4.5	4	4.5	4
		对工程运行管理熟悉程度	4	4.5	4.2	5	4.5
参考指标		专家年龄	5	4	4	4.5	4
		专家学历	5	4.5	4.6	4.5	5
专家权重			0.296 8	0.226 8	0.095 1	0.212 8	0.168 5

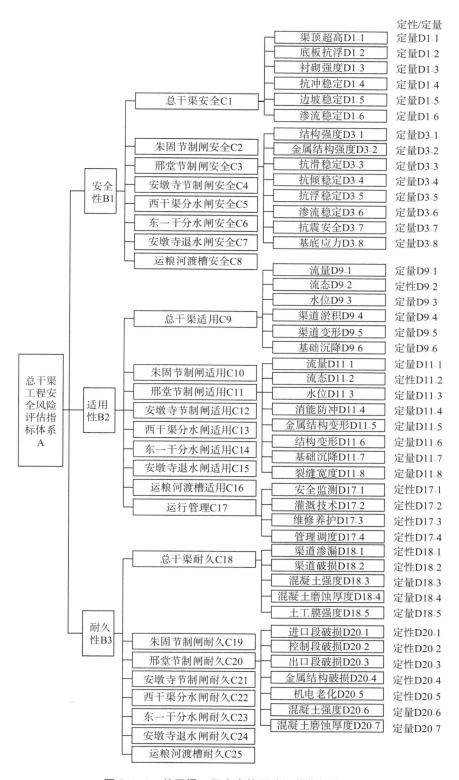

图 5.4-2　总干渠工程安全的风险评估指标体系

（2）指标评价值的确定

利用各指标专家打分指标评分表，请各位评价专家根据评分标准和赵口引黄灌区二期工程的相关报告以及第 5.2.1 节与 5.2.2 节的混凝土结构与土工膜材料劣化性能计算结果给出各指标的评价值。同时，根据第 5.1.2 节所述方法确定指标的综合评价值见表 5.4-2。

表 5.4-2　总干渠及邢堂节制闸基础指标评价值计算成果

序号	评价指标	专家一 0.296 8	专家二 0.226 8	专家三 0.095 1	专家四 0.212 8	专家五 0.168 5	综合评价值
1	流量 D_{9_1}	4.6	4.5	4.55	4.4	4.5	4.51
2	流态 D_{9_2}	4	4.25	4.25	4.3	4.35	4.20
3	水位 D_{9_3}	4	4.25	4.15	4	4.1	4.09
4	渠道淤积 D_{9_4}	4.5	4.65	4.75	4.45	4.5	4.53
5	渠道变形 D_{9_5}	4.75	4.65	4.55	4.45	4.8	4.65
6	基础沉降 D_{9_6}	4	4.2	4.25	4.35	4.05	4.15
7	流量 D_{11_1}	4.5	4.6	4.75	4.5	4.4	4.53
8	流态 D_{11_2}	4	4.25	4.25	4.3	4.35	4.20
9	水位 D_{11_3}	4.5	4.5	4.75	4.6	4.45	4.54
10	消能防冲 D_{11_4}	4.6	4.75	4.5	4.6	4.5	4.61
11	金属结构变形 D_{11_5}	4.5	4.6	4.4	4.5	4.4	4.50
12	结构变形 D_{11_6}	4.5	4.6	4.75	4.75	4.8	4.65
13	基础沉降 D_{11_7}	4.4	4.4	4.3	4.5	4.45	4.42
14	裂缝宽度 D_{11_8}	2.5	2.5	3	2.75	3	2.69
15	安全监测 D_{17_1}	4	4.25	3.95	3.95	4	4.04
16	灌溉技术 D_{17_2}	4.5	4.6	4.45	4.4	4.25	4.45
17	维修养护 D_{17_3}	4.25	4.4	4.3	4.1	4	4.21
18	管理调度 D_{17_4}	4.5	4.4	4.45	4.5	4.6	4.49
19	渠道渗漏 D_{18_1}	4.45	4.5	4.6	4.5	4.4	4.48
20	渠道破损 D_{18_2}	4	4.4	4.1	4	4.1	4.12
21	混凝土强度 D_{18_3}	4.25	4	4.5	4.4	4.6	4.31
22	混凝土磨蚀厚度 D_{18_4}	4.5	4.4	4.75	4.6	4.25	4.48
23	土工膜强度 D_{18_5}	4.5	4.6	4.75	4.55	4.4	4.54

续表

序号	评价指标	专家一 0.296 8	专家二 0.226 8	专家三 0.095 1	专家四 0.212 8	专家五 0.168 5	综合 评价值
24	进口段破损 D_{20_1}	4.5	4.6	4.55	4.5	4.7	4.56
25	控制段破损 D_{20_2}	4.75	4.5	4.55	4.5	4.6	4.60
26	出口段破损 D_{20_3}	4.55	4.6	4.5	4.6	4.5	4.56
27	金属结构破损 D_{20_4}	4.5	4.6	4.75	4.5	4.25	4.50
28	机电老化 D_{20_5}	4.5	4.6	4.5	4.5	4.2	4.47
29	混凝土强度 D_{20_6}	4.4	4.25	4.5	4.75	4.6	4.48
30	混凝土磨蚀厚度 D_{20_7}	4.6	4.5	4.55	4.4	4.5	4.51

注:各专家后的数字表示该专家的权威性权重,由表5.4-1计算得出。

对于定量指标的评价值计算,首先需进行所属类型判断,然后根据一般规定或工程实际选定相关常数值 $\alpha_1 \sim \alpha_4$ 开展具体计算。以总干渠的边坡稳定 D_{1_5} 为例进行计算过程说明。

总干渠的边坡稳定 D_{1_5} 为效益型指标,取 $\alpha_1 = 0.2$、$\alpha_2 = 0.6$、$\alpha_3 = 1.4$、$\alpha_4 = 1.8$,则该指标评价值计算公式为

$$x\mid_{D_{1\_5}} = \begin{cases} 0 & \dfrac{K}{[K]} \leqslant 0.2 \\ 2.5\,\dfrac{K}{[K]} + 0.5 & 0.2 < \dfrac{K}{[K]} \leqslant 1.8 \\ 5 & \dfrac{K}{[K]} \geqslant 1.8 \end{cases} \qquad (5.4\text{-}1)$$

第5.2.1节对降雨影响下总干渠渠坡正常运行工况的抗滑稳定进行了计算。其中填方渠段(桩号 12+725)的右岸边坡在正常工况下的 $K/[K] = 1.357/1.25 = 1.09 \in (0.2, 1.8)$,挖方渠段的边坡在正常工况下的 $K/[K] = 1.509/1.25 = 1.21 \in (0.2, 1.8)$,将其分别代入式(5.4-1)有

$$x\mid_{D_{1\_5}} = 2.5 \times \frac{K}{[K]} + 0.5 = 2.5 \times 1.09 + 0.5 = 3.23 \qquad \text{填方段}$$

$$x\mid_{D_{1\_5}} = 2.5 \times \frac{K}{[K]} + 0.5 = 2.5 \times 1.21 + 0.5 = 3.53 \qquad \text{挖方段}$$

取其中最不利的填方段边坡稳定评价指标值进行总干渠安全等级综合评价,即边坡稳定 $D_{1\_5} = 3.23$。

表 5.4-3　总干渠及分水闸基础指标评价值计算成果

建筑物	基础指标	指标类型	计算结果
总干渠	渠顶超高 D_{1_1}	效益型	5
	底板抗浮 D_{1_2}	效益型	5
	衬砌强度 D_{1_3}	效益型	4.45
	抗冲稳定 D_{1_4}	效益型	3.75
	边坡稳定 D_{1_5}	效益型	3.23
	渗流稳定 D_{1_6}	成本型	4.25
邢堂节制闸	结构强度 D_{3_1}	效益型	4.5
	金属结构强度 D_{3_2}	效益型	4.35
	抗滑稳定 D_{3_3}	效益型	4
	抗倾稳定 D_{3_4}	效益型	4.4
	抗浮稳定 D_{3_5}	效益型	4.25
	渗流稳定 D_{3_6}	成本型	4.5
	抗震安全 D_{3_7}	效益型	4.6
	基底应力 D_{3_8}	成本型	4.1

3）评价指标权重求取

综合评价指标的专家权重和评价指标的主观权重来确定评价指标的组合权重。

（1）评价指标主观权重确定

采用灌区安全等级综合评价指标主观权重调查表，请各位评价专家根据其知识和经验对各评价指标进行两两重要性判断。现以专家一为例，应用退火层次分析法（SA-AHP）计算指标的主观权重。整理得到专家一意见下赵口引黄灌区二期工程总干渠的 29 个判断矩阵，依据退火层次分析法（SA-AHP）计算各指标的主观权重，这里列出专家一意见下的基础指标和功能性影响因素层的主观权重计算结果见表 5.4-4、表 5.4-5。

表 5.4-4　专家一意见下基础指标主观权重计算汇总表

判断矩阵	排序权值							
	ω_1	ω_2	ω_3	ω_4	ω_5	ω_6	ω_7	ω_8
A	0.695	0.140	0.165					
C_1	0.373	0.087	0.045	0.081	0.32	0.095		
C_2	0.116	0.039	0.116	0.116	0.116	0.322	0.116	0.061
C_3	0.116	0.039	0.116	0.116	0.116	0.322	0.116	0.061
C_4	0.116	0.039	0.116	0.116	0.116	0.322	0.116	0.061

判断矩阵	排序权值							
	ω_1	ω_2	ω_3	ω_4	ω_5	ω_6	ω_7	ω_8
C_5	0.116	0.039	0.116	0.116	0.116	0.322	0.116	0.061
C_6	0.116	0.039	0.116	0.116	0.116	0.322	0.116	0.061
C_7	0.116	0.039	0.116	0.116	0.116	0.322	0.116	0.061
C_8	0.273	0.273	0.273	0.091	0.091			
C_9	0.239	0.076	0.239	0.075	0.239	0.131		
C_{10}	0.171	0.051	0.171	0.088	0.088	0.171	0.171	0.088
C_{11}	0.171	0.051	0.171	0.088	0.088	0.171	0.171	0.088
C_{12}	0.171	0.051	0.171	0.088	0.088	0.171	0.171	0.088
C_{13}	0.171	0.051	0.171	0.088	0.088	0.171	0.171	0.088
C_{14}	0.171	0.051	0.171	0.088	0.088	0.171	0.171	0.088
C_{15}	0.171	0.051	0.171	0.088	0.088	0.171	0.171	0.088
C_{16}	0.235	0.059	0.235	0.059	0.059	0.118	0.118	0.118
C_{17}	0.109	0.189	0.351	0.351				
C_{18}	0.37	0.059	0.107	0.077	0.387			
C_{19}	0.063	0.197	0.063	0.14	0.14	0.269	0.127	
C_{20}	0.063	0.197	0.063	0.14	0.14	0.269	0.127	
C_{21}	0.063	0.197	0.063	0.14	0.14	0.269	0.127	
C_{22}	0.063	0.197	0.063	0.14	0.14	0.269	0.127	
C_{23}	0.063	0.197	0.063	0.14	0.14	0.269	0.127	
C_{24}	0.063	0.197	0.063	0.14	0.14	0.269	0.127	
C_{25}	0.063	0.197	0.063	0.14	0.14	0.269	0.127	

表 5.4-5　专家一意见下功能性影响因素层指标主观权重计算汇总表

判断矩阵		排序权值								
		ω_1	ω_2	ω_3	ω_4	ω_5	ω_6	ω_7	ω_8	ω_9
专家一	B_1	0.412	0.104	0.099	0.062	0.156	0.021	0.044	0.102	
	B_2	0.313	0.073	0.073	0.073	0.021	0.041	0.073	0.073	0.26
	B_3	0.412	0.104	0.099	0.062	0.156	0.021	0.044	0.102	

（2）评价指标组合权重确定

获得专家权重以及评价指标主观权重后，即可计算评价指标的组合权重，以安全性 B_1 为例，计算结果见表 5.4-6。

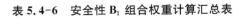

表5.4-6　安全性 B_1 组合权重计算汇总表

判断矩阵	排序权值	专家一 0.199 1	专家二 0.271 9	专家三 0.237 6	专家四 0.174 2	专家五 0.117 1	组合权重
B_1	ω_1	0.412	0.38	0.428	0.425	0.428	0.412
	ω_2	0.104	0.114	0.105	0.107	0.105	0.107
	ω_3	0.099	0.114	0.105	0.107	0.105	0.106
	ω_4	0.062	0.114	0.105	0.11	0.105	0.095
	ω_5	0.156	0.063	0.058	0.06	0.058	0.089
	ω_6	0.021	0.038	0.035	0.025	0.035	0.029
	ω_7	0.044	0.063	0.058	0.06	0.058	0.055
	ω_8	0.102	0.114	0.105	0.107	0.105	0.107
C_1	ω_1	0.373	0.222	0.326	0.283	0.274	0.298
	ω_2	0.087	0.111	0.099	0.09	0.083	0.094
	ω_3	0.045	0.111	0.099	0.09	0.151	0.093
	ω_4	0.081	0.111	0.099	0.09	0.083	0.092
	ω_5	0.32	0.222	0.188	0.283	0.218	0.260
	ω_6	0.095	0.222	0.188	0.164	0.19	0.163
C_2	ω_1	0.116	0.128	0.128	0.128	0.147	0.128
	ω_2	0.039	0.042	0.042	0.042	0.047	0.042
	ω_3	0.116	0.128	0.128	0.128	0.147	0.128
	ω_4	0.116	0.128	0.128	0.128	0.147	0.128
	ω_5	0.116	0.128	0.128	0.128	0.147	0.128
	ω_6	0.322	0.25	0.25	0.25	0.147	0.254
	ω_7	0.116	0.066	0.066	0.066	0.083	0.084
	ω_8	0.061	0.128	0.128	0.128	0.135	0.109
C_3	ω_1	0.116	0.128	0.128	0.128	0.147	0.128
	ω_2	0.039	0.042	0.042	0.042	0.047	0.042
	ω_3	0.116	0.128	0.128	0.128	0.147	0.128
	ω_4	0.116	0.128	0.128	0.128	0.147	0.128
	ω_5	0.116	0.128	0.128	0.128	0.147	0.128
	ω_6	0.322	0.25	0.25	0.25	0.147	0.254
	ω_7	0.116	0.066	0.066	0.066	0.083	0.084
	ω_8	0.061	0.128	0.128	0.128	0.135	0.109

续表

判断矩阵	排序权值	专家一 0.199 1	专家二 0.271 9	专家三 0.237 6	专家四 0.174 2	专家五 0.117 1	组合权重
C_4	ω_1	0.116	0.128	0.128	0.128	0.147	0.128
	ω_2	0.039	0.042	0.042	0.042	0.047	0.042
	ω_3	0.116	0.128	0.128	0.128	0.147	0.128
	ω_4	0.116	0.128	0.128	0.128	0.147	0.128
	ω_5	0.116	0.128	0.128	0.128	0.147	0.128
	ω_6	0.322	0.25	0.25	0.25	0.147	0.254
	ω_7	0.116	0.066	0.066	0.066	0.083	0.084
	ω_8	0.061	0.128	0.128	0.128	0.135	0.109
C_5	ω_1	0.116	0.128	0.128	0.128	0.147	0.128
	ω_2	0.039	0.042	0.042	0.042	0.047	0.042
	ω_3	0.116	0.128	0.128	0.128	0.147	0.128
	ω_4	0.116	0.128	0.128	0.128	0.147	0.128
	ω_5	0.116	0.128	0.128	0.128	0.147	0.128
	ω_6	0.322	0.25	0.25	0.25	0.147	0.254
	ω_7	0.116	0.066	0.066	0.066	0.083	0.084
	ω_8	0.061	0.128	0.128	0.128	0.135	0.109
C_6	ω_1	0.116	0.128	0.128	0.128	0.147	0.128
	ω_2	0.039	0.042	0.042	0.042	0.047	0.042
	ω_3	0.116	0.128	0.128	0.128	0.147	0.128
	ω_4	0.116	0.128	0.128	0.128	0.147	0.128
	ω_5	0.116	0.128	0.128	0.128	0.147	0.128
	ω_6	0.322	0.25	0.25	0.25	0.147	0.254
	ω_7	0.116	0.066	0.066	0.066	0.083	0.084
	ω_8	0.061	0.128	0.128	0.128	0.135	0.109
C_7	ω_1	0.116	0.128	0.128	0.128	0.147	0.128
	ω_2	0.039	0.042	0.042	0.042	0.047	0.042
	ω_3	0.116	0.128	0.128	0.128	0.147	0.128
	ω_4	0.116	0.128	0.128	0.128	0.147	0.128
	ω_5	0.116	0.128	0.128	0.128	0.147	0.128
	ω_6	0.322	0.25	0.25	0.25	0.147	0.254
	ω_7	0.116	0.066	0.066	0.066	0.083	0.084
	ω_8	0.061	0.128	0.128	0.128	0.135	0.109

判断矩阵	排序权值	专家一 0.199 1	专家二 0.271 9	专家三 0.237 6	专家四 0.174 2	专家五 0.117 1	组合权重
C_8	ω_1	0.273	0.231	0.26	0.368	0.249	0.278
	ω_2	0.273	0.231	0.26	0.206	0.249	0.244
	ω_3	0.273	0.231	0.26	0.206	0.249	0.244
	ω_4	0.091	0.231	0.138	0.109	0.143	0.140
	ω_5	0.091	0.077	0.082	0.109	0.108	0.094

（3）组合权重计算结果

通过汇总风险事件层、分目标层的权重计算结果，得到灌区工程安全风险评估体系各层指标组合权重，见图5.4-3。

4）灌区工程安全风险评估

根据风险因子的复核值及各评估指标的层次单排序权值，应用第5.1.2.3节所述方法即可计算总干渠工程风险事件的复核值。这里仅列出总干渠和邢堂节制闸的风险事件复核值，计算结果见表5.4-7。

表5.4-7　赵口引黄灌区二期工程总干渠及邢堂节制闸的风险因子复核计算结果

风险事件	风险因子	风险因子复核值	子指标权重	风险事件复核值
C_1	D_{1_1}	5	0.298	4.25
	D_{1_2}	5	0.094	
	D_{1_3}	4.45	0.093	
	D_{1_4}	3.75	0.092	
	D_{1_5}	3.23	0.260	
	D_{1_6}	4.25	0.163	
C_3	D_{3_1}	4.5	0.128	4.35
	D_{3_2}	4.35	0.042	
	D_{3_3}	4	0.128	
	D_{3_4}	4.4	0.128	
	D_{3_5}	4.25	0.128	
	D_{3_6}	4.5	0.254	
	D_{3_7}	4.6	0.084	
	D_{3_8}	4.1	0.109	

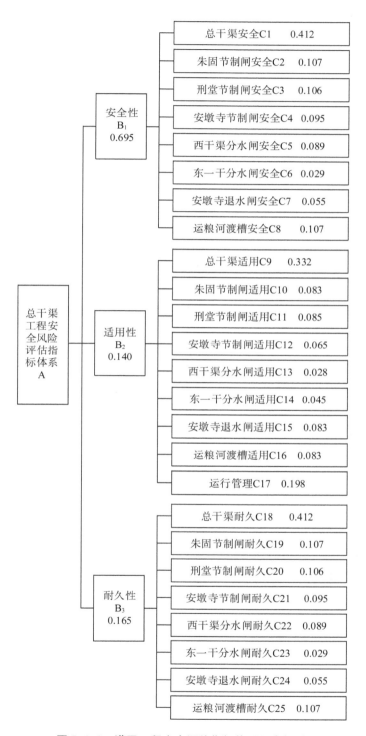

图 5.4-3　灌区工程安全评价指标体系组合权重

采用专家打分法确定各风险事件可能性和严重性,结合评估体系各层次的组合权重,可计算得到总干渠工程安全的风险量值及风险等级计算结果,详见表5.4-8。可知,赵口引黄灌区二期工程总干渠工程安全的风险量值为2.28,赵口引黄灌区二期工程总干渠工程安全的风险等级为"低风险"。

表5.4-8 总干渠工程安全的风险评估情况汇总表

序号	总目标	分目标	风险事件	可能性	严重性	事件风险量值	分目标风险量值	分目标风险等级	总目标风险量值及风险等级
1			C_1	1.5	2	3			
2			C_2	2	1.5	3			
3			C_3	1	1.5	1.5			
4		安全性	C_4	1	1.2	1.2	2.37	低风险	
5			C_5	1	1.5	1.5			
6			C_6	1	1	1			
7			C_7	1	1	1			
8			C_8	2	1.5	3			
9			C_9	1	2	2			
10			C_{10}	2.5	1.5	3.75			
11	总干渠工程安全风险		C_{11}	1	1.5	1.5			风险量值 2.28 风险等级 低风险
12			C_{12}	1	1.2	1.2			
13		适用性	C_{13}	1	1.5	1.5	2.25	低风险	
14			C_{14}	1	1	1			
15			C_{15}	1	1	1			
16			C_{16}	2.5	1.5	3.75			
17			C_{17}	1.5	2	3			
18			C_{18}	1	2	2			
19			C_{19}	2	1.5	3			
20			C_{20}	1	1.5	1.5			
21		耐久性	C_{21}	1	1.2	1.2	1.96	低风险	
22			C_{22}	1	1.5	1.5			
23			C_{23}	1	1	1			
24			C_{24}	1	1	1			
25			C_{25}	2	1.5	3			

在总干渠工程安全的风险评估体系中,先进行基础指标评价,得到基础指标评估值,然后逐层向上一级综合,最后得到总干渠工程安全的风险量值,各级诊断清晰、明确,通过横向和纵向比较,能够快速地确定灌区工程的薄弱环节。

5.4.1.2 干渠供水安全的风险综合评估

对总干渠及其主要建筑物的供水安全进行风险综合评估。

（1）模型建立

基于联系和动态的观点,建立灌区建筑物供水安全的风险演化模型。首先识别灌区动态风险因子,针对水闸、倒虹吸和渡槽这3类灌区内的关键性控制工程,参考4.2节所运用的分析方法分别对其进行失效模式分析,构建统一的失效模式。水闸主要的失效形式有接触渗漏、失稳和结构开裂等。倒虹吸的失效形式主要有挡墙失稳、管线坡体失稳、管身裂缝、止水破坏和渗漏、镇墩断裂和失稳、表层混凝土破坏和钢筋锈蚀等。渡槽的主要结构为钢筋混凝土,失效形式主要包括整体倒塌、结构裂缝、渗漏、混凝土剥蚀和钢筋锈蚀。以上3种不同类型的灌区建筑物虽然存在着各自的特点,但是它们的失效形式都可以归为3种模式:整体性破坏、渗漏和裂缝。

根据失效形式分析,影响建筑物失效的风险因素主要包括暴雨洪水、地质灾害、低温冻融和运行状态,由于这4种因素在建筑物实际运行中不断变化,因此其对应的指标也应该是不断变化的,因此将洪峰流量、冲刷深度、冻融开裂、局部破坏这4种风险动态因子作为风险因素的评价指标,即该风险发生的概率。（表5.4-9、表5.4-10）

表 5.4-9　关键性控制工程动态量化指标值

指标	洪峰流量	冻融开裂	冲刷深度	局部破坏
朱固节制闸	0.3	1.0	0.3	0.5
西干渠分水闸	0.3	1.0	0.3	0.5
运粮河渡槽	0.3	0.5	0.1	0.2
邢堂节制闸	0.3	0.5	0.3	0.5
东一干渠分水闸	0.3	1.0	0.3	0.5
九大街倒虹吸	0.3	05	0.2	0.4
安墩寺退水闸	0.3	0.5	0.3	0.5
安墩寺节制闸	0.3	1.0	0.3	0.6

表 5.4-10　损失效果权重

指标	洪峰流量	冻融开裂	冲刷深度	局部破坏
水闸	0.346	0.089	0.302	0.263
倒虹吸	0.362	0.098	0.313	0.227
渡槽	0.354	0.103	0.252	0.291

主要的水工建筑物由混凝土组成,参考5.2节及4.2节对于混凝土寿命等建筑物寿

命预测、过流能力评价及土工膜使用期限,结合动态风险量化指标来给出部分建筑物折减系数,以邢堂节制闸为例。(表5.4-11~表5.4-13)

表5.4-11 邢堂节制闸折减系数计算表

指标 (权重)	洪峰流量 (0.346)	冻融开裂 (0.089)	冲刷深度 (0.302)	局部破坏 (0.263)	折减系数
流量	0.329	0.089	0.302	0.263	0.983
流态	0.311	0.089	0.302	0.250	0.952
水位	0.311	0.089	0.302	0.263	0.965
渠道淤积	0.339	0.089	0.272	0.237	0.937
渠道变形	0.322	0.080	0.287	0.210	0.900
基础变形	0.329	0.076	0.287	0.210	0.905
抗震安全	0.329	0.089	0.302	0.224	0.899
基底应力	0.329	0.080	0.278	0.250	0.937

表5.4-12 邢堂节制闸自影响评价计算过程

指标	组合权重	评价值	折减系数	折减值	组合值
流量	0.128	4.53	0.983	4.453	
流态	0.042	4.20	0.952	3.998	
水位	0.128	4.54	0.965	4.381	
渠道淤积	0.128	4.61	0.937	4.320	3.992
渠道变形	0.128	4.5	0.900	4.050	
基础变形	0.254	4.5	0.905	4.073	
抗震安全	0.084	4.4	0.899	3.956	
基底应力	0.109	2.5	0.937	2.342	

表5.4-13 邢堂节制闸受影响评价计算过程

指标	组合权重	评价值	折减系数	折减值	组合值
流量	0.128	4.53	0.983	4.453	
流态	0.042	4.20	0.952	3.998	
水位	0.128	4.54	0.965	4.381	
渠道淤积	0.128	4.61	1.000	4.610	4.250
渠道变形	0.128	4.5	1.000	4.500	
基础变形	0.254	4.5	1.000	4.500	
抗震安全	0.084	4.4	1.000	4.400	
基底应力	0.109	2.5	1.000	2.500	

（2）蚁群算法分析

工程动态因子量化表可以给出蚂蚁选择上下游建筑物的概率，对于朱固节制闸、西干渠分水闸、运粮河渡槽、邢堂节制闸、东一干渠分水闸、九大街倒虹吸、安墩寺退水闸、安墩寺节制闸分别作为蚂蚁起始点，鉴于风险沿着水流方向上下游同时传播，对该路段分级做出如下规定：风险只能在同级或上下级之间流动而不能跨级别流动，第一级定义为影响上下级建筑物最少的点，互相影响的多于两个的建筑物定位为同级。（图 5.4-4、表 5.4-14）

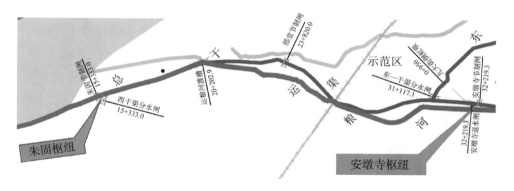

图 5.4-4　计算示范区

表 5.4-14　示范区节点建筑物分级

朱固节制闸	西干渠分水闸	运粮河渡槽	邢堂节制闸	东一干渠分水闸	九大街倒虹吸	安墩寺退水闸	安墩寺节制闸
六级	五级	四级	三级	二级	一级	三级	三级

当某一节点安全评价分数降低至 60% 以下则认为工程段整体不安全，迭代停止，下面给出经优化后单个建筑物作为风险源最短传播路径示意图。（图 5.4-5）

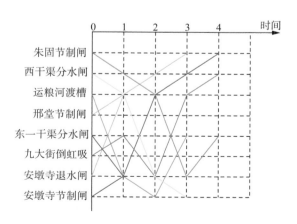

图 5.4-5　单风险源传播路径图

由图 5.4-5 可知在发生风险后的 $t=1$ 与 $t=2$ 时刻运粮河渡槽和安墩寺退水闸有多条风险路径经过,安墩寺节制闸—安墩寺退水闸—运粮河渡槽渠段和朱固节制闸—西干渠分水闸—运粮河渡槽渠段易成为供水安全的风险转移路径,应加强对该渠段及渠系建筑物的长期稳定性分析和运行维护处理。

5.4.2 赵口引黄灌区二期工程长效服役综合管控

根据灌区工程风险评估分析,将长效服役存在的风险分为工程风险、设施设备风险、社会风险、自然灾害风险、运行管理风险,并归纳总结得到对应的风险清单,总结运行期风险的演化规律、给出风险防控建议,提出风险防控措施,保证工程运行安全。

渠道工程选取赵口引黄灌区二期工程总干渠,水闸工程选取斗厢支渠节制闸,渡槽工程选取总干渠跨运粮河渡槽,倒虹吸工程选取冯羊支渠下穿韦政岗沟许墩渠道倒虹吸,箱涵工程选取东一干渠百亩岗支渠 $1^{\#}$ 涵洞进行风险评估。评估结果显示,水闸风险中有 6 项一般风险和 6 项低风险;渡槽风险中 7 项风险源均为一般风险;倒虹吸风险中有 6 项一般风险和 2 项低风险;箱涵风险中 7 项风险源均为低风险;设备设施风险中有 6 项一般风险和 2 项低风险;社会因素风险中有 4 项一般风险和 1 项低风险;自然环境风险中有 3 项较大风险和 2 项一般风险;管理因素风险中有 11 项一般风险和 2 项低风险。根据对应风险等级,提出如下风险防控措施。

（1）渠道

根据地形条件合理选用不同的渠道横断面型式,对部分渠道进行断面改造,提出全挖方断面和半挖半填断面两种渠道横断面型式,图 5.4-6 为赵口引黄灌区二期工程分干渠全挖方渠道典型断面图,图 5.4-7 为总干渠半挖半填渠道典型断面图。

对于赵口引黄灌区二期工程渠道,渠堤及渠基土层分布主要以少黏粒含量的砂土、砂壤土及轻粉质壤土为主,抗冲刷和冲蚀能力较差。对渠道内坡混凝土衬砌以上土质渠坡及外坡土质土坡,均应采取防护措施。根据赵口引黄灌区二期工程实际情况,对于总干渠、东二干渠、陈留分干等大流量输水渠道,混凝土衬砌以上土质内坡采用混凝土框格＋植草的防护形式。对于东一干渠,由于位于开封市规划城区内,为与城市市容相协调,对于混凝土衬砌以上土质内坡,采用混凝土框格＋植草的防护形式。混凝土框格＋植草防护和结构见图 5.4-8 和图 5.4-9。对于其他渠道,考虑渠道输水流量较小,采用在混凝土衬砌以上的土质内坡采用植草的防护形式。对于渠道外坡,考虑采用植草的防护形式。

针对抗冲刷、抗渗透能力差的总干渠渠段,结合渠道防渗设计,内坡采用混凝土衬砌板进行护砌,下铺复合土工膜（两布一膜）,同时,为便于内渗水排除,渠底不再铺设复合土工膜。内坡及渠底防护结构见图 5.4-10,外坡防护结构见图 5.4-11。

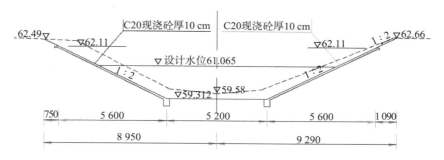

图 5.4-6 分干渠全挖方渠道典型断面图(单位:m)

图 5.4-7 总干渠半挖半填渠道典型断面图(单位:m)

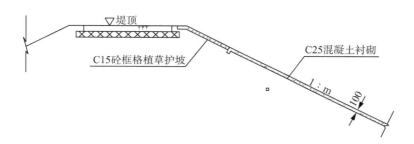

图 5.4-8 预制混凝土框格+植草防护图(单位:mm)

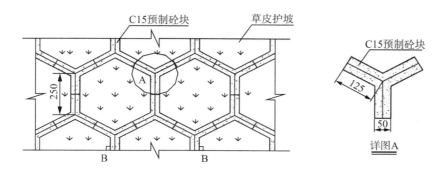

图 5.4-9 预制混凝土框格+植草结构图(单位:mm)

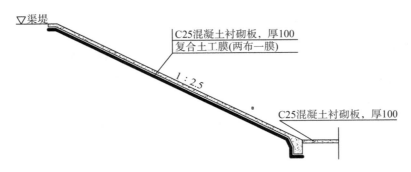

图 5.4-10　总干渠内坡及渠底防护结构图(单位:mm)

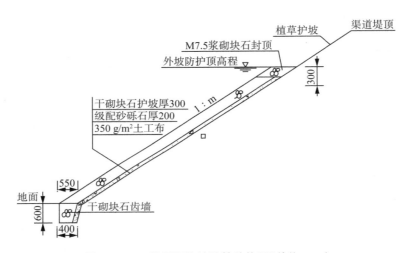

图 5.4-11　总干渠外坡防护结构图(单位:mm)

对赵口引黄灌区二期工程 2 级～4 级渠道和渠道设计水深大于 1.5 m 的 5 级渠道主要建筑物进出口及穿越人口聚居区设置安全警示牌、防护栏杆等防护设施,其中总干渠全段设置防护栏杆。渠道设置公里桩及百米桩,同时作为界桩。防护栏杆采用定制成型的钢丝网片,现场安装,颜色草绿色,高度 2 m,间距 2 m。立柱采用 50 mm×50 mm×3 mm 的方形冷拔钢管,网片采用 4 mm 低碳钢丝,网片框架采用 40×4 mm 扁钢。配件全部采用浸塑防腐,各配件之间用防盗螺栓进行连接。防护网底座采用 30 cm×30 cm×50 cm 的 C20 混凝土。

为了防止发生车辆失控入渠事件,保护渠道及运行车辆安全,在设置运行管理道路的渠道设置警示柱,在渠道拐角较大曲线段设置防撞墩。

(2)水闸

水闸系统在长期运行的过程中,水闸中的混凝土结构会随着时间的推移而出现老化的问题,水闸的正常功能会由于混凝土结构的老化而受到影响,如未能及时发现问题从而采取相关的措施则会导致混凝土结构被严重破坏。应做好水闸混凝土及钢筋混凝土结构的养护维修工作,定期清除附着生物对表面剥落、机械损伤、露筋等,应根据缺陷情况,采用水泥砂浆、环氧砂浆、混凝土等予以修补。对底板、消力池和闸槽等处的砂、石等杂物,应定期予以清理、打捞,防止磨损表面。对止水部分的养护维修,若止水片损坏,应及时凿除补设或采取其他措施修补,伸缩缝中填料如有流失,应及时充填。

在闸门的运转过程中,闸门的上游一侧常常会出现泥沙淤积的问题,当泥沙堆积的时间越长,泥沙量则不断上涨,导致闸门的负重急剧增加,最终严重影响到闸门的运转性能。当大量的泥沙物质阻挡到闸门的正常运转,就会直接波及闸门的闭合功能受到影响,引起孔口漏水的现象发生。要求管理人员在对闸门展开日常的管理及维护工作时,定期对闸门上游的淤泥进行清理操作,保障闸门的开启及闭合功能的稳定性。同时对出现安全问题的启闭机工作梁和故障启闭机及时进行更换。

（3）渡槽

针对渡槽工程的维修加固措施:对保留利用的原立柱进行维修,对已损坏立柱,利用原栏杆立柱的预留槽在原立柱位置重建立柱;采用橡胶止水带及钢板相结合的方法进行渡槽止水处理;采用环氧砂浆材料处理渡槽内侧露筋、裂缝、碳化等破损部位;清除渡槽拱圈下的杂物,并禁止堆放杂物,避免附加荷载引起渡槽地基的不均匀沉降;对渡槽进行清淤,保障其输水能力;针对渡槽下部拱圈变形、开裂部分进行加固,增强渡槽结构的整体稳定;渡槽碳化混凝土修补处理后,对槽身内侧迎水面进行全断面采用水泥基渗透结晶型防渗涂料处理;在渡槽上下游端的边墩处连接段各设置钢制伸缩节,有效解决槽身伸缩变形和施工误差的长度补偿,既解决了伸缩缝材料更换频繁的渗漏问题,又提高了钢管渡槽与连接段渠道的变形适应能力。

（4）倒虹吸

倒虹吸管道裂缝的处理措施有:①对于既没有考虑运用期温度应力,又未采取隔温措施的管道要采取填土等隔温措施。该方法能降低管道运用期的温度应力,并防止混凝土冻融,施工方便,节省材料,降温效果明显。②对安全因素太低的管道采用全面加固方法。当管道强度安全因素太低时,可采用内衬钢板的全面加固方案。该方法优点是能有效地提高安全因素,加固后安全可靠,并能长期正常运行。

倒虹吸渗漏的处理措施有:①管壁一般渗漏的处理。可在管内壁刷 2～3 层环氧基液或橡胶液。若为局部漏水孔或气蚀破坏,可涂抹环氧砂浆封堵。②接头漏水的处理。对于受温度变化影响大的,仍需保持柔性接头的管道,可在接缝处充填沥青麻丝,然后在内壁表面用环氧砂浆粘贴橡皮。对于已做腹裹处理受温度影响显著减小的管道,可改用刚性接头,并间隔一定距离设置一柔性接头。

倒虹吸工程因其结构特点,往往会出现管道淤积现象。赵口引黄灌区二期工程中杨庄、高阳等倒虹吸的管道流速较小,推移质易于沉积,部分悬移质也会沉积。为减轻倒虹吸管身淤积,考虑在倒虹吸进口段设置0.5 m拦沙坎,以拦阻部分泥沙。管身斜管段坡比尽可能放缓,以利于泥沙随水流流出。管身设计时考虑人工清淤的方便,管身最小高度不小于1.8 m。在汛前对管身段及河道上下游进行清淤清障,同时在汛期加强对倒虹吸淤积情况的检查,如遇影响行洪的淤积,应及时清淤,确保河道汛期行洪安全。

(5)箱涵

随着箱涵使用时间的延长,表层混凝土风化,导致混凝土表层外露,严重时,箱涵内部钢筋也会外露并被腐蚀,在加固补强维修时,需要铺设混凝土保护层和外包钢板。箱涵接头处出现填料坠落情况会导致路基渗水,需要及时进行封堵处理,宜选用沥青等材料封堵,而不适合选择用水泥砂浆封堵。当地基沉降时箱涵容易出现管节错裂,应对地基开挖填土后再次进行重建,可选用衬砌压浆的方法进行施工。

参考文献

［1］中华人民共和国水利部. 2020 年全国水利发展统计公报［M］. 北京:中国水利水电出版社，2021.

［2］李昭辉,李子阳,马福恒,等. 中国大型灌区工程风险分析与安全评价研究［J］. 水利水运工程学报，2023(5):1-8.

［3］黄鑫. 农民用水协会组建中利益相关者的行为策略研究——以苏中 L 县为个案的分析［D］. 南京:南京农业大学，2018.

［4］李生荣. 农田水利灌溉管理存在的问题及对策［J］. 农业科技与信息，2021(15):77-78.

［5］曾忠义,邵光成,丁鸣鸣,等. 灌区现代化程度认知及其影响因素分析［J］. 排灌机械工程学报，2020,38(4):409-414.

［6］陈金明,谢祥林,吴刚,等. 都江堰水利工程历史管理制度特征及启示［J］. 水利发展研究，2021,21(12):1-4.

［7］李珺. 内蒙古河套灌区参与式灌溉管理运行机制与绩效研究［D］. 呼和浩特:内蒙古农业大学，2008.

［8］李俊睿,王西琴,王雨濛. 农户参与灌溉的行为研究——以河北省石津灌区为例［J］. 农业技术经济，2018(5):66-76.

［9］CARR V, TAH J H M. A fuzzy approach to construction projects risk assessment and analysis:construction project risk management system［J］. Advances in Engineering Software，2001,32:847-857.

［10］ZENG J, AN M,SMITH N J. Application of a fuzzy based decision making methodology to construction project risk assessment［J］. International journal of project management，2007,25:589-600.

［11］ZHOU Z, IRIZARRY J, LI Q. Applying advanced technology to improve safety management in the construction industry：a literature review[J]．Construction Management and Economics，2013，31(6)：606-622．

[12] KIM S，SHIN H D，WOO S，et al. Identification of IT application areas and potential solutions for perception enhancement to improve construction safety[J]．KSCE Journal of Civil Engineering. 2014,18 (2):365-379．

[13] 杨振宏,郭进平,张遵毅. 安全预评价系统中灰关联因素的辨识[J]．西安建筑科技大学学报(自然科学版),2003(1):78-81．

[14] GUO J B，WEN Y C，XIAO J．Safety evaluation research of hydraulic steel gate based on BP-neural network[C]．International Conference on Sustainable Power Generation & Supply．2009．

[15] 林雪倩. 基于贝叶斯网络的我国建筑施工安全事故预警系统研究[D]．哈尔滨：哈尔滨工业大学,2015．

[16] 徐全基,张逢泽,徐发基,等. 大型灌区工程危险源辨识与风险评价及分级管控[J]．云南水力发电,2021,37(8):187-190．

[17] 马强,张辉,杨子照,等. 灌区水闸工程建设期危险源识别及风险评价研究[J]．人民黄河,2022,44(11):131-136．

[18] 孙义. 南水北调中线干线工程进度控制风险因素及风险管控措施[J]．水电能源科学,2015,33(7):159-163．

[19] 汪黎黎,黄梦昌. 岩溶隧道施工全过程风险管控措施[J]．西部交通科技,2021(2):111-114．

[20] 马飞,杜春兰. 基于风险管控的滑坡防治工程设计理念——以三峡库区巫山干井子滑坡为例[J]．中国地质灾害与防治学报,2016,27(4):1-6．

[21] 孔繁臣,王博雅,王永潭,等. 水电工程项目安全生产风险管控模式优化研究[J]．大坝与安全,2018(1):11-15+22．

[22] 史越英. 南水北调中线工程污染源风险评估及控制研究[J]．中国水利,2017(13):14-16．

[23] 张启义,姚秋玲,丁留谦,等. 南水北调中线工程左排渡槽防洪风险识别[J]．水利水电技术(中英文),2021,52(3):112-121．

[24] 彭亮,马云飞,卫仁娟,等. 基于 GIS 栅格数据的叶尔羌河灌区洪水风险动态模拟与识别[J]．灌溉排水学报,2020,39(6):124-131．

[25] 顾冲时,苏怀智,刘何稚. 大坝服役风险分析与管理研究述评[J]．水利学报,2018,49(1):26-35．

[26] 陈悦,胡雅婷,汪程,等. 基于 FAHP-EWM-TOPSIS 的大坝风险识别模型[J]．

水利水电技术，2019，50（2）：106-111.

[27] 郝燕洁，张建强，郭成超. 堤防工程险情探测与识别技术研究现状[J]. 长江科学院院报，2019，36（10）：73-78.

[28] 李涵曼，李政飚，王青山，等. 基于红外图像的多物探方法在水利工程中的应用[J]. 人民黄河，2022，44（11）：142-144＋155.

[29] 杨端阳，王超杰，郭成超，等. 堤防工程风险分析理论方法综述[J]. 长江科学院院报，2019，36（10）：59-65.

[30] 张社荣，尚超，王超. 基于 IAHP 扩展 TOPSIS 法引水隧洞实时风险识别[J]. 水利水电科技进展，2021，41（4）：15-20.

[31] 王树威，李建林，崔延华，等. 混沌理论与 BPNN 耦合的径流中长期预测模型[J]. 水资源与水工程学报，2021，32（3）：73-79.

[32] 王肖鑫，岑威钧，李昭辉，等. 基于人工电场算法优化的大型灌区径流预测模型研究[J]. 水资源与水工程学报，2022，33（4）：79-84.

[33] 丁严，许德合，曹连海，等. 基于 CEEMD 的 LSTM 和 ARIMA 模型干旱预测适用性研究——以新疆为例[J]. 干旱区研究，2022，39（3）：734-744.

[34] 李子阳，王肖鑫，张恩典，等. 基于 VMD-GRU 的大型灌区干旱预测模型研究[J]. 中国农村水利水电，2023，（3）：130-137.

[35] 刘招，黄文政，王丽霞，等. 考虑多水源的灌区水文干旱预警系统及其评价[J]. 干旱区资源与环境，2015，29（8）：104-109.

[36] 李吉程，王斌，张洪波，等. 泾惠渠灌区旱灾危机预警研究[J]. 自然灾害学报，2019，28（3）：65-78.

[37] 张锦，陈林，赖祖龙. 改进遗传算法优化灰色神经网络隧道变形预测[J]. 测绘科学，2021，46（2）：55-61＋77.

[38] 刘俊新，刘育田，胡启军. 非饱和地表径流-渗流和流固体耦合条件下降雨入渗对路堤边坡稳定性研究[J]. 岩土力学，2010，31（3）：903-910.

[39] 孙冬梅，张杨，S. Semprich，等. 水位下降过程中气相对土坡稳定性的影响[J]. 地下空间与工程学报，2015，11（2）：511-518.

[40] PINYOL N M，ALONSO E E，OLIVELLA S. Rapid drawdown in slopes and embankments[J]. Water Resources Research，2008，44（5）：1-22.

[41] 岑威钧，李邓军，和浩楠. 持续强降雨引发水位耦合变化条件下堤防渗流及稳定性分析[J]. 河海大学学报（自然科学版），2016，44（4）：364-369.

[42] 韩迅，安雪晖，柳春娜. 南水北调中线大型跨（穿）河建筑物综合风险评价[J]. 清华大学学报（自然科学版），2018，58（7）：639-649.

[43] 张秀勇,花剑岚,杨洪祥. 基于可靠度的黄河下游堤防工程渗流稳定分析[J]. 河海大学学报(自然科学版),2011,39(5):536-539.

[44] 李娜,汪自力,赵寿刚,等. 水闸侧墙与土体接合部渗透破坏过程模拟试验[J]. 水利水电科技进展,2019,39(6):75-81+94.

[45] 何真. 混凝土磨蚀冲蚀与其它环境因素的耦合作用[J]. 水利学报,2015,46(2):138-145.

[46] 刘明辉,韩冰,马金泉. 冻融循环作用下混凝土抗冲磨性能研究[J]. 土木工程学报,2019,52(7):100-109.

[47] 马金泉. 冻融混凝土的抗冲磨性能研究[D]. 北京:北京交通大学,2017.

[48] 支拴喜,陈尧隆,季日臣. 由硅粉混凝土应用中存在的问题论高速水流护面材料选择的原则与要求[J]. 水力发电学报,2005(6):45-48+128.

[49] 计涛,纪国晋,王少江,等. PVA纤维对水工抗冲磨混凝土性能的影响[J]. 东南大学学报(自然科学版),2010,40(S2):192-196.

[50] 王强,陈国新,何力劲,等. 玄武岩纤维对水工抗冲磨混凝土性能的影响[J]. 长江科学院院报,2010,27(4):58-60+65.

[51] HORSZCZARUK E K. Hydro-abrasive erosion of high performance fiber-reinforced concrete[J]. Wear,2009,267(1):110-115.

[52] 涂天驰. 超高性能混凝土的抗冲磨性能研究[D]. 广州:华南理工大学,2018.

[53] 仲从春,李双喜,孟远远,等. 超高性能混凝土抗冲磨性能试验研究[J]. 人民黄河,2022,44(1):129-133.

[54] HOCHENG H,WENG C H. Hydraulic erosion of concrete by a submerged jet[J]. Journal of Materials Engineering & Performance,2002,11(3):256-261.

[55] 岑威钧,温朗昇,和浩楠. 水库工程防渗土工膜的强度、渗漏与稳定若干关键问题[J]. 应用基础与工程科学学报,2017,25(6):1183-1192.

[56] CAZZUFFI D,GIOFFRÈ D. Lifetime assessment of exposed PVC-P geomembranes installed on Italian dams[J]. Geotextiles and Geomembranes,2019,48(2):130-136.

[57] 王殿武,曹广祝,仵彦卿. 土工合成材料力学耐久性规律研究[J]. 岩土工程学报,2005(4):398-402.

[58] 苏畅,谢宝丰,张凯,等. 西霞院反调节水库复合土工膜耐久性及其防渗安全分析[J]. 人民黄河,2021,43(12):131-134+138.

[59] 黄耀英,谢同,费大伟,等. 基于测压管实测水位的王甫洲水利工程复合土工膜工作性态反馈[J]. 岩土工程学报,2021,43(3):564-571.

［60］ 郭凤杰,刘杰. 南水北调中线工程安全运行风险防范［J］. 中国水利,2020(16):29-30.

［61］ 高志良,张瀚,罗正英. 大坝与边坡安全风险智能管控技术研究与应用［J］. 人民长江,2021,52(2):206-211.

［62］ 毛春梅,刘晓东,吴光华,等. 基于可持续运行的灌区水价制度风险与补偿机制［J］. 人民黄河,2022,44(11):118-121＋148.

［63］ 郑士源,徐辉,王浣尘. 网格及网格化管理综述［J］. 系统工程,2005(3):1-7.

［64］ 刘师常. 网格化管理研究综述［J］. 中国管理信息化,2019,22(7):186-188.

［65］ 张恩典,毛春梅,谷文博,等. 基于网格化管理的大型灌区工程建设安全管理模式构建［J］. 人民黄河,2022,44(11):122-126.

［66］ 杨子照,魏淑卿,张继勋,等. 基于主成分分析法的灌区工程施工风险研究［J］. 水力发电,2023,49(4):63-68＋86.

［67］ 乔生祥. 水工混凝土缺陷检测和处理［M］. 北京:中国水利水电出版社,1997.

［68］ 李昭辉,娄本星,彭鹏. 赵口引黄灌区渠道混凝土耐久性研究［J］. 人民黄河,2022,44(11):127-130＋148.

［69］ 何怡. 南水北调工程复合土工膜老化特性及拉伸强度衰减规律研究［D］. 武汉:中国地质大学,2017.

［70］ MI Z X,HU Y,LI Q B,et al. Maturity model for fracture properties of concrete considering coupling effect of curing temperature and humidity［J］. Construction and Building Materials,2019,196:1-13.

［71］ 时兴波,陈学永,江浪,等. 基于加速热老化试验的橡胶活化能及寿命分析［J］. 中国新技术新产品,2021(21):18-20.

［72］ 娄本星,崔宏艳,刘慧滢,等. 赵口引黄灌区复合土工膜耐久性研究［J］. 人民黄河,2022,44(11):114-117.